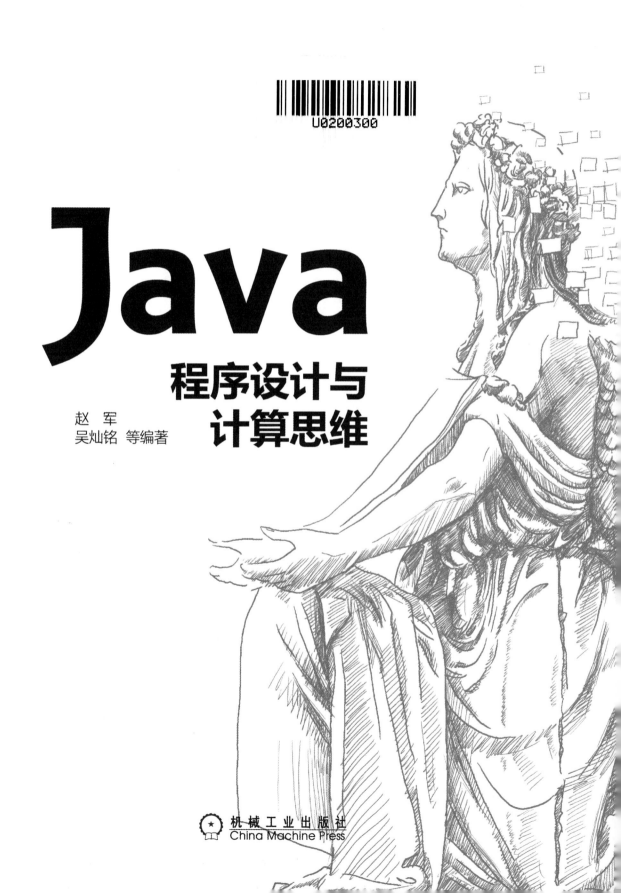

Java

程序设计与
计算思维

赵 军
吴灿铭 等编著

机械工业出版社
China Machine Press

图书在版编目（CIP）数据

Java程序设计与计算思维 / 赵军等编著.—北京：机械工业出版社，2019.8

ISBN 978-7-111-63224-5

Ⅰ. ①J… Ⅱ. ①赵… Ⅲ. ①JAVA语言 – 程序设计 Ⅳ. ①TP312.8

中国版本图书馆CIP数据核字（2019）第143213号

　　程序设计的过程就是一种计算思维的表现，本书结合 Java 程序设计语言的教学特点，遵循计算思维的方式，图解重要概念，通过大量的范例程序讲解和上机编程实践来指导读者活用 Java 程序语法，兼顾培养计算思维和学习面向对象程序设计的双目标。

　　本书分为 18 章，内容包括：认识计算思维与 Java 程序设计、Java 语言及其 JDK 11、Java 程序结构解析、Java 语言的数据类型、流程控制、类与对象、继承与多态、抽象类、接口、程序包、嵌套类、常用类、窗口环境与事件处理、Swing 程序包、绘图与多媒体、例外处理、数据流的 I/O 控制、集合对象与泛型、多线程、网络程序设计等。

　　本书适合综合性大学、理工科大学、技术专科学院作为教材，用于教授程序设计、面向对象程序设计等相关课程；同时，也适合想学习 Java 程序设计的读者作为自学参考书。

Java 程序设计与计算思维

出版发行：机械工业出版社（北京市西城区百万庄大街 22 号　邮政编码：100037）

责任编辑：夏非彼　迟振春　　　　　　　　　责任校对：王　叶

印　　刷：中国电影出版社印刷厂　　　　　　版　　次：2019 年 8 月第 1 版第 1 次印刷

开　　本：188mm×260mm　1/16　　　　　　印　　张：36.25

书　　号：ISBN 978-7-111-63224-5　　　　　 定　　价：99.00 元

凡购本书，如有缺页、倒页、脱页，由本社发行部调换

客服热线：（010）88379426　88361066　　　　投稿热线：（010）88379604

购书热线：（010）68326294　　　　　　　　　读者信箱：hzit@hzbook.com

本书法律顾问：北京大成律师事务所　韩光/邹晓东

前　言

Java 的版本在不断更新，Oracle 公司于 2017 年 9 月 21 日发布了 Java SE 9（Java Standard Edition 9，Java 标准第 9 版），接着在 2018 年 3 月 21 日，又发布了 Java SE 10。目前，最新产品的名称为 Java SE Development Kit 11（Java 标准版开发工具包第 11 版，简称 Java SE 11），是在 2018 年 9 月 25 日发布的。

Java 的开发工具包分成 IDE（Integrated Development Environment，集成开发环境）和 JDK（Java Development Kit，Java 开发工具包）两种，本书选用的 Java 编译环境为最新的软件开发工具包 JDK 11。即便没有集成开发环境，使用"记事本"这种简单的编辑器也可以轻松编辑 Java 程序。

Java 语言从诞生之后就魅力不减，软件从业者和硬件制造者竞相采用 Java 语言编写主要的控制程序或应用程序，许多大专院校纷纷开设 Java 的基础课程及应用专题。市面上关于 Java 程序设计的图书琳琅满目，引进翻译的 Java 图书大部分只注重 Java 编程理论的讲解，在范例程序的解析上稍显不足。对初学者而言，这类书缺乏上机编程的实践指导，初学者很少有实际演练的机会。国内编著的 Java 书则在实践方面着墨甚多，以实践来引导概念的理解，注重范例程序的质与量。

笔者希望结合国内外程序设计语言系列书的优点，遵循程序设计的步骤，配合适当的范例程序，以减少读者在学习 Java 程序设计时的障碍。此外，对所有范例程序都提供了完整的代码、执行结果截图和关键程序语句含义的说明。在本书中，我们将教导读者如何编写出一个正确的 Java 程序，同时使得程序具有良好的结构与可读性。书中的重要概念都配有"示意图"进行解析，大部分章节还安排了"本章高级应用练习实例"，为读者提供更丰富的应用实例，从而有更多活用程序语法的实践演练机会。

本书适合综合性大学、理工科大学、技术专科学院作为教材，用于教授程序设计、面向对象程序设计等相关课程；同时，也适合想学习 Java 程序设计的读者作为自学参考书。初学者可以借助本书进入 Java 程序设计语言的殿堂。

本书的目标是让读者了解如何编写 Java 程序，以及更深入地理解什么是面向对象的程序设计，学会以 Java 的视角来思考面向对象的程序设计，并最终将面向对象的程序设计付诸实践。Java 程序的强大功能是全世界有目共睹的，它真正引导的是面向对象程序设计的思维，而让读者完全掌握这种思维，正是本书努力实现的目标。

本书中的所有范例程序都是在 JDK 11 环境中编写和编译通过的，并确认执行结果正确无误。课后习题中有关编程实践的习题，我们编写了参考程序供读者参考。

读者可以登录机械工业出版社华章公司的网站（www.hzbook.com）下载本书范例程序和课后习题的参考程序，先搜索到本书，然后在页面上的"资料下载"模块下载即可。如果下载有问题，请发送电子邮件至 booksaga@126.com，邮件主题为"Java 程序设计与计算思维"。

本书主要由赵军、吴灿铭编写，同时参与编写工作的还有王国春、施妍然、王然、孙学南等。

最后，祝读者学习愉快，顺利加入 Java 程序设计一族。

资深架构师　赵军

2019 年 4 月

目　　录

第1章

计算思维与 Java 设计初步体验

计算机（Computer）堪称是 20 世纪以来人类最伟大的发明之一，对于人类的影响更甚于工业革命所带来的冲击。计算机是一种具备数据处理与计算功能的电子设备。在 1946 年，美国宾州大学教授埃克特与莫西利合作完成了人类第一台真空电子管计算机 ENIAC。而在 1945 年，冯·诺依曼教授首先提出了计算机存储程序的运行方式与二进制的概念，认为数据与程序可以存储在计算机的存储器再投入运行，于是拉开了程序设计语言与程序设计蓬勃发展的序幕。自从人类发明计算机，计算机就渗透到人类生活的各个领域。如图 1-1 所示的是计算机运用于工厂生产线与大楼自动化安保管理的例子。

图 1-1

从程序设计语言的发展史来看，其种类还真是不少，如果包括实验、教学或科学研究中使用的程序设计语言，那么可能有上百种之多，不过每种程序设计语言都有其发展的背景及目的。例如 FORTRAN 语言是世界上第一个开发成功的高级程序设计语言，另一个早期非常流行的高级程序设计语言是 BASIC 语言，它不但易学易懂，而且非常适合初学者了解程序设计语言的运行过程，笔者算是最早一批"计算机普及要从娃娃抓起"的受益者，在上初中的时候第一次接触计算机，学习的程序设计语言就是 BASIC，它的早期版本不是结构化的程序设计语言。早期的另一种语言 PASCAL 的主要目标是教导程序设计的原则，笔者进入大学计算机系学习的第一种程序设计语言就是 PASCAL 语言，它基本上是早期用于大学教授学生结构化程序设计思想的首选语言。后来陆续推出了商业用途的 COBOL 语言、人工智能专用的 PROLOG 语言等，有些语言出现之后一直流行至今，如 C、C++、Java、Visual Basic 语言，其中的 Java 语言是具有代表性的面向对象程序设计语言之一。

时至今日，面向对象程序设计的概念已经倡导多年。20 世纪 70 年代出现的 Smalltalk 语言是真正的第一个面向对象的程序设计语言，后来 C++和 Java 也加入了面向对象程序设计语言的阵营，Java 语言是一种完全面向对象的程序设计语言。本章将从程序设计最重要的计算思维概念开始讲述，然后概略性地介绍程序设计语言的分类、程序设计的步骤及 Java 语言，涉及的内容包括 Java 的起源、语言的特性和应用范围。同时，也会谈到最新的开发工具 Java SE 11 的新增功能，示范如何正确地编译与执行 Java 程序。完成本章的学习后，我们可以开始编写第一个 Java 程序，就会清楚 Java 简易的程序结构。

本章的学习目标

- 认识计算思维
- 程序设计语言的分类
- 程序设计的流程
- 程序设计的原则
- 结构化与面向对象的程序设计
- Java 语言的起源
- Java 语言的特性
- Java 的开发工具
- JDK 的安装与运行环境的设置
- Java 程序的编译与执行
- Java 的程序结构解析
- Java SE11 新增功能的简介

1.1　认识计算思维

对于一个有志于投身信息技术领域的人员来说，程序设计是一门和计算机硬件与软件息息相关的学科，是计算机诞生以来一直蓬勃发展的新兴科学。从长远的发展来看，程序设计能力已经被看成是国力的象征，不少省市已经将程序设计列入高中学生的选修课程，有些省份的高考甚至加入程序设计的考核，例如浙江省从 2017 年高考开始，除了语文、数学、英语三科必考外，其他七选三的选考科目中就有"技术"科目，考核的内容包括通用技术和信息技术。程序设计能力不再是计算机、通信、信息等相关理工科专业的学子必备的能力，而是新一代人才都必须具备的基本能力。程序设计的本质是数学，或者更直接地说是数学的应用。过去，程序设计非常看重计算能力。随着信息与网络科技的高速发展，计算能力不再是唯一的目标，在程序设计课程中着重加强学生计算思维（Computational Thinking，CT）的培养和训练。

在日常生活中，无论是大事还是小事，都是在解决问题，任何只要牵涉到"解决问题"的议题，都可以运用计算思维来解决。读书与学习就是为了培养我们在生活中解决问题的能力，计算思维是一种利用计算机的逻辑来解决问题的思维，就是一种能够将问题"抽象化"与"具体化"的能力，也是新一代人才都应该具备的素质。

我们可以这样说："学习程序设计不等于学习计算思维，程序设计的过程就是一种计算思维的表现，而要学好计算思维，通过程序设计来学绝对是最佳的途径"。程序设计语言本身就只是工具，没有最好的程序设计语言，只有是否适合的程序设计语言。学习程序设计的目标绝对不是要把每位学习者都培养成为专业的程序设计人员，而是要帮助每个人建立系统化的逻辑思维模式。

1.1.1　计算思维的内容

2006 年，美国卡内基•梅隆大学的 Jeannette M. Wing 教授首次提出了"计算思维"的概念，她提出计算思维是现代人的一种基本技能，所有人都应该积极学习，随后谷歌（Google）公司也为教育者开发了一套计算思维课程（Computational Thinking for Educators），这套课程提出了培养计算思维的 4 部分，分别是分解（Decomposition）、模式识别（Pattern Recognition）、模式概括与抽象（Pattern Generalization and Abstraction）以及算法（Algorithm）。虽然这并不是建立计算思维唯一的方法，不过通过这 4 部分我们可以更有效地进行思维能力的训练，不断使用计算方法与工具解决问题，进而逐渐养成我们的计算思维习惯。虽然这并不是建立计算思维的唯一方法，不过通过这 4 部分我们能更有效率地拓展思维，提高使用计算方法与工具解决问题的能力，最终建立计算思维。也就是要将这 4 部分进行系统的学习与组合，并使用计算机来协助问题的解决（参考图 1-2）。在后面的章节我们来详细说明。

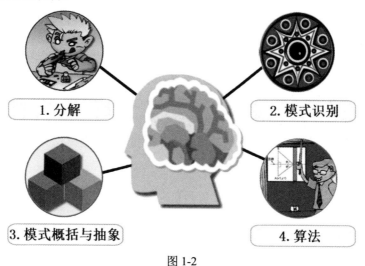

图 1-2

1.1.2　分解

许多人在编写程序或解决问题时，对于问题的分解（Decomposition）不知道从何处着手，将问题想得太庞大，如果对一个问题不能进行有效分解，就会很难处理。将一个复杂的问题分割成许多小问题，把这些小问题各个击破，小问题全部解决之后，原本的大问题也就解决了。

下面我们以一个实际的例子来说明。如果有 8 幅非常难画的图，我们可以把它们分成 2 组各 4 幅图来完成，如果还是觉得太复杂，继续再分成 4 组，每组各两幅图来完成，采用相同模式反复分割问题（如图 1-3 所示），这就是最简单的分治法（Divide and Conquer）的核心思想。

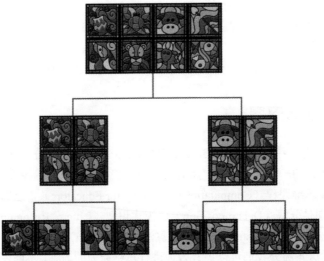

图 1-3

提　示

分治法（也称为"分而治之法"）是一种很重要的算法，我们可以应用分治法来逐一分解复杂的问题，它的核心思想是将一个难以直接解决的大问题按照相同的概念分割成两个或更多的子问题，以便各个击破，即"分而治之"。其实任何一个可以用程序求解的问题所需的计算时间都与其规模有关，问题的规模越小，越容易直接求解。

例如我们有一台计算机的部件出现故障了，如果将整台计算机逐步分解成较小的部分，对每个部分的各个硬件部件进行检查，就容易找出有问题的部件。再例如一位警察在思考如何破案时，需要将复杂的问题细分成许多小问题。经常编写程序的人在遇到问题时会考虑所有的可能性，把问题逐步分解，久而久之，这种逻辑思维的习惯就成了这些人的思考模式了，如图 1-4 所示。

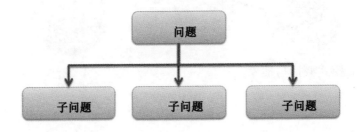

图 1-4

1.1.3　模式识别

在把一个复杂的问题分解之后，我们常常可以发现小问题中有共同的属性以及相似之处，在计算思维中，这些属性被称为"模式"（Pattern）。模式识别是指在一组数据中找出特征（Feature）或规则（Rule），用于对数据进行识别与分类，以作为决策判断的依据。在解决问题的过程中找到模式是非常重要的，模式可以让问题的解决更为简化。当问题具有相同的特征时，它们能够被更简单地解决，因为存在共同模式时，我们可以用相同的方法解决此类问题。

举例来说，在知道怎么描述一只狗之后，我们可以按照这种模式轻松地描述其他狗，例如狗都有眼睛、尾巴与 4 只脚，不一样的地方是每只狗或多或少地有其独特之处（如图 1-5 所示），识别出这种模式之后，便可用这种解决办法来应对不同的问题。因为我们知道所有的狗都有这类属性，当想要画狗的时候便可将这些共同的属性加入，这样就可以很快地画出很多只狗。

图 1-5

1.1.4　模式概括与抽象

模式概括与抽象在于过滤以及忽略不必要的特征，让我们可以集中在重要的特征上，这样有助于将问题抽象化，通常这个过程开始会收集许多数据和资料，通过模式概括与抽象把无助于解决问题的特性和模式去掉，留下相关的以及重要的共同属性，直到我们确定一个通用的问题以及建立如何解决这个问题的规则。

"抽象"没有固定的模式，它会随着需要或实际情况而有所不同。例如，把一辆汽车抽象化，每个人都有其各自的分解方式，像是车行的业务员与修车技师对汽车抽象化的结果就可能会有差异（如图 1-6 所示）。

车行业务员：轮子、引擎、方向盘、刹车、底盘。

修车技师：引擎系统、底盘系统、传动系统、刹车系统、悬吊系统。

图 1-6

1.1.5　算法

算法是计算思维 4 个基石中的最后一个，不但是人类使用计算机解决问题的技巧之一，也是程序设计中的精髓，算法常出现在规划和设计程序的第一步，因为算法本身就是一种计划，每一条指令与每一个步骤都是经过规划的，在这个规划中包含解决问题的每一个步骤和每一条指令。

在日常生活中有许多工作可以使用算法来描述，例如员工的工作报告、宠物的饲养过程、厨师准备美食的食谱、学生的课程表等。如今我们几乎每一天都要使用的各种搜索引擎都必须借助不断更新的算法来运行，如图 1-7 所示。

图 1-7

在韦氏辞典中，算法定义为："在有限的步骤内解决数学问题的程序。"如果运用在计算机领域中，我们也可以把算法定义成："为了解决某项工作或某个问题，所需要有限数量的机械性或重复性的指令与计算步骤。"

在计算机中，算法更是不可或缺的重要一环。下面讨论的内容包括计算机程序常涉及算法的概念和定义。在认识算法的定义之后，我们再来看看算法所必须符合的 5 个条件（参考图 1-8 和表1-1）。

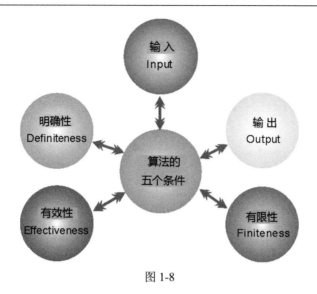

图 1-8

表 1-1

算法的特性	内容与说明
输入（Input）	0 个或多个输入数据，这些输入必须有清楚的描述或定义
输出（Output）	至少会有一个输出结果，不能没有输出结果
明确性（Definiteness）	每一条指令或每一个步骤必须是简洁明确的
有限性（Finiteness）	在有限的步骤后一定会结束，不会产生无限循环
有效性（Effectiveness）	步骤清楚且可行，只要时间允许，用户就可以用纸笔计算而求出答案

在认识算法的定义与条件后，我们接着来思考：该用什么方法来表达算法最为适当呢？其实算法的主要目的在于让人们了解所执行的工作的流程与步骤，换句话说，算法是描述如何解决问题的办法，因而只要能清楚地体现算法的 5 个条件，即可清晰地表达算法。

常用的算法一般可以用中文、英文、数字等文字来描述，也就是使用文字或语言语句来说明算法的具体步骤，有些算法则是使用可读性高的高级程序设计语言（如 Python、C、C++、Java 等）或者伪语言（Pseudo-Language）来描述或说明的。

提　示

伪语言接近于高级程序设计语言，是一种不能直接放进计算机中执行的语言。一般需要通过一种特定的预处理器（Preprocessor）或者通过人工编写转换成真正的计算机语言才能够加载到计算机中执行，目前较常使用的伪语言有 SPARKS、PASCAL-LIKE 等。

流程图（Flow Diagram）是一种相当通用的算法表达方式，就是使用某些特定图形符号来表示算法的执行过程。为了让流程图具有更好的可读性和一致性，目前较为通用的是 ANSI（美国国家标准协会）制定的统一图形符号。假如我们要设计一个程序，让用户输入一个整数，而这个程序可以帮助用户判断输入的这个整数是奇数还是偶数，那么这个程序的流程图大致如图 1-9 所示。

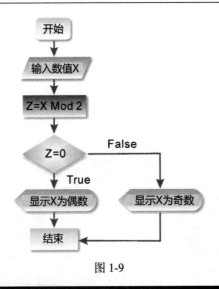

图 1-9

提　示
算法和过程（Procedure）有何不同？算法和过程是有区别的，过程不一定要满足算法有限性的要求，例如操作系统或计算机上运行的过程。除非宕机，否则永远在等待循环中（Waiting Loop），这就违反了算法五大条件中的"有限性"。

1.2　进入程序设计的奇幻世界

程序设计语言其实是一种人类用来和计算机进行沟通的语言，也是用来指挥计算机进行运算或执行任务的指令集合。许多不懂计算机的人可能会把程序想象成十分深奥难懂的技术文件，其实程序只是由一系列合乎程序设计语言语法规则的指令所组成的，程序设计就是编写程序指令或程序代码来指挥计算机辅助我们人类完成各项工作。

1.2.1　程序设计语言的分类

随着程序设计语言不断地发展和演进，成就了今日计算机上各种各样软件的蓬勃发展。我们可以把程序设计语言分为主要的三大类：机器语言（Machine Language）、汇编语言（Assembly Language）和高级语言（High-Level Language）。每一代的程序设计语言都有其特色，并且朝着易于使用、调试与维护功能更强的目标不断发展和提升。另外，每一种语言都有其专有的语法、特性、优点以及相关的应用领域。就以机器语言为例，它是最低级的程序设计语言，是以 0 与 1 二进制数的方式直接将指令（机器代码）输入计算机，因此在指令级的数据处理上非常高效，但是编程效率最低。

汇编语言则是把以二进制数表示的数字指令用有意义的英文字母、字符表示的指令集来替代，方便人类的记忆与使用。不过，汇编语言编写的程序必须通过汇编器（Assembler）将汇编语言的指令转换成计算机可以识别的机器语言。汇编语言和机器语言相对于高级语言，统称为低级语言

（Low-Level Language）。

由于汇编语言与机器语言不易于阅读，因此又产生了一些以英语单词为关键字的程序设计语言，它们被称为高级语言，例如 BASIC、FORTRAN、COBOL、PASCAL、Java、C、C++等。高级语言比较符合人类自然语言的形式，也更加容易理解，并提供了程序的控制结构、输入输出指令。当使用高级语言编写完程序之后，在执行前必须先用编译器（Compiler，或称为编译程序）或解释器（Interpreter，或称为解释程序）把高级语言程序转换成汇编语言或机器语言。因此，相对于汇编语言，高级语言在执行效率上要低一些。不过，高级语言的可移植性比汇编语言高，可以在不同架构或硬件平台的计算机上执行。程序设计语言按照"翻译"方式可分为两种，分别说明如下：

● 编译型语言

所谓编译型语言，就是使用编译器（Compiler）将程序代码翻译为目标程序。编译器可将源程序分成几个阶段转换为机器可读的可执行文件（目标程序），不过编译器必须先把源程序读入主存储器后才可以开始编译。每当源程序被修改一次，就必须重新经过编译器的编译过程，才能保持其可执行文件为最新的。经过编译后所产生的可执行文件，在执行中不必再"翻译"，因此执行效率较高。例如 C、C++、PASCAL、FORTRAN 等语言都是编译型语言。如图 1-10 所示为编译型语言编译与执行过程的示意图。

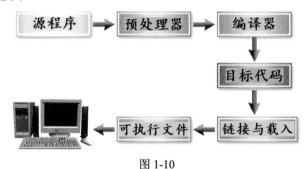

图 1-10

● 解释型语言

所谓解释型语言，是指使用解释器对高级语言的源代码逐行进行"翻译"（解释），每解释完一行程序语句后，才会解释下一行程序语句，如图 1-11 所示。如果在解释的过程中发现了错误，解释动作就会立刻停止。由于使用解释器解释的程序每次执行时都必须再解释一次，因此执行速度较慢。BASIC、LISP、PROLOG 等高级语言都是解释型语言。

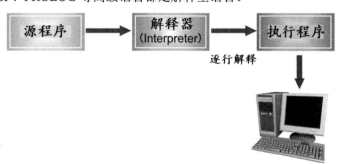

图 1-11

1.2.2 程序设计的流程

有些人往往认为程序设计的主要目的就是通过"运行"得出结果，而忽略了程序运行的效率与程序日后维护的成本。学习程序开发的最终目的是学会如何组织众多程序设计人员共同参与来设计一套大型且符合用户需求的复杂系统。一个程序的产生过程可分为五大设计步骤，如表 1-2 所示。

表 1-2

程序设计的步骤	特色与说明
需求认识	了解程序所要解决的问题是什么，并且收集提供的输入信息或数据与可能得到的输出结果
设计规划	根据需求选择适合的数据结构，并以任何可以理解的表达方式编写一个算法来解决问题
分析讨论	思考其他可能适合的算法及数据结构，最后选出最合适的
编写程序	把分析的结论用程序设计语言写成初步的程序代码
测试检验	最后必须确认程序的输出是否符合需求，这个步骤要分步执行程序并进行许多相关测试与调试

1.2.3 程序编写的原则

至于在程序设计中要使用何种程序设计语言，通常可根据主客观环境的需要进行选择，并无特别的规定。一般从 4 个方面来评判程序设计语言的优劣。

- **可读性**（Readability）**高**：阅读与理解都相当容易。
- **平均成本低**：成本考虑不局限于编码的成本，还包括执行、编译、维护、学习、调试与日后更新等的成本。
- **可靠性高**：所编写出来的程序代码稳定性高，不容易产生副作用（Side Effect）。
- **可编写性高**：针对需求所编写的程序相对容易。

以下是我们在编写程序时应该注意的三项基本原则：

1. 适当的缩排

缩排用来区分程序的层级，使程序代码易于阅读，像是在主程序中包含子程序区块，或者子程序区块中又包含其他的子程序区块时，都可以通过缩排来区分程序代码的层级，如图 1-12 所示。

```java
public class EX05_05{
    public static void main(String[ ] args){

        String[ ] employee=new String[]{"编号","年龄","年薪"};
        //声明创建二维数组并设置初始值
        int[ ][ ] arr2=new int[ ][ ]{{1,25,3},{2,35,8},{3,30,2}};
        for(int r=0; r<employee.length;r++)
            System.out.print(employee[r]+"\t");
        System.out.println();
        for(int i=0; i<arr2.length;i++){
            for(int j=0; j<arr2[i].length;j++){
                System.out.print(arr2[i][j]+"\t");
            }
            System.out.println( );
        }
    }
}
```

图 1-12

2. 明确的注释

对于程序设计人员而言，在适当的位置加入足够的注释往往可以作为评断程序设计优劣的重要依据之一。尤其当程序结构复杂而且程序语句较多时，适时在程序中加入注释不仅可提高程序的可读性，而且可以让其他程序设计人员能更清楚地理解这段程序代码的作用。如下这段程序就带有非常清楚的注释：

```java
01  import java.util.*;
02  public class ch2_02 {
03      public static void main(String[] args) {
04          //声明变量
05          int intCreate=1000000;//产生随机数的次数
06          int intRand;            //产生的随机数
07          int[][] intArray=new int[2][42];//存放随机数的数组
08          //将产生的随机数存放到数组中
09          while(intCreate-->0) {
10              intRand=(int)(Math.random()*42);
11              intArray[0][intRand]++;
12              intArray[1][intRand]++;
13          }
14          //对intArray[0]数组进行排序
15          Arrays.sort(intArray[0]);
16          //找出出现次数最多的前6个数
17          for(int i=41;i>(41-6);i--) {
18              //逐一检查次数相同者
19              for(int j=41;j>=0;j--) {
20                  //当次数符合时打印输出
21                  if(intArray[0][i]==intArray[1][j]) {
22                      System.out.println("随机数号码"+(j+1)+"出现"+
    intArray[0][i]+"次");
23                      intArray[1][j]=0; //将找到的数值对应的次数归零
24                      break;            //中断内循环，继续外循环
25                  }
26              }
27          }
28      }
29  }
```

3. 有意义的命名

除了使用明确的注释来辅助程序的阅读外，还要在程序中大量使用有意义的标识符（包括变量、常数、函数、结构等）命名原则。如果使用不恰当的名称，在程序编译时就可能会无法顺利地进行编译，或者造成程序在运行时出现错误。

1.3 程序设计逻辑的简介

每位程序设计人员就像一位艺术家一样，会有不同的设计逻辑，不过由于计算机是很严谨的高科技工具，不能像人脑一样天马行空，对于一个好的程序设计人员而言，还是必须遵循某些规范，符合程序设计的逻辑概念，这样才能让程序代码具备可读性与日后的可维护性。就像早期的结构化设计，时至今日已将传统程序设计的逻辑转化成面向对象的设计逻辑，这都是程序设计人员在编写程序时要遵循的大方向。

1.3.1 结构化程序设计

在传统程序设计的方法中，主要有"自上而下法"与"自下而上法"两种。所谓"自下而上法"，是指程序设计人员先编写整个程序需求中最容易的部分，再逐步展开来完成整个程序。"自上而下法"则是将整个程序需求从上到下、从大到小逐步分解成较小的单元（或称为模块（Module）），这样使得程序设计人员可针对各个模块分别开发，不但减轻了设计人员的负担，而且程序的可读性更高，对于日后维护也容易许多。

结构化程序设计的核心思想是"自上而下的设计"与"模块化的设计"。例如，在 PASCAL 语言中，这些模块被称为过程（Procedure），在 C 语言中被称为函数（Function）。通常"结构化程序设计"具备三种控制流程，而对于一个结构化程序，无论其结构如何复杂，都可使用这三种基本的控制流程来编写，如表 1-3 所示。

表 1-3

流程结构名称	概念示意图
顺序结构 逐步编写程序语句	

（续表）

流程结构名称	概念示意图
选择结构 根据条件判断的结果选择不同的程序执行分支	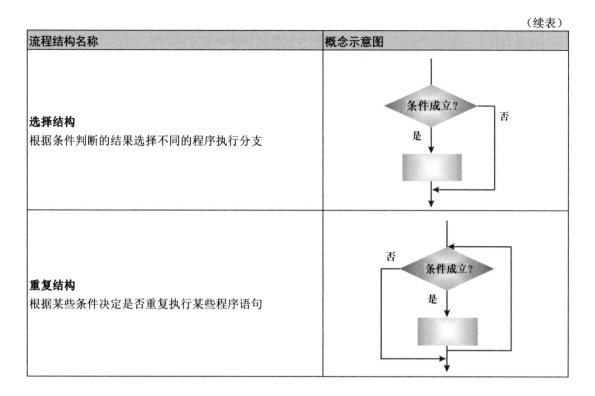
重复结构 根据某些条件决定是否重复执行某些程序语句	

1.3.2　面向对象程序设计

面向对象程序设计（Object-Oriented Programming，OOP）的主要设计思想是将存在于日常生活中随处可见的对象（Object）概念应用在软件开发模式（Software Development Model）中。面向对象程序设计让我们在程序设计中能以一种更生活化、可读性更高的设计思路来进行程序的开发和设计，并且所开发出来的程序更容易扩充、修改和维护。

在现实生活中充满了形形色色的物体，每个物体都可视为一种对象。我们可以通过对象的外部行为（Behavior）和内部状态（State）来进行详细的描述。外部行为代表此对象对外所显示出来的运行方式，内部状态则代表对象内部各种特征的当前状况，如图 1-13 所示。

图 1-13

例如，我们今天想要自己组装一台计算机，而目前我们人在外地，因为配件不足，找遍了当地所有的计算机配件公司仍找不到所需要的配件，假如我们必须到北京的中关村来寻找所需的配件。也就是说，一切的工作必须一步一步按照自己的计划分别到不同的公司寻找我们所需的配件。试想，即使节省了不少购买配件的成本，但是时间成本的代价却相当大。

如果换一个角度，假使我们不必理会配件货源如何获得，完全交给计算机公司全权负责，那么事情便会简单许多。我们只需填好一份配置的清单，该计算机公司便会收集好所有的配件，然后寄往我们所指定的地方，至于该计算机公司如何找到货源，便不是我们所要关心的事了。我们要强调的概念便在于此，只要确立每一个配件公司是一个独立的个体，该独立个体有其特定的功能，而各项工作的完成仅需在各个独立的个体之间进行消息（Message）交换即可。

面向对象程序设计的概念就是认定每一个对象是一个独立的个体，而每个独立的个体有其特定的功能，对我们而言，无须理解这些特定功能如何实现这个目标的具体过程，只需要将需求告诉这个独立个体，如果该个体能独立完成，便直接将此任务交给它即可。面向对象程序设计的重点是强调程序的可读性（Readability）、可重复使用性（Reusability）与扩展性（Extension）。

面向对象语言本身还具备三种特性（如图 1-14 所示），下面逐一介绍。

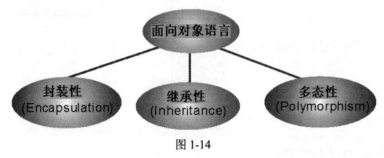

图 1-14

- 封装

封装（Encapsulation）就是利用"类"来实现"抽象数据类型"（ADT）。类是一种用来具体描述对象状态与行为的数据类型，也可以看成一个模型或蓝图，按照这个模型或蓝图所产生或创建的实例（Instance）就称为对象。类和对象的关系如图 1-15 所示。

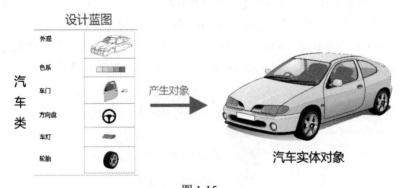

图 1-15

所谓"抽象"，就是将代表事物特征的数据隐藏起来，并定义一些方法（Method）来作为操作这些数据的接口，让用户只能接触到这些方法，而无法直接使用数据，也符合信息隐藏（Information Hiding）的要求，而这种自定义的数据类型就称为"抽象数据类型"。而传统程序设计的概念则必须掌握所有的来龙去脉，就程序开发的时效性而言，传统程序设计便要大打折扣。

● 继承

继承（Inheritance）是面向对象程序设计语言中最强大的功能之一，因为它允许程序代码的重复使用（Code Reusability），同时可以表达树结构中父代与子代的遗传现象。继承类似于现实生活中的遗传，允许我们定义一个新的类来继承现有的类（Class），进而使用或修改继承而来的方法（Method），并可在子类（SubClass）中加入新的成员数据与成员方法。在继承关系中，可以把它单纯视为一种复制（Copy）的操作。换句话说，当程序开发人员以继承机制声明新增的类时，它会先将所引用的父类中的所有成员完整地写入新增的类中。类继承关系的示意图如图 1-16 所示。

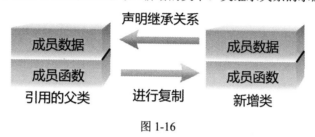

图 1-16

● 多态

多态（Polymorphism）是面向对象程序设计的重要特性，也被称为"同名异式"。多态的功能可让软件在开发和维护时实现充分的扩展性。多态，按照英文单词字面的解释就是一样东西同时具有多种不同的形态。在面向对象程序设计语言中，多态的定义简单来说是利用类的继承关系先创建一个基类对象。用户通过对象的继承声明将此对象向下继承为派生类对象，进而控制所有派生类的"同名异式"成员方法。

简单地说，多态最直接的定义就是让具有继承关系的不同对象可以调用相同名称的成员方法，并产生不同的运行或计算结果。

1.3.3　在面向对象程序设计中的其他关键术语

● 对象

对象（Object）可以是抽象的概念或一个具体的东西，包括数据（Data）及其相应的操作或运算（Operation），或称为方法（Method）。对象具有状态（State）、行为（Behavior）与标识（Identity）。

每一个对象均有其相应的属性（Attribute）及属性值（Attribute Value）。例如，有一个对象称为学生，"开学"是一条消息，可传送给这个对象。而学生有学号、姓名、出生年月日、住址、电话等属性，当前的属性值便是其状态。学生对象的操作或运算行为则有注册、选修、转系、毕业等，学号则是学生对象的唯一识别编号（对象标识，OID）。

● 类

类（Class）是具有相同结构和行为的对象集合，是许多对象共同特征的描述或对象的抽象化。例如，小明与小华都属于人这个类，他们都有出生年月日、血型、身高、体重等类的属性。类中的一个对象有时就称为该类的一个实例（Instance）。

- 属性

属性（Attribute）用来描述对象的基本特征及其所属的性质，例如一个人的属性可能会包括姓名、住址、年龄、出生年月日等。

- 方法

方法（Method）是对象的动作与行为，我们在此以人为例，不同的职业，其工作内容就会有所不同，例如学生的主要工作为学习，而老师的主要工作则为教书。

1.4 Java 语言的特性

Java 语言源于 1991 年 Sun Microsystem（太阳计算机系统，简称 Sun 公司）公司内部一项名为 Green 的开发计划，是为了编写控制消费类电子产品软件所开发出来的小型程序设计语言系统，不过这项计划并未获得市场的肯定，因而沉寂了一段时间。但是，不久之后，由于因特网的蓬勃发展，谁也没有想到当初只是为了在不同平台系统下执行相同软件而开发的语言工具，却意外地引发了一股技术发展的潮流。于是，Sun 公司对 Green 计划重新进行了评估并做了修正，在 1995 年正式向外界发表名为"Java"的程序设计语言系统。

Java 之所以会成为令人瞩目的程序设计语言，主要原因之一就是因为 Java 具有"支持 Web"的功能，可以在 Web 平台上设计和编写出"互动性高"与"跨平台"的程序。再加上 Java 语言面向对象、支持泛型程序设计的特性，因而如今 Java 语言已经深入日常生活中的各个领域，例如 IC 卡（通用智能卡）、金融卡（如银行智能卡）、身份识别证等应用。另外，还有智能设备、无线通信等应用，以及开发大规模的商业应用等各个方面，我们都可以看到无所不在的 Java 应用。

Java 是一种面向对象的高级程序设计语言，Java 语言的应用范围涵盖因特网、网络通信及智能通信设备，并成为企业构建数据库的较佳开发工具。Java 语言的风格十分接近 C++语言，在保有 C++语言面向对象技术核心的同时，还舍弃了 C++语言中容易引起错误的指针，并以引用功能取而代之，经过多次的修正、更新，Java 逐渐成为一种功能完备的、面向对象的程序设计语言。Sun 公司就曾提到 Java 语言的几项特点：简单性、面向对象、解释性、严谨性、跨平台性、高性能、多线程。

1.4.1 简单性

Java 语法源于 C++语言，因此它的指令和语法十分简单，我们只要能了解简单英文单词与语法的概念，就能进行程序设计并完成运算处理的工作。Java 具有以下两点简单特性：

（1）简化了语法：Java 简化了 C++中的一些用法，并舍弃了不常用的语法，如容易造成内存存取问题的指针（Pointer）和多重继承的部分。

（2）垃圾回收机制（Garbage Collection）：Java 使用了垃圾回收机制，当程序中有不再使用的资源时，系统会自动释放其占用的内存空间，从而减少程序设计者自行管理内存资源不足的困扰。

1.4.2　跨平台性

"跨平台性"表示 Java 的程序不依赖于任何一个特定的硬件平台，Java 程序的特点是"一次编译、到处执行"，也就是说，Java 程序在编译后可以不用再经过任何更改就可以在任何支持 Java 的硬件设备或平台上顺利执行。基本上，无论是哪一种操作系统（Windows、UNIX/Linux 或 Solaris）、哪一种硬件平台（PC、个人数字设备、Java Phone 或智能家电等），只要它们搭载有 JVM（Java Virtual Machine，Java 虚拟机）执行环境，即可顺利执行已事先编译的 Java Bytecode（字节码），如图 1-17 所示。也就是说，执行 Java 应用程序必须先安装 Java Runtime Environment（JRE），JRE 内部包含 JVM 以及一些标准的 Java 类库。通过 JVM 才能在系统中执行 Java 应用程序（Java Application）。

当程序设计人员设计和编写好的 Java 源程序通过不同操作系统平台上的编译器（例如 Intel 的编译器、Mac OS 的编译器、Solaris 的编译器或者 UNIX/Linux 的编译器）进行编译后，产生相同的 Java 虚拟机字节码（Byte Code），然后这些 Java 虚拟机字节码再通过不同操作系统平台的解释器，翻译成该系统平台的机器码。因此，Java 是建立在软件平台上的程序设计语言，而让 Java 实现跨平台运行的主要因素就是 JVM（Java 虚拟机）和 Java API。

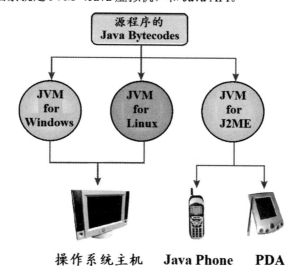

图 1-17

1.4.3　解释型

Java 源程序（Java Source）必须通过内建的实用程序 javac.exe 来进行编译，把 Java 程序的源代码编译成目标执行环境中可识别的字节码（Bytecode），字节码是一种虚拟的机器语言，而在目标环境中的执行是通过实用程序 java.exe 对字节码以解释方式按序执行的，这个过程如图 1-18 所示。

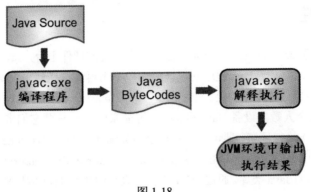

图 1-18

1.4.4 严谨性

Java 程序是由类与对象所组成的，编程人员可将程序分割为多个独立的代码段，并将相关的变量与函数写入其中，相当严谨地分开处理程序的各种不同执行功能。

1.4.5 例外处理

例外（Exception）是一种运行时的错误，在传统的计算机程序设计语言中，当程序发生错误时，程序设计人员必须自行编写一部分程序代码来进行错误的处理。不同于其他高级程序设计语言，Java 语言会在运行期间发生错误的时候自动抛出例外对象以便进行相关的处理工作。我们可使用 try、catch 与 final 三个例外处理程序区块，以"专区专责"的方式解决程序运行期间可能遇到的错误。

1.4.6 多线程

Java 内建了 Thread 类，其中包含各种与线程处理相关的方法（Method），真正实现同一时间执行多个程序运算。多线程是在每一个进程（Process）中包含多个线程（Thread），将程序分割成一些独立的工作，如果运用得当，多线程可以大幅度提升系统运行的性能。

1.4.7 自动垃圾回收

相对于大多数 C++编译器不支持垃圾回收机制，Java 语言有自动垃圾回收（Garbage Collection）机制，这个特点受到许多从使用 C++语言转到使用 Java 语言的程序设计人员的欢迎。这是因为许多 C++程序设计人员在进行程序初始化操作时，必须在主机内存堆栈中分配一块内存空间，当程序运行结束后，必须通过指令的下达来释放被分配的内存空间。不过，一旦程序设计人员忘记回收这块内存空间，就会造成内存泄漏（Memory Leak）而浪费内存空间。因为 Java 语言有自动垃圾回收机制，所以当一个对象没有被引用时，就会自动释放这个对象所占用的内存空间，从而避免内存泄漏的现象。

1.4.8　泛型程序设计

泛型程序设计（Generic Programming）是程序设计语言的一种风格。泛型在 C++中其实就是模板（Template），只是 Swift、Java 和 C#采用了泛型（Generic）这个更广泛的概念。泛型可以让程序设计人员根据不同数据类型的需求编写出适用于任何数据类型的函数和类。我们或许可以这么说：泛型是一种类型参数化的概念，主要是为了简化程序代码，降低日后程序的维护成本。泛型语法让我们在编写 Java 程序时可以指定类或方法来支持泛型，而且在语法上更为简洁。Java 语言中引入泛型的功能后，这项重大改变使得语言、类型系统和编译器有了许多不同以往的变化，其中许多重要的类（例如集合框架）已经成为泛型化的类了，它带来了很多好处，还提高了 Java 程序的类型安全。

1.5　Java 的开发环境版本与架构

在 Java SE 11 之前的几个版本的改版时间间隔都较短，例如 2017 年 9 月 21 日，Oracle 公司发布了 Java SE 9，接着大概过了半年时间，Oracle 公司于 2018 年 3 月 21 日发布了 Java SE 10，又差不多过了半年时间，Oracle 官方于 2018 年 9 月 25 日正式发布了 Java SE 11（Java SE Development Kit 11）。

1.5.1　程序开发工具介绍

Java 的开发工具分成 JDK 和 IDE 两种：

（1）Java 开发工具（Java Development Kit，JDK）是一种“简易”的程序开发工具，仅提供编译（Compile）、执行（Run）及调试（Debug）功能。

（2）集成开发环境（Integrated Development Environment，IDE）集成了编辑、编译、执行、测试及调试功能，例如常见的 Borland Jbuilder、NetBeans IDE、Eclipse、Jcreator、Java Editor 等。

1.5.2　JDK 的下载与安装

由于 Java 支持各种操作系统，因此可根据自己使用的操作系统版本来下载对应的安装程序。目前大部分的开发环境都必须另行安装 JDK，不过也有部分集成开发环境在安装时会同时安装 JDK。下面我们将以 Windows 10/Windows 7 平台来示范 JDK 11 的安装过程。首先到 Java 的官方网站（http://www.oracle.com/technetwork/java/index.html）下载最新版的 JDK，如图 1-19 所示。

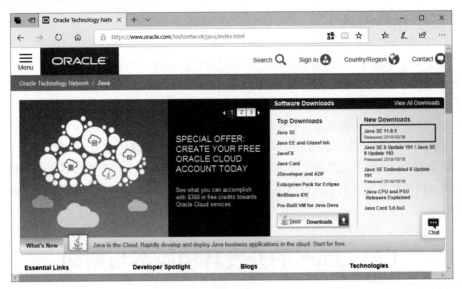

图 1-19

在图 1-19 所示的 Java 官方网站中，单击网页右侧的"Java SE 11.0.1"链接，接着会显示出如图 1-20 所示的网页。

图 1-20

在图 1-20 所示的网页中单击"Java SE Downloads"下方的"DOWNLOAD"按钮（框中的按钮），随后会显示出如图 1-21 所示的网页，读者可以根据网页中的提示下载 JDK。要开始下载，可选中如图 1-21 所示的网页中的 Accept License Agreement 单选按钮。

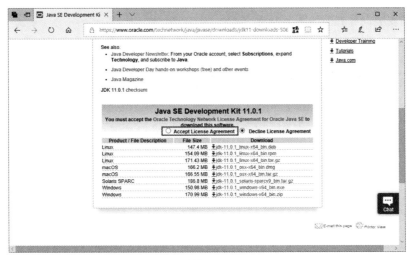

图 1-21

笔者根据自己的操作系统下载的是 Windows 版本的 JDK，文件名为"jdk-11.0.1_windows-x64_bin.exe"，如图 1-22 所示。

Java SE Development Kit 11.0.1

You must accept the Oracle Technology Network License Agreement for Oracle Java SE to download this software.
Thank you for accepting the Oracle Technology Network License Agreement for Oracle Java SE; you may now download this software.

Product / File Description	File Size	Download
Linux	147.4 MB	jdk-11.0.1_linux-x64_bin.deb
Linux	154.09 MB	jdk-11.0.1_linux-x64_bin.rpm
Linux	171.43 MB	jdk-11.0.1_linux-x64_bin.tar.gz
macOS	166.2 MB	jdk-11.0.1_osx-x64_bin.dmg
macOS	166.55 MB	jdk-11.0.1_osx-x64_bin.tar.gz
Solaris SPARC	186.8 MB	jdk-11.0.1_solaris-sparcv9_bin.tar.gz
Windows	150.98 MB	jdk-11.0.1_windows-x64_bin.exe
Windows	170.99 MB	jdk-11.0.1_windows-x64_bin.zip

图 1-22

下载完安装文件后，单击"运行"按钮，即可执行该安装程序，如图 1-23 所示。

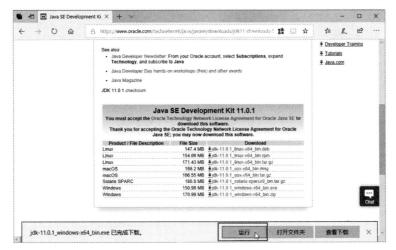

图 1-23

JDK 11 的安装向导界面如图 1-24 所示。

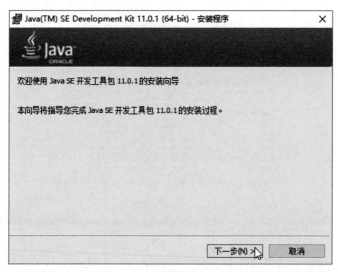

图 1-24

步骤01 直接在如图 1-24 所示的安装向导界面中单击 "下一步" 按钮，随即显示出如图 1-25 所示的安装界面，接着选择 JDK 安装组件及安装路径，默认的安装路径是 "C:\Program Files\Java\jdk-11.0.1\"。建议使用这个默认设置，接下来单击 "下一步" 按钮，开始安装。

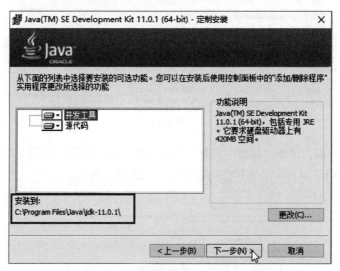

图 1-25

步骤02 接着就会开始进行文件的安装、复制，这个部分可能需要几分钟，请耐心等候。当安装完成并完成相应的设置后，就会出现安装完成的界面，如图 1-26 所示，单击 "关闭" 按钮，即可完成 JDK 的安装。

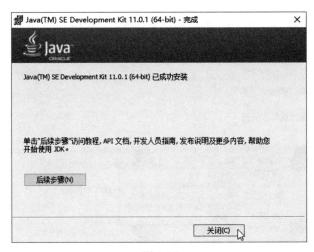

图 1-26

1.5.3　设置 JDK 搜索路径的环境变量

安装工作完成后，为了在"命令提示符"窗口使用 JDK 的各项工具程序，例如编译器 javac.exe、执行程序 java.exe，就需要修改或设置系统内相关路径的环境变量。我们必须在 PATH 环境变量中添加设置值"C:\Program Files\Java\jdk-11.0.1"（注意具体的版本不同，这个设置的最后部分稍有不同）。

单击 Windows 10 任务栏的"搜索"按钮，在搜索框中输入"控制面板"，并单击搜索结果中的"控制面板"以启动"控制面板"程序，如图 1-27 所示。

图 1-27

在启动的"控制面板"窗口单击"系统和安全"选项，如图 1-28 所示。

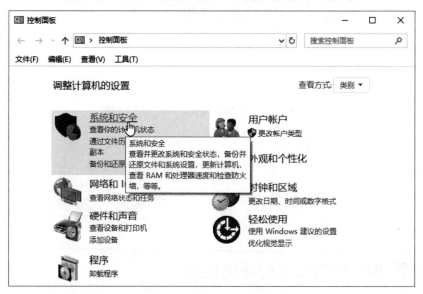

图 1-28

出现如图 1-29 所示的窗口后，再单击"系统"选项。

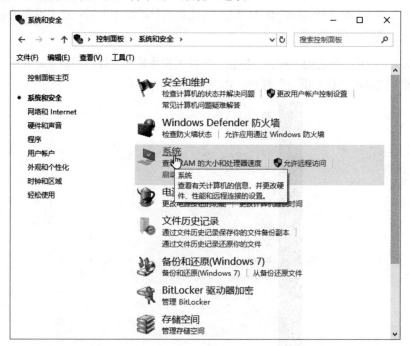

图 1-29

出现如图 1-30 所示的窗口后，单击"高级系统设置"选项。

图 1-30

　　随后就会看到如图 1-31 所示的"系统属性"窗口，在"高级"页签中单击"环境变量"按钮（注意：Windows 7 的用户可从"控制面板"中的"系统"的"高级系统设置"进入类似于图 1-31 所示的"系统属性"窗口）。

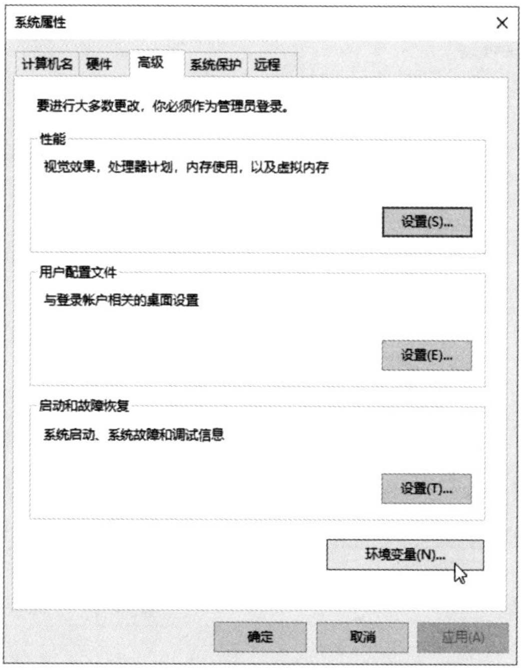

图 1-31

在如图 1-32 所示的"环境变量"对话框下方的"系统变量"框中选择"Path"系统变量，并单击"编辑"按钮。

图 1-32

显示出如图 1-33 所示的界面后，再单击"新建"按钮，并在最后输入"C:\Program Files\Java\jdk-11.0.1\bin"路径。

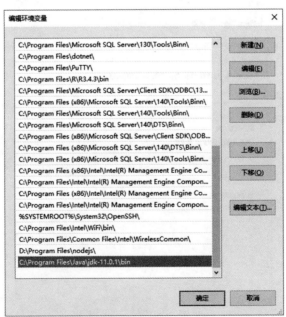

图 1-33

如果是 Windows 7 的用户，那么先找到系统变量的 Path 部分，单击"编辑"按钮，在"变量值"输入字段的末尾加上";"，然后加上"C:\Program Files\Java\jdk-11.0.1\bin"，随后依次单击三次"确定"按钮，就可以设置好 JDK 搜索路径对应的环境变量。

如果我们要验证 Path 环境变量是否设置成功，可以右击 Windows 10 操作系统左下角的 Windows 窗口图标，随后会出现如图 1-34 所示的菜单。

图 1-34

单击菜单中的"Windows PowerShell"或者"命令提示符"，就会启动"Windows PowerShell"窗口或"命令提示符"窗口，在其中输入"javac -version"命令，该命令可以显示出当前系统中 javac 的版本信息，如图 1-35 所示。

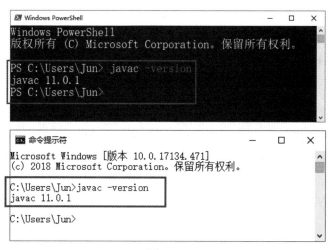

图 1-35

如果可以看到如图 1-35 所示的版本信息，就表示环境变量 Path 设置成功，因为当前笔者计算机的工作文件夹是 "C:\Users\Jun"，所以在这个路径（或称为文件夹）并没有 javac.exe 工具程序，当操作系统在这个路径找不到 javac.exe 时，它就会自动根据环境变量 Path 所指定的路径搜索 javac.exe。而我们刚才已在环境变量 Path 中新建了一个 "C:\Program Files\Java\jdk-11.0.1\bin" 的路径，操作系统可以在这个路径下找到 javac.exe 工具程序，因此可以顺利执行 "javac -version" 命令，从而列出如图 1-35 所示的 "javac 11" 版本信息。

如果我们在设置环境变量的过程中不小心输入了错误的路径名称，当执行上述 "javac -version" 命令时，就会显示出如 "'javac'不是内部或外部命令，也不是可运行的程序或批处理文件" 的错误提示信息，这时我们就要仔细检查在设置过程中有哪个步骤设置错了，或者输入了不正确的路径名称。

注　意

在设置 Path 的路径时要特别小心，不能多一个空格或少一个空格，而且字母大小写要保持一致，新建的路径就是我们安装 Java 所在的文件夹。当路径添加或编辑完毕后，单击所有 "确定" 按钮，以确保新建的路径可以正确地被操作系统使用。

1.5.4　Java 程序结构的解析

接着我们将分别使用 Windows 内建的记事本（Notepad）应用程序来编辑一个简单的 Java 程序，并说明 Java 程序的基本结构。

```
01    /*文件:CH01_01*/
02    //程序公有类
03    public class CH01_01{
04    //主要执行区块
05       public static void main(String[ ] args){
06          //程序语句
07          System.out.println("我的第一个Java程序");
08       }
09    }
```

【程序的执行结果】

首先进入 "命令提示符" 窗口，假设笔者的 Java 范例程序存放的文件夹在 D 驱动器中，完成的操作指令说明如下：

```
D: （接着按【Enter】键，表示切换到 D 驱动器）
cd Java （接着按【Enter】键，表示切换到 Java 文件夹，cd 命令的功能就是改变目录或文件夹）
cd ch01 （接着按【Enter】键，表示切换到 ch01 文件夹，cd 命令的功能是改变目录或文件夹）
javac CH01_01.java （接着按【Enter】键，表示将 CH01_01.java 源程序编译成类文件）
java CH01_01 （接着按【Enter】键，表示执行 CH01_01 类文件，并将执行结果输出）
```

如图 1-36 所示为完整的操作步骤。

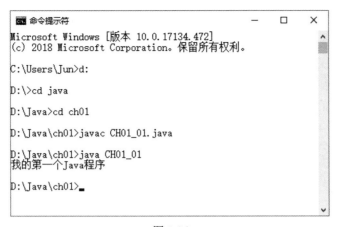

图 1-36

【程序的解析】

第 01、02 行：程序的注释说明文字。其中"//"是 Java 的单行注释符号，此符号后的同行语句在编译和运行时会被略过，只被视为注释文字而已；而"/*"与"*/"属于多行注释标签，在注释起始处使用"/*"，结尾处使用"*/"，其中所包含的文字同样会被视为注释而被编译器略过。

第 03 行：定义程序的公有（public）类。每一个 Java 程序内最多只能拥有一个公有类，并且此类的名称必须与程序文件名一致才能被正确地编译。

第 03~09 行：程序中任何类或方法的执行语句都必须使用"{"与"}"符号包括起来，否则会引发程序的编译错误。

不过，Java SE 11 增强了 Java 编译和解释器的功能，使之能够执行单个文件的 Java 源代码程序，应用程序可以直接从源代码开始运行。单个文件的程序常见于小型工具或由 Java 入门学习者编写。而且，单个源程序文件有可能会编译成多个类文件（.class），这会增加给程序打包的额外成本，基于这些原因，在执行 Java 程序之前进行编译，这个步骤就显得不必要了。

因此，在前面介绍的把程序编译成 Java 类的编译操作的这个步骤，在新版的 JDK 11 已可以省去。也就是说，即使没有编译成类文件（.class），在 JDK 11 的开发环境下，通过 Java SE 11 所增强的 java 解释器也可以直接解释执行单个文件的 Java 源代码程序。其命令格式如下：

```
java 程序名称.java
```

前面的范例程序，即使没有事先将 Java 源代码程序编译成类文件，也可以通过增强的 java 解释器直接解释执行 CH01_01.java 源代码程序。命令如下：

java CH01_01.java（接着按【Enter】键，直接执行 CH01_01.java 的源代码程序）

如图 1-37 所示为完整的操作步骤。

图 1-37

在此特别说明一下，为了兼顾学习 Java 10、Java 9、Java 8 或 Java 更早版本的读者也能选用本书学习 Java 语言，在本书的后续章节中，我们将保留通用的范例程序执行过程，即先通过 javac 编译器将 Java 源代码程序编译成类文件（.class），再通过 java 解释器执行这些编译生成的字节码。

在了解了 Java 程序的执行操作之后，下面开始学习"如何编写程序"。要编写出良好的程序，第一步是了解"程序的基本结构"。

【Java 程序的基本结构】

```
01    /*文件:CH01_01*/
02    //程序公有类
03    public class CH01_01{
04    //主要执行区块
05        public static void main(String[ ] args){
06            //程序语句
07            System.out.println("我的第一个Java程序");
08        }
09    }
```

第 03 行：程序文件名必须与程序中公有类（public class）的名字相同，意思是说上述范例程序在存盘时，文件名必须命名为"CH01_01.java"。只有如此，在 Windows 操作系统的"命令提示符"窗口中或者其他 Java 集成开发环境中进行编译时，才不会发生编译错误。另外，一个标准的 Java 程序基本上至少包含一个类。如果将其中一个类声明成 public，那么它的文件名必须与该程序名称相同。也就是说，在一个.java 文件内，如果有一个以上的类，只能有一个 public 类。但是，如果在.java 文件中，没有一个类是 public，那么该 Java 程序的命名可以不必和类名称相同。

第 05 行：main()是 Java 程序的"入口点"，是程序执行的起点，要执行的程序语句区块必须编写在此函数或方法的大括号内"{ }"。程序语句区块执行的顺序是"按序"执行，直到出现右大括号。

【main( )的语法】

```
public static void main (String args[ ] ) {
程序语句区块；
}
```

其中，main( )声明成 public、static、void，这些修饰词代表的意思分别是"公有""静态""无返回值"，意思是说"main( )是一个公有、静态的函数或方法，而且没有返回值"，关于这些修饰词的意义，我们在后续章节会进一步说明。

第 07 行：这个部分有两点要说明：第一点是"println( )"输出显示的部分；第二点是";"分号的重要性。输出显示的部分："System.out.println( )"是 Java 语言的标准输出，使用的是 System 类中的子类 out，其中子类的 println( )是在屏幕显示输出的方式。输出的内容是括号"( )"中所指定的字符串（string），字符串的内容以一对""""符号包括起来的。out 类中的输出方式除了 println( ) 外，还有 print( )，二者的差别在于 println( )具有换行显示的功能，print( )则不具有换行显示的功能。

【标准输出语句】

```
System.out.println ("Welcome to Java World"); // println()具有换行显示功能
```

```
System.out.print ("Welcome to Java World");    // print()不具有换行显示功能
```

　　"//"程序注释：程序注释对于程序的编写是很重要的，注释能够使编写程序的作者或其他人清楚地了解这段程序以及整个程序的设计目的，对后续的维护有很大的帮助。其中"//"适用于单行或简短的程序注释；"/*"和"*/"则适用于多行或需要详细解释的注释。

　　";"分号：在 Java 程序设计中，每一行程序代码编写完毕后，在程序语句的末尾都必须加上";"分号，以明确说明这条程序语句到此已经结束了。假如没有加上分号，在编译时就会发生错误，这是初学者经常疏忽的地方。

　　至于程序代码编写格式的问题，Java 语言其实没有一定的规范，因为 Java 语言属于自由格式（Free-format）的编写方式，只要程序代码容易阅读，程序语法和逻辑无误，就可以正确执行。不过，适当地将程序代码"缩排"或"换行"可以让程序结构清楚且容易理解。

　　【用记事本（Notepad）应用程序编辑 Java 程序】

　　程序代码可参考图 1-38。

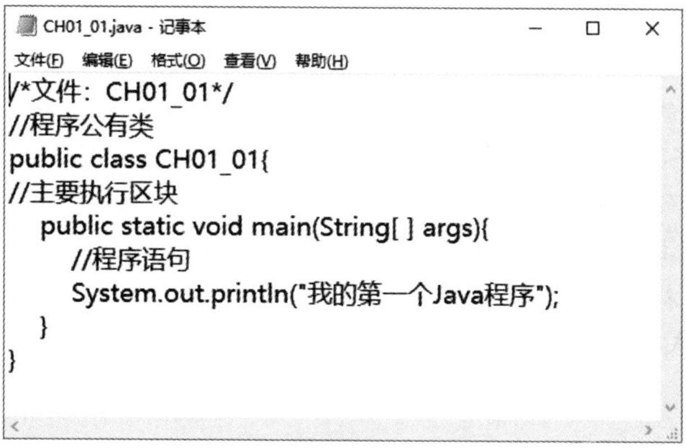

图 1-38

　　当使用记事本应用程序保存文件时，请在"保存类型"选项列表中选择"所有文件"，并将它命名为和程序中的公有类（声明为 public 的类）相同的名称。在此范例程序中的公有类名称为"CH01_01"，所以要将文件命名为 CH01_01.java。注意，如果"保存类型"设置成"文本文件(*.txt)"，就会使实际的文件名变成 CH01_01.java.txt，而这样命名的文件不是一个合法的 Java 程序文件，因而将无法被正常编译。

1.6　认识 Java SE 11 新增的功能

　　Java SE 11 是一个长期支持版本（Long-Term Support，LTS）。LTS 是软件产品生命周期的一种政策，特别是用于开源软件（Open Source Software，OSS，或称为开放源代码软件）的一种政策。开源软件是指源代码可以自由使用的一种计算机软件，这种软件的版权持有人在软件协议合约条文中保留一部分权利，并允许用户用于学习目的以及为持续提高软件质量而进行的修改和改进。

　　正因为 Java SE 11 是一种长期支持版本（LTS），它不仅延长了软件维护的周期，同时提升了所开发软件的可靠性，所以许多 Java 程序设计人员更加关注 Java SE 11 版本。

其实，对一位 Java 程序开发人员来说，JDK 的更新工作相当重要，因为 JDK 更新不仅可以获取最新的安全更新版本，修复了程序"臭虫"（Bug），还可以通过 JDK 的更新得到开发软件所应有的性能优化。最新的 Java SE 11 新增的功能包括 Nest-Based Access Control（基于嵌套的访问控制）、Dynamic Class-File Constants（动态类文件常数）、HTTP Client（HTTP 客户端）、ZGC：A Scalable Low-Latency Garbage Collector（可伸缩低延迟垃圾收集器）等重要特性。下面我们就几项特别的功能为大家摘要说明。

- 从 Java SE 平台和 JDK 中删除 Java EE 和 CORBA 模块，并删除了 JavaFX。其实，Java EE 和 CORBA 模块从 Java SE 9 版本就归类为不推荐使用（deprecated）。Java EE 平台提供了整套的 Web 服务技术，多年来，Java EE 版本在不断"进化"，并加入了许多与 Java SE 无关的技术，这使得 Oracle 公司同时维护两个 Java 版本的困难度越来越大；再者，由于独立的 Java EE 版本由第三方网站提供，因此 Java SE 或 JDK 中就没有必要再提供 Java EE 了。另外，CORBA 始于 20 世纪 90 年代，当前已经很少有人用 CORBA 开发 Java 应用程序，Oracle 公司认为维护 CORBA 的成本已远远超过了保留它带来的好处，因此在 JDK 11 中一并删除了 CORBA 模块。
- 升级现有平台的 API 以支持 Unicode 标准版 10.0。注释：Unicode 码是指"统一码、万国码"，以两个字节来表示，共有 65536 种组合，是 ISO-10646 UCS（Universal Character Set，通用字符集）的子集。
- HTTP 客户端(标准)功能在 JDK 9 版本时引入并在 JDK 10 中得到了更新，现在 java.net.http 程序包提供了标准化的 API。
- Lambda 表达式中隐式类型的形式参数允许使用保留类型名称 var，例如：

```
(var x, var y) -> x.process(y)
```

等同于下面的表达式：

```
(x, y) -> x.process(y)
```

有关 Lambda 表达式的进一步说明，请大家参阅 16.6 节中有关 Lambda 表达式的介绍。

以下列出的是目前在 JDK 11 版本中的 JDK 增强提案（JDK Enhancement Proposals，JEP）。

181: Nest-Based Access Control

309: Dynamic Class-File Constants

315: Improve Aarch64 Intrinsics

318: Epsilon: A No-Op Garbage Collector

320: Remove the Java EE and CORBA Modules

321: HTTP Client (Standard)

323: Local-Variable Syntax for Lambda Parameters

324: Key Agreement with Curve25519 and Curve448

327: Unicode 10

328: Flight Recorder

329: ChaCha20 and Poly1305 Cryptographic Algorithms

330: Launch Single-File Source-Code Programs

331: Low-Overhead Heap Profiling

333: ZGC: A Scalable Low-Latency Garbage Collector (Experimental)

336: Deprecate the Pack200 Tools and API

如果大家想要进一步了解上述"JDK 增强提案"中新增功能的细节说明，建议查询这个网站，网址为 https://jaxenter.com/jdk-11-jep-145675.html，如图 1-39 所示。

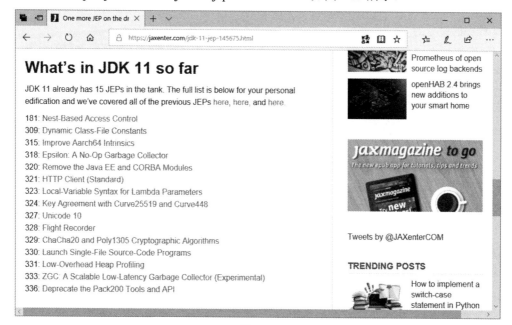

图 1-39

课后习题

一、填空题

1．Java 程序经编译器编译时会直接生成＿＿＿＿＿，然后通过各种平台上的 Java 虚拟机转换成机器码，才可以在各种平台的操作系统中执行。

2．＿＿＿＿＿是计算机与人类沟通的最低级语言，是以 0 与 1 的二进制值方式直接将机器码指令或数值输入计算机。

3．Java 的开发工具分为＿＿＿＿＿和＿＿＿＿＿两种。

4．所谓＿＿＿＿＿，表示 Java 语言的执行环境不偏向任何一个硬件平台。

5．＿＿＿＿＿的主要用途是用来区分程序的层级，使得程序代码易于阅读。

6．结构化程序设计的核心思想就是＿＿＿＿＿与＿＿＿＿＿的设计。

7．继承可分为＿＿＿＿＿与＿＿＿＿＿。

8．＿＿＿＿＿是面向对象设计的重要特性，它展现了动态绑定的功能，也称为"同名异式"。

9．Java 具备了＿＿＿＿＿，用户不需要在程序执行结束时来释放程序所占用的系统资源，Java

执行系统会自动完成这项工作。

10. Java 程序代码通过实用程序_____来编译生成字节码。

11. Java 内建了_____类，这个类包含各种与线程处理相关的管理方法。

12. Java 所谓的_____的设计概念使得 Java 没有任何平台的限制。

13. 如果 main( )的类名称是 Hello，那么该 Java 程序文件的名称为 Hello.java。在"命令提示符"下编译这个程序的命令是_____；如果编译无误，那么在"命令提示符"下的执行命令是_____。在 JDK 11 中，如果要略过编译成类文件的这个中间步骤，那么下达直接解释执行这个 Java 程序的命令为_____。

14. 在执行 Java 程序时，对象可以分散在不同计算机中，通过网络来存取远程的对象，这种特性称为_____。

二、问答与实践题

1. 请说明 Java 为什么不受任何机器硬件平台或任何操作系统的限制，而实现了跨平台执行的目的。

2. 说明创建 Java 应用程序的整个流程图。

3. 下列程序代码是否有误？如果有，请说明有错误的地方，并加以修正：

```
01    public class test {
02       public static void main(String[ ] args){
03          System.out.println (迈入Java殿堂的第一步)
04       }
05    }
```

4. 请简述程序设计语言的基本分类。

5. 评断程序设计语言好坏的要素有哪些？

6. 程序编写的三项基本原则是什么？

7. 试简述 Java 语言的特性（至少三种）。

8. Java 的开发工具可分成哪两种？

9. 简述 Java 程序语言的起源。

10. 试简述面向对象程序设计的三种重要特征。

11. 请比较编译器的编译与解释器的解释两者之间的差异性。

12. 试编写一个简单的 Java 程序，让它输出的结果为"今日事，今日毕"，如图 1-40 所示。

今日事，今日毕

图 1-40

13. 试编写一个简单的 Java 程序，它的输出结果如图 1-41 所示。

床前明月光
疑是地上霜
举头望明月
低头思故乡

图 1-41

14. 试编写一个简单的 Java 程序，它的输出结果如图 1-42 所示。

```
    *
   ***
  *****
   ***
    *
```

图 1-42

第2章

认识数据处理与表达式

计算机主要的特点之一就是具有强大的计算能力，能把从外界得到的数据输入计算机，并通过程序来进行运算，最后输出所要的结果。下面我们从数据处理的角度来认识 Java。Java 中任何数据处理的结果都是由表达式来完成的。通过不同的操作数与运算符的组合就可以得到程序设计者所要的结果。在本章中，我们将认识变量与常数的使用以及 Java 语言中常见的基本数据类型，其中的数据类型代表变量使用内存空间的大小，而变量用于存放程序执行时的数据（如图 2-1 所示）。同时，我们还会示范如何进行各种数据类型之间的转换。

图 2-1

本章的学习目标

- 变量与常数的使用
- 基本数据类型
- 自动数据类型转换
- 基本输入与输出
- 强制类型转换

2.1 数据类型介绍

当程序执行时，外界的数据进入计算机后，当然要有一个"栖身"之处，这时系统就会分配一个内存空间给这份数据。而在程序代码中，我们所定义的变量（Variable）与常数（Constant）的主要用途就是存储数据，并用于程序中的各种计算与处理。Java 语言是一种强类型（Strongly Type）语言，意思是指："变量在使用之前，必须声明其数据类型，我们可以任意存取这个变量的值，但是变量所声明的数据类型在程序中不可以随意变更。"

Java 的数据类型可以分成"基本（Primitive）数据类型"与"引用（Reference）数据类型"。基本数据类型在声明时会先分配内存空间，目前 Java 共有 byte、short、int、long、float、double、char 和 boolean 八种基本数据类型。而引用数据类型则不会在声明时就分配内存空间，必须另外指定内存空间，也就是说，引用数据类型的变量值其实记录的是一个内存地址，这种类型的数据类型有数组、字符串。图 2-2 说明了基本数据类型中 8 种数据类型的分类关系。

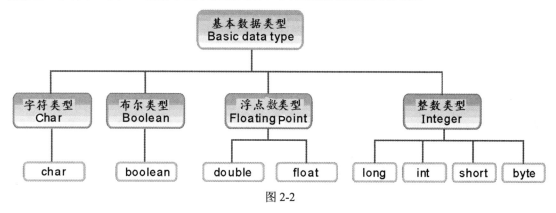

图 2-2

2.1.1 整数类型

整数类型用来存储不含小数点的数据，与数学上的意义相同，如-1、-2、-100、0、1、2、100等。整数类型分为 byte（字节）、short（短整数）、int（整数）和 long（长整数）4 种，按数据类型的存储单位及数值表示的范围整理如表 2-1 所示。

表 2-1

基本 数据类型	名称	字节数 /byte	使用说明	数值范围	默认值
byte	字节	1	最小的整数类型，适用时机：处理网络或文件传递时的数据流（Stream）	-127~128	0
short	短整数	2	不常用的整数类型，适用时机：16 位计算机，但现在已经慢慢减少	-32768~32767	0

（续表）

基本 数据类型	名称	字节数 /byte	使用说明	数值范围	默认值
int	整数	4	最常使用的整数类型,适用时机:一般变量的声明、循环的控制单位量、数组的索引值（Index）	-2147483648 ~2147483647	0
long	长整数	8	范围较大的整数类型,适用时机:当 int（整数）不够使用时，可以将变量晋升至 long（长整数）	-9223372036854775808L ~9223372036854775807L	0L

【范例程序：CH02_01】

```
01    // CH02_01.java，字节数据类型声明的实例
02    public class CH02_01 {
03        public static void main (String args[ ]) {
04            byte a=123;  // 声明字节数据类型并赋初值
05            byte b=1234;
06        }
07    }
```

【程序的编译结果】

程序的编译结果可参考图 2-3。

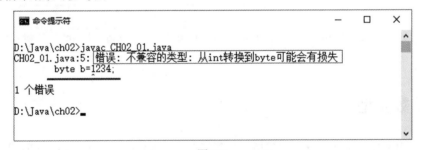

图 2-3

程序 CH02_01 经编译后，编译器提示程序中有一处错误，并说明是数据类型声明的错误，byte（字节）可表示的数值范围是-127~128，因而第 05 行导致编译失败，因为 1234 已经超出 byte 类型数值的范围，而第 04 行编译成功，因为 123 符合所规定的范围。我们可以把第 05 行程序修改为"short b=1234"，即采用 short（短整数）数据类型，这样 1234 就包括在数据类型指定的范围内了。

2.1.2 浮点数类型

浮点数（Floating Point）就是带有小数点的数字，也就是我们在数学上所指的实数。由于程序设计语言普遍应用于许多科学的精密运算，因此整数所能表示的数值范围显然不足，这时浮点数就派上用场了。

浮点数的表示方法有两种，一种是小数点表示法；另一种是科学记数法表示法。例如，3.14 和-100.521 是小数点表示法，而 6e-2 和 3.2E-18 是科学记数法表示法。在科学记数法表示法中，其中的 e 或 E 代表以 10 为底数，例如 6e-2，其中 6 被称为有效数值，-2 被称为指数。表 2-2 所示为小数点表示法与科学记数法表示法的对照表。

表 2-2

小数点表示法	科学记数法表示法
0.007	7e-3
-376.236	-3.76236e+02
89.768	8.9768e+01
3450000	3.45E6
0.000543	5.43E-4

尤其是当需要进行小数基本四则运算时，或者数学运算上的开平方根（$\sqrt{\ }$）与求三角函数的正弦、余弦等运算时，运算结果需要精确到小数点后几位，这时就会使用到浮点数类型。Java 浮点数类型包含 float（浮点数）和 double（双精度浮点数），如表 2-3 所示。

表 2-3

基本数据类型	名称	字节数/byte	使用说明	数值范围	默认值
float	浮点数	4	单精度的数值，适用时机：当需要小数计算但精度要求不高时，float（浮点数）应该就够用了	1.40239846E-45 ~3.40282347E+38	0.0f
double	双精度浮点数	8	双精度的数值，适用时机：小数计算精准度要求高，譬如"高速数学运算""复杂的数学函数"或"精密的数值分析"	4.94065645841246544E-324~ 1.79769313486231570E308	0.0d

【范例程序：CH02_02】

```
01   // CH02_02.java, 浮点数与双精度浮点数的声明
02   public class CH02_02 {
03       public static void main(String args[ ] ){
04           float a=12.5f;
05           double b=123456.654d;
06           System.out.println("a="+a);
07           System.out.println("b="+b);
08       }
09   }
```

【程序的执行结果】

程序的执行结果可参考图 2-4。

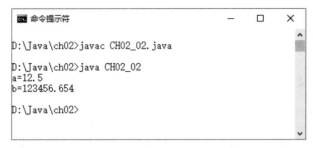

图 2-4

【程序的解析】

程序代码的第 04 行声明了一个名称为 a 的浮点数，它被赋予的初值为 12.5f，该数值的后面多加了一个字母 "f" 作为 float（浮点数）的标记，程序代码的第 05 行声明了一个名称为 b 的浮点数，它被赋予的初值是 123456.654d，这个数值的后面多加了一个字母 "d" 作为 double（双精度浮点数）的标记。数值后面的大写字母 "F" 和大写字母 "D" 与它们的小写字母表示的意思相同。通常在编写程序时，在浮点数后面有没有这样的标记并无太大的关系。

2.1.3　布尔类型

布尔（Boolean）类型的变量用于关系运算的判断或逻辑运算的结果，例如判断 "5>3" 是否成立，判断结果的布尔值只有 true（真）和 false（假）两种。

【范例程序：CH02_03】

```
01    // CH02_03.java，布尔值的声明与打印输出
02    public class CH02_03 {
03        public static void main(String args[]) {
04            boolean logic=true;  // 设置布尔变量的值为false
05            System.out.println("声明的布尔值="+logic);
06        }
07    }
```

【程序的执行结果】

程序的执行结果可参考图 2-5。

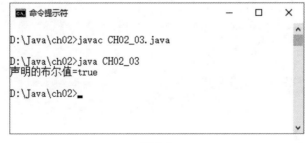

图 2-5

2.1.4　字符类型

在 Java 中，字符数据类型为 char，它是一种使用 16 位（16-bit）二进制数所表示的 Unicode 字符。表 2-4 列出了 char 数据类型的存储单位及数据值表示的范围。

表 2-4

基本数据类型	名称	字节数/byte	位数/bit	数值范围	默认值
char	字符	2	16	\u0000~\uFFFF	\u0000

在 Java 程序中，可以使用单引号将字符引起来，以此表示字符数据类型的值。大家要特别注意的是，字符数值是用单引号标注单个字符而不是使用双引号，这和字符串（例如"学无止境"）以双引号标注是不一样的，例如字符变量的赋值方式：

```
char ch1='X';
```

另外，也可以用'\u 十六进制数字'的方式来表示字符的值，\u 表示 Unicode 码格式。不同的字符有不同的数据表示值，如字符@的数据表示值为'\u0040'，字符 A 的数据表示值为'\u0041'。

【范例程序：CH02_04】

```
01    // CH02_04.java, 字符数据类型声明的实例
02    public class CH02_04 {
03       public static void main(String args[ ]) {
04          char ch1='X';
05          char ch2='\u0058';  //Unicode编码的写法
06          System.out.println("ch1="+ch1);
07          System.out.println("ch2="+ch2);
08       }
09    }
```

【程序的执行结果】

程序的执行结果可参考图 2-6。

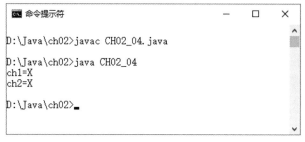

图 2-6

【程序的解析】

第 04、05 行：两种不同方式的字符数据类型写法，可以直接写字符'X'，如果知道该字符的 Unicode 编码，也可以用字符对应的 Unicode 编码的十六进制数值来作为字符值。

另外，字符类型的数据中除了一般的字符外，还有一些特殊的字符无法使用键盘来输入或直接显示在屏幕上。这时必须在字符前加上反斜杠"\"来通知编译器将后面的字符当成一个特殊字

符，就是所谓的转义序列字符（Escape Sequence Character），用于某些特殊的控制功能。例如，'\n'
是表示换行功能的转义序列字符。有关各种转义序列字符与 Unicode 码之间的关系，请参考表 2-5
的说明。

表 2-5

转义字符	说明	十六进制 Unicode 编码
\b	退格字符（Backspace），回退一格	\u0008
\t	水平制表符（Horizontal Tab）	\u0009
\n	换行符（New Line）	\u000A
\f	换页符（Form Feed）	\u000C
\r	回车符（Carriage Return）	\u000D
\"	显示双引号（Double Quote）	\u00022
\'	显示单引号（Single Quote）	\u00027
\\	显示反斜杠（Backslash）	\u0005C

2.2 变量与常数

前文已经介绍过，外界的数据进入计算机需要有一个"栖身"之所，系统会分配内存空间用
于存储这些数据。在程序代码中所定义的变量（Variable）与常数（Constant）就让编译器在程序投
入系统运行时给这些变量与常数分配内存空间，以便参与程序中的各种运算与处理。变量是一种可
变动的数值，它的数值会根据程序内部的处理与运算进行变更。简单来说，变量与常数都是程序设
计人员用来存取内存中数据内容的一个标识码，两者最大的差异在于变量的内容会随着程序执行而
改变，但常数则会固定不变。

2.2.1 变量与常数的声明

变量是具备名称的一块内存空间，用来存储可变动的数据内容。当程序需要存取某个内存的
内容时，就可以通过变量名称将数据从内存中取出或写入这个内存空间。在使用变量前，必须对变
量进行声明，Java 语言的变量声明语句可分为"数据类型"与"变量名称"两部分。声明语句的语
法如下：

```
数据类型变量名称;        // 符号 ";" 表示语句的结束
```

假如我们声明两个整数变量 num1 和 num2，其中 int 为 Java 语言中用于声明整数类型的关键
字（keyword）：

```
int num1=30;
int num2=77;
```

这时 Java 会分别自动分配 4 字节的内存空间给变量 num1 和 num2，它们的存储值分别为 30

和 77。当程序运行过程中需要存取这块内存空间的内容时，就可以直接使用变量名称 num1 与 num2
来进行存取，如图 2-7 所示。

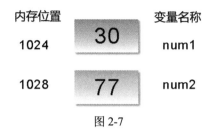

图 2-7

以上为单个变量声明的程序语句，当同时要声明多个相同数据类型的变量时，可使用逗号 "，"
来分隔变量名称，例如：

```
long apple, banana ; // 同时声明多个 long 类型的变量，以逗号作为分隔符
```

完成变量的声明后，有些变量可根据需要赋初值，就是在变量声明的语句中加入初值的设置，
语法如下：

```
数据类型变量名称=初值；
```

例如：

```
int apple =5;      // 声明单个 int 类型的变量，并把它的初值设置为 5
boolean a=true,b=false;  // 同时声明多个 boolean 类型的变量，并赋初值
```

在赋初值时，注意数据类型的字符和浮点数的赋值。给 char 数据类型赋初值有三种方法：字
符、Unicode 码以及 ASCII 码，其中初值为字符、Unicode 码格式时，必须在字符的左右两边各加
上单引号 "'"。如下所示：

```
char  apple ='@';            //用字符表示方式来赋初值 "@"
char  apple ='\u0040';  //用 "@" 字符对应的 Unicode 码格式来赋初值，即 "\u0040"
char  apple =64;         //用 "@" 字符对应的 ASCII 码 "64" 来赋初值，ASCII 码用十进制数表示
```

2.2.2　变量与常数的命名规则

在 Java 语言中，标识符（Identifier）用来命名变量、常数、类、接口、方法，标识符是用户
自行命名的文字串，由英文大小写字母、数字或下画线 "_" 等符号组合而成，变量命名有一定的
要求与规则：

- 必须为合法的标识符，变量名的第一个字符必须是字母、$或 "_" 中的一种。变量名的第
  一个字符之后可以是字母、$、数字或 "_" 等，而且变量名最长可以有 255 个字符。另外，
  在 Java 中，变量名中字母大小写的不同会被视为不同的变量。例如，M16 与 m16 其实表
  示两个不同的变量。

- 变量名不可以是关键字（Keyword）、保留字（Reserved Word）、运算符以及其他一些特殊
  字符，如 int、class、+、-、*、/、@、#等。在 Java 语言中，关键字由具有明确意义的英
  文单词组成，这些单词被赋予了构建程序的功能，如声明变量数据类型、程序的流程控制、

表示布尔值等。Java 语言中共有 52 个关键字，在使用时必须注意每一个关键字中的英文字母全为小写。表 2-6 所示是按功能分类的 Java 关键字。

表 2-6

程序流程控制	do	while	if	else	for	goto
	switch	case	break	continue	return	throw
	throws	try	catch	finally		
声明数据类型	double	float	int	long	short	boolean
	byte	char				
对象特性声明	synchronized	native	import	public	class	static
	abstract	private	void	extend	protected	default
	implements	interface	package			
其他功能	this	new	super	instanceof	assert	null
	const	strictfp	volatile	transient	true	false
	final					

● 在同一个作用域（scope）内，变量名必须是独一无二的；处于不同作用域时，变量名可以相同。注意：变量的作用域就是指变量的有效范围。

虽然变量的命名从语法上讲只需要遵守上面的三个主要规则即可，但是在实际应用中，建议大家参考各个研发公司所制定的有关 Java 程序编写的规范，因为如果大家都能遵守这些惯用的命名法，所编写而成的程序就可以维持一致性，无论是在程序的阅读或维护上都较容易。下面列出编写程序时建议的几个重要规范。

● 不取无任何含义的变量名称：在为变量命名时，还必须考虑一个重要原则，就是尽量使用有明确含义的名称，避免无任何含义的变量名称，如 abc。尽量使用有代表意义的名称，有明确含义的名称可以突显变量在程序中的用途，让程序代码易于理解、查错、调试以及日后的维护。例如可以把存储"姓名"的变量命名为 name，把存储"成绩"的变量命名为 score 等。

● 注意变量名中字母的大小写：在 Java 程序中有一个不成文的规则，通常变量名是以小写英文字母作为开头的，再接上一个大写字母开头且有含义的单词，例如存储"用户密码"的变量命名为 userPassword。

表 2-7 列举了不同的命名结果，并说明了这些命名是否合乎 Java 语言的命名规则。

表 2-7

范例	合法	不合法	说明
My_name_is_Tim	√		符合命名规则
My_name_is_TimChen_Boy	√		比第一个变量名称长，但是 Java 变量名称的长度没有限制，所以符合命名规则
Java SE 11		√	不可以有空格符，正确的应该是"Java SE 11"

（续表）

范例	合法	不合法	说明
Java_11	√		符合命名规则
_TimChen	√		符合命名规则
AaBbCc	√		符合命名规则
11_Java		√	第一个字符不可以是数字，正确的应该是"Java11"或"_11Java"
@yahoo		√	不可以使用特殊符号"@"，可以更改为"yahoo"
A=1+1		√	不可以使用运算符"＋、－、×、\"

在变量声明方面，Java 与其他的程序设计语言最大的不同在于它舍弃了定义"常数"的声明，因此并不存在所谓的常数类型。不过，程序开发人员仍然可以使用 Java 关键字 final 来定义常数。final 关键字的作用是强调在此关键字后面的各种对象不能再被覆盖、覆写或重新定义。使用 final 关键字声明常数的方式如下：

```
final 数值类型常数名称 = 初始值；
```

例如：

```
final float PI = 3.1415926;
```

因为常数是一种固定、不会变动的数值，例如圆周率（PI）、光速（C）等，所以它的使用范围通常包括整个程序。因此常数经常被声明为类的成员，也就是所谓的成员数据，为了与普通变量有所区分，常数的命名大多是使用大写英文字母。

下面的范例程序实现了相对论公式的计算。我们定义了一个常数 C（光速）以及两个变量 m（质量）与 e（能量），通过这个范例程序我们来了解变量与常数的声明方式。

【范例程序：CH02_05】

```
01    // CH02_05.java，变量与常数的声明
02    public class CH02_05 {  //声明常数C（光速）
03        final static double C = 2997924581.2;
04        public static void main(String args[]) {
05            //声明变量e与m
06            int m;
07            double e;
08            //给变量赋值
09            m = 10;
10            e = m * C * C;
11            //输出到屏幕上
12            System.out.println("当质量为: " + m);
13            System.out.println("所释放出的能量为: " + e);
14        }
15    }
```

【程序的执行结果】

程序的执行结果可参考图 2-8。

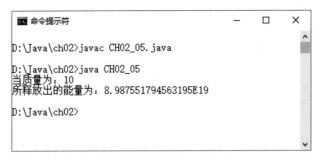

图 2-8

2.3　基本输入与输出功能

输入（Input）与输出（Output）是一个程序基本的功能。在 Java 中有各种负责数据输入输出的相关数据流（Data Stream）类，但是基础的 I/O 操作莫过于使用 System 类中的 out 对象与 in 对象，它们各自都拥有一些与标准输入（in 对象）和输出（out 对象）相关的方法（Method）。

2.3.1　在屏幕上输出数据

Java 的标准输出语句的声明方式如下：

```
System.out.print(数据);          //不会换行
System.out.println(数据);        //会换行
```

- System.out: 代表系统的标准输出。
- println 与 print: 它们的功能是将括号内的字符串打印输出。差别在于 print 在输出内容后不会换行，而 println 则会在输出内容后自动换行。
- 数据的格式可以是任何类型，包括变量、常数、字符、字符串或对象等。

再看看下面的程序语句的输出情况：

```
System.out.println("字符串 A" + "字符串 B");    //使用运算符"+"来执行字符串的串接运算
System.out.println (布尔值变量?变量 A:变量 B);  //使用三元条件运算符来进行条件判断
```

【范例程序：CH02_06】

```
01   //程序：CH02_06.java，基本输出
02   public class CH02_06 {
03       public static void main(String args[]) { //声明变量
04           String myStringA = "第一个字符串";
05           String myStringB = "第二个字符串";
06           String myStringC = "会串接在一起";
07           int myIntA = 3;
08           boolean myBoolean = true;
09           //在屏幕上输出
10           System.out.print("[JAVA基本输出练习]\n");
11           System.out.println(""真"的英文是" + myBoolean);
```

```
12          System.out.println(myStringA + myStringB);
13          System.out.println(myStringC);
14          System.out.println("1 + 2 = " + myIntA);
15          System.out.println("5 - 3 = " + (5 - myIntA));
16      }
17  }
```

【程序的执行结果】

程序的执行结果可参考图 2-9。

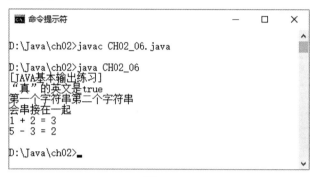

图 2-9

【程序的解析】

第 10 行：使用\n 转义控制字符强制 print()方法执行换行操作。

第 10~15 行：示范各种基本输出使用模式。

2.3.2　从键盘输入数据

在 Java 中，标准输入可以使用 System.in，并配合 read()方法，使用方式如下：

```
System.in.read();
```

- System.in：代表系统的标准输入。
- read()：这个方法的功能是先从输入流（例如键盘输入的字符串）中读取下一个字节，再返回这个字符的 ASCII 码（0~255 之间的整数）。

例如下面的程序语句：

```
System.out.println("请从键盘输入一个字符");
char data = (char) System.in.read();
```

在这段程序中，因为 read()会返回整数类型，要对返回的数值进行类型转换的操作（将 int 类型转换为 char 类型），所以必须在 read 方法前面加上“(char)”。另外，read()方法一次只能读取一个字符，由于在此程序中仅有一行调用 read()方法的语句，因此在键盘上无论输入多少个字符，它都只会读取第一个字符的 ASCII 值。

【范例程序：CH02_07】

```
01  //程序：CH02_07.java，基本输入
02  import java.io.*;
03  public class CH02_07 {
```

```
04        private static char myData;
05        public static void main(String args[]) throws IOException {
06            System.out.print("[基本输入练习]\n");
07            System.out.print("请输入字符：");
08            //输入字符
09            myData = (char)System.in.read();
10            System.out.println("输入的字符为：" + myData);
11        }
12    }
```

【程序的执行结果】

程序的执行结果可参考图 2-10。

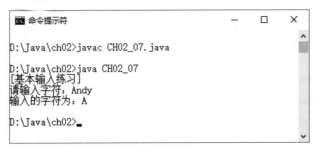

图 2-10

【程序的解析】

第 04 行：声明一个字符变量 myData，用以存储用户键盘所输入的字符数据。

但问题是输入的数据类型不可能只限于单个字符，基于这个理由，我们不妨使用 java.util.Scanner 类，在这个类中可以通过 Scanner 对象来从外界获取输入的数据。有关 Scanner 对象的创建方式，必须使用 new 运算符，其声明的语法如下：

```
java.util.Scanner input_obj=new java.util.Scanner(System.in);
```

当以上述语句创建好 Scanner 对象后，就可以调用该对象所提供的方法来获取用户从键盘输入的数据。例如要输入一整行字符串，Scanner 对象提供了 nextLine()方法；要获取输入的整数，Scanner 对象提供了 nextInt()方法；要获取输入的浮点数，Scanner 对象提供了 nextDouble()方法。下面为获取各种数据类型输入的语句：

```
java.util.Scanner input_obj=new java.util.Scanner(System.in);
System.out.print("请从键盘输入字符串类型：");
String StrVal =input_obj.nextLine();
System.out.println("您所输入的字符串值为"+StrVal);

System.out.print("请从键盘输入整数类型：");
int IntVal =input_obj.nextInt();
System.out.println("您所输入的整数值为 "+IntVal);

System.out.print("请从键盘输入浮点数类型：");
double DoubleVal =input_obj.nextDouble();
System.out.println("您所输入的浮点数为 "+DoubleVal);
```

2.4　数据类型的转换

Java 语言的数据类型定义很严谨，不允许数据类型之间随意转换（Conversion），也就是说原本把变量声明为 int 数据类型，如果给它赋予 char 类型的数据，在编译时就会发生错误。数据转换的方式有两种：一种是"由小变大"；另一种是"由大变小"。

2.4.1　由小变大模式

如果"目的变量"和"源变量或数据"之间的类型不相同，在转换时符合两个条件，转换后的源变量或数据类型就不会影响数值的精度。"由小变大"的转换机制会"自动转换"，而不会损失数据的精确度。下面列出转换的机制：

```
double(双精度浮点数) > float(浮点数) > long(长整数) > int(整数) > char(字符) > short(短整数) > byte(字节)
```

- 转换类型之间必须兼容。例如 short（短整数）可以和 int（整数）互相转换，但不可以和 byte（字节）互相转换。
- "目的变量"的数据类型必须大于"源变量或数据"的数据类型，也就是以数值范围较大的为主。例如 short（短整数）可以和 int（整数）互相转换；int（整数）可以和 long（长整数）互相转换。

2.4.2　由大变小模式

"由大变小"的转换机制需"指定转换"，当"目的变量"的数据类型小于"源变量或数据"的数据类型时，使用的转换语法如下：

```
(指定类型) 数据 | 变量;        // 注意括号不可省略
```

所谓"指定类型"是指目的类型。"数据 | 变量"指的是源变量或数据。数值大范围的数据类型转换成数值小范围的数据类型时，部分数据可能会被截去，即损失了精度。例如，声明两个整数变量分别为 X 和 Y，并各赋予了初值，X=19、Y=4。如果进行除法运算"X/Y"，那么运算的结果（Z）为 4，但是如果希望计算结果的精确度能够到小数点后面，结果的类型就不能使用"整数 int"，正确的做法应该是采用"强制类型转换"的方式来重新定义参与计算的变量值或数值：

```
Z=(float)X / (float)Y; // 先将 X 和 Y 原来声明的整数类型强制转变成浮点数类型
```

【范例程序：CH02_08】

```
01   //程序: CH02_08.java, 数据类型的转换
02   public class CH02_08 {
03     public static void main(String[ ] args) {
04        int i=10;
05        byte b=(byte) i;
06        byte b1=65;
07        char c=(char)b1;
```

```
08          System.out.println("i="+i);
09          System.out.println("b="+b);
10          System.out.println("b1="+b1);
11          System.out.println("c="+c);
12      }
13  }
```

【程序的执行结果】

程序的执行结果可参考图 2-11。

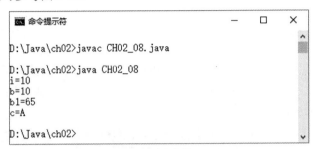

图 2-11

2.5　表达式与运算符

精确快速的计算能力是计算机最重要的能力之一，而这种能力是通过程序设计语言中各种五花八门的表达式来实现的。表达式（Expression）就像平常所用的数学公式一样，是由运算符（Operator）与操作数（Operand）所组成的。以下是一个简单的表达式：

```
d=a*b-123.4;
```

这个表达式中的 d、a、b、123.4 等常数或变量被称为操作数，而=、*、-等运算符号被称为运算符。Java 语言的运算符除了基本的加、减、乘、除四则运算符之外，还有很多运算符，例如赋值运算符（=）。表 2-8 列出了 Java 中基本的四则运算符以及其他用途的运算符。

表 2-8

运算符	功能说明
+	加法（Addition）
-	减法（Subtraction）
×	乘法（Multiplication）
/	除法（Division）
%	求余数（Modulus）
-x	负号
+x	正号
!	NOT 逻辑
--x	运算前递减
x--	运算后递减
++x	运算前递增

（续表）

运算符	功能说明
x++	运算后递增
==	等于
!=	不等于
>	大于
<	小于
>=	大于等于
<=	小于等于
&&	AND 逻辑
||	OR 逻辑
<<	位左移
>>	位右移
>>>	位左移，并且补 "0"
=	普通赋值
&=	AND 复合赋值
!=	OR 复合赋值
^=	XOR 复合赋值
>>=	右移复合赋值
<<=	左移复合赋值
>>>=	逻辑右移复合赋值

表达式由操作数和运算符组成。操作数代表运算数据，运算符代表运算关系，例如算术运算符、关系运算符、逻辑运算符、移位运算符以及赋值运算符等。任何运算都与操作数和运算符有关，如图 2-12 所示。

图 2-12　任何运算都与操作数和运算符有关

2.5.1　算术运算符

算术运算符（Arithmetic Operator）的用途类似一般数学运算中的加（＋）、减（－）、乘（×）

和除（÷）四则运算，是经常使用的数学运算符。这些算术运算符在 Java 语言中的用法及功能与它们在传统的数学中的用法及功能相同。不过，我们要注意的是加法运算符，在 Java 中，它除了可以执行数值加的运算，还具有"字符串串接"的功能。

（1）加、减、乘、除及求余数

加、减、乘、除及求余数运算符的用法可以参考表 2-9。

表 2-9

算术运算符	功能说明	使用范例	执行结果
+	加法	X=2 + 3	X=5
-	减法	X=5 - 3	X=2
*	乘法	X=5 * 4	X=20
/	除法	X=100 / 50	X=2
%	求余数	X=100 % 33	X=1

其中，四则运算符和数学上的功能一模一样，在此不多做介绍。而求余数运算符"%"用于计算两数相除后的余数，这个运算要求参与运算的两个操作数都必须是整数类型。

（2）递增（Increment）与递减（Decrement）运算

递增"++"和递减运算符"--"是对变量加 1 和减 1 的简写方式，这种运算只适用于整数类型的变量，属于一元运算符（或称为单目运算符），它们可增加程序代码的简洁性。要注意的是，递增或递减运算符在变量前后的位置不同，虽然都是对操作数执行加 1 或减 1 的运算，但是在表达式中的运算顺序还是有差别的，递增与递减运算符可以分为前缀（Prefix）和后缀（Postfix）两种。使用方式和运算结果可参考表 2-10。

表 2-10

使用方式	范例：X = 5	运算结果	说明
前缀（Prefix）	A=++X	A=6；X=6	先将 X 值加 1 后，再将 X 值存储于 A 中
	A=--X	A=4；X=4	先将 X 值减 1 后，再将 X 值存储于 A 中
后缀（Postfix）	A=X++	A=5；X=6	先将 X 值存储于 A 后，再将 X 值加 1
	A=X--	A=5；X=4	先将 X 值存储于 A 后，再将 X 值减 1

（3）数值的正负数表示

正数默认不需要带加号，但负数则要使用负号（即减法运算符）来表示。当负数进行减法运算时，为了避免运算符的混淆，最好以空格符或小括号"()"隔开，例如：

```
int x=5;        // 声明变量 x 为 int 整数类型，并把它的初值设为 5
x=x- -2;        // 用空格符隔开，避免和递减运算符相混淆
x=x-(-2);       // 用小括号隔开
```

【范例程序：CH02_09】

```
01    /*文件名：CH02_09.java
02    *说明：水果礼盒
03    */
04    public class CH02_09 {
```

```
05        public static void main(String args[]) {
06            int apple=15,banana=20;//声明变量
07            System.out.print("(1).小明买了苹果15个，香蕉20根，水果总共买了");
08            System.out.println((apple+banana)+"个");
09            System.out.print("(2).苹果每个3元，香蕉每根1元，总共花费了");
10            System.out.println((apple*3+banana*1)+"元");
11            System.out.print("(3).将苹果4个和香蕉3根装成一盒，共可装");
12            System.out.println((apple/4)+"盒");
13            System.out.println("(4).装盒后苹果剩下"+(apple%4)+"个，"+"香蕉剩下
    "+(20-apple/4*3)+"根");
14        }
15    }
```

【程序的执行结果】

程序的执行结果可参考图 2-13。

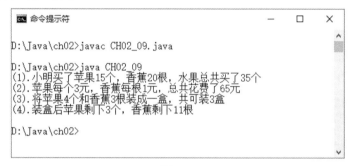

图 2-13

【程序的解析】

第 06 行：声明变量 apple（苹果）和 banana（香蕉），并分别设置初值为 15 和 20。根据数量的数据类型，因而声明这两个变量为 int 类型。

第 07~13 行：示范简单的算术运算。

2.5.2　关系运算符

关系运算符（Relational Operator）用于比较两个操作数之间的关系，是大于（＞）、小于（＜）还是等于（＝＝），诸如此类的关系都可以用关系运算符来运算。运算的结果为布尔值，如果关系成立，就返回真（true）；如果关系不成立，就返回假（false）。在 Java 中，关系比较运算符共有 6 种，如表 2-11 所示。

表 2-11

关系运算符	功能说明	范例	运算结果
==	等于	10 == 10	true
		5 == 3	false
!=	不等于	10 != 10	false
		5 != 3	true

（续表）

关系运算符	功能说明	范例	运算结果
>	大于	10 > 10	false
		5 > 3	true
<	小于	10 < 10	false
		5 < 3	false
>=	大于或等于	10 >= 10	true
		5 >= 3	true
<=	小于或等于	10 <= 10	true
		5 <= 3	false

需要注意的是，一般数学上使用"≠"表示不等于，但是"≠"符号在编辑软件中无法直接从键盘输入，因此 Java 语言使用"！="来代替"≠"表示不等于。另外，等于关系的表示方式在数学上一般使用一个等于符号（=）来表示，不过在 Java 语言中是以两个等于符号（==）来表示的，因此读者在编写 Java 程序中要表达"不等于"和"等于"时要多加注意。

【范例程序：CH02_10】

```
01   /*文件名：CH02_10.java
02   *说明：关系运算
03   */
04   public class CH02_10 {
05       public static void main(String args[]) {
06           System.out.print("15大于5 为"+(15>5)+"\n");
07           System.out.print("15小于5 为"+(15<5)+"\n");
08           System.out.print("15大于等于15 为"+(15>=15)+"\n");
09           System.out.print("15小于等于5 为"+(15<=5)+"\n");
10           System.out.print("15不等于5 为"+(15!=5)+"\n");
11           System.out.print("15等于5 为"+(15==5)+"\n");
12       }
13   }
```

【程序的执行结果】

程序的执行结果可参考图 2-14。

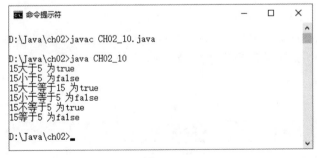

图 2-14

【程序的解析】

第 06~11 行：用关系运算符判断两个操作数之间的关系，判断的结果为布尔（Boolean）数据类型。

程序代码中使用 ""\n"" 表示 "换行" 的意思。

2.5.3　逻辑运算符

逻辑运算符（Logical Operator）用于基本的逻辑运算，判断的结果也是布尔数据类型，如果结果为真，其值为 true（可用数字 1 表示）；如果结果为假，其值为 false（可用数字 0 表示）。&& 和 || 运算符的运算顺序是从左到右，而 ! 运算符的运算顺序是从右到左。

逻辑运算符在运用上可分为 "布尔数据类型的逻辑运算" 和 "位的逻辑运算"。逻辑运算符用于判断两个关系运算符之间的关系，例如用于计算 "a>0 && b>0" 这类逻辑运算的结果。

（1）布尔数据类型的逻辑运算

Java 中的逻辑运算符共有 4 种，如表 2-12 所示。

表 2-12

逻辑运算符	功能说明	范例：boolean A,B	运算结果说明
!	NOT（非）	!A	当 A 为 true 时，返回值为 false； 当 A 为 false 时，返回值为 true
&&	AND（与）	A && B	只有当 A 和 B 都为 true 时，返回值为 true；否则返回值为 false
‖	OR（或）	A ‖ B	只有当 A 和 B 都为 false 时，返回值为 false；否则返回值为 true
^	XOR（异或）	A ^ B	只有当 A 和 B 都为 true 或都为 false 时，返回值为 false；否则返回值为 true

"!" 代表 "非"，是求反的意思。"&&"（AND）和 "‖"（OR）逻辑运算的真值表可参考表 2-13 和表 2-14。

表 2-13

&& （AND）逻辑	true（T）	false（F）
true（T）	T	F
false（F）	F	F

表 2-14

‖ （OR）逻辑	true（T）	false（F）
true（T）	T	T
false（F）	T	F

（2）位的逻辑运算

操作数在计算机内存中存储的值实际上是以二进制方式存储的。我们可以使用位运算符（Bitwise Operator）来对两个整数操作数进行位与位之间的逻辑运算。我们将整数转换成二进制数值时必须注意不同整数类型占用的存储空间，byte 类型的数值 5 占用一个字节，因而转换为二进制值为 "00000101"，即 8 个二进制位（bit）。若是 short 类型，则占用两个字节，对应 16 个二进制位；int 类型占用 4 个字节，对应 32 个二进制位；long 类型占用 8 个字节，占用 64 个二进制位。

Java 语言提供了 4 种位逻辑运算符，分别是&（AND，即"与"）、|（OR，即"或"）、^（XOR，即"异或"）与~（NOT，即"非"），如表 2-15 所示。

表 2-15

位 的 逻 辑 运算符	功能	A = 00000101 B = 00000111	运算结果	说明
~	NOT（非）	~A	11111010	1 转换成 0， 0 转换成 1
&	AND（与）	A & B	00000101	只有 1 & 1 为 1，否则为 0
|	OR（或）	A | B	00000111	只有 0 |0 为 0，否则为 1
^	XOR（异或）	A^B	00000010	只有 1^0 或 0^1 为 1，否则为 0

【范例程序：CH02_11】

```
01    /*文件名：CH02_11.java
02    *说明：逻辑运算
03    */
04    public class CH02_11 {
05        public static void main(String args[]) {
06            int a=15,b=3;
07            System.out.println("(a>10)&&(b>5)的返回值为 "+(a>10&&b>5));
08            System.out.println("(a>10)||(b>5)的返回值为 "+(a>10||b>5));
09            System.out.println("(a>10)&(b>5)的返回值为 "+(a>10&b>5));
10            System.out.println("(a>10)|(b>5)的返回值为 "+(a>10|b>5));
11            System.out.println("(a>10)^(b>5)的返回值为 "+(a>10^b>5));
12            System.out.println(" 15 & 3 的返回值为 "+(a&b));
13            System.out.println(" 15 | 3 的返回值为 "+(a|b));
14            System.out.println(" 15 ^ 3 的返回值为 "+(a^b));
15            System.out.println(" ~3 的返回值为"+(~b));
16        }
17    }
```

【程序的执行结果】

程序的执行结果可参考图 2-15。

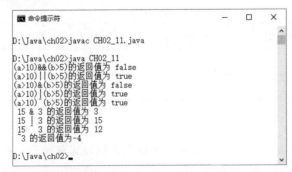

图 2-15

【程序的解析】

第 07~11 行：布尔类型的逻辑运算。

第 12~15 行：位的逻辑运算。

2.5.4　移位运算符

移位运算符（Shift Operator）应用于整数类型，将整数转换成二进制后，对二进制的各个位做向左或向右的移动。在 Java 语言中有两种移位运算符，可参考表 2-16 的说明。

表 2-16

移位运算符	功能	使用的语法	范例	运算结果	说明
<<（将数值的二进制位向左移动 n 位。向左移动后，超出存储范围的二进制位被舍去。如果被左移的是正数，右边空出的位则补上 0，如果被左移的是负数，右边空出的位则补上 1）	左移	整数值<<移位值	5<<2	20	5 的二进制值为 00000101，向左移两个位，将右边空出的位补上 0，得到 00010100，即为十进制数 20
			-5<<2	-20	-5 的二进制值为 11111010，向左移两个位，将右边空出的位补上 1，得到 11101011，即为十进制数 -20
>>（是将数值的二进制位向右移动 n 个位。向右移动后，超出存储范围的二进制位被舍去。如果被右移的是正数，左边空出的位则补上 0，如果被右移的是负数，左边空出的位则补上 1）	右移	整数值>>移位值	20>>2	5	20 的二进制值为 00010100，向右移两个位，将左边空出的位补上 0，得到 00000101，即为十进制数 5
			-20>>2	-5	-20 的二进制值为 11101011，向右移两个位，将左边空出的位补上 1，得到 11111010，换成整数为 -5

【范例程序：CH02_12】

```
01    /*文件名：CH02_12.java
02    *说明：移位运算
03    */
04    public class CH02_12 {
05        public static void main(String args[]) {
06            System.out.println("5 << 2 的返回值为 "+(5<<2));
07            System.out.println("-5 << 2 的返回值为 "+(-5<<2));
08            System.out.println("5 >> 2的返回值为 "+(5>>2));
09            System.out.println("-5 >> 2的返回值为 "+(-5>>2));
10        }
11    }
```

【程序的执行结果】

程序的执行结果可参考图 2-16。

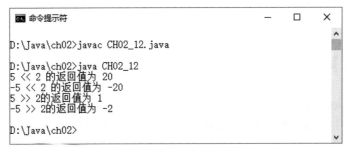

图 2-16

【程序的解析】

第 06~09 行：整数的移位运算。

2.5.5 赋值运算符

赋值运算符（Assignment Operator）由至少两个操作数组成，主要作用是将等号"="右方的值或者表达式的计算结果赋予等号左方的变量。由于是将"="号右边的值赋值给"="号左边，因此"="号的左边必须是变量，而右边则可以是变量、常数或表达式等。

初学者很容易将赋值运算符"="的作用和数学上的"等于"功能混淆，在程序设计语言中，"="主要是赋值的概念。以下是赋值运算符的使用方式：

变量名称 = 要赋予的值或表达式；

例如：

```
a= a + 5;          /* 将 a 值加 5 后赋值给变量 a */
c ='A';            /* 将字符'A'赋值给变量 c */
```

a=a+5 在数学上根本不成立，不过在 Java 的世界中，我们可以这样解读：当声明变量之后，在内存中已经给这个变量分配了内存空间，在后续使用中就要使用赋值运算符来给该变量赋值。Java 语言的赋值运算符除了一次给一个变量赋值外，还能够把同一个数值同时赋值给多个变量，例如：

```
int x,y,z;
x=y=z=200;         /* 把一个值同时赋给不同变量 */
```

在 Java 中还有一种复合赋值运算符，是由赋值运算符与其他运算符组合而成的。先决条件是赋值号"="右边的源操作数必须有一个和左边接收赋值数值的操作数相同，如果一个表达式含有多个复合赋值运算符，运算过程必须从右边开始，逐步进行到左边。

例如以"A += B;"语句来说，它就是语句"A=A+B;"的精简写法，也就是先执行 A+B 的计算，接着将计算结果赋值给变量 A。这类运算符的说明及使用语法如表 2-17 所示。

表 2-17

运算符	说明	使用语法
+=	加法赋值运算	A += B
-=	减法赋值运算	A -= B
*=	乘法赋值运算	A *= B
/=	除法赋值运算	A /= B
%=	余数赋值运算	A %= B
&=	AND 位赋值运算	A &= B
|=	OR 位赋值运算	A |= B
^=	XOR 位赋值运算	A ^= B
<<=	位左移赋值运算	A <<= B
>>=	位右移赋值运算	A >>= B

下面的范例程序用于说明复合赋值运算符的使用方式。要特别注意的是，在运算过程中，运算的顺序是从赋值号的右边开始的，而后逐步进行到左边。例如，复合赋值运算符在多重表达式中的使用：

```
a+=a+=b+=b%=4;
```

这个表达式的实际运算顺序和运算过程如下：

```
b =b%4
b=b+b;
a=a+b;
a=a+a;
```

【范例程序：CH02_13】

```
01    /*文件名: CH02_13.java
02    *说明: 赋值运算
03    */
04    public class CH02_13 {
05       public static void main(String args[]) {
06          int A=5;
07          System.out.println("A=5 ");
08          A+=3+2;
09          System.out.println("A+= 3+2 的值为 "+(A));
10          A=5;
11          A-=5-4;
12          System.out.println("A-= 5-4 的值为 "+(A));
13          A=5;
14          A*=2*3;
15          System.out.println("A*= 2*3 的值为 "+(A));
16          A=5;
17          A/=10/5+3;
18          System.out.println("A/= 10/5+3 的值为 "+(A));
19          A=5;
20          A%=15%4;
21          System.out.println("A%= 15%4的值为 "+(A));
22          A=5;
```

```
23          A &=5-3;
24          System.out.println("A&= 5-3 的值为 "+(A));
25          A=5;
26          A|=2;
27          System.out.println("A|= 2 的值为 "+(A));
28          A=5;
29          A^=2+1;
30          System.out.println("A^= 2+1 的值为 "+(A));
31      }
32  }
```

【程序的执行结果】

程序的执行结果可参考图 2-17。

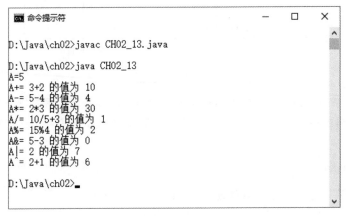

图 2-17

【程序的解析】

第 06~30 行：变量 A 的赋值运算。

2.5.6　运算符的优先级

一个表达式中往往包含多个运算符，这些运算符执行的先后顺序如何呢？这时就需要按照运算符的优先级来建立运算规则。当表达式中使用多个运算符时，例如 z=x+3*y，就必须按照运算符的优先级来进行运算。按照数学基本运算中"先乘除后加减"的规则，这个表达式会先执行 3*y 的运算，把运算的结果与 x 相加，再将相加的结果赋值给 z，最后得到这个表达式的最终运算结果。在 Java 中，在处理含有多个运算符的表达式时，同样必须遵守一些规则与步骤，说明如下：

（1）当遇到一个表达式时，先区分运算符与操作数。

（2）按照运算符的优先级进行整理。

（3）将各个运算符根据其结合顺序进行运算。

在进行包含多种运算符的运算时，必须先了解各种运算符的"优先级"和"结合律"。假如表达式中有多个运算符，那么各个运算符要按照既定的顺序完成运算，这里所说的顺序就是运算符"优先运算的顺序"。表达式中常见的括号（如"( )"）具有最高的优先级，即括号内的运算优先级高于括号外的运算优先级。表 2-18 列出了 Java 中各种运算符的优先级。

表 2-18

优先级	运算符	结合律
1	括号：()、［］	从右到左
2	递增：++ 递减：-- 负号：- NOT（非）：！ 补码：~	从左到右
3	乘：* 除：/ 求余数：%	从左到右
4	加：+ 减：-	从左到右
5	位左移：<< 位右移：>> 无正负号的位右移：>>>	从左到右
6	小于：< 大于：> 小于等于：<= 大于等于：>=	从左到右
7	等于：== 不等于：!=	从左到右
8	AND（与）位逻辑运算：&	从左到右
9	XOR（异或）位逻辑运算：^	从左到右
10	OR（或）位逻辑运算：|	从左到右
11	AND（与）逻辑运算：&&	从左到右
12	OR（或）逻辑运算：||	从左到右
13	条件选择运算符：?:	从右到左
14	赋值运算：=	从右到左
15	复合赋值运算：+=、-=、*=、/=、%=、&=、|=、^=	从右到左

表 2-18 中所列的优先级，1 代表最高优先级，15 代表最低优先级。"结合律"指在表达式中遇到同等级优先级时的运算规定，如"3+2－1"，加号"＋"和减号"－"同属于优先级 4，根据结合律，顺序是从左到右，先从最左边执行"3+2"的运算后，再往右执行减"－1"的运算。程序设计人员应该熟悉各个运算符的优先级和结合律，这样在编写程序时才不至于出现这类错误或不合理的问题。

2.6 高级应用练习实例

本章主要讨论了 Java 语言的基本数据处理,包括变量与常数、各种数据类型、类型转换和运算符等。另外,如果可以灵活使用各种数据类型,再搭配简易的输出指令和运算符,就可以编写出许多实用的程序。

2.6.1 多重逻辑运算符的应用

我们知道逻辑运算符运用于条件判断表达式来控制程序执行的流程,而一个条件判断表达式中可以使用多个逻辑运算符。不过,当连续使用逻辑运算符时,它的计算顺序为从左到右进行。以下程序中声明了 a、b 和 c 三个整数变量,并赋予了初值,请判断以下两个表达式结果的真假值(布尔类型的结果,true 或者 false):

```
a<b && b<c || c<a
!(a<b) && b<c || c<a
```

【综合练习】多重逻辑运算符的应用与范例

```
01   // 多重逻辑运算符的应用与范例
02   public class WORK02_01 {
03      public static void main (String args[] ) {
04         int a=7,b=8,c=9; /*声明a、b和c三个整数变量,并赋初值*/
05         System.out.println("a<b && b<c || c<a = "+(a<b && b<c || c<a));
06         /* 先计算"a<b && b<c",再将结果与"c<a"进行OR的运算 */
07         System.out.println("!(a<b) && b<c || c<a = "+(!(a<b) && b<c || c<a));
08      }
09   }
```

【程序的执行结果】

程序的执行结果可参考图 2-18。

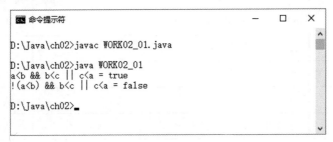

图 2-18

2.6.2 位逻辑运算符的运算练习

请大家运用位逻辑运算符对两个整数 12 与 7 进行位与位之间的 AND、OR、XOR 位逻辑运算,并显示出运算结果。

【综合练习】位逻辑运算符的应用与范例

```
01    // 位逻辑运算符的应用与范例
02    public class WORK02_02 {
03    public static void main (String args[]) {
04    int bit_test=12;/* 声明整数变量并赋初值 (00001100) */
05       int bit_test1=7;/* 声明整数变量并赋初值 (00000111)*/
06       System.out.println("bit_test="+bit_test+" bit_test1= "+bit_test1);
07    System.out.println("-------------------------------------------");
08    /* 执行 AND、OR、XOR 位逻辑运算 */
09    System.out.println("执行 AND 运算的结果:"+(bit_test & bit_test1));
10    System.out.println("执行 OR  运算的结果:"+(bit_test | bit_test1));
11    System.out.println("执行 XOR 运算的结果:"+(bit_test ^ bit_test1));
12       }
13    }
```

【程序的执行结果】

程序的执行结果可参考图 2-19。

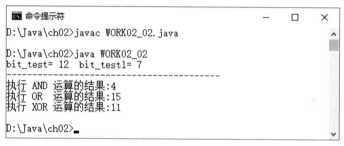

图 2-19

2.6.3　自动类型转换与强制类型转换的比较

我们知道强制类型转换可以用来弥补自动类型转换无法处理的情况。例如下面的情况：

```
      int i=100, j=3;
float Result;
      Result= i /j;
```

这时自动类型转换会将 i/j 的结果（整数值 33）转换成 float 类型，再赋值给 Result 变量，得到 33.000000，而 i/j 小数点后面的部分完全被舍弃了，因此无法得到精确的结果值。如果我们要获取小数部分的数值，请试着在上述程序代码中增加强制类型转换的功能。

除了由编译器自行转换的自动类型转换之外，Java 语言还允许用户强制转换数据类型。例如，如果想让两个整数相除得到更精确的结果，那么可以用强制类型转换，即将两个整数转换成浮点数类型。要在表达式中强制转换数据类型，采用如下语法：

(强制转换类型名称)　表达式或变量；

例如以下程序片段：

```
int a,b,avg;
avg=(float)(a+b)/2；/* 将 a+b 的结果值强制转换为浮点数类型 */
```

注意，上述程序语句中包含转换类型名称的小括号是绝对不可以省略的，否则计算结果得到的浮点数在被自动类型转换为整数时，小数部分会被直接舍弃。另外，在赋值运算符"="左边的变量不能进行强制数据类型转换，例如：

```
(float)avg=(a+b)/2;    /* 不合法的程序语句 */
```

【综合练习】强制类型转换练习

```
01    // 自动类型转换与强制类型转换的比较
02    public class WORK02_03 {
03      public static void main (String args[]) {
04    int i=100, j=3; /* 声明整数变量 i 与 j，并赋初值 */
05       float Result;    /* 声明浮点数变量 Result */
06       System.out.println("自动类型转换的执行结果为：");
07       Result=i/j;          /* 自动类型转换 */
08       System.out.println("Result=i/j="+i+"/"+j+"="+Result);
09       System.out.println("------------------------------------");
10       System.out.println("强制类型转换的执行结果为：");
11       Result=(float) i / j;   /* 强制类型转换 */
12    System.out.println("Result=(float)i/(float)j="+i+"/"+j+"="+Result);
13       System.out.println("------------------------------------");
14      }
15    }
```

【程序的执行结果】

程序的执行结果可参考图 2-20。

图 2-20

课后习题

一、填空题

1. _____是指"变量在使用之前，必须声明其数据类型，我们可以任意存取这个变量的值，但是变量所声明的数据类型不可以随意变更"。

2. Java 的数据类型可以分成_____与_____。

3. _____在程序设计语言中代表数据存储的内存空间。

4. 布尔数据类型数据结果的表示只有_____和_____两种。

5. 基本数据类型按照使用性质的不同，可分成_____、_____、_____及_____4 种。

6. 如果字母 B 的 Unicode 值为 42，它的 Java 字符数据表示值为_____。

7. Java 定义的整数类型包含_____、_____、_____和_____。

8. 声明语句的语法可分成_____与_____两部分。

9. 在字符前加上反斜杠 "\" 来通知编译器将后面的字符当成一个特殊字符，就是所谓的_____。

10. 表达式是由_____和_____组成的。

11. _____是用来表示 Unicode 码格式的，不同的字符有不同的数据表示值。

12. 当用负数进行减法运算时，为了避免分辨运算符造成的混淆，最好以_____或_____隔开。

二、问答与实践题

1. 说明 Java 中变量的命名规则有哪些注意事项。

2. 表 2-19 中不正确的变量命名违背了哪些原则？

表 2-19

变量命名	违背的原则
How much	
mail@+account	
3days	
while	

3. 递增（++）和递减（--）运算方式可分成哪两种？

4. 判断下列命名中哪些是合法的命名、哪些是不合法的命名？

    A. is_Tim

    B. is_TimChen_Boy_NICE_man

    C. Java SE 11

    D. Java_11

    E. #Tom

    F. aAbBcC

    G. 1.5_J2SE

5. 下列程序代码是否有错，如果有错，请说明原因。

```
01  public class EX02_05 {
02      public static void main(String args[ ]) {
03          int number1=15:number2=8; //声明两个变量，并赋初值
04          System.out.print("两个数相加的结果为：");
05          System.out.println(number1+number2);
06      }
07  }
```

6. 下列程序代码是否有错，如果有错，请说明原因。

```
01    public class EX02_06 {
02        public static void main(String args[ ]) {
03            int a,b;
04            float c=(a+b);
05            System.out.println("计算结果= "+c);
06        }
07    }
```

7. 请编写 Java 程序来实现"sum=12; t=2;sum+=t"这段程序代码，这段程序执行后，观察 sum 的值是多少，t 的值又是多少。

8. 请编程实现"int a=11,b=21,c=12,d=31;boolean ans=(c>a)&&(b<d)"这段程序代码，这段程序执行后，请问 ans 是多少？

9. 请解释什么是操作数和运算符，并列举各种运算符。

10. 试举出至少 10 个关键字。

11. 举例说明数据类型的自动类型转换。

12. 请比较下列运算符的优先级。

① 括号：( )、 [ ]

② 条件选择运算符：?:

③ 赋值运算：=

13. 请设计一个 Java 程序，可用来计算圆的面积及其周长。

14. 请设计一个 Java 程序，可用来计算梯形的面积。

15. 改写第 14 题，不过此次梯形的上底、下底和高可由用户自行输入，并计算梯形面积。

第3章

流程控制

　　程序执行的顺序并不会像南北直接贯通的高速公路那样，可以从北到南一路通到底，事实上程序执行的顺序可能复杂到像云贵高原的公路，九弯十八转，容易让人晕头转向，因此程序的控制流程就像为公路系统设计的四通八达的通行指示方向，如图3-1所示。Java的流程控制一般是按照程序源代码的顺序自上而下按序执行的，不过有时也会根据需要来改变程序执行的顺序，此时就是通过流程控制语句或指令来告诉计算机应该优先以哪一种顺序来执行程序，程序设计语言中的基本流程控制结构有三种，分别是顺序结构、选择结构和重复结构。本章将介绍 Java 语言中关于"流程控制"的使用方法。

图 3-1

本章的学习目标

- 程序的流程结构
- 条件结构
- switch 条件选择语句
- 条件运算符

- 循环结构
- 跳转控制语句

3.1　认识流程控制

Java 虽然是一种纯粹的面向对象的程序设计语言，但它仍然提供结构化程序设计的基本流程结构，现在分别介绍如下。

1．顺序结构

顺序结构是以程序的第一行语句为入口点，自上而下（Top-Down）执行到程序的最后一行语句。顺序结构在整个程序中没有特殊的流程、分支或跳转，大部分的程序都是按照这种结构化模块（Module）来设计的，如图 3-2 所示。

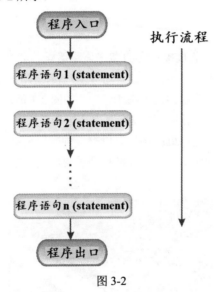

图 3-2

2．选择结构

选择结构是使用"条件判断"表达式的运算结果来决定程序的流程，如果条件成立，就执行一个流程分支；如果条件不成立，就执行另一个流程分支。不过，对于选择结构要注意的是，无论是条件成立的流程分支还是条件不成立的流程分支，它们流程结束的最终出口都是同一个，如图 3-3 所示。if、switch 条件语句是选择结构的典型代表。

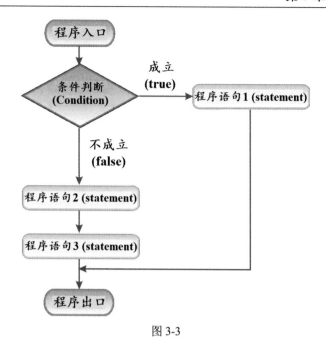

图 3-3

3. 重复结构

重复结构是一种循环控制，根据所设立的条件重复执行某一段程序语句，直到条件不成立，才会结束循环。重复结构的流程图如图 3-4 所示。

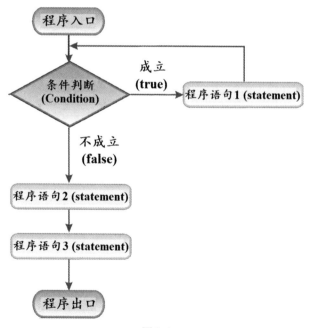

图 3-4

参考图 3-4，"条件判断"表达式成立时，则进入程序语句 1（statement）的分支流程，就是进入重复结构内（循环体内），执行完循环体内的程序语句后再次进入"条件判断"部分，直到条件不成立时才进入程序语句 2（statement），重复结构之外表示结束循环结构了，到循环体之外了。for、 while 或 do-while 是程序设计语言中循环结构的典型代表。

3.2 条件选择语句与条件运算符

Java 语言中有 if 和 switch 两种条件选择语句。if 条件语句是各种程序设计语言中常见的条件选择语句，就是根据所指定的"条件判断表达式"进行判断，用判断的结果来决定程序该执行哪一个程序分支。if 条件语句分为三种，分别是 if、if-else 和 if-else-if 语句，表 3-1 所示是它们的语法。

表 3-1

条件选择语句	声明语法	说明

if	if(条件判断表达){
	　　程序语句;
	}
		当 if 的条件判断表达式结果为 true 时，才会执行其中的"程序语句"

if-else	if(条件判断表达式){
	　　程序语句 A;
	}
	else{
	　　程序语句 B;
	}
		当 if 条件判断表达式结果为 true 时，执行"程序语句 A"；当结果为 false 时，执行"程序语句 B"

if-else-if	if(条件判断表达式){
	　　程序语句 A;
	}
	else if(条件判断表达式){
	　　程序语句 B;
	}
	……
	else{
	　　程序语句 N;
	}
		此条件语句可以使用 else if 进行多个条件的判断，当各个 if 条件判断表达式为 true 时，就会执行这段对应的程序语句

3.2.1 if 相关语句

if 条件选择语句只有在"条件判断表达式"的结果是 true 时（条件成立时），才会选择进入其中的"程序语句区块"（或称为程序语句片段）；如果条件不成立（条件判断表达式的结果为 false），就会跳离 if 条件选择语句。if 语句的语法如下：

```
if (条件判断表达式) {// 条件判断表达式可以是"比较两者之间的关系"，或者复杂的"条件表达式"
    程序语句区块;
}
```

当 if 的条件判断表达式结果为 true 时，才会执行"程序语句区块"的部分；如果条件判断表达式的结果是 false，就不会执行"程序语句区块"的部分。

例如：

```
if (a < b) {
    System.out.println ("比较结果正确");
}
```

又如若要判断 a 的值比 0 大，则打印输出"正整数"，语句如下：

```
if (a >0) {
  System.out.println ("正整数");
}
```

【范例程序：CH03_01】

```
01    /*文件:CH03_01.java
02     *说明:if条件选择语句
03     */
04
05    public class CH03_01 {
06        public static void main(String[] ages) {
07
08            //if条件选择语句使用范例
09            int Tim=20,Tracy=23;
10            System.out.println("Tim年龄="+Tim+",Tracy年龄="+Tracy);
11
12            if (Tim<Tracy){
13    System.out.println("Tim年龄比Tracy小"+'\n');
14            }
15
16            Tim=25;
17            System.out.println("Tim年龄="+Tim+",Tracy年龄="+Tracy);
18            if (Tim>Tracy){
19                System.out.println("Tim年龄比Tracy大"+'\n');
20            }
21
22            Tim=23;
23            System.out.println("Tim年龄="+Tim+",Tracy年龄="+Tracy);
24            if (Tim==Tracy){
25                System.out.println("Tim年龄和Tracy一样");
26            }
27        }
28    }
```

【程序的执行结果】

程序的执行结果可参考图 3-5。

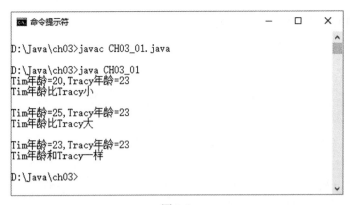

图 3-5

【程序的解析】

第 09 行：声明变量 Tim 和 Tracy，并赋予初始年龄，Tim 是 20 岁、Tracy 是 23 岁。

第 12 行：if 条件选择语句的条件判断表达式为"Tim<Tracy"，如果条件成立（true），就显示"Tim 年龄比 Tracy 小"。如果条件不成立（false），就不再继续往下执行 if 条件选择语句（第 12~14 行的程序代码），离开此段程序代码，继续往下执行。

第 16 行：更改 Tim 的年龄，将 Tim 赋值为 25，即 25 岁。if 条件选择语句的条件判断表达式为"Tim>Tracy"，如果该条件成立（true），就显示"Tim 年龄比 Tracy 大"；如果该条件不成立（false），就不再继续往下执行 if 条件选择语句（第 18~20 行的程序代码），离开此段程序代码，继续往下执行。

第 22 行：更改 Tim 的年龄，将 Tim 赋值为 23，即 23 岁。if 条件选择语句的条件判断表达式为"Tim==Tracy"，如果该条件成立（true），就显示"Tim 年龄和 Tracy 一样"；如果该条件不成立（false），就不再继续往下执行 if 条件选择语句（第 24~26 行的程序代码），离开此段程序代码。

3.2.2 if-else 相关语句

在 3.2.1 小节的 if 条件选择语句中，只有条件成立才会执行"{"和"}"大括号内的语句，如果条件不成立，就跳出 if 条件选择语句，没有任何打印输出的内容。但是，如果条件不成立时有另外的程序执行分支，就可以考虑使用 if-else 条件选择语句。例如，当 if 条件判断表达式结果为 true 时，执行"程序语句区块(1)"；当条件判断表达式结果为 false 时，执行"程序语句区块(2)"。if-else 条件选择语句的语法如下：

【if-else 条件选择语句的语法】

```
if (条件判断表达式) {
程序语句区块 (1);
}
else {
程序语句区块 (2);
}
```

例如要设计一段程序代码，如果 a 的值比 b 的值小，就打印输出"比较结果正确"；否则打印

输出"比较结果不正确",这段程序代码的编写如下:

```
if (a < b) {
System.out.println ("比较结果正确") ;
}else {
System.out.println ("比较结果不正确") ;
}
```

值得注意的是"程序语句区块"定义的问题,也就是大括号的标示问题,尤其是 else 之后的程序语句区块部分要记得加上大括号的标示,否则无法正确执行。

【范例程序:CH03_02】

```
01    /*文件: CH03_02.java
02    *说明: if-else条件选择语句
03    */
04
05    public class CH03_02{
06        public static void main(String[] ages) {
07
08            //if-else条件选择语句使用范例
09            int Tim=27,Tracy=23;
10            System.out.println("Tim年龄="+Tim+",Tracy年龄="+Tracy);
11
12            if (Tim<Tracy) {
13                System.out.println("Tim年龄比Tracy小"+'\n');
14            }else {
15                System.out.println("Tim年龄比Tracy大");
16            }
17        }
18    }
```

【程序的执行结果】

程序的执行结果可参考图 3-6。

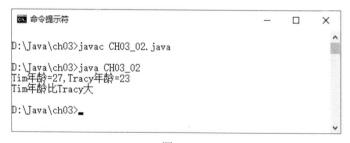

图 3-6

【程序的解析】

第 12 行:条件判断表达式为"Tim<Tracy"。如果条件成立,就显示"Tim 年龄比 Tracy 小";如果条件不成立,就显示"Tim 年龄比 Tracy 大"。

第 14 行:加入 else 的语句,增加了条件不成立时的程序执行分支,加强了判断结果的明确性。

3.2.3　if-else-if 相关语句

if-else-if 条件选择语句是 if 条件选择语句的变形，用来判断多个条件。此条件选择语句可以使用 else if 判断多个条件，当其中某个 if 条件判断表达式为 true 时，就会执行它对应的程序语句区块。if-else-if 语句执行条件判断表达式的顺序是自上而下，每次遇到 if 语句就需要进行"条件判断"，如果一直到最后所有的 if 语句都不成立，就执行最后一个 else 的程序语句区块。这种用法可以指定需要判断的各种情况，也能了解当条件不成立时原因为何。if-else-if 条件选择语句的语法如下：

```
if (条件判断表达式) {
程序语句区块 (1);
}else if (条件判断表达式) {
程序语句区块 (2);
}else {
程序语句区块 (3);
}
```

例如：

```
if (a < b) {
System.out.println ("比较结果正确 a<b") ;
}else if (a>b) {
System.out.println ("比较结果正确 a>b") ;
} else {
System.out.println ("两个数值相同") ;
}
```

【范例程序：CH03_03】

```
01  /*文件: CH03_03.java
02   *说明: if-else-if条件选择语句(1)
03   */
04
05  public class CH03_03 {
06     public static void main(String[] ages) {
07
08        //if-else-if条件选择语句使用范例
09        int Tim=27,Tracy=23;
10        System.out.println("Tim年龄="+Tim+",Tracy年龄="+Tracy);
11
12        if (Tim<Tracy){
13            System.out.println("Tim年龄比Tracy小"+'\n');
14        }else if (Tim>Tracy){
15            System.out.println("Tim年龄比Tracy大"+'\n');
16        }else{
17            System.out.println("Tim和Tracy年龄相同");
18        }
19
20        Tim=23;
21        System.out.println("Tim年龄="+Tim+",Tracy年龄="+Tracy);
22        if (Tim<Tracy){
23            System.out.println("Tim年龄比Tracy小"+'\n');
24        }else if (Tim>Tracy){
25            System.out.println("Tim年龄比Tracy大"+'\n');
26        }else{
```

```
27              System.out.println("Tim和Tracy年龄相同");
28          }
29      }
30  }
```

【程序的执行结果】

程序的执行结果可参考图 3-7。

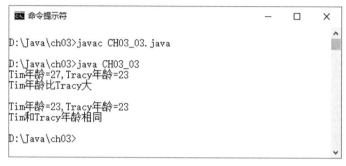

图 3-7

【程序的解析】

第 20 行：设置 Tim 的年龄为 23 岁，和 Tracy 相同。于是条件判断的结果一直到第 26 行程序语句才得知，两人的年龄既没有"Tim 比 Tracy 大"，也没有"Tim 比 Tracy 小"，则最终的结果显示为"Tim 和 Tracy 年龄相同"。

我们再来看另一个例子。

【范例程序：CH03_04】

```
01  /*文件:CH03_04.java
02   *说明:if-else-if条件选择语句(2)
03   */
04
05  public class CH03_04{
06      public static void main(String[] ages){
07
08          //变量声明
09          int score=88;
10          System.out.println("Tim学期成绩总分="+score);
11          //if-else-if条件选择语句使用范例
12          if(score>=90){
13              System.out.println("测验得分等级：A"+'\n');
14          }else if((score>=70)&&(score<90)){
15              System.out.println("测验得分等级：B"+'\n');
16          }else{
17              System.out.println("测验得分等级：C"+'\n');
18          }
19
20          score=60;
21          System.out.println("Tracy学期成绩总分="+score);
22          if(score>=90){
23              System.out.println("测验得分等级：A"+'\n');
24          }else if((score>=70)&&(score<90)){
```

```
25          System.out.println("测验得分等级：B"+'\n');
26      }else{
27          System.out.println("测验得分等级：C"+'\n');
28      }
29    }
30  }
```

【程序的执行结果】

程序的执行结果可参考图 3-8。

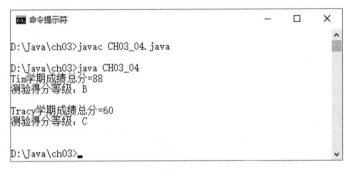

图 3-8

【程序的解析】

第 12~18 行：如果学期总成绩（score）为 88 分，那么换算成等级应该属于什么等级？"score>=90"为等级 A、"70<=score<90"为等级 B、"score<=70"为等级 C。

第 14、24 行：对于"70<=score<90"的描述，使用 AND（&&）逻辑运算符。

3.2.4 嵌套 if 语句

嵌套 if 语句是指"内层"的 if 语句是另一个"外层" if 的子语句，此子语句可以是 if 语句、else 语句或者 if-else 语句。

【嵌套 if 条件选择语句的语法】

```
if (条件判断表达式1) {
程序语句区块 (1);
if (条件判断表达式2) {
程序语句区块 (2);}
else {
程序语句区块 (3);
}
}
```

【范例程序：CH03_05】

```
01  /*文件：CH03_05.java
02   *说明：嵌套if语句
03   */
04
05  public class CH03_05{
06     public static void main(String[] ages){
```

```
07
08          //变量声明
09          int a=0,b=0;
10          System.out.println("AND逻辑门=("+a+","+b+")");
11          if (a==1){
12              if (b==1){
13                  System.out.println(a+"(AND)"+b+"="+"1"+'\n');
14              }
15              else{
16                  System.out.println(a+"(AND)"+b+"="+"0"+'\n');
17              }
18          }
19          else{
20              System.out.println(a+"(AND)"+b+"="+"0"+'\n');
21          }
22          a=1;
23          System.out.println("AND逻辑门=("+a+","+b+")");
24          if (a==1){
25              if (b==1){
26                  System.out.println(a+"(AND)"+b+"="+"1"+'\n');
27              }
28              else{
29                  System.out.println(a+"(AND)"+b+"="+"0"+'\n');
30              }
31          }
32          else{
33              System.out.println(a+"(AND)"+b+"="+"0"+'\n');
34          }
35          a=1;
36          b=1;
37          System.out.println("AND逻辑门=("+a+","+b+")");
38          if (a==1){
39              if (b==1){
40                  System.out.println(a+"(AND)"+b+"="+"1"+'\n');
41              }
42              else{
43                  System.out.println(a+"(AND)"+b+"="+"0"+'\n');
44              }
45          }
46          else{
47              System.out.println(a+"(AND)"+b+"="+"0"+'\n');
48          }
49      }
50  }
```

【程序的执行结果】

程序的执行结果可参考图 3-9。

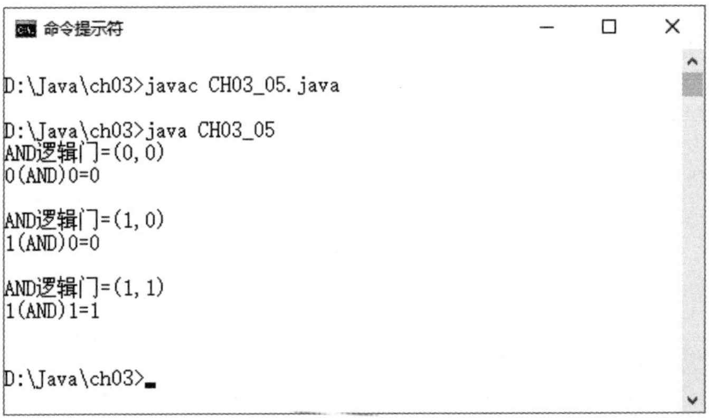

图 3-9

【程序的解析】

判断 AND 逻辑运算的结果。只有当参与 AND 逻辑运算的两个操作数同为 1 时，AND 逻辑运算的结果才为 1；其他组合的逻辑运算结果都为 0。

第 09~48 行：若 a=1 且 b=1，则显示结果为 1，其余组合则显示结果为 0。

3.2.5　switch 条件选择语句

在进行多重选择的时候，过多 if-else-if 条件选择语句的嵌套会造成程序维护上的困扰。在 Java 语言中提供了 switch 条件选择语句，使用它可以让程序更加简洁清楚。与 if 条件选择语句不同的是，switch 只有一个条件判断表达式。switch 是一种多选一的条件选择语句，它是按照条件判断表达式的运算结果来决定在多个程序分支中选择其中之一的程序分支，并执行这个程序分支内的程序代码。switch 条件选择语句的语法如下：

```
switch (表达式) {
case 数值1;
语句1;
break;
case 数值2;
语句2;
break;
default:
语句3;
}
```

在 switch 条件选择语句中，如果找到了 case 后面匹配的结果值，就会执行该 case 程序区块内的程序语句，当执行完这个 case 程序区块中的程序语句之后，程序流程并不会直接离开 switch 语句，还会往下继续执行其他 case 语句与 default 语句，这样的情况被称为"贯穿"（Falling Through）现象。

因此，我们通常在每个 case 程序区块后面加上 break 语句来结束 switch 语句，这样才可以避免"贯穿"的情况。至于 default 语句，我们可以把它放在 switch 语句的任何位置，表示如果找不到任何匹配的结果值，最后就要执行 default 语句。此外，如果 default 语句摆在所有 case 语句的最后，就可以省略 default 程序区块最后的 break 语句，否则就必须加上 break 语句来结束 switch 语句。另外，在 switch 语句中的花括号绝不可省略，这是"事故多发地"（程序容易出错的地方）。

如图 3-10 所示是 switch 条件选择语句的流程图。

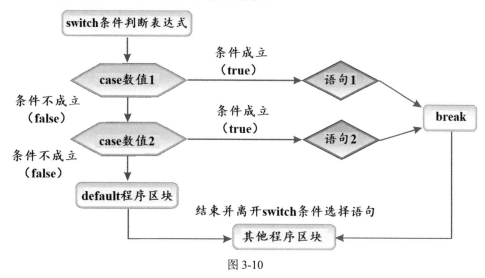

图 3-10

假如要从期末排名给予对应的奖励，使用 switch 条件选择语句的语法如下：

```
switch (期末排名) {
case 第一名:
出国旅行;
break;
case 第二名:
国内旅行;
break;
case 第三名:
购书礼券;
break;
default:
要多努力;
}
```

在上述的程序代码中，若排名是第一名，则获得的奖励是"出国旅行"；若排名是第二名，则获得的奖励是"国内旅行"；若排名是第三名，则获得的奖励是"购书礼券"；但若名次不在前三名，则没有奖励。

【范例程序：CH03_06】

```
01    /*文件: CH03_06.java
02     *说明: switch条件选择语句
03     */
04
05    public class CH03_06{
06       public static void main(String[] ages){
07
08          //变量声明
09          char math_score='A';
10          System.out.println("Michael数学成绩: "+math_score);
```

```
11          switch(math_score){
12              case'A':
13                  System.out.println("老师评语：非常好！真是优秀！"+'\n');
14                  break;   // break的作用是跳离switch条件选择语句
15              case'B':
16                  System.out.println("老师评语：也不错，但还可以更好！"+'\n');
17                  break;   // break的作用是跳离switch条件选择语句
18              case'C':
19                  System.out.println("老师评语：真的要多用功！"+'\n');
20                  break;   // break的作用是跳离switch条件选择语句
21              default:
22                  System.out.println("老师评语：不要贪玩，为自己多读书！"+'\n');
23          }
24
25      math_score='C';
26      System.out.println("Jane数学成绩："+math_score);
27          switch(math_score){
28              case'A':
29                  System.out.println("老师评语：非常好！真是优秀！"+'\n');
30                  break;   // break的作用是跳离switch条件选择语句
31              case'B':
32                  System.out.println("老师评语：也不错，但还可以更好！"+'\n');
33                  break;   // break的作用是跳离switch条件选择语句
34              case'C':
35                  System.out.println("老师评语：真的要多用功！"+'\n');
36                  break;   // break的作用是跳离switch条件选择语句
37              default:
38                  System.out.println("老师评语：不要贪玩，为自己多读书！"+'\n');
39          }
40      }
41  }
```

【程序的执行结果】

程序的执行结果可参考图 3-11。

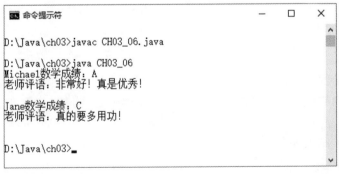

图 3-11

【程序的解析】

第 09 行：声明存储数学成绩的变量 math_score，并赋初值。

第 11~23 行：switch 语句的条件判断表达式为 math_score，若 math_score=A，则显示"老师评语：非常好！真是优秀！"；若 math_score=B，则显示"老师评语：也不错，但还可以更好！"；

若 math_score=C，则显示"老师评语：真的要多用功！"；若 math_score 不是 A 或 B 或 C，则显示"老师评语：不要贪玩，为自己多读书！"。

每一个 case 程序语句区块结束位置都会加上 break 语句，目的是说明如果已经满足该 case 的条件，其余的 case 条件就不需要再进行比较，可以离开 switch 语句了。

3.2.6　条件运算符

条件运算符（Conditional Operator）是一个三元运算符（Ternary Operator，或称为三目运算符），它和 if else 条件选择语句的功能一样，可以用来替代简单的 if else 条件选择语句，让程序代码看起来更为简洁，它的语法格式如下：

```
条件判断表达式? 程序语句一：程序语句二；
```

如果条件判断表达式成立，就会执行程序语句一；否则执行程序语句二。不过使用条件运算符只允许单行语句，例如：

```
str = ( num>=0 )? "正数":"负数"
```

等号的右边是"条件判断表达式"，问号"?"表示 if，冒号"："表示 else。因此，上面的范例说明：如果 num 的值大于等于 0，就显示"正数"，否则显示"负数"。

【范例程序：CH03_07】

```
01    /*文件：CH03_07.java
02     *说明：条件运算符
03     */
04
05    public class CH03_07{
06        public static void main(String[] ages){
07
08            //变量声明
09            int math_score=70;
10            System.out.println("Michael数学成绩: "+math_score);
11            String str;
12            str=(math_score>80)?"非常好！":"多加油！";
13            System.out.println("老师评语: "+str+'\n');
14
15            math_score=90;
16            System.out.println("Jane数学成绩: "+math_score);
17            str=(math_score>80)?"非常好！":"多加油！";
18            System.out.println("老师评语: "+str+'\n');
19        }
20    }
```

【程序的执行结果】

程序的执行结果可参考图 3-12。

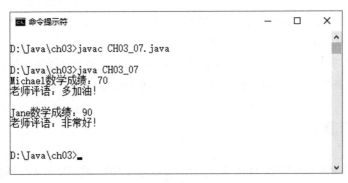

图 3-12

【程序的解析】

第 11 行：声明用于存储结果的字符串变量。

第 12 行：意思是指：如果成绩高于 80，老师的评语为"非常好！"；如果成绩低于 80，老师的评语为"多加油！"。

使用条件运算符的方式可以减少程序的复杂度，但是它的条件判断功能比较简单，受到限制。

3.3　计数循环与条件循环

循环语句属于重复结构中的流程控制语句，当设置的条件符合时，就会执行循环中的程序语句，一旦条件不符合就会跳出循环。循环语句分为 for、while 和 do-while 三种。

假如想要让计算机在屏幕上打印出 500 个字符'*'，我们并不需要大费周章地编写 500 次 System.out.print 语句，这时只需要使用重复结构即可。Java 语言提供了 for、while 以及 do-while 三种循环语句来实现重复结构的效果。在尚未开始正式介绍循环语句之前，我们先通过表 3-2 快速看看这三种循环语句的特性及使用时机。

表 3-2

循环种类	说明
for 语句	适用于计数式的循环控制，用户已事先知道循环的次数
while 语句	循环次数为未知，必须满足特定条件才能进入循环。同样，只要不满足特定条件，循环就会结束
do-while 语句	会先执行一次循环内的语句，再进行循环条件的测试

3.3.1　for 循环

for 循环又称为计数循环，是程序设计中较常使用的一种循环形式，可以重复执行固定次数的循环。for 语句是一种较严谨的循环语句，是一种计数循环（Counting Loop），循环语句中设置有"循环计数变量的起始值""循环条件"和"循环计数变量的递增或递减表达式"。for 语句的声明语法如下：

```
for (循环计数变量的起始值;循环条件;循环计数变量的递增或递减表达式)
{
程序语句区块;
}
```

- 循环计数变量的起始值：是 for 循环第一次开始时循环计数变量的初值。
- 循环条件：当 for 语句循环的条件结果为 false 时，循环就会结束。
- 循环计数变量的递增或递减表达式：每轮循环执行后，循环变量要增加或减少的表达式。

for 循环的执行步骤说明如下。

步骤 1：设置循环计数变量的起始值。

步骤 2：如果循环条件表达式的结果为真（true），就执行 for 循环体内的程序语句。

步骤 3：循环体内的程序语句执行完成之后，增加或减少循环计数变量的值，递增或递减的步长可以根据需求而定，再重复步骤 2。

步骤 4：如果循环条件表达式的结果为假（false），就结束 for 循环。

例如：

```
for (int i=0;i <=5;i++)
{
    a=a+1;
}
```

上面的程序表示：循环计数变量的起始值 i=0，重复执行次数是循环条件 i<=5 成立时，循环变量的递增量是 1（步长为 1）。若未超出重复执行次数（循环条件依然成立时），则执行 "a=a+1"；若 i=6，超出了重复执行次数（循环条件 i<=5 不成立了），则结束 for 循环。

【范例程序：CH03_08】

```
01  /*文件：CH03_08.java
02   *说明：for循环应用范例
03   */
04  public class CH03_08{
05      public static void main(String args[]){
06          System.out.println("计算1~10之间所有奇数的和");
07          int sum=0;//声明存储奇数总和的变量，并赋初值为0
08          System.out.println("1~10之间所有的奇数为：");
09          for(int i=1; i<=10;i++){
10              if(i%2!=0){//使用if语句判断i是否为奇数
11                  sum+=i;
12                  System.out.print(i+" ");
13              }
14          }
15          System.out.println();
16          System.out.println("答案="+sum);//输出答案
17      }
18  }
```

【程序的执行结果】

程序的执行结果可参考图 3-13。

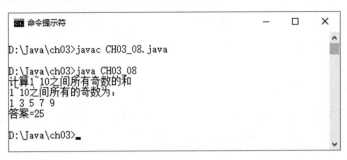

图 3-13

【程序的解析】

第 10 行：使用 i%2 的结果判断 i 是否为奇数，当 i 为奇数时 i%2 的结果应该为 1。

第 09~14 行：是 for 循环。循环条件"i<=10"表示循环总共要执行 11 次，因为 i 一直增加到 11 时，"i<=10"的循环条件就不成立了，即达到循环结束的条件。所以当 i=11 时，就不会再进入 for 循环体，第 10~13 行的程序代码共执行了 10 次。

3.3.2 嵌套 for 循环

所谓嵌套 for 循环，就是多层的 for 循环结构。在嵌套 for 循环结构中，执行流程必须先等内层循环执行完毕，才会逐层继续执行外层循环。注意容易犯错的地方是内外循环间不可交错。嵌套 for 循环的典型应用例子是"九九乘法表"。嵌套 for 语句的语法如下：

```
for ( 外层循环的计数变量起始值；循环条件；计数变量的递增或递减值 ) {
  for ( 内层循环的计数变量起始值；循环条件；计数变量的递增或递减值 ) {
    程序语句区块；
  }
};
```

【范例程序：CH03_09】

```
01    /*文件: CH03_09.java
02     *说明：嵌套for循环应用范例
03     */
04
05    public class CH03_09{
06       public static void main(String[] ages){
07          for (int i=1;i<=9;i++){
08             for (int j=1;j<=9;j++){
09                System.out.print(i+"*"+j+"="+i*j+'\t');
10             }
11             System.out.print('\n');
12          }
13       }
14    }
```

【程序的执行结果】

程序的执行结果可参考图 3-14。

```
命令提示符                                                        —    □    ×

D:\Java\ch03>javac CH03_09.java

D:\Java\ch03>java CH03_09
1*1=1   1*2=2   1*3=3   1*4=4   1*5=5   1*6=6   1*7=7   1*8=8      1*9=9
2*1=2   2*2=4   2*3=6   2*4=8   2*5=10  2*6=12  2*7=14  2*8=16     2*9=18
3*1=3   3*2=6   3*3=9   3*4=12  3*5=15  3*6=18  3*7=21  3*8=24     3*9=27
4*1=4   4*2=8   4*3=12  4*4=16  4*5=20  4*6=24  4*7=28  4*8=32     4*9=36
5*1=5   5*2=10  5*3=15  5*4=20  5*5=25  5*6=30  5*7=35  5*8=40     5*9=45
6*1=6   6*2=12  6*3=18  6*4=24  6*5=30  6*6=36  6*7=42  6*8=48     6*9=54
7*1=7   7*2=14  7*3=21  7*4=28  7*5=35  7*6=42  7*7=49  7*8=56     7*9=63
8*1=8   8*2=16  8*3=24  8*4=32  8*5=40  8*6=48  8*7=56  8*8=64     8*9=72
9*1=9   9*2=18  9*3=27  9*4=36  9*5=45  9*6=54  9*7=63  9*8=72     9*9=81

D:\Java\ch03>_
```

图 3-14

3.3.3 while 循环

如果循环执行的次数可以确定，那么 for 循环就是最佳的选择。对于那些不能确定循环次数的循环，while 循环就可以派上用场了。while 循环与 for 循环类似，都属于前测试型循环。前测试型循环的工作方式是在循环体开始执行前必须先检查循环条件表达式，当表达式结果为真（true）时，才会执行循环体内的程序语句；如果循环条件表达式结果为假（false），就会结束循环。While 循环语句的语法如下：

```
while (循环条件表达式 )
{
循环体内的程序语句；
循环条件变量的变化；
}
```

如图 3-15 所示为 while 循环的流程图。

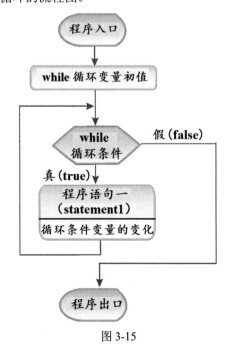

图 3-15

当 while 语句的循环条件表达式的结果为真（true）时，就会重复执行循环体内的程序语句，直到循环条件表达式的结果为假（false），才会结束 while 循环。在进行 while 循环时，通常会先在 while 循环之前加上一个变量并赋初值，用于控制 while 循环的变量，在 while 循环体内根据循环的需要更改这个变量的值，以便在执行新一轮循环前用来测试循环条件是否成立，例如：

```
while (i<=10 )
{
a=i+1;
i++;    //更改循环变量的值
}
```

While 语句括号内的部分是"循环条件"，"i<=10"表示只有 i 值小于等于 10，才能够进入 while 循环体内，执行 "a=i+1"，而后更改循环变量 i 的值（在此例中是用 i++ 递增的）。

【范例程序：CH03_10】

```
01     /*文件：CH03_10.java
02      *说明：while循环应用范例
03      */
04     public class CH03_10{
05        public static void main(String args[ ]){
06            int n=1,sum=0;//声明while循环变量n并赋初值，声明存储累加值的变量sum
07            //while循环开始
08            while(n<=10){
09                System.out.print("n="+n);
10                sum+=n;//计算n的累加值
11                System.out.println("\t累加值="+sum);
12                n++;
13            }
14            System.out.println("循环结束");
15        }
16     }
```

【程序的执行结果】

程序的执行结果可参考图 3-16。

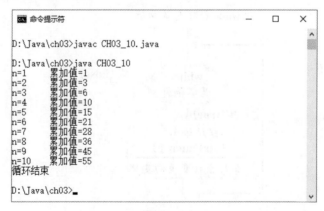

图 3-16

【程序的解析】

第 08 行：n<=10 是 while 语句的循环条件表达式，当该表达式的结果为真（true）时，就会重

复执行循环体内的程序语句。

第 12 行：将计数器 n 递增 1，再回到第 08 行检查循环条件是否依然成立，如果表达式结果为假（false），就会结束这个 while 循环，继续执行 while 循环体后面的第 14 行程序语句。

3.3.4　do-while 循环

do-while 循环是先执行循环体内的程序语句，再测试循环条件是否成立，这与之前的 for 循环、while 循环不同。do-while 循环属于"后测型"循环，for 循环、while 循环属于"前测型"循环。do-while 循环无论如何都会执行一次循环体内的程序语句，再测试循环条件是否成立，如果成立，就返回循环起点，重复执行循环体内的程序语句。

do-while 循环与 while 循环类似，两者的差别就是循环条件表达式所在的位置有前后之分。do-while 循环语句的语法如下：

```
do {
循环体内的程序语句;
循环条件变量的变化;
} while (循环条件表达式);
```

【范例程序：CH03_11】

```
01    /*文件: CH03_11.java
02     *说明: do-while循环应用范例
03     */
04    public class CH03_11{
05        public static void main(String args[]){
06            int n=40,m=180;
07            int temp=0;//作为n与m值互换的中间暂存变量
08            System.out.println("n="+n+",m="+m);
09    //do-while循环开始
10            do{
11                temp=m%n;
12                m=n;
13                n=temp;
14            }while(n!=0 );//检查循环条件表达式
15            System.out.println("两个数的最大公约数="+m);
16        }
17    }
```

【程序的执行结果】

程序的执行结果可参考图 3-17。

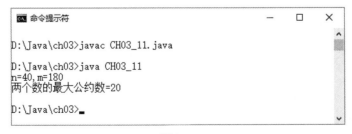

图 3-17

【程序的解析】

第 11 行：将 m%n 的运算结果（余数）赋值给 temp，此处 m 的值必须大于 n 的值。

第 12~13 行：借助中间暂存变量 temp 将 n 与 m 的值对调，因为此时 n 的值大于 m 的值。

3.3.5　无限循环

在循环语句中设置循环条件表达式时，必须注意不能使循环条件永远成立，否则就会形成无限循环（或称为死循环）。下面列出几个常见的无限循环的例子，请大家在编写循环语句的时候避免出现无限循环。

```
while(true){ }          //while 语句中的循环条件永远为 true
for(;;){ }              //for 语句中没有设置任何循环条件
for(int i=1;i>0;i++){ }//循环条件与初始值相比较永远成立
```

3.4　控制跳转语句

控制跳转语句（Control Jump Statement）是 Java 语言中与循环语句搭配使用的一种流程控制语句，控制跳转语句的使用能让循环的流程控制有更多的变化。控制跳转语句有 break、continue 和 return 三种语句。

3.4.1　break 语句

在介绍 switch 语句时提到过 break 语句，使用它可以跳离 switch 语句，继续执行 switch 语句后的其他程序语句。不过，break 语句不仅可以搭配 switch 语句，还可以和循环语句搭配使用。break 是 "中断" 的意思，break 语句可以中断循环的执行并跳转到标签（Label）语句定义的一段程序语句区块，类似于 C++语言中的 goto 语句。break 语句的语法如下：

```
标签名称：
程序语句；
……
break 标签名称；
```

事先建立好 break 的标签位置及名称，当程序执行到 break 的程序代码时，就会根据所定义的 break 标签名称跳转到标签指定的地方。

【范例程序：CH03_12】

```
01    /*文件：CH03_12.java
02     *说明：break语句应用范例
03     */
04    public class CH03_12{
05        public static void main(String args[]){
06            int i ,j;
07            System.out.println("跳离一层循环");
08            for(i=1; i<10; i++){
```

```
09              for(j=1; j<=i; j++){
10                  if(j==5) break ;//跳离一层循环
11                  System.out.print(j);
12              }
13              System.out.println();
14          }
15      System.out.println();
16
17          System.out.println("跳离双层循环");
18      out1://设置标签
19          for(i=1; i<10; i++){
20              for(j=1; j<=i; j++){
21                  if(j==5) break out1;//跳转到标签处
22                  System.out.print(j);
23              }
24              System.out.println();
25          }
26      System.out.println();
27      }
28  }
```

【程序的执行结果】

程序的执行结果可参考图 3-18。

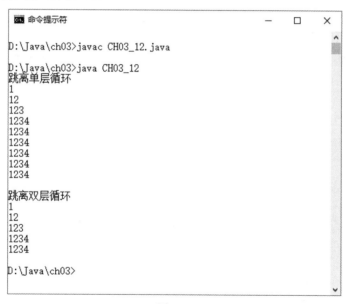

图 3-18

【程序的解析】

第 10 行：此处的 break 语句只会跳离第 9~12 行的 for 循环（内层循环）。

第 8~14 行：执行过程如下：

i=1→j=1→显示结果：1。

i=2→j=1~2→显示结果：12。

i=3→j=1~3→显示结果：123。

……

i=5→j=1~5→显示结果：1234（不会显示 5，因为已经跳离循环）。

i=6→j=1~6→显示结果：1234。

……

i=9→j=1~9→显示结果：1234。

i=10（i<10 不成立，结束循环）。

第 18 行：设置 break 语句要跳转的标签位置及名称（out1）：

break out1;程序语句，会跳出第 19~25 的双层循环。

i=1→j=1→ 显示结果：1。

i=2→j=1~2→显示结果：12。

i=3→j=1~3→显示结果：123。

……

i=5→j=1~5→显示结果：1234（不会显示 5，而且已经跳离循环，跳转到第 18 行程序代码最外层循环的位置，并且结束循环）。

3.4.2 continue 语句

continue 语句的功能是强制 for、while、do-while 等循环语句终止当前这一轮的循环，而将控制权转移到循环开始处进行下一轮循环，也就是跳过本轮循环中尚未执行的语句，开始执行下一轮的循环。continue 是"继续"的意思，continue 语句与 break 语句最大的差别在于 continue 只是跳过它之后未执行的语句，但并未跳离循环。continue 语句也可以配合标签指令改变程序执行的流程。

【范例程序：CH03_13】

```
01    /*文件：CH03_13.java
02     *说明：continue语句应用范例
03     */
04    public class CH03_13{
05        public static void main(String args[]){
06            int i ,j;
07            for(i=1; i<10; i++){
08                for(j=1; j<=i; j++){
09                    if(j==5) continue ;//跳过下面的程序语句继续执行下一轮循环
10                    System.out.print(j);
11                }
12                System.out.println();
13            }
14    System.out.println();
15            out1:
16            //设置标签
17            for(i=1; i<10; i++){
18                for(j=1; j<=i; j++){
19                    if(j==5) continue out1;//跳转到标签处继续执行
20                    System.out.print(j);
21                }
22    System.out.println();
23            }
24    System.out.println();
```

```
25        }
26    }
```

【程序的执行结果】

程序的执行结果可参考图 3-19。

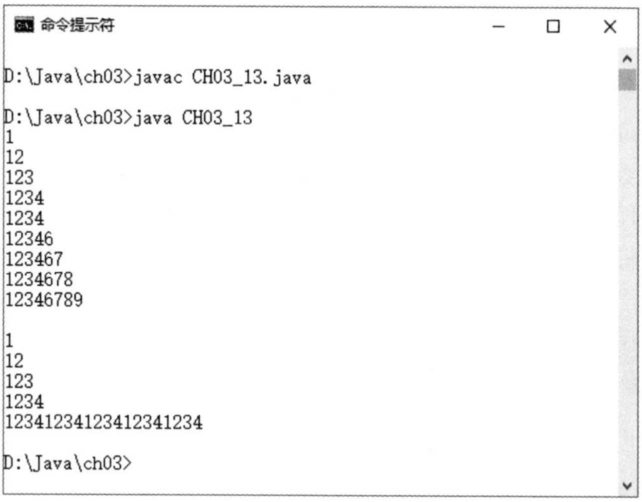

图 3-19

【程序的解析】

第 09 行：当程序执行到 j==5 时，会跳过第 10 行，从第 8 行的循环开始执行下一轮循环。

第 07~13 行：执行过程如下：

i=1→j=1→显示结果：1。

i=2→j=1~2→显示结果：12。

i=3→j=1~3→显示结果：123。

……

i=5→j=1~5→显示结果：1234（不会显示 5，因为 continue 语句会跳过第 10 行程序代码）。

i=6→j=1~6→显示结果：12346。

……

i=9→j=1~9→显示结果：12346789。

i=10（i<10 不成立，结束循环）。

第 19 行：continue 语句加上标签会直接跳过第 20 行程序语句，从第 15 行继续执行。

第 17~23 行：执行过程如下：

i=1→j=1→显示结果：1。

i=2→j=1~2→显示结果：12。

i=3→j=1~3→显示结果：123。

i=4→j=1~4→显示结果：1234。

i=5→j=1~5（不会显示 5，而且跳转到第 15 行程序代码 continue 语句标签处，开始执行下一轮 for 循环。因为第 20 行的输出显示没有换行，所以输出结果彼此相连）。

因此，直到 i=9→j=1~9→ 显示结果：12341234123412341234（从结果可以看出共有 5 组 1234 第一组是 i=5 的显示结果；第二组是 i=6 的显示结果；第三组是 i=7 的显示结果；第四组是 i=8 的显示结果；第五组是 i=9 的显示结果）。

3.4.3 return 语句

return 语句可以终止程序当前所在的方法（Method）回到调用方法的程序语句。在面向过程的程序设计语言中，return 作为函数调用的返回语句，我们可以把面向对象程序设计语言中的方法（Method）理解成函数（Function）。使用 return 语句时，可以将方法中的变量值或表达式运算的结果值返回给调用的程序语句，不过返回值的数据类型要和声明的数据类型相符合，如果方法不需要返回值，那么可以将方法声明为 void 数据类型。以下是 return 语句的使用方法。

【return 语句的语法】

```
return 变量或表达式;
return; // 没有返回值
```

【范例程序：CH03_14】

```
01   /*文件：CH03_14.java
02    *说明：return语句应用范例
03    */
04   public class CH03_14{
05      public static void main(String args[]){
06         int ans;
07         ans=sum(10);//调用sum方法
08         System.out.println("1~10的累加");
09         System.out.println("ans="+ans);
10      }
11
12      //sum方法
13      static int sum(int n){
14         int sum=0;
15         for(int i=1; i<=n; i++){
16            sum+=i;
17         }
18         return sum; //返回sum变量的值
19      }
20   }
```

【程序的执行结果】

程序的执行结果可参考图 3-20。

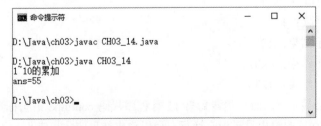

图 3-20

【程序的解析】

第 07 行：用变量 ans 来接收 sum 方法返回的值，其中 10 为传递的实际参数。

第 13~19 行：sum()方法的定义区块，将该方法声明为 static，可以直接被调用和执行，而不必通过类对象的方式。

3.4.4　for-each 的 for 循环

for-each 循环和传统 for 循环不同的地方是，for-each 可以直接读取"集合（Set）类型"的数据，如数组。for-each 可以使循环自动化，不用编程人员动手设置循环的计数值、起始值和循环条件（或循环终止值），也不用设置"数组的索引值"，好处是避免索引值超过数组边界而造成错误。for-each 语句的语法如下：

```
for(变量名称：集合类型){
程序语句区块；
}
```

下面举个例子来说明。假如 A 是一个数组，其元素的内容或值是整数类型的。如果要读取数组中元素的值，一般的方式是使用传统 for 循环来执行读取的操作，而读取数组元素是通过"索引值"（也称为数组的"下标值"），但是这种方式的风险是可能会引发索引值超过数组边界的错误。

for-each 改变了传统的做法，当进入 for-each 循环时，读取方式不再是通过索引值，而是直接读取数组中的元素值，因此第一次进入循环，x=1，这个 1 不是指数组的索引值，而是指元素值。所以 x 是否声明成整数类型（int）要由数组来决定。图 3-21 中的两个图对比了传统 for 循环与 for-each 循环读取上的不同之处。

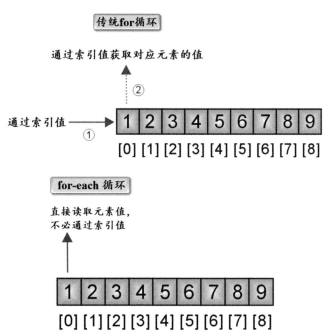

图 3-21

对比语法，"int x"就是"变量名称"部分，"A"就是"集合类型"部分，集合类型指的是所声明的数组。

【范例程序：CH03_15】

```
01  /*文件：CH03_15.java
02   *说明：for-each循环应用范例
03   */
04
05  public class CH03_15{
06      public static void main(String[] ages){
07          int A[]={1,2,3,4,5,6,7,8,9};
08          char B[]={'H','a','p','p','y'};
09          System.out.println("数字数组"); // 用传统for循环读取数组元素
10          for (int i=0;i<A.length;i++){
11              System.out.print(A[i]+" ");
12          }
13          System.out.println('\n');
14          System.out.println("字符数组");
15          for (int i=0;i<B.length;i++) {
16              System.out.print(B[i]+" ");
17          }
18          System.out.println('\n');
19          System.out.println("数字数组"); // 用for-each循环读取数组元素
20          for (int i:A){
21              System.out.print(i+" ");   //直接读取数组中的元素值
22          }
23          System.out.println('\n');
24          System.out.println("字符数组");
25          for (char i:B){
26              System.out.print(i+" ");// 因为数组B的元素值是字符，
                                        所以i必须声明成char 数据类型
27          }
28          System.out.println('\n');
29      }
30  }
```

【程序的执行结果】

程序的执行结果可参考图 3-22。

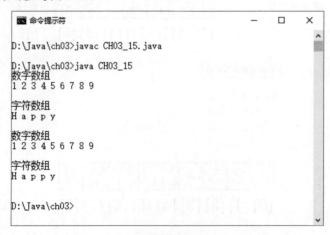

图 3-22

【程序的解析】

第 20 行：for-each 循环读取数组中的元素值，在 for-each 声明中的"变量"的数据类型是由数组的元素决定的。"变量"的属性是"只读的"，意思就是只能读取的属性，不能更改或写入的属性。

如果是多维数组，那么将如何使用 for-each 循环呢？下面通过范例程序来实现多维数组的 for-each 循环的用法。

【范例程序：CH03_16】

```
01    /*文件：CH03_16.java
02     *说明：for-each——读取多维数组的应用范例
03     */
04
05    public class CH03_16{
06        public static void main(String[] ages){
07            int A[][]=new int[2][3];   //声明多维数组
08            for (int i=0;i<2;i++){     //给数组中的元素赋值，并且读取数组元素值
09                for (int j=0;j<3;j++){
10                    A[i][j]=i+j;
11                    System.out.print(A[i][j]+" ");
12                }
13            }
14            System.out.println('\n');
15            for (int i[]:A){        // 改用for-each循环读取数组元素值
16                for (int j:i){
17                    System.out.print(j+" ");
18                }
19            }
20            System.out.println('\n');
21        }
22    }
```

【程序的执行结果】

程序的执行结果可参考图 3-23。

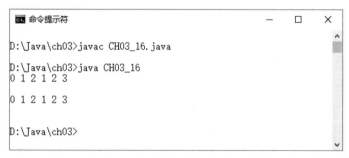

图 3-23

【程序的解析】

第 15~19 行：二维数组其实就是数组中的数组。因此，在第 15 行的外层循环，int i[ ]表示读取的是一整组的一维数组，在第 16 行的内层循环则是针对外层循环所指定的一维数组读取其中的元素值。

3.5 高级应用练习实例

本章主要讨论了 Java 的三种基本流程控制结构及其相关的语句，它们是顺序结构、选择结构与重复结构。下面通过本节的综合练习让大家对本章所讲述的内容有更深入的认识。

3.5.1 使用条件选择语句进行考试成绩的评级

条件选择语句根据测试条件选择性地执行某些分支的程序语句区块，它包含两种不同作用的流程控制语句：if…else 与 switch…case 条件选择语句。两者最大的差异在于：switch…case 语句只能引入一个参数，也就是说它无法执行"比较"与"判断"的操作。下面的范例程序综合运用上述两种流程控制语句来完成某项考试成绩的评级工作。

【综合练习】使用条件选择语句进行考试成绩的评级

```
01    //使用条件选择语句进行考试成绩的评级
02    class WORK03_01 {
03        public static void main(String args[]) {
04            int score = 88;
05            int level = 0;
06            //嵌套if…else语句
07            System.out.println("使用if...else语句进行判断");
08            if (score >= 60) {
09                if(score >= 75) {
10                    if(score >= 90) {
11                        System.out.println("成绩" + score + " 是甲等！");
12                        level = 1;
13                    }
14                    else {
15                        System.out.println("成绩" + score + " 是乙等！");
16                        level = 2;
17                    }
18                }
19                else {
20                    System.out.println("成绩" + score + " 是丙等！");
21                    level = 3;
22                }
23            }
24            else
25                System.out.println("成绩" + score + " 不及格！");
26            // switch...case语句
27            System.out.println("使用switch...case语句判断");
28            switch(level) {
29                case 1:System.out.println("成绩" + score + " 是甲等！");break;
30                case 2:System.out.println("成绩" + score + " 是乙等！");break;
31                case 3:System.out.println("成绩" + score + " 是丙等！");break;
32                default:System.out.println("成绩" + score + " 是丁等！");break;
33            }
34        }
35    }
```

【程序的执行结果】

程序的执行结果可参考图 3-24。

图 3-24

3.5.2 闰年的判断与应用

判断闰年的问题也适合用以上结构来解决，闰年计算的规则是"四年一闰，百年不闰，四百年一闰"。下面的范例程序使用 if else if 条件选择语句来执行闰年的计算规则，以判断某一年份是否为闰年。

【综合练习】闰年的判断与应用

```
01    //闰年的判断与应用
02    public class WORK03_02 {
03      public static void main(String args[]) {
04          int year=2008;//声明存储年份的变量，并赋值
05          //声明整数变量
06      if(year % 4 !=0) /*如果year不是4的倍数*/
07          System.out.println(year+" 年不是闰年。"); /*显示year不是闰年*/
08      else if(year % 100 ==0) /*如果year是100的倍数*/
09          {
10              if(year % 400 ==0) /*且year是400的倍数*/
11              System.out.println(year+" 年是闰年。");
12                  /*显示year是闰年*/
13              else /*否则*/
14                  System.out.println(year+" 年不是闰年。");
15                  /*显示year不是闰年*/
16          }
17          else /*否则*/
18              System.out.println(year+" 年是闰年。"); /*显示year是闰年*/
19      }
20    }
```

【程序的执行结果】

程序的执行结果可参考图 3-25。

图 3-25

3.5.3 使用各种循环计算 1~50 的累加之和

循环常被用来计算某一范围的数字总和。下面的范例程序就是使用三种循环来计算 1~50 的累加之和。

【综合练习】使用各种循环计算 1~50 的累加之和

```
01    //使用各种循环计算1~50的累加之和
02    class WORK03_03 {
03        public static void main(String args[]) {
04            int totalSum = 0;
05            int var1 = 1;
06            int var2 = 1;
07            int var4 = 50;
08            //while循环
09            while(var1 <= var4) {
10            totalSum += var1;
11            var1 += 1;
12            }
13            System.out.println("用while循环计算1至50的累加之和为" + totalSum);
14            totalSum = 0;
15            //do...while循环
16            do {
17            totalSum += var2;
18            var2 += 1;
19            }while(var2 <= var4);
20            System.out.println("do...while循环计算1至50的累加之和为" + totalSum);
21            totalSum = 0;
22            //for循环
23            for (int var3 = 1; var3 <= var4; var3++)
24            totalSum += var3;
25            System.out.println("用for循环计算1至50的累加之和为" + totalSum);
26        }
27    }
```

【程序的执行结果】

程序的执行结果可参考图 3-26。

图 3-26

课后习题

一、填空题

1. _____结构是以程序的第一行语句为入口点，自上而下执行到程序的最后一行语句。

2. 循环语句分为_____、_____和_____三种。

3. _____语句设置了循环起始值、循环条件和每轮循环结束后的递增或递减表达式。

4. _____是一种多选一的条件选择语句，它是根据条件表达式的运算结果来决定在多个分支的程序区块中选择执行其中的一个分支程序区块。

5. _____语句是指"内层"的 if 语句是另一个"外层" if 的子语句，此子语句可以是 if 语句、else 语句或者 if-else 语句。

6. while 语句是根据循环条件表达式结果的_____值来决定是否要继续执行循环体内的程序语句。

7. 使用循环语句时，当循环条件永远都成立时，就会形成_____。

8. 控制跳转语句有_____、_____和_____三种。

9. _____语句类似于 C++语言中的 goto 语句。

10. 使用_____语句可以跳离循环。

11. 流程控制可分为_____语句与_____语句。

12. 选择结构使用_____语句来控制程序的流程。

13. if 语句共分为_____、_____和_____三种。

14. _____语句可以从条件表达式的多种结果中选择程序的执行流程。

15. _____语句可以终止程序当前所在的方法，回到调用方法的程序语句。

二、问答与实践题

1. 试简述结构化程序设计中的基本流程结构。

2. do-while 语句和 while 语句的主要差别是什么？

3. 什么是嵌套循环？

4. 在下面的程序代码中是否有错误的地方？如果有，请指出。

```
switch ( ) {
case 'r':
        System.out.println("红灯亮:");
```

```
        break;
    case 'g':
        System.out.println("绿灯亮:");
        break;
    default:
        System.out.println("没有此信号灯");
}
```

5. 请问下面的语句中变量 flag 的值是多少? 此处假设 number=1000。

flag=(number< 500)? 0 : 1;

6. 请问在 switch 语句中, default 指令扮演的角色是什么?

7. 请设计一个 Java 程序, 它可以判断所输入的数值是否为 7 的倍数, 其执行的结果可参考图 3-27 中的输出部分。

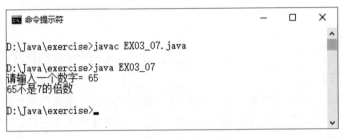

图 3-27

8. 试着用条件运算符改写第 7 题。

9. 请设计一个 Java 程序, 让用户输入两个数字, 然后将这两个数字中较小者的立方值打印输出, 程序的执行过程和输出结果可参考图 3-28。

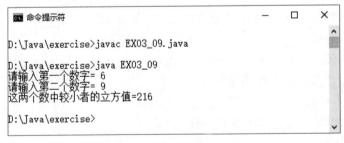

图 3-28

10. 请设计一个 Java 程序, 求 100 到 200 之间的所有奇数之和, 程序的执行结果可参考图 3-29 中的输出部分。

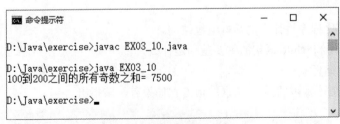

图 3-29

11. 请设计一个 Java 程序，让用户输入一个整数 number，当所输入的整数小于 1 时，就会要求用户重新输入，直到获得一个大于等于 1 的整数 number，然后累加 1 到 number 之间的所有奇数，程序的执行过程和结果可参考图 3-30。

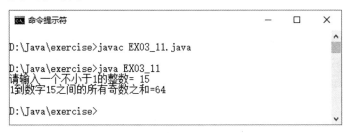

图 3-30

12. 请设计一个 Java 程序，让用户输入一个整数 number，并计算其阶乘值，程序的执行过程和输出结果可参考图 3-31。

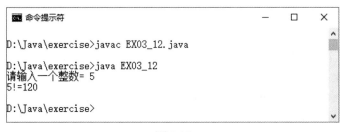

图 3-31

第 **4** 章

过程与函数

软件开发是相当耗时且复杂的工作，随着需求和功能越来越多，程序代码也就越来越庞大，这时多人分工合作来完成软件开发是势在必行的。那么应该如何解决分工合作的问题呢？我们通常会将程序中要重复执行特定功能的程序代码独立出来作为一个过程（Procedure）或函数（Function）。简单来说，过程（或函数）就是一段程序代码的集合，并且给予它一个名称。

当程序需要运用这段程序代码时，可以直接调用过程（或函数）。通常过程是指有特定功能的独立程序单元，如果该过程有返回值，就称为函数。通过过程（或函数）的编写，我们可以精简主程序的重复流程，减轻程序人员编写程序代码的负担，更能大幅降低日后程序的维护成本。

4.1 结构化与模块化的程序设计

结构化程序设计语言的核心思想是"自上而下设计"与"模块化设计"。模块化设计可以由程序是过程和函数的集合体这一点看出端倪，至于"自上而下法"则是将整个程序需求从上而下、从大到小逐步分解成较小的函数或程序单元，这些单元就被称为模块（Module），从程序实现的角度来看，这些模块就是过程或函数。

Java 语言中的函数是一种类的成员，称为方法（Method），方法又可以分为两种：一种是属于类的"类方法"（Class Method），它是一种可以由类直接调用的静态方法（Static Method）；另一种是对象的"实例方法"（Instance Method），这种方法必须由类创建对象实例后，再由对象调用。在本章中，我们将介绍的类方法就如同其他程序设计语言经常谈到的过程或函数，我们首先来介绍如何创建 Java 类方法。至于"实例方法"，因为涉及更高级的面向对象程序设计中的类与对象的实现，所以不在本章的讨论范围内。

4.2　声明并定义类方法

　　Java 方法的来源可分为 Java 本身提供的和用户自行设计的两种。Java 语言将所有相关的类加以汇总整合成"函数库"（Library）。就如同在 C/C++程序中，用户可以使用"#include"宏指令直接导入"*.h"的函数库头文件，以便调用函数库中定义的函数或过程。Java 语言同样可以通过导入的方式来声明要调用的工具程序包，我们只要使用关键字 import，再加上程序包名称就可以在当前程序中导入事先定义的方法。而自定义方法是用户根据自己的需求来设计的方法，这也是后面要重点介绍的内容，包括方法的声明、自变量的使用、方法主体与返回值等。

　　Java 的类方法由方法名称和程序代码区块组成，其语法的基本格式如下：

```
存取权限修饰词 static 返回值数据类型方法名称(参数行)  {
程序代码区块
}
```

　　其中的存取权限修饰词可以是 public 或 private，如果声明为 public，就表示这个方法是公有的，在程序中的任何地方都可以调用，即使在其他不同的类中也可以调用。但若声明为 private，则表示这个方法只能在同一个类中进行调用。这里要强调的是，Java 类方法一定是一个静态方法，所以必须使用 static 修饰词（Modifier）声明这个方法。如果这个方法没有返回值，就必须将返回值数据类型设置为 void。下面是类方法声明的例子，就是一个简单的类方法声明的样式，没有返回值，也没有参数行，主要功能是让计算机输出一个字符串。程序代码如下：

```
private static void sayhello() {
System.out.println("Hello World") ;
}
```

　　上述方法的返回值为 void，方法名称为 sayhello，由于此方法没有任何参数，因此在左右小括号内没有传入任何参数，在"{"和"}"这组大括号之间则是这个方法的程序语句区块，以本例而言，就是输出字符串"Hello World"再换行。

　　声明并定义类方法后，如何才能调用所定义的类方法呢？调用的语法格式如下：

```
方法名称(参数行);
```

　　或者

```
类名称.方法名称(参数行);
```

　　以上例来示范说明，由于 sayhello()方法没有返回值和参数行，因此其调用方式只要用方法名称加上空的小括号即可，如下所示：

```
sayhello();
```

　　上面这种调用方法是在同一类内，如果要调用其他类所声明的 public 方法，就必须在调用该方法前加上类名称和"."运算符，其调用方式如下：

```
CH04_01.printstar();
```

　　其中，"."运算符之前的 CH04_01 是类名称。下面的范例程序将声明并定义两个类方法，并同时示范上述两种调用类方法的方式。

【范例程序：CH04_01】

```
01   /* 示范两种调用类方法的方式 */
02   public class CH04_01 {
03     // 类方法：输出 Hello World 字符串
04     private static void sayhello() {
05         System.out.println("Hello World") ;
06     }
07      // 主程序
08     public static void main(String[] args) {
09         sayhello();
10         CH04_01.sayhello();
11     }
12   }
```

【程序的执行结果】

程序的执行结果可参考图 4-1。

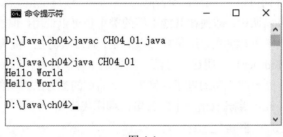

图 4-1

【程序的解析】

第 04~06 行：声明 private 的类方法 sayhello()，该方法输出"Hello World"的字符串。

第 09 行：同一类的类方法调用方式。

第 10 行：调用类方法的另一种调用方式是在调用方法前加上类名称和"."运算符，这种方式可以用来调用其他类的类方法。

4.2.1 含参数行的类方法

通过参数行的传递，我们可以将不同的参数传送给方法，借以产生不同的执行结果。我们可以这样来理解：参数行像是这个方法的操作接口，传入不同的参数就会有不同的输出结果。例如，这个方法可以传入数值及符号字符,用户可以通过这个方法的参数行传入不同的数值及要输出的字符符号来得到不同的符号输出外观及输出个数,通过多次不同参数行的调用就可以让程序输出漂亮的图案。

Java 的参数传递是将主程序中调用方法的自变量值传递给方法定义的参数。我们实际调用函数时所提供的参数通常简称为自变量或实际参数（Actual Parameter），而在方法主体或方法原型中所声明的参数常简称为形式参数（Formal Parameter）或哑元参数（Dummy Parameter）。下面的范例程序将声明并定义一个类方法,并示范传入不同的字符与要输出的字符个数,以输出不同的图案。

【范例程序：CH04_02】

```
01    /* 示范传入要输出的不同字符及要输出的字符个数，以输出不同的图案 */
02    public class CH04_02 {
03        // 类方法：包含两个参数，可以指定要输出的字符及要输出的字符个数
04        static void myprint(char ch, int num) {
05            int i;
06            for (i=1; i<=num; i++) {
07                System.out.print(ch);
08            }
09            System.out.println();
10        }
11        // 主程序
12        public static void main(String[] args) {
13            myprint('*',10);
14            myprint('$',20);
15            myprint('%',30);
16        }
17    }
```

【程序的执行结果】

程序的执行结果可参考图 4-2。

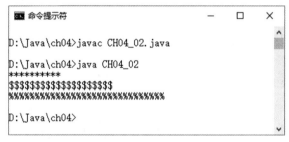

图 4-2

【程序的解析】

第 04~10 行：声明类方法 myprint()，包含两个参数，可以指定要输出的字符及要输出的字符个数。

第 13~15 行：调用 3 次所定义的类方法，并分别传递要输出的不同字符及要输出的字符个数作为参数。

4.2.2　含返回值的类方法

前面 4.2.1 小节示范的两个类方法都没有返回值，所以在 static 关键字之后都是将方法声明成 void。如果该方法有返回值，就必须在 static 关键字之后加上返回值的数据类型，例如 double 或 int。另外，在自定义方法内的程序语句区块中必须有 return 关键字来返回值。例如，下面的方法可以将传入的数值加 100 后返回，程序代码如下：

```
static int add100(int num) {
```

```
    return num+100;
}
```

4.2.3　参数传递方式

Java 语言的方法参数传递方式可以分为传值调用（call by value）与传址调用（call by reference）两种。

传值调用表示在调用函数（或方法）时，会将实际参数的值逐个复制给函数的形式参数，因此在函数中对形式参数的值做任何的更改都不会影响原来的自变量的值。

传址调用表示在调用函数时传递给函数的参数值是实际参数的内存地址，如此调用函数时使用的实际参数将与函数定义的形式参数共享同一块内存地址，因此在函数体内对形式参数的更改相当于对实际参数值的更改。

在 Java 语言中，方法按传入参数的数据类型的不同有不同的默认的参数传递方式，int、char、double 等基本数据类型默认都是使用传值调用的方式进行参数传递的。但 Array 数组默认的参数传递方式则是传址调用。

另外，Java 语言提供了两种处理字符串的类，分别为 String 与 StringBuffer 类。由于 String 类所创建的对象内容是只读的，因此默认的参数传递方式是使用传值调用。StringBuffer 类可以设置字符串缓冲区的容量，只要字符串的内容因"添加"或"修改"未超出缓冲区（Buffer）最大容量，对象都不会重新分配缓冲区的容量，比起 String 类而言，StringBuffer 类更有效率。

StringBuffer 类所创建的字符串对象不限定字符串的长度和内容，用户设置初值、添加字符或修改字符串时，都是在同一个内存区块上，也不会产生另一个新的对象，其参数的传递方式为传址调用，这就是和 String 类的主要差异。

4.3　类变量与变量的作用域

Java 类除了先前介绍的类方法外，还必须包括变量声明，该类的变量声明就称为成员变量（Member Variable）。

4.3.1　类变量

在 Java 语言中，没有一般常见的全局变量，不过提供了其他方法来达到类似的功能（例如 static），当成员变量使用 static 修饰词声明时，就表示该成员变量属于类本身，所以也称该成员变量为"类变量"（Class Variable）。类变量会在类第一次创建时就分配所需的内存空间，并一直延续到该类不存在为止，也就是说，类变量在类中所有的方法都可以存取其值，它的角色有点像其他程序设计语言中所谓的全局变量（Global Variable），类变量声明的位置是在其他方法之外。另外，在方法的程序语句区块中声明的变量称为局部变量（Local Variable）。

下面的范例程序将在程序中声明类变量，并分别在主程序 main()和所声明的类方法中进行累加的运算，我们从中可以清楚地看出这个类变量的角色，就如同其他程序设计语言中的全局变量。

【范例程序：CH04_03】

```
01    /* 类变量的声明实例   */
02    public class CH04_03 {
03        // 声明类变量
04        static int value=0;
05        // 声明类方法
06        static void add100() { value=value+100; }
07        // 主程序
08        public static void main(String[] args) {
09            System.out.println("当前的值= "+ value);
10            add100();
11            System.out.println("当前的值= "+ value);
12            add100();
13            System.out.println("当前的值= "+ value);
14        }
15    }
```

【程序的执行结果】

程序的执行结果可参考图 4-3。

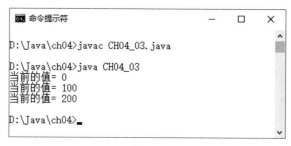

图 4-3

【程序的解析】

第 04 行：声明类变量 value，赋初值为 0。

第 06 行：声明类方法 add100()，将类变量 value 当前的值加 100。

第 09 行：输出类变量 value 的初值。

第 10~11 行：调用类方法 add100()，将类变量 value 的当前值加 100，此时类变量 value 的值变成 100，再将该值输出。

第 12~13 行：调用类方法 add100()，将类变量 value 的当前值加 100，此时类变量 value 的值变成 200，再将该值输出。

4.3.2　变量的作用域

变量在经过声明并赋予初值之后才可以使用，一旦离开声明该变量的方法（或函数），此变量便会失效。在 Java 语言中，成员变量在声明后会有其默认的初值。Java 语言允许在程序的任何地方声明变量，声明后的变量并非永久可用，变量仅在其作用域内存在。

Java 语言中变量作用域可以分为以下三种。

- 成员变量作用域（Member Variable Scope）：包括声明为 static 的类变量或没有声明为 static 的对象实例变量，整个类的程序代码都可以存取此作用域内的变量。
- 方法变量作用域（Method Variable Scope）：这是传入方法的参数，这种变量作用域包括整个方法的程序语句区块，一旦离开该方法，这个变量就会失效，也就是说，方法外的程序代码无法存取这种变量。
- 局部变量作用域（Local Variable Scope）：局部变量通常声明在方法（Method）、构造函数（Constructor）或程序语句区块（Block）之中，在离开方法、构造函数或程序语句区块时会自动"销毁"。也就是说，局部变量无法在所属的方法、构造函数或程序语句区块之外使用。因为局部变量没有初值，所以用户必须在使用前给它们赋初值，如果该程序语句区块中又有小的程序语句区块，则小的程序语句区块也可以使用该局部变量，即内层程序语句区块不能再重定义该变量。从图 4-4 中，我们可以清楚地看到各种局部变量作用域内各个数值的变化。

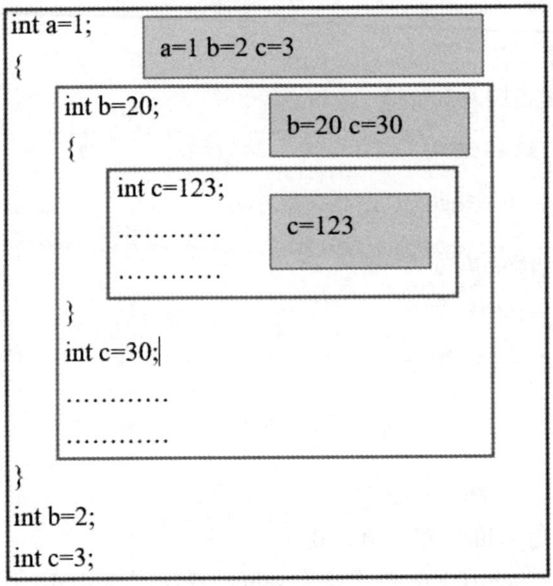

```
int a=1;
{
                    a=1 b=2 c=3

    int b=20;
    {
                    b=20 c=30

        int c=123;
        …………       c=123
        …………

    }
    int c=30;
    …………
    …………

}
int b=2;
int c=3;
```

图 4-4

下面是一个狭义局部变量的范例，将变量声明在方法之中。

【范例程序：CH04_04】

```
01    public class CH04_04{
02        static void add20(){
03            int score = 48;
04            score = score + 20;
05            System.out.println("原始分数加上20分后的分数： " + score);
06        }
07        public static void main(String args[]){
08            add20();
09        }
10    }
```

【程序的执行结果】

程序的执行结果可参考图 4-5。

图 4-5

【程序的解析】

第 03 行：声明局部变量 score，赋初值为 48。

第 04 行：将局部变量 score 的值加上 20，结果 score 的值变成 68。

第 05 行：将局部变量 score 的值输出。

4.4　高级应用练习实例

递归（Recursion）是一种很特殊的算法，分治法和递归法很像一对孪生兄弟，都是将一个复杂的算法问题进行分解，让问题的规模越来越小，最终使得子问题容易求解。许多程序设计语言（包括 C、C++、Java、Python 等）都具备递归功能。简单来说，对程序设计人员而言，函数（或称为子程序）不只是能够被其他函数调用的程序单元，在某些程序设计语言中还提供了函数自己调用自己的功能，这种调用方式就是所谓的递归。

从程序设计语言的角度来说，谈到递归的定义，我们可以这样来描述，假如一个函数或子程序是由自身所定义或调用的，就称为递归。递归至少需要具备如下两个条件：

- 一个可以反复执行的递归过程。
- 一个跳出执行过程的出口。

提　示
尾部递归（Tail Recursion）就是程序的最后一条语句为递归调用，因为每次调用后，再回到前一次调用后要执行的第一条语句就是 return，所以后续不需要再执行任何语句了。

4.4.1　阶乘函数

我们知道阶乘函数在数学上是很常见的函数，而在各种程序设计语言讲解递归时，经常作为典型的范例，我们一般以符号"!"来表示阶乘。例如 4 的阶乘可写为 4!，而 n 的阶乘（n!）可以展开为：

```
n!=n×(n-1)*(n-2)*…*1
```

我们可以分解它的运算过程，观察出一定的规律性：

```
5! = (5 * 4!)
   = 5 * (4 * 3!)
   = 5 * 4 * (3 * 2!)
   = 5 * 4 * 3 * (2 * 1)
   = 5 * 4 * (3 * 2)
   = 5 * (4 * 6)
   = (5 * 24)
   = 120
```

下面的 Java 程序片段就是以递归方式来计算 n!的函数值的。注意其中所应用的递归基本条件：一个反复执行的过程；一个跳出这个执行过程的出口。

```
static int factorial(int n)
{
if(n== 1 || n==0) //递归终止的条件
return 1;
    else
        return n* factorial(n-1);
}
```

【综合练习 WORK04_01】以递归方式计算 n!的函数值

```
01    //以递归方式计算 0!~n!的阶乘函数值
02    public class WORK04_01 {
03        static int factorial(int n){
04        if(n== 1 || n==0) //递归终止的条件
05            return 1;
06        else
07        return n* factorial(n-1);
08        }
09        public static void main(String args[]){
10        // 创建 Scanner 对象
11        java.util.Scanner sc= new java.util.Scanner(System.in);
12        System.out.print("请输入要计算的阶乘数= ");
13        int n=sc.nextInt();
14        for (int i=0;i<=n;i++)
15            System.out.println(i+"!= "+factorial(i));
16        }
17    }
```

【程序的执行结果】

程序的执行结果可参考图 4-6。

图 4-6

4.4.2　斐波那契数列

4.4.1 小节关于递归应用的介绍是通过阶乘函数的范例程序来说明递归的工作原理的。在实现递归时，要用到数据结构中堆栈（Stack）的概念。所谓堆栈，是指一组相同数据类型的数据，对这组数据的所有操作均在这种数据结构的顶端进行，具有后进先出（Last In First Out，LIFO）的特性。我们来看著名的斐波那契数列（Fibonacci Polynomial）求解的例子，首先看看斐波那契数列的基本定义：

$$F_n= \begin{cases} 0 & n=0 \\ 1 & n=1 \\ F_{n-1}+F_{n-2} & n=2,3,4,5,6,\dots（n \text{ 为正整数}） \end{cases}$$

简单来说，就是一个数列的第零项是 0、第一项是 1，后续其他各项的值是它前面两项的值相加之和。根据斐波那契数列的定义，可以把它设计成递归形式：

```
static int fib(int n)
{
if(n==0)
    return 0;
if(n==1)
    return 1;
else
        return fib(n-1)+fib(n-2); //递归调用自己两次
}
```

【综合练习 WORK04_02】：计算 n 项斐波那契数列的递归程序

```
01    // 计算 n 项斐波那契数列的递归程序
02    public class WORK04_02 {
03        static int fib(int n){
04            if(n==0)
05                return 0;
06            if(n==1)
07                return 1;
08            else
09                return fib(n-1)+fib(n-2); //递归调用自己两次
10        }
11        public static void main(String args[]){
12        // 创建 Scanner 对象
13        java.util.Scanner sc=
14            new java.util.Scanner(System.in);
15        System.out.print("请输入需要计算的斐波那契数列项数= ");
16        int n=sc.nextInt();
17        for (int i=0;i<=n;i++)
18            System.out.println("fib("+i+")= "+fib(i));
19        }
20    }
```

【程序的执行结果】

程序的执行结果可参考图 4-7。

图 4-7

4.4.3 汉诺塔问题

法国数学家 Lucas 在 1883 年介绍了一个经典的汉诺塔（Tower of Hanoi）智力游戏，它是一个典型的使用递归法与堆栈概念来解决问题的范例（如图 4-8 所示）。游戏的背景故事：在古印度神庙，庙中有三根木桩，天神希望和尚们把某些数量大小不同的盘子从第一个木桩全部移动到第三个木桩。

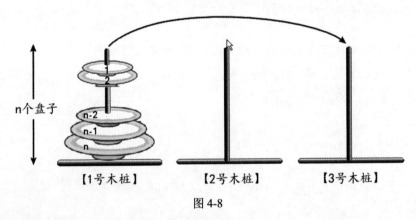

图 4-8

从更精确的角度来说，汉诺塔问题可以这样描述：假设有 1 号、2 号、3 号三根木桩和 n 个大小均不相同的盘子（Disc，或圆盘），从小到大编号为 1,2,3,...,n，编号越大的盘子直径越大。开始的时候，n 个盘子都套在 1 号木桩上，现在希望将 1 号木桩上的盘子借着 2 号木桩当中间桥梁，全部移到 3 号木桩上，找出移动次数最少的方法。不过在移动时还必须遵守下列规则：

（1）直径较小的盘子永远只能置于直径较大的盘子上。
（2）盘子可任意地从任何一个木桩移到其他的木桩上。
（3）每一次只能移动一个盘子，而且只能从最上面的盘子开始移动。

现在我们考虑 n=1~3 的情况，以图示示范解决汉诺塔问题的步骤。

- n = 1

当然是直接把盘子从 1 号木桩移动到 3 号木桩，如图 4-9 所示。

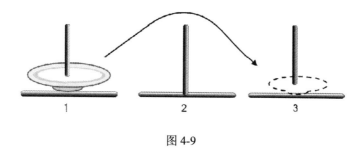

图 4-9

- n = 2

（1）将盘子从 1 号木桩移动到 2 号木桩，如图 4-10 所示。

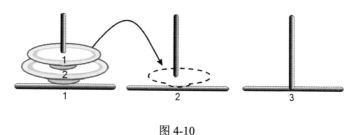

图 4-10

（2）将盘子从 1 号木桩移动到 3 号木桩，如图 4-11 所示。

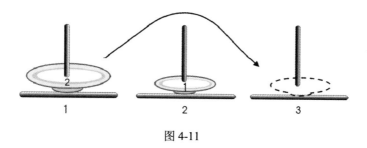

图 4-11

（3）将盘子从 2 号木桩移动到 3 号木桩，就完成了，如图 4-12 所示。

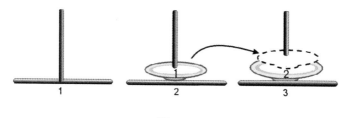

图 4-12

（4）完成的状态如图 4-13 所示。

图 4-13

结论：移动了 2^2-1=3 次，盘子移动的次序为 1、2、1（此处为盘子的次序）。

步骤为：1→2，1→3，2→3（此处为木桩的次序）。

当有 3 个盘子时，移动了 2^3-1=7 次，盘子移动的次序为 1、2、1、3、1、2、1（此处为盘子的次序）。

步骤为 1→3，1→2，3→2，1→3，2→1，2→3，1→3（此处为木桩的次序）。

当有 4 个盘子时，我们实际操作后（在此不用插图说明），盘子移动的次序为 1、2、1、3、1、2、1、4、1、2、1、3、1、2、1，而移动木桩的顺序为 1→2，1→3，2→3，1→2，3→1，3→2，1→2，1→3，2→3，2→1，3→1，2→3，1→2，1→3，2→3，移动次数为 2^4-1=15。

当 n 不大时，大家可以逐步用图解办法解决问题，但 n 的值较大时，就十分伤脑筋了。事实上，我们可以得到一个结论，例如当有 n 个盘子时，可将汉诺塔问题归纳成三个步骤：

步骤 1：将 n-1 个盘子从木桩 1 移动到木桩 2。
步骤 2：将第 n 个最大的盘子从木桩 1 移动到木桩 3。
步骤 3：将 n-1 个盘子从木桩 2 移动到木桩 3。

汉诺塔问题非常适合以递归方式与堆栈来解决。因为它满足了递归的两大特性：①有反复执行的过程；②有跳出这个执行过程的出口。下面我们用 Java 语言来实现汉诺塔问题的算法。

【综合练习 WORK04_03】汉诺塔游戏

```
01    // 使用汉诺塔函数求解出不同盘子数时的盘子移动步骤
02    import java.io.*;
03    public class WORK04_03 {
04        public static void main(String args[]) throws IOException {
05            int j;
06            String str;
07            BufferedReader keyin=new BufferedReader(new
    InputStreamReader(System.in));
08            System.out.print("请输入盘子的数量：");
09            str=keyin.readLine();
10            j=Integer.parseInt(str);
11            hanoi(j,1, 2, 3);
12        }
13        public static void hanoi(int n, int p1, int p2, int p3) {
14            if (n==1)
15                System.out.println("盘子从 "+p1+" 移到 "+p3);
16            else {
17                hanoi(n-1, p1, p3, p2);
18                System.out.println("盘子从 "+p1+" 移到 "+p3);
19                hanoi(n-1, p2, p1, p3);
```

```
20          }
21        }
22    }
```

【程序的执行结果】

程序的执行结果可参考图 4-14。

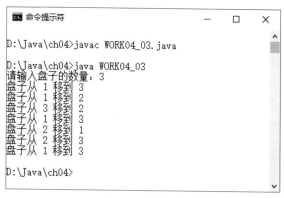

图 4-14

课后习题

一、填空题

1．结构化程序设计语言的核心思想是_____与_____。

2．Java 语言中的函数是一种类的成员，称为_____。

3．方法可分为两种：一种是属于类的_____；另一种是对象的_____。

4．Java 语言中的工具程序包可以通过导入的方式来声明，用户只要使用关键字_____，并配合程序包名称就可以导入事先定义的方法。

5．Java 的类方法必须使用_____修饰词来声明。

6．如果 Java 程序中的方法没有返回值，就必须将返回值数据类型设置为_____。

7．Java 程序中调用函数时所提供的参数通常简称为_____或_____，而在函数主体定义或原型中所声明的参数常简称为_____。

8．Java 方法参数传递的方式可分为_____调用与_____调用两种。

9．Java 提供了两种处理字符串的类，分别为_____与_____类。

10．当 Java 的成员变量使用 static 修饰词声明时，表示该成员变量属于类本身，所以称该成员变量为_____变量。

11．在方法的程序语句区块中声明的变量被称为_____。

12．_____语句可以终止程序当前所在方法的执行，返回调用方法的程序语句。

二、问答与实践题

1．试简述 Java 方法的来源。

2．Java 语言的变量作用域可以分为哪三种？

3. 递归至少要具有哪两个条件？

4. 试简述斐波那契数列的基本定义。

5. 汉诺塔智力游戏的内容是：在古印度神庙，庙中有三根木桩，天神希望和尚们把某些数量大小不同的盘子从第一根木桩全部移到第三根木桩，试问在移动时必须遵守哪些规则？

第5章

数组结构

数组在数学上的定义是指："同一类型的元素所组成的有序集合"。在程序设计语言中，我们可以把数组看作一个名称和一块相连的内存空间，在其中存储了多个相同数据类型的数据，我们将其中的这些数据称为数组的元素，并使用索引值（或称为下标值）来区分各个数组元素。这个有点像学校的学生储物柜，一排外表大小相同的柜子，区分的方法就是每个柜子有不同的号码（如图5-1所示）。

图 5-1

当多个类型相同的数据需要处理时，可以用数组的方式来存放这些数据，再以循环或嵌套循环的方式对数组中的数据进行处理。在本章中，我们将介绍如何声明与使用数组，其中包括一维与多维数组，除此之外，我们还会探讨 Java 语言中的 Arrays 类。

本章的学习目标

- 数组的声明与使用
- 多维数组与不规则数组
- 数组的复制

- 对象数组
- Arrays 类

5.1　数组简介

在介绍数组之前，首先讲一下普通变量在内存中的存储方式。假如我们要计算班上 3 位学生的总成绩，通常会编写如下程序代码：

```
int a,b,c,sum;
sum=0;
a=50,b=70,c=83;
sum=a+b+c;          // 计算全班总成绩
```

此时的变量 a、b、c 及 sum 都是各自独立的，且存放在内存地址不连续的内存空间中，如图 5-2 所示。

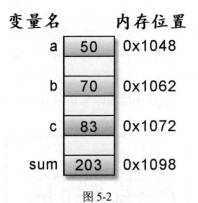

图 5-2

上述用于计算 3 位学生总成绩的程序片段看似简单，不过如果班上有 50 位学生，那么是不是就得声明 50 个变量来记录学生成绩，再将所有成绩加总呢？此时仅仅是变量名称的声明就让我们头痛不已，更不要说操作这些变量进行运算了。

此时如果使用数组来存储学生成绩，就可以有效解决上述问题。假设将这个数组命名为 score，而 score[0]存放 50，score[1]存放 70，score[2]存放 83，等等。此时内存空间存储数据的方式如图 5-3 所示。

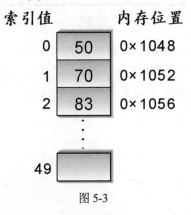

图 5-3

　　事实上，我们可以将数组想象成自家门口的信箱，每个信箱都有固定住址，其中路名就是数组名称，而信箱号码就是索引（在数组中也称为"下标"），如图 5-4 所示。程序设计人员只要根据数组名所代表的起始地址与索引计算出来的相对位移（offset），就可以找到数组元素的实际地址，以直接存取数组元素。

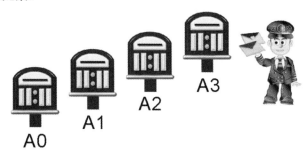

图 5-4

　　也就是说，如果现在让读者设计一个 Java 程序，能够存取公司 100 名员工的基本资料。假如没有学过数组，只使用基本的变量，势必要声明 100 个不同的变量来存放"员工姓名"，而员工的基本资料不只有姓名，还有生日、电话、住址等，这样一来，我们要声明的变量可能就不止 100 个。因此，当要使用大量的变量时，就可以考虑使用数组，这样可以降低程序的复杂度和提高程序的可读性。

5.1.1　声明数组的方法

　　一维数组（One Dimensional Array）是最基本的数组结构，只用到一个索引值（或下标值）。数组在 Java 语言中是一种引用数据类型，数组名存储的是数组的地址，而不是数组的元素值。数组可以和各种不同的数据类型结合，创建该类型的数组。数组的声明和创建方法如下：

```
一般数据类型：
    数据类型[ ] 数组名；
对象数据类型：
    数据类型[ ] 数组名 = new 数据类型[ 数组大小 ]；
```

- 数据类型：数组中所有的数据都是此数据类型。
- 数组名：数组中所有数据的共同名称。
- 数组大小：代表数组中有多少个数组元素。

　　一旦数组被声明和创建后，它的长度就固定不变，当用户变更数组大小时，实际上是将数组指向另一个新创建的数组内存区块。另外，在 Java 中，必须给数组赋初值后才能对数组进行操作，因此 Java 语言在数组创建时会对各种数据类型设置默认的初值。表 5-1 所示为各种数据类型的默认初值。

表 5-1

数组的数据类型	默认初值
数字	0
字符	Unicode 的字符 0
布尔	false
对象	null

当然，用户可以自行设置数组的初值，以下为设置的方式：

数据类型[ ] 数组名=new 数据类型[ ]{初值1,初值2,…};

注意，给数组赋初值时，需要用大括号和逗号来分隔。另外，在 Java 语言中，数组定义了一个方法，可以让用户获取数组的长度，也就是数组的大小：

数组名.**length**;

下面的范例程序使用数组来计算一位学生 5 科成绩的总分及平均分，希望大家通过此例来练习数组的基本使用方法。

【范例程序：CH05_01】

```
01    /*文件: CH05_01.java
02     *说明: 数组的基本使用方法
03     */
04    public class CH05_01{
05       public static void main(String[] args){
06           String[] course=new String[5];//声明并创建一个字符串对象数组
07           //设置初值
08           course[0]="姓名";
09           course[1]="语文";
10           course[2]="数学";
11           course[3]="社会";
12           course[4]="自然";
13           //输出各科名称
14           for(int i=0; i<course.length;i++){
15              System.out.print(course[i]+"\t");
16           }
17           System.out.println();
18           System.out.print("吴劲律\t");
19           int[] score=new int[]{100,96,97,86};//声明、创建整数数组并赋初值
20           int sum=0;
21           for(int i=0; i<score.length;i++){
22              System.out.print(score[i]+"\t");
23              sum+=score[i];
24           }
25           System.out.println();
26           System.out.println("总分="+sum);
27           System.out.println("平均分="+(float)sum/score.length);
28       }
29    }
```

【程序的执行结果】

程序的执行结果可参考图 5-5。

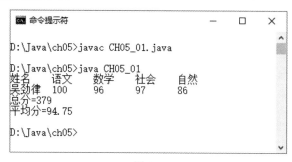

图 5-5

【程序的解析】

第 06 行：声明大小（长度）为 5 的字符串数组。

第 08~12 行：给 course 数组中的各个元素赋值，Java 中数组的索引是从 0 开始计算的。

第 19 行：声明、创建并初始化一个整数（int）数组，因为已给数组的各个元素赋值了，所以不需要再指定数组的大小，设置初值的个数就等于指定了数组的大小。

第 21 行：使用 for 循环读取数组中的值，其中循环条件为不超过数组的长度，因此使用"score.length"准确设置循环条件。

5.1.2　指定数组元素的个数

数组声明后，内部不含任何值，数组中的值默认为 null。5.1.1 小节只介绍了如何声明数组，本小节将介绍如何为已经声明好的数组分配内存空间，即指定该数组中元素的个数。

【指定数组大小的语法】

```
变量名称= new 数据类型[ 元素个数 ]
```

【举例说明】（参考图 5-6）

```
age = new int[5]
//对之前所声明的数组 age 分配可以存储 5 个整数的内存空间，即数组具有 5 个元素
//数组中元素的默认值为 0
```

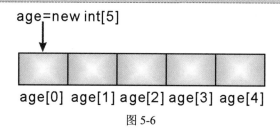

图 5-6

5.1.3 数组的另一种声明方法

数组声明的方法除了 5.1.2 小节介绍的将声明与内存分配分开之外，其实也可以合并数组的声明、内存分配这两个操作于一行语句，其语法如下：

```
数据类型变量名称[ ] = new 数据类型[元素的个数]
```

【举例说明】

```
int age[] =new int[5]
// 数组声明完成后，再指定数组元素的个数
```

5.1.4 将指定值存入数组

要将指定的值赋给数组，可以采用如下语法：

```
变量名称 [ 索引值 ] =将指定的值
```

【举例说明】

```
age[0]=18;
```

意思是将 18 赋给 age 数组中索引值为 0 的元素。要注意的是，Java 语言中的数组索引值编号是从 0 开始的，因此对于 age[0]=18，就是将 18 赋给 age 数组中的第一个元素。因为这样的特性，除了在声明时直接给数值赋初值外，也可以通过索引值定位给数组中的元素赋值，age[1]为第二个元素，age[2]为第三个元素，以此类推。

结合前面学过的数组的基本概念，在下面的范例程序中使用数组来记录员工的年龄。

【范例程序：CH05_02】

```
01    /*文件：CH05_02.java
02     *说明：数组的基本使用方法
03     */
04
05    public class CH05_02{
06        public static void main(String[] ages){
07
08            //数组声明
09            int age[] =new int[5];
10            //给数组元素赋值
11            age[0]=18;
12            age[1]=25;
13            age[2]=33;
14            age[3]=48;
15            age[4]=50;
16
17            for(int i=0;i<=5;i++){
18                if(i<age.length){
19                    System.out.println(" 第 "+(i+1)+" 位员工的年龄 ="+age[i]+" 岁。
      "+'\n');
20                }else{
```

```
21                    System.out.println("抱歉! 找不到第"+(i+1)+"位员工年龄的数据。");
22                }
23            }
24        }
25    }
```

【程序的执行结果】

程序的执行结果可参考图 5-7。

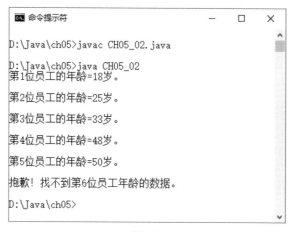

图 5-7

【程序的解析】

第 11~15 行：通过给数组元素赋值输入 5 位员工的年龄。

不知道大家是否发现，上面的第 11~15 行的程序代码有点长，假如有 30 组数据，就要有 30 行程序代码来完成赋值的工作，倘若如此，这样的程序就太繁杂了。而改用另一种方式编写可以缩短程序代码的行数，范例程序如下。

【范例程序：CH05_02 改进版】

```
01    public class CH05_02 {
02        public static void main (String[ ] ages){
03            int age[ ]={18,25,33,48,50};
04            System.out.println("第一位员工年龄是 "+age[0] );
05        }
06    }
```

5.2　多维数组

在 Java 中声明的数据都在内存中进行存取，只要系统的内存大小许可，当然可以声明多维数组来存取数据。多维数组可视为一维数组的扩展，在 Java 语言中，二维或二维以上的数组都可以称作多维数组。其实，多维数组的声明与创建就是根据数组维数的多寡而加上相应的几个中括号"[ ]"。通常三维以上的数组很少使用，所以本书不讨论三维以上的数组，只针对二维数组及三维数组来进行说明。

5.2.1　二维数组

二维数组可以视为一维数组的线性扩展，也可视为平面上行与列的组合。二维数组使用两个索引值来存取数组元素："行（横）方向"的元素的个数以及"列（纵）方向"的元素的个数。

【声明二维数组的语法】

```
一般数据类型：
    数据类型 [ ] [ ]  数组名；
对象数据类型：
    数据类型 [ ] [ ]  数组名 =new 数据类型[行数][列数]；
```

【举例说明】

```
int twoArray[ ][ ]=new int[3][4]  // 声明一个 "3 行 4 列"（3×4）的整数数组
```

上面的数组声明语句声明了一个 3 行 4 列的二维数组。在存取二维数组中的元素时，索引值仍然是从 0 开始计算的。图 5-8 以矩阵方式说明二维数组中每个元素的索引值与存储位置的逻辑关系。

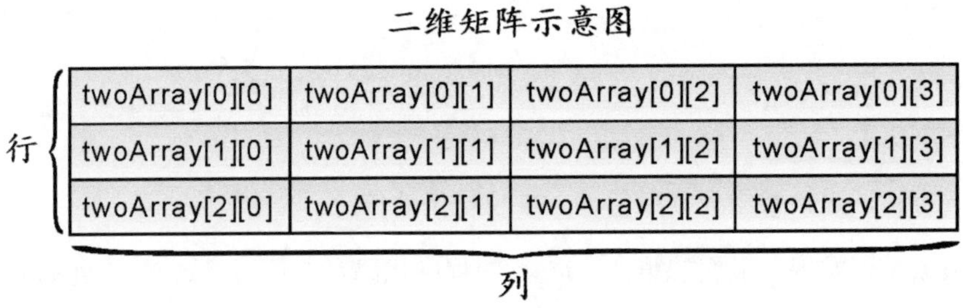

二维矩阵示意图

	twoArray[0][0]	twoArray[0][1]	twoArray[0][2]	twoArray[0][3]
行	twoArray[1][0]	twoArray[1][1]	twoArray[1][2]	twoArray[1][3]
	twoArray[2][0]	twoArray[2][1]	twoArray[2][2]	twoArray[2][3]

列

图 5-8

在给二维数组的元素赋初值时，为了方便分隔二维数组的行与列，除了最外层的"{}"外，最好用"{}"括住每一行的元素初值，并以"，"分隔每个数组元素。

【二维数组赋初值的语法】

以 int twoArray[ ][ ]=new int[3][4]为例，先赋初值：

```
int twoArray[ ][ ]=new int[ ][ ]{ {12,92,88,76}, //用大括号隔开，表示第一行
{23,90,98,70},// 表示第二行
{33,82,69,98} };// 表示第三行
```

【范例程序：CH05_03】

```
01   /*文件：CH05_03.java
02    *说明：各种数组的使用方法
03    */
04   public class CH05_03{
05      public static void main(String[] args){
06
07         String[] arr1=new String[]{"学号","语文","英语","数学","最高分","最低分"};
08         //声明、创建二维数组并赋初值
```

```
09          int[][] arr2=new int[][]{{1,92,88,76},{2,90,98,70},{3,82,69,98}};
10          for(int r=0; r<arr1.length;r++)
11              System.out.print(arr1[r]+"\t");
12          System.out.println();
13          int max=0,min=100;
14          //输出二维数组的元素，并找出最高分与最低分
15          for(int i=0; i<arr2.length;i++){
16              for(int j=0; j<arr2[i].length;j++){
17                  if(arr2[i][j]>max){
18                      max=arr2[i][j];
19                  }
20                  if(j>0){
21                      if(arr2[i][j]<min){
22                          min=arr2[i][j];
23                      }
24                  }
25                  System.out.print(arr2[i][j]+"\t");
26              }
27              System.out.print(max+"\t"+min);
28              System.out.println();
29          }
30      }
31  }
```

【程序的执行结果】

程序的执行结果可参考图 5-9。

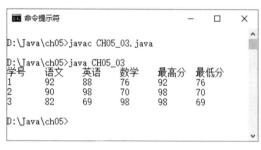

图 5-9

【程序的解析】

第 15~29 行：使用两个 for 循环来输出二维数组的元素并找出其中的最大值和最小值。

第 15~16 行：使用数组的长度属性来设置循环的次数。要计算二维数组的总长度，必须先获取每个维数的长度，相乘之后才是数组的总长度。

5.2.2　三维数组

二维数组在几何上可以表示平面，x 轴和 y 轴对应着行和列的关系。三维数组在几何上可以表示立体，除了要考虑 x 轴和 y 轴外，还要考虑 z 轴，因此三维数组使用三个索引值来存取数组元素："x 方向"的元素的个数、"y 方向"的元素的个数以及 "z 方向"的元素的个数。

【声明三维数组的语法】

一般数据类型：

```
      数据类型数组名[ ][ ][ ];
  对象数据类型:
      数据类型数组名[ ][ ][ ] =new 数据类型[x 方向][y 方向][z 方向];
```

【举例说明】

```
int threeArray[ ][ ][ ]=new int[2][3][4]   //声明一个 "2*3*4" 的三维整数数组
```

三维数组的示意图如图 5-10 所示。

三维数组示意图

	threeArray[0][0][0]	threeArray[0][0][1]	threeArray[0][0][2]	threeArray[0][0][3]
y 方向	threeArray[0][1][0]	threeArray[0][1][1]	threeArray[0][1][2]	threeArray[0][1][3]
	threeArray[0][2][0]	threeArray[0][2][1]	threeArray[0][2][2]	threeArray[0][2][3]

上下两组则表示x方向   z方向

	threeArray[1][0][0]	threeArray[1][0][1]	threeArray[1][0][2]	threeArray[1][0][3]
y 方向	threeArray[1][1][0]	threeArray[1][1][1]	threeArray[1][1][2]	threeArray[1][1][3]
	threeArray[1][2][0]	threeArray[1][2][1]	threeArray[1][2][2]	threeArray[1][2][3]

z方向

图 5-10

【三维数组赋初值的语法】

以 int threeArray[ ][ ][ ]=new int[2][3][4]为例,先赋初值:

```
int threeArray [ ][ ][ ]=new int[ ][ ][ ]
{{{12,92,88,76},{23,90,98,70},{33,82,69,98} },
{{32,32,86,36},{43,30,38,40},{73,92,89,28}} };
```

给三维数组元素赋初值似乎有点复杂。以上面的赋值方式为例,以黑色粗体大括号标示的是 "x 方向"(就是第二层大括号),表示声明的三维数组[x][y][z]中,x=2;每一组黑色粗体大括号内有三组以大括号标示的数据集,分别为{12,92,88,76}、{23,90,98,70}和{33,82,69,98},表示声明的三维数组[x][y][z]中,y=3;最后的大括号内有 4 组数据集,表示声明的三维数组[x][y][z]中,z=4。

【范例程序:CH05_04】

```
01    /*文件: CH05_04.java
02     *说明: 各种数组的使用方法
03     */
04
05    public class CH05_04 {
06      public static void main(String[] args) {
07        int twoDarr[][]={{15,48,44,11},
08          {12,78,56,49},
09          {55,24,31,98}};
10        int threeDarr[][][]={{{2,4,6,8},{1,3,5,7},{5,10,15,20}},
11      {{3,6,9,18},{4,8,12,16},{0,0,0,0}}};
12
```

```
13          System.out.println("二维数组输出的结果：");
14          System.out.println(twoDarr[0][0]+" "+twoDarr[0][1]+" "+twoDarr[0][2]);
15          System.out.println(twoDarr[1][0]+" "+twoDarr[1][1]+" "+twoDarr[1][2]);
16          System.out.println(twoDarr[2][0]+" "+twoDarr[2][1]+" "+twoDarr[2][2]);
17          System.out.println("随意挑选的二维数组元素：");
18          System.out.println("twoDarr[2][0]="+twoDarr[2][0]);
19          System.out.println("twoDarr[1][2]="+twoDarr[1][2]);
20          System.out.println();
21          System.out.println("三维数组输出的结果：");
22          System.out.println("随意挑选的三维数组元素：");
23          System.out.println("threeDarr[1][0][1]="+threeDarr[1][0][1]);
24      System.out.println("threeDarr[1][2][3]="+threeDarr[1][2][3]);
25          System.out.println("threeDarr[0][2][0]="+threeDarr[0][2][0]);
26      }
27    }
```

【程序的执行结果】

程序的执行结果可参考图 5-11。

图 5-11

【程序的解析】

第 07~09 行：要区分二维数组的各行，注意使用大括号，每组之间也要用逗号分隔开。{15,48,44,11}表示第一行，{12,78,56,49}表示第二行，{55,24,31,98}表示第三行。

第 10~11 行：{{2,4,6,8},{1,3,5,7},{5,10,15,20} 表示三维数据的第一行，{{3,6,9,18},{4,8,12,16},{0,0,0,0}}表示三维数组的第二行。

5.2.3　不规则数组

之前我们所学的多维数组都是每一行有相同长度的数组，如果多维数组每一行的长度不同，在 Java 中可行吗？答案是可以的。

【声明不规则数组的语法】

```
int twoArray[ ][ ]={{15,48,44,11},
          {12,78,56,49,58},
```

```
                {55,24,31}};
```

我们发现每一行的元素个数（即数组长度）不一致，不过这种不规则的数组声明语法也是一种合法的声明方式。

5.3　数组的应用与对象类

截至目前，对于一维数组或多维数组的结构，以及数组的声明和分配内存空间，我们应该都有了初步的认识。接下来，我们将介绍一些和数组相关的应用。

5.3.1　重新创建数组

重新创建原来已有的数组。

【语法】

```
变量名称 = new 数据类型[元素个数]
```

【范例程序：CH05_05】

```
01   /*文件: CH05_05.java
02    *说明：重新创建已有的数组
03    */
04
05   public class CH05_05{
06      public static void main(String[] args){
07          int A[]={2,4,6,8,10,12};
08          System.out.println("显示改变前原数组元素的内容：");
09          for (int i=0;i<A.length;i++) {
10              System.out.print(A[i]+" ");
11          }
12          System.out.println();
13
14          A=new int[A.length+1];
15          System.out.println("显示改变后新数组元素的内容：");
16          for (int i=0;i<A.length;i++) {
17              System.out.print(A[i]+" ");
18          }
19          System.out.println();
20      }
21   }
```

【程序的执行结果】
程序的执行结果可参考图 5-12。

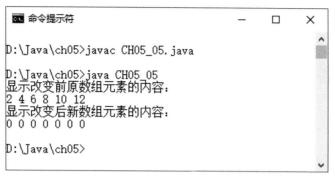

图 5-12

【程序的解析】

重新创建的数组并不会保留原数组的值，其实是创建了一个空的新数组。可以借助"复制数组"的方式来避免这样的问题。

5.3.2　复制数组的方式

在 Java 语言中有三种复制数组的方式，下面分别进行介绍：

（1）循环复制方式

数组是一种引用类型，所以不能像一般数据类型那样通过直接使用变量名称赋值的方式来复制数组。当要把一个数组的内容赋值给另一个数组时，必须逐一赋值两个数组对应的元素，我们可以使用循环来实现这样的复制方式。

【程序片段示范】

```java
int[ ] arr1=new int[ ]{1,2,3,4,5};
int[ ] arr2=new int[5];
for(int i=0; i<arr1.length; i++)
arr2[i]=arr1[i];
```

循环的复制方式是最具弹性的一种方式，可以根据数组的需要来设计循环。

（2）克隆（clone）复制方式

数组是对象的一种，所以可以使用对象类中定义的 clone( )方法来复制。

【语法】

```
目标数组名=(数据类型[ ])源数组名.clone( )
```

【举例说明】

```
arr2=( int[ ] )arr1.clone( );
```

因为 clone( )方法返回的数据类型为对象，所以需要以"(数据类型[])"将对象转换成所需要的数组数据类型。clone( )方法在三种复制方法中最简单，不过它的效率并不高，尤其是当数组的元素很多或者在复制对象数组时。

【范例程序：CH05_06】

```
01    /*文件：CH05_06.java
02    *说明：Arrayclone数组克隆（复制数组）
03    */
04
05    public class CH05_06{
06        public static void main(String[] args){
07            int A[]={2,4,6,8,10,12};
08            System.out.println("复制前原数组元素的内容：");
09            for (int i=0;i<A.length;i++){
10                System.out.print(A[i]+" ");
11            }
12            System.out.println();
13            int B[]=new int[A.length];
14            B=(int[])A.clone();
15            System.out.println("复制后新数组元素的内容：");
16            for (int i=0;i<B.length;i++){
17                System.out.print(B[i]+" ");
18            }
19            System.out.println();
20        }
21    }
```

【程序的执行结果】

程序的执行结果可参考图 5-13。

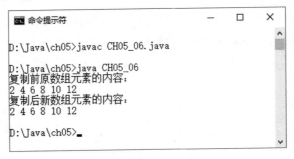

图 5-13

【程序的解析】

第 13 行：复制 B 数组之前，需要先声明 B 数组。

（3）arraycopy 复制方式

数组的另一种复制的方式，调用 System 类中的 arraycopy 方法，这个方法及其说明可参考表 5-2。

表 5-2

System 类的 arraycopy 方法	说明
staticvoid arraycopy(Object 源数组，int 起始索引，Object 目标数组, int 存放位置, int 数据长度)	将源数组从起始索引开始到指定的长度结束为止的所有元素复制到目标数组所指定的存放位置

arraycopy 方法在三种复制数组的方式中速度最快，它的另一个特点是可以指定需要复制的元

素，以及把复制过来的元素存放在目标数组指定的位置。

【范例程序：CH05_07】

```
01    /*文件：CH05_07.java
02    *说明：数组复制的三种方式
03    */
04    public class CH05_07{
05        public static void main(String[] args){
06
07            int[] arr1=new int[]{1,2,3,4,5};
08            int[] arr2=new int[5];
09            //循环的方式
10            for(int i=0; i<arr1.length; i++)
11                arr2[i]=arr1[i];
12            //输出
13            for(int i=0; i<arr1.length; i++){
14                System.out.print(arr2[i]+" ");
15            }
16    System.out.println();
17            char[] arr3=new char[]{'a','r','r','a','y'};
18            char[] arr4=new char[arr3.length];//以arr3的数组长度为大小
19            arr4=(char[])arr3.clone();//clone克隆方式
20            //输出
21            for(int i=0; i<arr1.length; i++) {
22    System.out.print(arr4[i]+" ");
23            }
24    System.out.println();
25            //创建字符串数组
26            String[] str1=new String[]{"劝君莫惜金缕衣",
27                    "劝君惜取少年时",
28                "花开堪折直须折",
29                "莫待无花空折枝"};
30            System.out.println("金缕衣（杜秋娘）");
31            for(int i=0; i<str1.length; i++)
32                System.out.println(str1[i]);
33            System.out.println();
34            String[] str2=new String[]{"1","2","3","4"};//创建字符串数组
35            System.arraycopy(str1,0,str2,1,2);//arraycopy复制方式
36            //输出
37            for(int i=0; i<str2.length; i++)
38                System.out.println(str2[i]);
39        }
40    }
```

【程序的执行结果】

程序的执行结果可参考图 5-14。

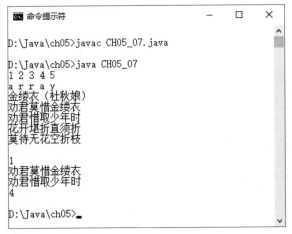

图 5-14

【程序的解析】

第 10~11 行：使用 for 循环将 arr1 数组的元素分别赋值给 arr2 数组，完成数组的复制。

第 35 行：把字符串数组 str1 从索引值 0 开始的两个字符串复制到 str2 字符串数组从索引值 1 开始的位置。

5.3.3 对象数组

可以用基本数据类型来声明和创建数组，而数组中元素的值就是所声明的基本数据类型。如果声明和创建的是"对象数组"，Java 语言仍然可以处理。用基本数据类型创建的数组和用对象创建的数组的不同点在于：声明对象数组时所创建的是对象的引用，而不是对象的实例。

【范例程序：CH05_08】

```
01   /*文件：CH05_08.java
02    *说明：对象数组
03    */
04
05   public class CH05_08{
06      public static void main(String[] args){
07         String A[]={"自由","平等","公正","法治"};
08         for (int i=0;i<A.length;i++){
09            System.out.print(A[i]+" ");
10         }
11         System.out.println();
12         System.out.println(" A[0]="+A[0]);
13         System.out.println(" A[1]="+A[1]);
14         System.out.println();
15
16         A[1]=A[2];
17         for (int i=0;i<A.length;i++){
18            System.out.print(A[i]+" ");
19         }
20         System.out.println();
21         System.out.println(" A[1]="+A[1]);
22         System.out.println();
```

```
23        }
24    }
```

【程序的执行结果】

程序的执行结果可参考图 5-15。

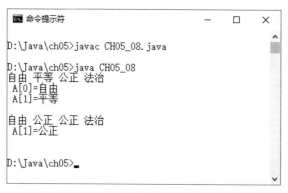

图 5-15

【程序的解析】

第 16 行：将 A[2]赋值给 A[1]，这个操作其实只是将原引用到 A[1]的实例改为引用到 A[2]，这个操作之后 A[1]和 A[2]具有相同的引用，即指向同一个实例。

5.4 Arrays 类

Arrays 类属于"java.util"程序包中的类，它包含一些可以直接调用的静态方法。Arrays 类还提供了许多对数组的处理方法，例如排序、查找、复制、填充及对比等。这些方法的调用方式如下：

```
Arrays.sort(数组);        //对数组进行排序
```

表 5-3 所示为 Arrays 类所提供的各个方法。

表 5-3

Arrays 类的方法	说明
static int binarySearch (数据类型[] a, 数据类型 b)	返回一个整数值。以 b 为索引数据，对 a 数组进行二分查找，返回 b 在 a 数组中的索引位置。当返回值小于 0 时，表示未找到 数据类型适用于 byte、short、int、long、float、double、Object 及 char
static boolean equals (数据类型[] a, 数据类型[] b)	返回一个布尔（boolean）值。比较 a 数组中与 b 数组中元素的值。true 表示数组中元素的值相等；false 表示数组中元素的值不相等 数据类型适用于 byte、short、int、long、float、double、Object 及 char
static void fill (数据类型[] a, 数据类型 b)	无返回值。将数据 b 填入 a 数组。 数据类型适用于 byte、short、int、long、float、double、boolean、Object 及 char
static void sort(数据类型[] a)	无返回值。对 a 数组进行从小到大的排序 数据类型适用于 byte、short、int、long、float、double、Object 及 char

（续表）

Arrays 类的方法	说明
static void sort(数据类型[] a, int 起始索引, int 结束索引)	无返回值。对 a 数组中从"起始索引"的位置到"结束索引"的位置进行从小到大的排序 数据类型适用于 byte、short、int、long、float、double、Object 及 char

表 5-3 中的方法在调用时必须注意所适用的数据类型。另外，binarySearch()只能对已排序过的数组进行查找，通常还需搭配 sort()方法一起使用。下面我们将介绍表 5-3 中的 fill 和 equals 两种方法的调用方式和应用实例。

5.4.1 fill 方法

【语法】

```
Arrays.fill (变量名称,赋初值 )
```

当指定数组大小后，其元素的初值以声明时的数据类型为主，如果是 int 数据类型，就默认初值为 0；如果是 boolean 数据类型，就默认初值是 false。而 fill( )方法的作用是允许由程序设计人员来设置默认的初值。

【范例程序：CH05_09】

```
01    /*文件: CH05_09.java
02     *说明: Arrays.fill方法应用实例
03     */
04
05    import java.util.Arrays;
06    public class CH05_09{
07      public static void main(String[] args){
08          int A[]=new int[5];
09          System.out.println("默认的初值: ");
10
11          for (int i=0;i<A.length;i++){
12              System.out.print(A[i]+" ");
13          }
14          System.out.println();
15          Arrays.fill(A, 5);
16          System.out.println("重新设置后的初值: ");
17
18          for (int i=0;i<A.length;i++){
19              System.out.print(A[i]+" ");
20          }
21          System.out.println();
22      }
23    }
```

【程序的执行结果】
程序的执行结果可参考图 5-16。

图 5-16

【程序的解析】

第 05 行：要使用 Array 类，注意要先使用 import java.util.Arrays 导入，之后就可以调用 Array 类中的方法了。

5.4.2　equals

【语法】

```
Arrays.equals（数组 1，数组 2）
```

比较两个数组中元素的值或内容是否相同，若相同，则返回"true"，否则返回"false"。

【范例程序：CH05_10】

```
01    /*文件：CH05_10.java
02     *说明：Arrays.equals方法的应用实例
03     */
04
05    import java.util.Arrays;
06
07    public class CH05_10{
08        public static void main(String[] args){
09            int A[]={55,24,31,98};
10            int B[]={55,24,31,98};
11            int C[]={45,2,3,88,77};
12
13            System.out.println(" A[]和B[]是否相同："+Arrays.equals(A,B));
14            System.out.println(" A[]和C[]是否相同："+Arrays.equals(A,C));
15            System.out.println(" C[]和B[]是否相同："+Arrays.equals(C,B));
16
17        }
18    }
```

【程序的执行结果】

程序的执行结果可参考图 5-17。

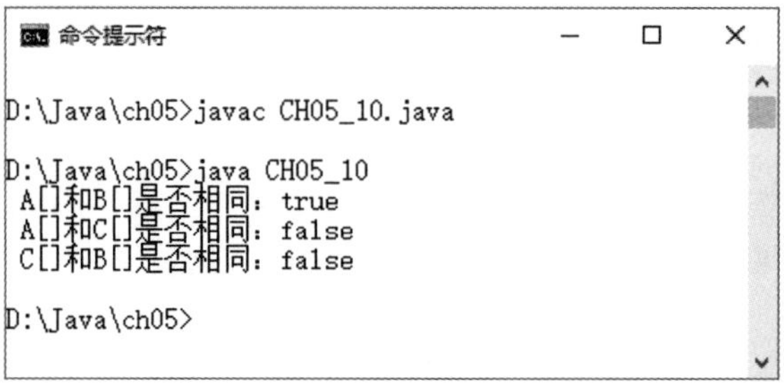

图 5-17

5.5 高级应用练习实例

在本章中，我们主要介绍了 Java 的数组，包括一维数组、二维数组与多维数组的声明及其工作原理。数组的使用不难，如果配合本节的练习，相信大家对数组的应用会有更深的体会。

5.5.1 矩阵的相加

数学上的矩阵用二维数组来表示最为方便。两个矩阵相加的前提是两者对应的行数与列数必须相等，而相加后得到的新矩阵保持原来矩阵相同的行数与列数。

例如：

$A_{mxn}+B_{mxn}=C_{mxn}$

请设计一个 Java 程序，声明 3 个二维数组来实现矩阵相加的过程，并显示两个矩阵相加后的结果矩阵。

【综合练习】实现矩阵相加的程序

```
01    // 两个矩阵相加的运算
02    import java.io.*;
03    public   class WORK05_01 {
04      public static void MatrixAdd(int arrA[][],int arrB[][],int arrC[][],int
      dimX,int dimY){
05          int row,col;
06          if(dimX<=0||dimY<=0)  {
07              System.out.println("矩阵维数必须大于0");
08              return;
09          }
10          for(row=1;row<=dimX;row++)
11              for(col=1;col<=dimY;col++)
12                  arrC[(row-1)][(col-1)]=arrA[(row-1)][(col-1)]+arrB[(row-1)]
      [(col-1)];
13          }
14      public static void main(String args[]) throws IOException {
15          int i;
16          int j;
17          int [][] A= {{1,3,5},
18      {7,9,11},
19      {13,15,17}};
```

```
20          int [][] B= {{9,8,7},
21    {6,5,4},
22         {3,2,1}};
23         int [][] C= new int[3][3];
24         System.out.println("[矩阵A的各个元素]"); //打印输出矩阵A的内容
25         for(i=0;i<3;i++){
26             for(j=0;j<3;j++)
27                 System.out.print(A[i][j]+" \t");
28             System.out.println();
29         }
30         System.out.println("[矩阵B的各个元素]");//打印输出矩阵B的内容
31         for(i=0;i<3;i++) {
32             for(j=0;j<3;j++)
33                 System.out.print(B[i][j]+" \t");
34             System.out.println();
35         }
36         MatrixAdd(A,B,C,3,3);
37         System.out.println("[显示矩阵A和矩阵B相加的结果]");//打印输出A+B的内容
38         for(i=0;i<3;i++) {
39             for(j=0;j<3;j++)
40                 System.out.print(C[i][j]+" \t");
41             System.out.println();
42         }
43     }
44 }
```

【程序的执行结果】

程序的执行结果可参考图 5-18。

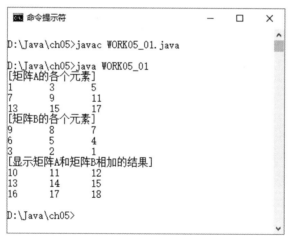

图 5-18

5.5.2　冒泡排序法

冒泡排序法又称为交换排序法，是从观察水中气泡的变化构思而成的，气泡随着水深压力而改变。气泡在水底时，水压最大，气泡最小；当气泡慢慢浮上水面时，气泡由小渐渐变大。

冒泡排序法的比较方式是从第一个元素开始，比较相邻元素的大小，若大小顺序有误，则对调后再进行下一个元素的比较。如此扫描过一次之后就可以确保最后一个元素位于正确的位置。接着逐步进行第二次扫描，直到完成所有元素的排序关系为止。

请设计一个 Java 程序，声明一个一维数组，并以冒泡排序法对数组中的数字进行排序。下面使用 55、23、87、62、16 数列来演示排序过程，这样大家可以清楚地知道冒泡排序法的具体流程。

从小到大排序，原始顺序如图 5-19 所示。

图 5-19

第一次扫描会先拿第一个元素 55 和第二个元素 23 进行比较，如果第二个元素小于第一个元素，就进行互换。接着拿 55 和 87 进行比较，就这样一直比较并互换，到第 4 次比较完后即可确定最大值在数组的最后面，如图 5-20 所示。

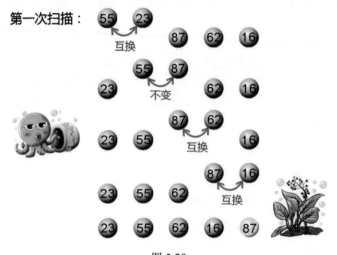

图 5-20

第二次扫描也是从头比较，但因为最后一个元素在第一次扫描时就已确定是数组中的最大值，故只需比较 3 次即可把剩余数组元素的最大值排到剩余数组的最后面，如图 5-21 所示。

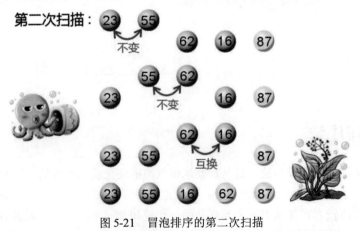

图 5-21　冒泡排序的第二次扫描

第三次扫描完，完成了三个数字的排序，如图 5-22 所示。

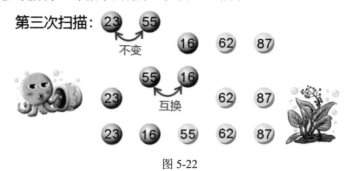

图 5-22

第四次扫描完，即可完成所有排序，如图 5-23 所示。

图 5-23

由此可知，5 个数字的冒泡排序法必须执行 5-1 次扫描，第一次扫描需比较 5-1 次，第二次扫描需比较 4-1 次，第三次扫描需比较 3-1 次，以此类推，5-1 次扫描共需比较 4+3+2+1=10 次。

【综合练习】实现冒泡排序法的程序

```
01    // 传统冒泡排序法
02    public class WORK05_02 extends Object {
03        public static void main(String args[]) {
04            int i,j,tmp;
05            int data[]={6,5,9,7,2,8};    //原始数据
06
07            System.out.println("冒泡排序法: ");
08            System.out.print("原始数据为: ");
09            for(i=0;i<6;i++) {
10                System.out.print(data[i]+" ");
11            }
12            System.out.print("\n");
13
14            for (i=5;i>0;i--)  //扫描次数
15        {
16            for (j=0;j<i;j++)      //比较、交换次数
17            {
18            // 比较相邻的两个数，若第一个数较大，则交换
19            if (data[j]>data[j+1])
20            {
21                tmp=data[j];
22                    data[j]=data[j+1];
23                    data[j+1]=tmp;
24            }
25            }
26
27            //把每次扫描后的结果打印输出
```

```
28          System.out.print("第"+(6-i)+"次排序后的结果是: ");
29          for (j=0;j<6;j++)
30          {
31              System.out.print(data[j]+" ");
32          }
33          System.out.print("\n");
34      }
35
36      System.out.print("排序后结果为: ");
37      for (i=0;i<6;i++)
38      {
39          System.out.print(data[i]+" ");
40      }
41      System.out.print("\n");
42      }
43  }
```

【程序的执行结果】

程序的执行结果可参考图 5-24。

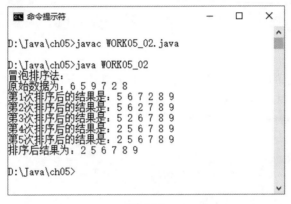

图 5-24

5.5.3 彩票号码产生器

这个程序使用一维数组来存储产生的随机数。随机数产生之后，还需要检查新产生的随机数号码是否与之前产生的随机数号码重复，我们使用数组的索引值特性并结合 while 循环机制进行反向检查，最终用程序生成 6 个不会重复的号码。

【综合练习】实现彩票号码产生器的程序

```
01      //数组的应用——彩票号码产生器
02      public class WORK05_03{
03          public static void main(String[] args){
04              //变量声明
05              int[] intArray=new int[6];//存放产生的随机数号码
06              int intRandCount=0;        //记录随机数产生个数的计数器
07              int intBackCount=0;        //产生随机数反向检查时用计数器
08              boolean boolRepeat=false; //反向检查时判断号码是否重复
09
10              //使用循环产生6个彩票号码
```

```
11          for(int i=0;i<6;i++){
12              intRandCount++;
13              intArray[i]=(int)(Math.random()*42+1);
14              intBackCount=i-1;
15              boolRepeat=false;
16              while(i>0 && intBackCount>=0){
17                  if(intArray[i]==intArray[intBackCount]){
18                      i--;
19                      boolRepeat=true;
20                      break;
21                  }
22                  intBackCount--;
23              }
24              //当检查无重复时，打印输出该数字
25              if(!boolRepeat)
26                  System.out.println("第 "+(i+1)+" 个数字为: "+intArray[i]);
27          }
28          System.out.println("随机数总共产生了 "+intRandCount+" 次");
29      }
30  }
```

【程序的执行结果】

程序的执行结果可参考图 5-25。

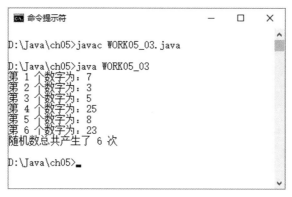

图 5-25

5.5.4　计算学生成绩分布并给出简易成绩分布示意图

下面的范例程序示范结合 if-else 条件选择语句与一维数组的应用。该范例程序使用一个长度为 10 的数组来存储位于不同分数段的学生人数，对应到学生成绩的分布图，最后按照不同分数段的人数来输出对应数量的星号。数组中 10 个元素的作用如表 5-4 所示。

表 5-4

元素	作用	元素	作用
degree[0]	存储分数 0～9 的人数	degree[5]	存储分数 50～59 的人数
degree[1]	存储分数 10～19 的人数	degree[6]	存储分数 60～69 的人数
degree[2]	存储分数 20～29 的人数	degree[7]	存储分数 70～79 的人数

（续表）

元素	作用	元素	作用
degree[3]	存储分数 30~39 的人数	degree[8]	存储分数 80~89 的人数
degree[4]	存储分数 40~49 的人数	degree[9]	存储分数 90~100 的人数

【综合练习】计算学生成绩分布并给出简易成绩分布示意图

```
01    //初始化数组及计算学生成绩分布
02    public class WORK05_04{
03        public static void main(String[] args){
04            //变量和数组的声明
05            int score[]={99,98,91,88,65,69,97,57,77,63};//声明并初始化数组
06            int degree[]=new int[10]; //声明并初始化数组
07            int i,j,sum=0;
08            double avg=0.0;
09
10            //使用循环计算总分，并累加对应分数段的人数
11            for (i=0; i<10; i++)
12            {
13                sum += score[i]; //计算总分
14                if (score[i]/10 == 10)
15                    degree[9]++; //若成绩为100，则将索引值为9的数组元素值加1
16                else
17                    degree[score[i]/10]++;  //累加对应分数段的人数
18            }
19            avg = (double)sum /(double)10; //计算平均分
20
21            System.out.println("总分="+sum+" ,平均分="+avg);
22            System.out.println("人数分布图如下：");
23            System.out.print("分数段\t\t人数\n");
24            for (i=0; i<10; i++)
25            {
26                System.out.print(i*10+" ~ "+(i*10+9)+" \t");//设置分数段的输出文字
27                for (j=0;j<degree[i];j++)
28                    System.out.print("*"); //以星号表示该分数段的人数
29                System.out.print("\n");
30            }
31        }
32    }
```

【程序的执行结果】

程序的执行结果可参考图 5-26。

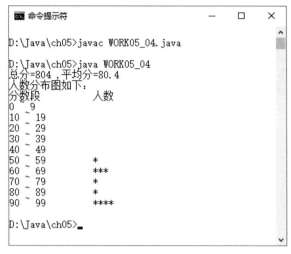

图 5-26

5.5.5　Arrays 类中方法的调用

Arrays 类包含许多数组方面的方法可供调用，如排序、填充和查找等方法。下面的范例程序将示范 Arrays 类中几种方法的调用。

【综合练习】Arrays 类中方法的调用

```
01    /*文件: WORK05_05.java
02     *说明: Arrays类中方法的调用
03     */
04    import java.util.Arrays;
05    public class WORK05_05{
06       public static void main(String[] args){
07          //创建一个字符串数组
08          String[] name={"王重阳","周伯通","洪七公","黄药师",
09               "欧阳锋","段智兴","裘千仞","丘处机"};
10          String[] copyname=new String[name.length];
11          System.out.println("原数组= ");
12          for(int i=0; i<name.length; i++)
13             System.out.print("["+name[i]+"] ");
14          System.out.println();
15
16          System.out.println("\n[复制数组]....");
17          System.arraycopy(name,0,copyname,0,8);//复制数组
18          System.out.println("\n比较两个数组: ");
19          //比较数组
20          if(Arrays.equals(name,copyname))
21             System.out.println("原数组与复制数组相等");
22          else
23             System.out.println("原数组与复制数组不等");
24          Arrays.sort(name);//数组排序
25          System.out.println("\n原数组排序后= ");
26          for(int i=0; i<name.length; i++)
27             System.out.print("["+name[i]+"] ");
28          System.out.println();
```

```
29          if(Arrays.equals(name,copyname))
30              System.out.println("原数组与复制数组相等");
31          else
32              System.out.println("原数组与复制数组不等");
33          //数组查找
34          int index=Arrays.binarySearch(name,"王重阳");
35          if(index>0) System.out.println("\n在数组中第"+(index+1)+"个元素找到[王
    重阳]");
36          System.out.println("\n将元素填充到数组中：");
37          Arrays.fill(name,4,5,"小龙女");//将字符串填充到name数组中的第4个索引值所
    在的位置
38          for(int i=0; i<name.length; i++)
39              System.out.print("["+name[i]+"] ");
40          System.out.println();
41      }
42  }
```

【程序的执行结果】

程序的执行结果可参考图 5-27。

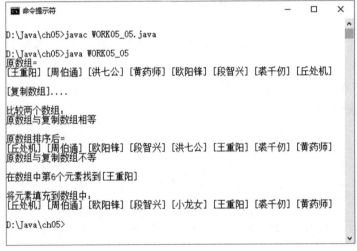

图 5-27

5.5.6 多项式相加

假如一个多项式 $P(x)=a_nx^n+a_{n-1}x^{n-1}+\ldots+a_1x+a_0$，则称 $P(x)$ 是一个 n 次多项式。如果要将多项式以数组结构存储在计算机中，那么可以使用下面两种模式：

（1）使用一个 n+2 长度的一维数组来存放，数组的第一个位置存储最高指数 n，其他位置按照指数 n 递减按序存储相对应的系数：

$P=(n,a_n,a_{n-1},\ldots,a_1,a_0)$ 存储在数组 A[1:n+2] 中，例如 $P(x)=2x^5+3x^4+5x^2+4x+1$，可转换为 A 数组来表示和存储，例如：

```
A={5,2,3,0,5,4,1}
```

使用这种表示法的优点是在计算机中进行多项式的各种运算（如加法与乘法）较为方便。不

过，如果多项式的系数多半为零（如 $x^{100}+1$），这种表示和存储方式就显得太浪费内存空间了。

（2）只存储多项式中非零项的系数。如果多项式中有 m 项非零项，就可以使用 2m+1 长度的数组来存储每一个非零项的指数及其系数，而这个数组的第一个元素则为此多项式非零项的个数。

例如 $P(x)=2x^5+3x^4+5x^2+4x+1$，可表示成 A[1:2m+1]的数组，例如：

```
A={5,2,5,3,4,5,2,4,1,1,0}
```

这种方法的优点是可以节省内存空间，减少不必要的浪费，缺点是进行多项式各种计算时算法设计较为复杂。下面的范例程序实现的是两个多项式相加。

【综合练习】多项式相加

```
01  // =============== Program Description ===============
02  // 程序名称：WORK05_06.java
03  // 程序目的：将两个最高次方相等的多项式相加，然后输出结果
04  // ===================================================
05
06  import java.io.*;
07  public    class WORK05_06
08  {
09     final static int ITEMS=6;
10     public static void main(String args[]) throws IOException
11     {
12         int [] PolyA={4,3,7,0,6,2};  //声明多项式A
13         int [] PolyB={4,1,5,2,0,9};  //声明多项式B
14         System.out.print("多项式A=> ");
15         PrintPoly(PolyA,ITEMS);       //打印输出多项式A
16         System.out.print("多项式B=> ");
17         PrintPoly(PolyB,ITEMS);       //打印输出多项式B
18         System.out.print("A+B => ");
19         PolySum(PolyA,PolyB);         //多项式A+多项式B
20     }
21     public static void PrintPoly(int Poly[],int items)
22     {
23         int i,MaxExp;
24         MaxExp=Poly[0];
25         for(i=1;i<=Poly[0]+1;i++)
26         {
27             MaxExp--;
28             if(Poly[i]!=0)    //如果该项为0就跳过
29             {
30                 if((MaxExp+1)!=0)
31                     System.out.print(Poly[i]+"X^"+(MaxExp+1));
32                 else
33                     System.out.print(Poly[i]);
34                 if(MaxExp>=0)
35                     System.out.print('+');
36             }
37         }
38         System.out.println();
39     }
40     public static void PolySum(int Poly1[],int Poly2[])
41     {
42     int i;
43     int result[]= new int [ITEMS];
44     result[0] = Poly1[0];
```

```
45        for(i=1;i<=Poly1[0]+1;i++)
46                result[i]=Poly1[i]+Poly2[i];  //等幂次方的系数相加
47        PrintPoly(result,ITEMS);
48        }
49    }
```

【程序的执行结果】

程序的执行结果可参考图 5-28。

图 5-28

5.5.7 插入排序法

插入排序法（Insert Sort）是将数组中的元素逐一与已排序好的数据进行比较，前两个元素先排好，再将第三个元素插入适当的位置，所以这三个元素仍然是已排序好的，接着将第四个元素加入，重复此步骤，直到排序完成为止。可以看作在一串有序的记录 R_1、R_2、…、R_i 中插入新的记录 R，使得 i+1 个记录排序妥当。

下面我们仍然用 55、23、87、62、16 这个数列从小到大排序的过程来说明插入排序法的算法过程。在图 5-29 中，步骤二以 23 为基准与其他元素比较后，放到适当位置（55 的前面），步骤三则拿 87 与其他两个元素比较，步骤四 62 与前三个数比较完后插入 87 的前面，以此类推，将最后一个元素比较完后即可完成排序。

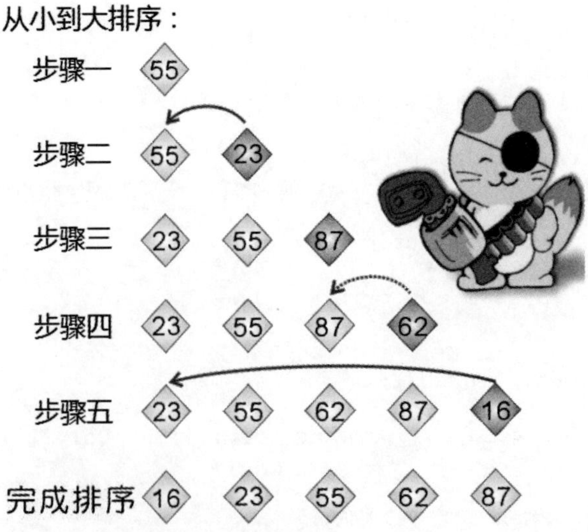

从小到大排序：

步骤一 55

步骤二 55 23

步骤三 23 55 87

步骤四 23 55 87 62

步骤五 23 55 62 87 16

完成排序 16 23 55 62 87

图 5-29

【综合练习】插入排序法

```
01   // 程序目的：插入排序法
02   // ================================================
03
04   import java.io.*;
05
06   public class WORK05_07 extends Object
07   {
08       int data[]=new int[5];
09       int size=5;
10
11       public static void main(String args[])
12       {
13           WORK05_07 test=new WORK05_07();
14           test.inputarr();
15           System.out.print("您输入的原数组是：");
16           test.showdata();
17           test.insert();
18       }
19
20       void inputarr()
21       {
22           int i;
23           for (i=0;i<size;i++)    //使用循环输入数组数据
24           {
25               try{
26                   System.out.print("请输入第"+(i+1)+"个元素："");
27                   InputStreamReader isr = new InputStreamReader(System.in);
28                   BufferedReader br = new BufferedReader(isr);
29                   data[i]=Integer.parseInt(br.readLine());
30               }
31   catch(Exception e){}
32           }
33       }
34
35       void showdata()
36       {
37           int i;
38           for (i=0;i<size;i++)
39           {
40               System.out.print(data[i]+" ");    //打印数组数据
41           }
42           System.out.print("\n");
43       }
44
45       void insert()
46       {
47           int i;      //i为扫描次数
48           int j;      //以j来定位比较的元素
49           int tmp;    //tmp用来暂存数据
50           for (i=1;i<size;i++)   //扫描循环次数为SIZE-1
51           {
52               tmp=data[i];
53               j=i-1;
54   while (j>=0 && tmp<data[j]) //如果第二个元素小于第一个元素
55               {
```

```
56              data[j+1]=data[j];  //就把所有元素往后推一个位置
57              j--;
58          }
59          data[j+1]=tmp;          //最小的元素放到第一个元素
60          System.out.print("第"+i+"次扫描: ");
61          showdata();
62          }
63      }
64  }
```

【程序的执行结果】

程序的执行结果可参考图 5-30。

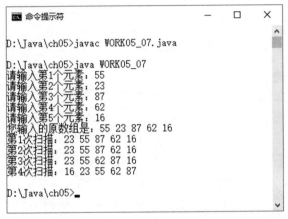

图 5-30

课后习题

一、填空题

1. 在数组声明后，内部不含任何的值，这时数组中的值会默认为_____。

2. _____可以看作一个名称和一块相连的内存空间，在其中存储了多个相同数据类型的数据。

3. 数组使用_____来定位数据在数组（或内存）中的位置。

4. 在 Java 语言中，数组的索引值从_____开始。

5. int num[][]=new int[4][6];这个数组将会有_____个元素。

6. 给数组赋初值时，需要用_____和_____来分隔数组元素。

7. 在 Java 语言中，数组是一种_____的数据类型，数组名存储的是数组的地址，而不是数组的元素值。

8. _____方法在复制数组时的速度最快，也可以指定需要复制的元素，把复制的元素存放在目标数组指定的位置。

9. 二维数组赋初值的方式和一维数组相同，只是在大括号中再按_____分隔开各行。

二、问答与实践题

1．为什么需要"数组"这样的数据结构？

2．请举例说明二维数组赋初值的方式。

3．数组在 Java 语言中有哪几种复制方式？

4．创建一个 3×5 的二维数组，并将 1~15 的数字存储到数组中。

5．请编写一个 Java 程序，将公司员工的相关资料存储到二维数组中。X 轴方向是员工姓名，Y 轴方向是员工资料（性别、生日、编号等）。

6．创建长度是 8 的一维数组，并使用 for 循环读取数组中元素的值。

7．6 个数组声明如下：

int A[ ]={11,12,13,14}；

int B[ ]={11,12,13,14}；

int C[ ]={10,13,13,14}；

int D[ ]={21,12,53,14}；

int E[ ]={11,12,13,14}；

int F[ ]={51,12,23,24}；

比较这 6 个数组，哪些数组相同，哪些数组不同？

8．请编写一个 Java 程序，实现 M×N 矩阵的转置矩阵，其执行结果可参考图 5-31。

图 5-31

9．冒泡排序法有一个缺点是无论数据是否已排序完成都固定要执行 n(n-1)/2 次。我们可以通过在程序中加入一个条件判断表达式来判断何时既可以提前终止程序又可以得到正确的数据，以提高程序执行的性能。请试着改进冒泡排序法。程序执行的结果可参考图 5-32。

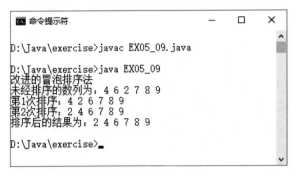

图 5-32

第6章

字符与字符串的声明与应用

字符是组成文字最基本的单位，由字符组成的一串文字符号就称为字符串。Java 提供了两种处理字符串的类，分别为 String 字符串类与 StringBuffer 字符串缓冲区类(注意：后文都简称为 String 类和 StringBuffer 类)。由于 String 类所产生的对象内容是只读的，因此适合不经常变动的字符串应用。在 Java 中，字符串被当成内建的对象来使用，内建的方法有比较字符串、搜索字符串、更改字符串内容等。在本章中，我们将介绍字符串类及其各种方法，除此之外，我们还会探讨 StringBuffer 类。

本章的学习目标
- 字符的声明与使用
- 创建字符串
- 创建字符串数组
- 字符串类的方法
- StringBuffer 类

6.1 字符的声明与使用

由于 Java 语言采用的是 Unicode 编码，因此一个字符要占用两个字节（Byte）的内存空间。Java 语言的字符声明通常可分为以下两种方式：

```
char 变量名称= '字符';                  //以基本数据类型来声明
Character 对象名称=new Character('字符');  //以类类型来声明
```

一般以基本数据类型来声明字符变量，若变量需要以引用类型（Reference）表示，则必须以类类型来声明变量。

6.1.1 字符的表示法

在定义字符时，必须将字符置于一对单引号内或直接以 ASCII 编码来表示。表示方式可分为如表 6-1 所示的 4 种。

表 6-1

表示方式	说明	范例
ASCII 码	合法 ASCII 编码	65、97
'Unicode 字符'	合法的 Unicode 字符	'J'、'a'
'\uXXXX'	Unicode 字符编码。以\u 开始再加上 4 个十六进制数字	'\u0001'、'\uffff'
'\特殊字符'	控制字符及不能直接显示的字符	参考表 6-2

特殊字符的表示法可参考表 6-2。

表 6-2

字符	说明	以 Unicode 码表示
\b	退格键	\u0008
\f	换页	\u000C
\n	换行	\u000A
\t	制表符	\u0009
\r	回车	\u000D
\\	\字符	\u005C
\'	'字符	\u0027
\"	"字符	\u0022
\ddd	以八进制符号表示 Unicode 编码，取值范围为 0~377	

例如：

```
char ch1=74;            //ASCII 码，代表字母 J
char ch2='A';           //合法字符，代表字母 A
char ch3='\u0056';      //Unicode 码，代表字母 V
```

6.1.2 Character 类的方法

除了字符与不同的数据类型结合会产生不一样的结果外，我们还可以调用 Character 类所属的方法来进行字符的检查或转换。表 6-3 所示为 Character 类的常用方法及其说明。

表 6-3

Character 类的方法	说明
boolean isUpperCase(char 字符)	判断字符是否为大写字母

（续表）

Character 类的方法	说明
boolean isLowerCase(char 字符)	判断字符是否为小写字母
boolean isWhitespace(char 字符)	判断字符是否为空白
boolean isLetter(char 字符)	判断字符是否为字母
static boolean isDigit(char 字符)	判断字符是否为数字
static boolean isISOControl (char 字符)	判断字符是否为控制字符
static boolean isLetterOrDigit (char 字符)	判断字符是否为数字、字母或单字，中文汉字被视为单字
static boolean isTitleCase (char 字符)	判断字符是否为可作变量名称的第一个字符
char toUpperCase(char 字符)	将字符中的字母转换成大写字母
char toLowerCase(char 字符)	将字符中的字母转换成小写字母
int digit(char 字符,int 进制数)	返回字符在指定进制数中所代表的数值。无法转换时返回 -1。例如 1 在十进制中代表 1，a 在十六进制中代表 10
char forDigit(int 数值,int 进制数)	返回在指定进制数中数值所代表的字符
char charValue()	返回对象所代表的字符

参考下面的范例程序代码：

```
char ch1='J';
Character ch2=new Character('J');
Character.toLowerCase(ch1);          //将 ch1 中的字母转换为小写字母
ch2.isLetter(ch2.charValue());       //检查 ch2 是否为英文字母
```

6.2　字符串类

在 Java 语言中将字符串分为字符串 String 类和字符串缓冲区 StringBuffer 类两种，两者的差异在于 String 类不能变更已定义的字符串内容，而 StringBuffer 类可以更改已定义的字符串内容。

6.2.1　创建字符串

Java 语言中的字符串是指双引号（"）之间的字符，可以包含数字、英文字母、符号和特殊字符等。不过，在 String 类中创建的字符串主要用来定义字符串常数，一旦定义完成就不能更改字符串的内容。String 类的字符串对象与 StringBuffer 类的字符串对象相比，前者所使用的内存较少并且处理的速率较高，因此在程序中较常使用 String 类的对象。字符串有以下两种创建方式：

【字符串声明的语法】

```
基本类型声明：
    String 变量="字符串内容";
类类型声明：
```

```
String 对象=new String ("字符串内容");
```

【举例说明】

```
基本类型声明：
    String str="Hello";
类类型声明：
        String str =new String ("Hello ");
```

在程序中声明一个字符串变量后，系统会在内存中分配存储空间给字符串变量以存储字符串内容，如果再将变量声明成另一个字符串内容，编译器就会按照如图 6-1 所示的情况来处理，即字符串变量指向新的字符串内容，原来的字符串内容所占据的内存空间会被系统回收。

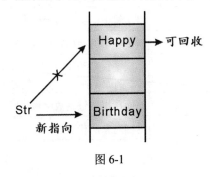

图 6-1

在声明字符串变量时可能会因为格式错误而造成声明失败。表 6-4 分别列举了正确和错误的方式。

表 6-4

定义方式	说明
正确的定义	
String str1="Java";	在双引号内定义字符串内容
String str2="J" +"ava";	使用两个正确的字符串来串接
String str3=new String("Java");	在构造函数内定义字符串内容
错误的定义	
String str1='Java';	不可使用单引号定义字符串
String str1='J'+'a'+'v'+'a';	使用不正确的字符串相加

除了上述两种创建字符串的方式外，Java 语言还有其他的构造函数可以用于创建字符串，表 6-5 列出了几个常用的构造函数供大家参考。

表 6-5

其他用于创建字符串的构造函数	说明
String( )	创建一个空字符串的对象
String(char[ ] 字符数组名)	以一个字符数组为参数来创建字符串对象

（续表）

其他用于创建字符串的构造函数	说明
String(char[ ] 字符数组名，int 索引值，int 字符数)	从一个字符数组指定的位置截取指定的长度来创建字符串对象
String(String 字符串名称)	以一个字符串为参数来创建字符串对象
String(StringBuffer 字符串缓冲区名称)	以一个字符串缓冲区为参数来创建字符串对象

【范例程序：CH06_01】

```
01    /*文件: CH06_01.java
02     *说明: 各种字符串类对象的创建方式
03     */
04    public class CH06_01{
05      public static void main(String[] args){
06        char ch1[] = {'h','e','l','l','o'};//声明字符数组
07        String s1="How are you";//声明基本类型的字符串
08        String s2 = new String("I am fine,thanks");//创建字符串类对象并初始化
09        String str1=new String(ch1);
10        String str2=new String(ch1,2,3);
11        String str3=new String(s1);
12        String str4=new String(s2);
13        System.out.println("以字符数组为参数来创建字符串的内容:"+str1);
14    System.out.println("指定字符数组中的字符数来创建字符串的内容:"+str2);
15        System.out.println("以字符串为参数来创建字符串的内容:"+str3);
16        System.out.println("以字符串对象为参数来创建字符串的内容:"+str4);
17      }
18    }
```

【程序的执行结果】

程序的执行结果可参考图 6-2。

图 6-2

【程序的解析】

第 06~08 行：创建字符数组和各种字符串对象。

第 07 行：使用基本类型声明的方式来创建字符串对象 s1。

第 08 行：使用类类型声明的方式来创建字符串类对象 s2。

第 09~12 行：使用已经创建的字符串作为参数来创建新的字符串对象。详细的使用方法在后

续章节会逐一说明。

6.2.2 以字符数组构建法来创建字符串

除了上述使用字符串类创建字符串之外，我们还可以通过声明字符数组（Char Array）再配合"对象创建法"的方式来创建字符串，具体语法如下：

【对象创建法的语法】

```
String (char 字符数组名 [ ] );
String (char 字符数组名[ ] , int 索引值 , int 字符数 );
```

【举例说明】

```
char a [ ]= {'I','L','o','v','e','J','a','v','a' },  // 创建字符数组 a
String str= new String(a,5,4);
```

上面第一条语句执行之后，字符串 a 的内容为"IloveJava"。第二条语句 String str= new String(a，5，4），则是从 a 字符数组中第 5 个索引值开始算 4 个字符，注意 a[0]对应的是字符'I'、a[1]对应的是字符'L'、a[2]对应的是字符'o'、a[4]对应的是字符'v'，以此类推。String(a，5，4)中的 5 代表开始计算的索引值，4 代表往后数 4 个字符，分别是 a[5]对应的字符'J'、a[6]对应的字符'a'、a[7]对应的字符'v'和 a[8]对应的字符'a'，因此字符串 str 的内容为"Java"。

另外要注意的是，字符数组 a 中各个元素的内容分别为"'I','L','o','v','e','J','a','v','a'"，所有字母都连在一起，即 ILoveJava，不易分辨出英文单词，如果想要将输出结果显示成 I Love Java，就必须将空格符加入字符数组。重新创建 a 字符数组元素的内容为"'I',' ','L','o','v','e',' ','J','a','v','a'"。

【范例程序：CH06_02】

```
01    /*文件: CH06_02.java
02     *说明: 字符数组构建法
03     */
04
05    public class CH06_02{
06        public static void main(String[] args){
07            //以字符数组构建法来创建字符串
08            char a[]={'I','L','o','v','e','j','a','v','a'};  //创建字符数组
09            String str1=new String(a);
10            String str2=new String(a,5,4);
11            System.out.println("完整显示字符数组a: "+str1);
12            System.out.println("只显示a[5]之后的4个字符: "+str2+'\n');
13
14            char b[]={'I',' ','L','o','v','e',' ','J','a','v','a'};//创建字符数组
15            String str3=new String(b);
16            String str4=new String(b,6,5);
17            System.out.println("完整显示字符数组b: "+str3);
18            System.out.println("只显示a[6]之后的4个字符: "+str4);
19        }
20    }
```

【程序的执行结果】

程序的执行结果可参考图 6-3。

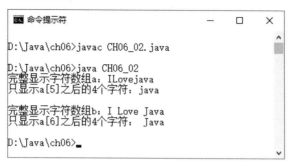

图 6-3

【程序的解析】

第 09 行：创建 a 字符数组，并且给数组元素赋值。

第 11~12 行：显示完整的字符串内容：IloveJava，按照指定的位置显示字符串内容：Java。

第 15 行：创建 b 字符数组，并且给数组元素赋值。和 a 字符数组不同的是，b 字符数组将"空格符"加入了数组。

第 17~18 行：显示完整的字符串内容：I Love Java；按照指定的位置显示字符串内容：Java。

第 18 行：从结果显示可知，如果字符串中有空格，在指定显示范围时，就必须考虑空格符的位置。

6.3　String 类的方法

String 类包含许多方法，其功能不外乎索引、比较及转换等。String 类的常用方法及其说明如表 6-6 所示。

表 6-6

String 类的方法	说明
String replace(char 原字符, char 新字符)	将字符串中指定的原字符由新字符替换
void getChars(int 字符串起始位置, int 字符串结束位置, char[ ] 字符数组, int 数组起始索引)	将字符串指定位置的子字符串存入指定数组的起始索引位置
char charAt(int 索引)	返回一个字符，即返回索引所指定位置的字符
int length()	返回一个整数值，即返回字符串的长度
String trim()	返回一个字符串，即把字符串去除前后空白后返回
String concat(String 字符串)	返回一个字符串，即把作为参数的字符串添加于原字符串末尾后返回

（续表）

String 类的方法	说明
String substring(int 起始索引)	返回一个字符串，即返回"起始索引"之后的字符串。注意方法名称的字母大小写
String substring(int 起始索引,int 结束索引)	返回一个字符串，即返回"起始索引"与"结束索引"之间的字符串。注意方法名称的字母大小写
String toUpperCase()	返回一个字符串，即把字符串内的字母转换成大写字母后再返回整个字符串
String toLowerCase()	返回一个字符串，即把字符串内的字母转换成小写字母后再返回整个字符串
String[] split(String 索引字符串)	返回一个字符串数组。按索引字符串将原字符串分割后返回字符串数组。 例如 str1= "aQWaXCaRE";str2=str1.split("a ");，则 str2[0]= "",str2[1]= "QW",str2[2]= "XC"
static String copyValueOf(char[] 字符)	返回一个字符串，即把字符数组转换为字符串后返回
static String copyValueOf(char[] 字符,int 起始索引,int 结束索引)	返回一个字符串，即把字符数组中从"起始索引"到"结束索引"之间的字符都转换为字符串后返回
static String valueOf(boolean 布尔值)	返回一个字符串，即把布尔值以字符串格式返回
static String valueOf(char 字符)	返回一个字符串，即把字符以字符串格式返回
static String valueOf(char[] 字符数组)	返回一个字符串，即把字符数组以字符串格式返回
static String valueOf(char[] 字符数组, int 起始索引, int 长度)	返回一个字符串，即把字符数组中从"起始索引"位置之后读取并返回指定长度的字符串
static String valueOf(double d)	返回一个字符串，即把双精度浮点类型的数据以字符串格式返回
static String valueOf(float 浮点数)	返回一个字符串，即把浮点类型的数据以字符串格式返回
static String valueOf(int 整数)	返回一个字符串，即把整数类型的数据以字符串格式返回
static String valueOf(Object 对象)	返回一个字符串，即把对象以字符串格式返回
char[] toCharArray()	返回一个字符数组，即把字符串以字符数组的方式返回
byte[] getBytes()	返回一个 byte 数组，即把字符串转换为 byte 数组后返回

6.3.1 字符串的长度

字符串类的 length（长度）方法返回的是字符串对象中"字符数目"的多寡，字符串中的空格符等字符也计算在内。返回值的数据类型是 int 整数类型。

【调用字符串 length 方法的语法】

```
int length( );
```

【举例说明】

```
String str="Everyday is a lucky day";
System.out.println("字符串长度"+ str.length( ) );
```

【范例程序：CH06_03】

```
01    /*文件：CH06_03.java
02     *说明：各种字符串类的基本使用方法
03     */
04
05    public class CH06_03{
06        public static void main(String[] args){
07
08            String str="天道酬勤，地道酬善。"; //创建字符串对象并初始化
09            System.out.println("字符串："+str);
10            System.out.println("常用方式：length()");
11            System.out.println("字符串的长度："+str.length()+'\n');
12
13            //另一种计算字符串对象的方法：字面法
14            System.out.println("字面法：");
15            int a="天道酬勤，地道酬善。".length();
16            System.out.println("字符串的长度："+a);
17        }
18    }
```

【程序的执行结果】

程序的执行结果可参考图 6-4。

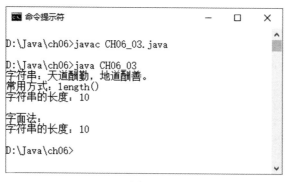

图 6-4

【程序的解析】

第 11 行：返回字符串的长度："str . length( )"。

第 15 行：介绍"字面法"，另一种方式返回字符串的长度。

6.3.2　字符串的查找

表 6-7 所示为字符串类中使用索引来实现查找字符串的方法。

表 6-7

用于查找字符串的方法	说明
int indexOf(int 字符)	返回指定字符第一次出现的位置所对应的索引值，若未找到，则返回-1
int indexOf(int 字符,int 索引值)	返回从索引值位置之后，第一次出现指定字符的位置所对应的索引值
int lastIndexOf(int 字符)	返回字符最后一次出现的位置所对应的索引值，若未找到，则返回-1
int lastIndexOf(int 字符,int 索引值)	返回指定的索引值位置之前，指定字符最后一次出现的位置对应的索引值，若未找到，则返回-1
int indexOf(String 字符串)	返回指定字符串第一次出现的位置所对应的索引值，若未找到，则返回-1
int indexOf(String 字符串,int 索引值)	返回从索引值位置之后，第一次出现指定字符串的位置所对应的索引值，若未找到，则返回-1
int lastIndexOf(String 字符串)	返回指定字符串最后一次出现的位置所对应的索引值,若未找到,则返回-1
int lastIndexOf(String 字符串,int 索引值)	返回指定的索引值位置之前，指定字符串最后一次出现的位置所对应的索引值，若未找到，则返回-1

String 类的方法获取的索引值都是从 0 开始累加的，因此所获取的值还需要加 1 才能代表在字符串中真正的位置。例如返回的索引值为 4，则表示是在字符串的第 5 个字符。

在 Java 语言中，由于所有字符、字母以及中文汉字采用 Unicode 编码，一个字符、字母或汉字要占用两个字节的内存空间，它们都是逻辑上的一个 Java 字符，因此无论使用的是英文字母还是中文汉字作为索引依据，都能获取该字符在字符串中正确的索引位置。

【范例程序：CH06_04】

```
01    /*文件：CH06_04.java
02    *说明：调用字符串类查找方法的示范
03    */
04    import java.io.*;
05    public class CH06_04{
06        public static void main(String[] args)throws Exception{
07            String str1="Time and Tide wait for no man.";
08            BufferedReader br=new BufferedReader(new
InputStreamReader(System.in));//定义从键盘输入
09            System.out.println("str1:"+str1);
10    String s1;
11            System.out.print("请输入要查找的字符串：");
12            s1=br.readLine();//从键盘输入字符串
13            int index=0;
14            int len=str1.length();
15            for(int i=1; i<len;i++){
16                index =str1.indexOf(s1,index);
17            }
18            System.out.println("在"+index+"位置找到要查找的字符串。");
19        }
```

```
20    }
```

【程序的执行结果】

程序的执行结果可参考图 6-5。

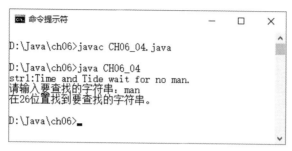

图 6-5

【程序的解析】

第 08 行：定义程序执行时可以从键盘输入数据。需要引用 java.io 程序包，在主程序中还需要用到例外处理。

第 12 行：从键盘输入字符串。

第 16 行：查找字符串。

6.3.3　字符串替换

字符串替换是将字符串中指定的原字符串替换为新字符串，其语法如下：

【字符串替换的语法】

```
replace(旧字符串,新字符串)    // 以新字符串替换旧字符串
trim( )           // 删除字符串中不必要的空白部分
```

【举例说明】

```
str = str.replace("1","2");
str = str.trim( )
```

【范例程序：CH06_05】

```
01    /*文件: CH06_05.java
02     *说明: 调用字符串类替换方法的示范
03     */
04
05    public class CH06_05{
06        public static void main(String[] args){
07
08            String str="Happy Birthday to you";
09
10            //替换字符串
11            String str_new=str.replace("you","Joe");
```

```
12          System.out.println("替换前: "+str);
13          System.out.println("替换后: "+str_new+'\n');
14
15          //删除字符串中不必要的空白部分
16          String str2="   Happy Birthday to you   ";
17          System.out.println("删除空白前，字符串的长度: "+str2.length());
18          String str2_new=str.trim();
19          System.out.println("删除前: "+str2);
20          System.out.println("删除后: "+str2_new);
21          System.out.println("删除空白后，字符串的长度: "+str2_new.length());
22      }
23  }
```

【程序的执行结果】

程序的执行结果可参考图 6-6。

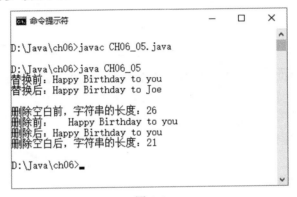

图 6-6

【程序的解析】

第 11 行：将字符串中的"you"替换为"Joe"。

第 16~21 行：删除字符串中多余的空白部分，但是删除的只是字符串"前面"和"后面"不必要的空白部分，字符串中空白的部分（合理的空格符）不会被删除。

6.3.4 字符串的比较

有关字符串的比较可以使用"=="比较运算符。在之前提到字符串类时，我们说过在创建字符串对象时并不是改变字符串的内容，而是在其他的内存地址上创建另一个新的字符串，再将字符串对象指向该地址。因此，使用比较运算符比较的其实是字符串对象的地址，如果我们想比较字符串的内容，就必须调用字符串类中比较的方法。表 6-8 列出了字符串类比较的方法。

表 6-8

用于字符串比较的方法	说明
int compareTo(String　字符串)	比较字符串是否相等，若相等，则返回 0，大于 0 表示原字符串中的字符顺序较大，小于 0 则相反

（续表）

用于字符串比较的方法	说明
int compareToIgnoreCase(String 字符串)	和上一个方法相同，不过忽略字母大小写的不同
boolean equals(Object 对象)	比较字符串与指定对象的内容是否相同
boolean equalsIgnoreCase(String 其他字符串)	比较字符串间的内容是否相同，会忽略字母大小写的差别
boolean contentEquals(StringBuffer 字符串缓冲区)	比较字符串与字符串缓冲区类对象中的内容是否相同
boolean matches(String 要求格式)	比较字符串是否符合所要求的格式
boolean endsWith(String 字符串)	判断字符串的结尾字符串
boolean startsWith(String 字符串)	判断字符串的开头字符串

【字符串比较的语法】

```
字符串对象 A.equals(字符串对象 B); //比较两个字符串对象的内容是否相同，若相同，则返回 true,
否则返回 false，因此返回值的类型是布尔（boolean）类型
字符串对象 A.equalsIgnoreCase(字符串对象 B); //主要功能和第 1 个比较相同，即比较两个字符串
的内容是否相同，但是"忽略字母大小写"
字符串对象 A.compareTo(字符串对象 B); //比较两个字符串对象的内容，若完全相同，则返回 0，否则
返回两个字符串中第一个不相同字符之间的差值，参考表 6-9。
```

表 6-9

返回值结果	比较结果的意义
大于 0	字符串对象 A >字符串对象 B
小于 0	字符串对象 A <字符串对象 B
0	字符串对象 A = 字符串对象 B

```
boolean startsWith(字符串对象); //比较字符串对象的开头
boolean endsWith(字符串对象); //比较字符串对象的结尾
```

【举例说明】

```
String  str1= " Java 2 ", String  str2= " Java6 ",  str1.equals(str2)
      // 比较 str1 和 str2 是否相同
String  str3= " Java2 ", str1. equalsIgnoreCase (str1)
      // 无论字母大小写，都视为相同
str1. compareTo (str2);
boolean " Java 2 ". startsWith(" Ja "); // 判断是否是以" Ja "为开头的字符串
boolean " Java 2 ". endtsWith(" a2 "); // 判断是否是以" a2 "为结尾的字符串
```

【范例程序：CH06_06】

```
01    /*文件: CH06_06.java
02     *说明: 调用字符串类比较的方法
03     */
04
05    public class CH06_06{
06        public static void main(String[] args){
07
08            String str1="Java2";
```

```
09          String str2="Java2";
10          String str3="JAVA2";
11
12          //比较字符串是否相同
13          boolean a1=str1.equals(str2);
14          boolean a2=str2.equals(str3);
15          boolean a3=str3.equals(str1);
16
17          //比较字符串是否相同，但忽略字母大小写
18          boolean b1=str1.equalsIgnoreCase(str2);
19          boolean b2=str2.equalsIgnoreCase(str3);
20          boolean b3=str3.equalsIgnoreCase(str1);
21
22          //完整比较
23          int c1=str1.compareTo(str2);
24          int c2=str2.compareTo(str3);
25          int c3=str3.compareTo(str1);
26
27          //比较字符串的开头
28          boolean d1=str1.startsWith("Ja");
29          boolean d2=str2.startsWith("Ja");
30          boolean d3=str3.startsWith("Ja");
31
32          //比较字符串的结尾
33          boolean e1=str1.endsWith("a2");
34          boolean e2=str2.endsWith("a2");
35          boolean e3=str3.endsWith("A2");
36
37          System.out.println("比较字符串是否相同："+a1+" "+a2+" "+a3+'\n');
38          System.out.println("比较字符串是否相同，但忽略字母大小写："+b1+" "+b2+"
    "+b3+'\n');
39          System.out.println("完整比较："+c1+" "+c2+" "+c3+'\n');
40          System.out.println("比较字符串的开头："+d1+" "+d2+" "+d3+'\n');
41          System.out.println("比较字符串的结尾："+e1+" "+e2+" "+e3+'\n');
42      }
43  }
```

【程序的执行结果】

程序的执行结果可参考图 6-7。

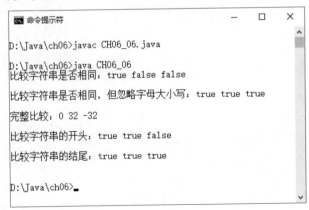

图 6-7

【程序的解析】

表 6-10 所示为"字符串比较"结果判断表。

表 6-10

返回值结果	比较结果的意义
字符串对象 A.equals(字符串对象 B)	
true	相同
false	不相同
字符串对象 A.equalsIgnoreCase (字符串对象 B)	
true	相同
false	不相同
字符串对象 A.compareTo(字符串对象 B)	
大于 0	字符串对象 A＞字符串对象 B
小于 0	字符串对象 A＜字符串对象 B
0	字符串对象 A＝字符串对象 B
boolean startsWith(字符串对象)	
true	相同
false	不相同
boolean endsWith(字符串对象)	
true	相同
false	不相同

6.3.5　字符串的转换

字符串的转换可以将各个数据类型转换成字符串对象的类型，或者对字符串中的字母大小写进行转换。表 6-11 所示为字符串类中各种转换方法的说明。

表 6-11

用于字符串转换的方法	说明
String toLowerCase()	将字符串内的字母转换成小写
String toUpperCase()	将字符串内的字母转换成大写
static String copyValueOf(char[] 字符数组, int 起始索引, int 字符长度)	将字符数组中的指定字符转换成字符串
static String valueOf(Object 对象)	将对象转换成字符串
static String valueOf(boolean 布尔值)	将布尔值转换成字符串
static String valueOf(char 字符)	将字符转换成字符串
static String valueOf(int 整数)	将整数转换成字符串
static String valueOf(float 浮点数)	将浮点数转换成字符串
static String valueOf(double 浮点数)	将双精度浮点数转换成字符串

【范例程序：CH06_07】

```
01    /*文件：CH06_07.java
02    *说明：调用字符串类转换方法的示范
03    */
04
05    public class CH06_07{
06        public static void main(String[] args){
07            String str=new String("Time creates Hero");//声明字符串
08            System.out.println("原来的字符串: "+str);
09            System.out.println("转换后的字符串: "+str.toUpperCase());
10            char[] ch={'S','t','r','i','n','g',' ','a','r','r','a','y'};
              //声明字符数组
11            System.out.println("将字符数组转换成字符串："+String.
    copyValueOf(ch, 7, 5));
12            double a=78.54;//声明double数值
13            System.out.println("将数值转换成字符串："+String.valueOf(a));
14        }
15    }
```

【程序的执行结果】

程序的执行结果可参考图 6-8。

图 6-8

【程序的解析】

第 09 行：将字符串中的字母转换为大写字母，此方法用于中文时会产生乱码。

第 10~11 行：创建一个字符数组，并将其部分内容转换成字符串输出。

第 13 行：将 double 类型的数值转换成字符串输出。

6.3.6 字符串的串接

下面介绍如何将两个或两个以上的字符串或字符串对象串接在一起。

【字符串串接的语法】

```
字符串 1 + 字符串 2；//加号符号"＋"用于串接字符串
字符串对象 1.concat(字符串对象 2);
```

【举例说明】

```
String str1= " Java "; String  str2= " Script "; String  str3=str1 + str2; //用
```

加号 " + " 将 str1 和 str2 串接在一起
String str4=str1.concat(str2);

【范例程序：CH06_08】

```
01    /*文件：CH06_08.java
02     *说明：字符串串接的示范
03     */
04
05    public class CH06_08{
06        public static void main(String[] args) {
07            // 声明字符串对象
08            String str1="Power";
09            String str2="Point";
10
11            // 串接字符串方式一
12            String str3=str1+str2;
13            String str4="Power"+"Point";
14
15            // 串接字符串方式二
16            String str5=str1.concat(str2);
17            String str6=str1.concat("Point");
18
19            System.out.println("串接字符串方式一：");
20            System.out.println(str3);
21            System.out.println(str4);
22            System.out.println();
23
24            System.out.println("串接字符串方式二：");
25            System.out.println(str5);
26            System.out.println(str6);
27        }
28    }
```

【程序的执行结果】

程序的执行结果可参考图 6-9。

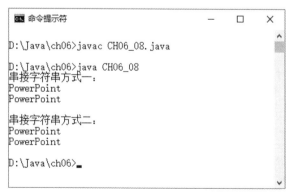

图 6-9

【程序的解析】

第 12~13 行：串接字符串时可以使用 "字符串对象"，也可以直接用 "字符串数据" 来串接。

第 16~17 行：用第 2 种方式串接字符串时，str1 必须先声明成"字符串对象"，str2 可以是"字符串对象"，也可以是"字符串数据"。

6.3.7 提取字符串中的字符或子字符串

此方法的作用是获取字符串中的字符或子字符串。

【提取字符串中字符或子字符串的语法】

```
字符串对象.chartAt(字符的位置);    //获取指定位置的字符
字符串对象.substring(指定起始位置，指定结束位置+1);
字符串对象.toCharArray( );
字符串对象.getChats(指定起始位置，指定结束位置+1，指定数组，指定起始元素);
```

【举例说明】

```
String str1= " Java 2 "; char a = str1.charAt(3);    //因为是获取"指定位置的字符"，
所以返回值的类型必须为字符(char)。位置则是按照 Java "索引值"规定的
String str2=str1.substring (1,4);    //要获取 str1 字符串从索引值 1 到索引值 3 的"子字符
串"，记得在语句的表示上必须将"指定结束位置+1"
char b[ ] = str1.toCharArray ( );    //将 str1 字符串中的字符分离并转存到 b 字符数组中
char c[ ] = new char[5] , str1.getChars(1,4,c,0);  //这个和"转存入数组"有点类似，
只是此方法可以"指定索引值"
```

【范例程序：CH06_09】

```
01    /*文件: CH06_09.java
02     *说明：提取字符串中的字符或子字符串
03     */
04
05    public class CH06_09{
06        public static void main(String[] args){
07            // 声明字符串对象
08            String str1="Java Script";
09            System.out.println(str1+'\n');   //'\n'是换行
10
11            //提取指定位置的字符
12            char a1=str1.charAt(5);
13            char a2=str1.charAt(4);
14            System.out.println("指定位置为[5]，获取的字符是: "+a1);
15            System.out.println("指定位置为[4]，获取的字符是: "+a2+'\n');
16
17            //提取子字符串
18            String str2=str1.substring(5,11);
19            System.out.println("指定提取字符串的范围，(5,11)的子字符串是：
    "+str2+'\n');
20
21            //分离字符串并将字符存入指定的字符数组中
22            String str3="Java2";
23            char b[]=str3.toCharArray();
24            System.out.println("转存到数组中的内容: ");
25            System.out.println(b[0]+"、"+b[1]+"、"+b[2]+"、"+b[3]+'\n');
26
```

```
27          //按索引值转入
28          char c[]=new char[6];    //先声明字符数组
29          str3.getChars(0,4,c,2);
30          System.out.println("数组的内容是: ");
31          System.out.println(c[0]+"、"+c[1]+"、"+c[2]+"、"+c[3]+"、"+c[4]+ "、
    "+c[5]+'\n');
32       }
33    }
```

【程序的执行结果】

程序的执行结果可参考图 6-10。

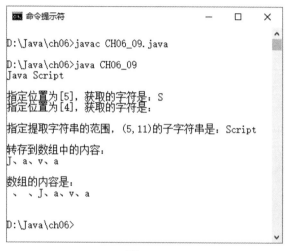

图 6-10

【程序的解析】

第 13 行：特别尝试指定"空格符"。

第 15 行：在屏幕上显示的是"空格符"，好像没有出现任何字符似的。

第 25 和 31 行：为了表示是结果转存到数组中，笔者用顿号加以区分。

6.4　StringBuffer 类

StringBuffer 类应用于字符串需要经常改变内容的情况。StringBuffer 类可以设置字符串缓冲区的容量，当字符串的内容因"增加"或"修改"且未超出缓冲区（Buffer）最大容量时，对象不会重新分配缓冲区的容量，这点与 String 类相比，更有效率。StringBuffer 类和 String 类一样继承自"java.lang"类，虽然都是处理字符串，但是 StringBuffer 类和 String 类没有继承的关系。

StringBuffer 类所创建的字符串对象不限定字符串的长度和内容，用户设置初值、添加字符或修改字符串时，都是在同一个内存区块上进行的，而不会创建另一个新的对象，这是和 String 类的主要差异。

String 类的字符串长度固定且无法更改字符串内容中字符的顺序。但是，StringBuffer 类没有

这样的限制，当字符和字符串"加入"或"插入"StringBuffer 类的字符串中时，会自行增加字符串的空间，让加入的字符或字符串可以被容纳进来。

6.4.1　创建 StringBuffer 类的对象

StringBuffer 类没有使用字符串常数的创建方式，只有三个构造函数可以用于创建 StringBuffer 类的对象。表 6-12 列出了这三种创建方式。

表 6-12

StringBuffer 类的构造函数	说明
StringBuffer ( )	创建一个空 StringBuffer 对象，默认的长度为 16 个字符
StringBuffer (int 大小)	创建一个指定字符长度的 StringBuffer 对象
StringBuffer (String 字符串)	以 String 对象为参数创建一个 StringBuffer 对象，它的长度为 String 对象的长度再加上 16 个字符

【调用创建 StringBuffer 对象方法的语法】

```
StringBuffer( )//空的 StringBuffer 类对象，默认有 16 个字符的内存空间
StringBuffer(int 字符长度)//接收所输入的字符长度，为 StringBuffer 对象分配内存空间的大小
StringBuffer (String 字符串)//以 String 对象为参数创建 StringBuffer 类的对象并以 String
对象为初始字符串的内容，因此除了分配存储 String 对象的内存空间外，还会额外多分配 16 个字符的内
存空间
StringBuffer (CharSequence 字符)//创建包含字符数组中字符的 StringBuffer 对象
```

6.4.2　调用 StringBuffer 类的方法

StringBuffer 的字符串对象因为可以更改字符串中的内容，所以主要的调用方法是针对字符串内容变更的。下面将按照方法的种类来介绍调用 StringBuffer 类的方法。

（1）StringBuffer 类的基本操作

在 StringBuffer 和 String 两个类中，因为同样都是有关字符串应用的，所以有些类方法是重复的，在此只列出相同方法的名称，可参考表 6-13。

表 6-13

char charAt ( )	void getChars( )	int indexOf ( )
int indexOf ( )	int lastIndexOf( )	int lastIndexOf ( )
int length ( )	CharSequence subSequence( )	String substring ( )
String substring ( )	String toString( )	

StringBuffer 类与 String 类中不同的方法列在表 6-14 中。

表 6-14

StringBuffer 类的一些方法	说明
int capacity()	获取 StringBuffer 对象的容量，当超过设置的容量时，会重新分配内存
void ensureCapacity(int 最小容量)	给 StringBuffer 对象设置所需的最小容量
void setCharAt(int 索引值, char 字符)	给 StringBuffer 对象的指定索引值位置设置指定的字符
void setLength(int 长度)	设置 StringBuffer 对象新的长度

其中，StringBuffer 对象的长度和容量概念是有差别的，长度是指当前 StringBuffer 对象的实际字符数，而容量则是指 StringBuffer 对象可以存储的最大字符数。

【范例程序：CH06_10】

```
01      /*文件: CH06_10.java
02       *说明：StringBuffer类的基本应用
03       */
04      public class CH06_10{
05          public static void main(String[ ] args){
06              StringBuffer sb2=new StringBuffer(30);//创建一个容量为30的
            StringBuffer对象
07              String str=new String("Java Coffer");
08              StringBuffer sb3=new StringBuffer(str);//使用String对象创建
            StringBuffer对象
09              //获取StringBuffer对象的长度与容量
10              System.out.println("StringBuffer对象sb2的长度："+sb2.length());
11              System.out.println("sb2的容量："+sb2.capacity());
12              System.out.println("StringBuffer对象sb3的内容："+sb3);
13              System.out.println("sb3的长度："+sb3.length());
14              System.out.println("sb3的容量："+sb3.capacity());
15
16              sb3.setCharAt(4,'-');//设置特定字符
17              System.out.println("\n重新设置StringBuffer对象内的第4个字符："+sb3);
18          }
19      }
```

【程序的执行结果】

程序的执行结果可参考图 6-11。

图 6-11

【程序的解析】

第 06~08 行：创建 StringBuffer 对象。

第 10~14 行：输出 StringBuffer 对象的长度与容量，当 StringBuffer 对象的长度超过容量时，系统会重新分配内存容量。

（2）StringBuffer 类处理字符串的方法

StringBuffer 类处理字符串的方法和说明可参考表 6-15。

表 6-15

StringBuffer 类处理字符串的方法	说明
StringBuffer append(各种数据类型参数)	将各种数据类型参数的内容转换成字符串后，添加到 StringBuffer 对象的末尾
StringBuffer append(char[] 字符数组,int 索引位置,int 字符数)	将字符数组中指定的字符转换成字符串，添加到 StringBuffer 对象的末尾
StringBuffer insert(int 索引位置, 各种数据类型参数)	将参数内容转换成字符串后，插入 StringBuffer 对象指定的索引位置
StringBuffer insert(int 索引位置, char[ ] 字符数组, int 字符位置, int 字符数)	将字符数组中指定的字符转换成字符串，插入 StringBuffer 对象指定的索引位置
StringBuffer delete(int 起始索引, int 结束索引)	删除 StringBuffer 对象中指定位置的字符串
StringBuffer deleteCharAt(int 索引位置)	删除 StringBuffer 对象中指定位置的字符
StringBuffer replace(int 起始索引, int 结束索引, String 字符串)	以新的字符串替换 StringBuffer 对象中指定位置的字符串
StringBuffer reverse()	将 StringBuffer 对象中字符串的内容反转过来

在上述方法中，append()与 insert()参数行中的字符串值可以是其他数据类型。因为这两种方法在读取参数字符串时会先调用 String 类的 valueOf()方法进行数据类型的转换。

在 StringBuffer 类中，StringBuffer 对象会随着字符串内容的增加而加大，当字符串超出 StringBuffer 对象的容量时，StringBuffer 对象的新容量将会是未超出前的容量加 1 再乘以两倍，如下所示：

```
StringBuffer sbStr1=new StringBuffer(0);  ──▶  创建了一个 StringBuffer 对象，因为
sbStr1.append("嗨");                              StringBuffer 对象的长度为 0，所以这
                                                 个对象并未分配任何内存空间
```

添加字符串内容。超出了原 StringBuffer 对象的容量，系统给 StringBuffer 对象重新设置了长度
StringBuffer 对象新的长度=(StringBuffer 对象的原容量+1)*2

如果添加的字符串长度远远超过现有 StringBuffer 对象的容量，就应先调用 setLength()方法将 StringBuffer 对象的容量加大，这样可以避免重复分配 StringBuffer 容量而造成的程序执行效率的下降。

【范例程序：CH06_11】

```
01    /*文件: CH06_11.java
02     *说明：StringBuffer类各种方法的调用
```

```
03      */
04   public class CH06_11{
05      public static void main(String[ ] args){
06          StringBuffer sb1=new StringBuffer("Java");//创建一个StringBuffer对象
07          System.out.println("原字符串="+sb1);
08          char ch[]={'字','符','串','缓','冲','区'};//创建一个字符数组
09          //添加
10          sb1.append(ch,3,3);
11          System.out.println("添加字符串数组："+sb1);
12          //删除
13          sb1.delete(4,7);
14          System.out.println("删除字符串："+sb1);
15          //添加
16          sb1.append("教学实践");
17          System.out.println("添加字符串："+sb1);
18          //插入
19          sb1.insert(6,"与");
20          System.out.println("插入字符串："+sb1);
21          int num=9;
22          //插入
23          sb1.insert(4,num);
24          System.out.println("插入数字："+sb1);
25          //替换
26          sb1.replace(4,8,"替换字符串");
27          System.out.println("字符串替换："+sb1);
28          //反转
29          sb1.reverse();
30          System.out.println("字符串反转："+sb1);
31      }
32   }
```

【程序的执行结果】

程序的执行结果可参考图 6-12。

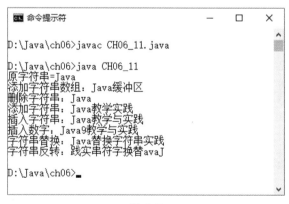

图 6-12

【程序的解析】

第 06、08 行：创建 StringBuffer 对象与字符数组。

第 10、16 行：字符串的两种添加方式，其中要注意的是数组的索引值不可超过数组的长度。

第 13 行：将 StringBuffer 对象中指定的字符串删除。

第 19、23 行：把字符串和数字插入 StringBuffer 对象中。

（1）字符串的长度和容量：

【调用字符串长度和容量方法的语法】

```
length ( ) //获取字符串的长度
setLength ( )//设置 StringBuffer 对象的字符串长度
capacity ( )//获取字符串的容量
ensureCapacity( )     //若已知道字符串的大小，则可以事先分配内存空间
```

【范例程序：CH06_12】

```
01    /*文件: CH06_12.java
02     *说明: StringBuffer类——调用求长度和容量的方法
03     */
04
05    public class CH06_12{
06       public static void main(String[] args){
07          StringBuffer  sb=new StringBuffer("Programming is funny.");
08
09          System.out.println("示范字符串: "+sb);
10          // 计算字符串的长度
11          System.out.println("字符串的长度="+sb.length());
12          // 计算字符串的容量
13          System.out.println("字符串的容量="+sb.capacity());
14       }
15    }
```

【程序的执行结果】

程序的执行结果可参考图 6-13。

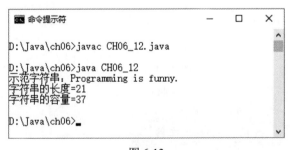

图 6-13

【程序的解析】

第 09 行：示范字符串的长度是 21，因为会自动多分配 16 个字符的内存空间，所以分配的空间是 21+16=37。

（2）复制子字符串

【复制子字符串的语法】

getChars（int 指定子字符串的起始索引值，int 指定子字符串的结尾索引值+1，char 目的字符数组，int 目的数组的起始索引值）。//可以将某字符串中的子字符串复制到数组中

【范例程序：CH06_13】

```
01    /*文件：CH06_13.java
02     *说明：StringBuffer类——获取部分字符串
03     */
04
05    public class CH06_13{
06       public static void main(String[] args){
07          StringBuffer  sb=new StringBuffer("Hello Java");
08        char a[]=new char[12];
09          sb.getChars(6,10,a,0);
10          System.out.println("获取部分字符串="+sb);
11       }
12     }
```

【程序的执行结果】

程序的执行结果可参考图 6-14。

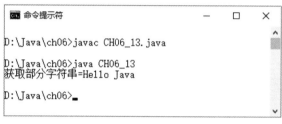

图 6-14

【程序的解析】

第 09 行：将索引值"6~10"的字符复制到字符数组中，从索引值 0 开始存入。

（3）删除字符串或字符

【调用删除字符串或字符的方法的语法】

delete(int 指定子字符串的起始索引值，int 指定子字符串的结尾索引值+1)   //删除指定范围的整个字符串
deleteCharAt(int 指定索引值)   //删除指定索引值位置的字符

【范例程序：CH06_14】

```
01    /*文件：CH06_14.java
02     *说明：StringBuffer类——调用删除字符串或字符的方法
03     */
04
05    public class CH06_14{
06       public static void main(String[ ] args){
07          StringBuffer  sb=new StringBuffer("Hello Java");
08          System.out.println("示范字符串："+sb);
09          System.out.println("删除前面[0~5]的部分字符串="+sb.delete(0,5)+'\n');
```

```
10
11              StringBuffer  sb2=new StringBuffer("Hello Javaa");
12              System.out.println("示范字符串: "+sb2);
13              System.out.println("删除指定字符="+sb2.deleteCharAt(10)+'\n');
14          }
15      }
```

【程序的执行结果】

程序的执行结果可参考图 6-15。

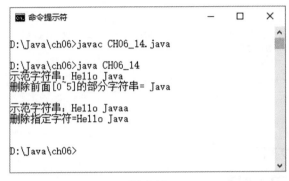

图 6-15

6.5 高级应用练习实例

在 Java 语言中，与字符或字符串有关的类有三种：Character 字符类、String 字符串类及 StringBuffer 字符串缓冲区类。在本章中，我们介绍了与字符串相关的 String 类和 StringBuffer 类，当字符串的内容是数值数据时，必须先将字符串转换成数值，才可以与其他数值数据进行运算。下面的范例将介绍如何将字符串数据转换成各种数据类型的数值。

6.5.1 利用字符串数据进行加法运算

下面的范例程序是先将字符串转换成数值，再进行运算。

【综合练习】将字符串转换成数值程序实践

```
01    //将字符串数据类型转换成数值数据类型
02    public class WORK06_01 {  // 主程序
03        public static void main(String[] args) {
04            // 调用parseInt()方法将字符串转换成整数数值
05            int    a = Integer.parseInt("125");
06            int    b = Integer.parseInt("243");
07            int    c=a+b;
08            // 显示数值
09            System.out.println("a+b= "+c);
10        }
11    }
```

【程序的执行结果】

程序的执行结果可参考图 6-16。

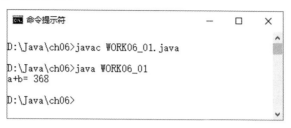

图 6-16

6.5.2　调用 endsWith()方法筛选出文件名

在本章中,我们介绍了许多关于 String 类的方法,如果想进一步了解更多的方法,建议读者查看 Java 语言的 API 手册,例如我们可以调用 endsWith()方法筛选出文件名。下面这个综合练习程序就可以筛选出扩展名为 doc 的 Word 文件。

【综合练习】调用 endsWith()方法过滤出 Word 文件

```
01    ///调用endsWith()方法过滤文件名
02    public class WORK06_02 {
03        public static void main(String[] args) {
04            String[] extension = {"文宣.doc", "广告信.pdf",
05                "新闻稿.doc", "演讲.ppt", "邀请函.doc"};
06            System.out.println("调用endsWith()方法来筛选出Word文件: ");
07            for(int i = 0; i < extension.length; i++)
08                if(extension[i].endsWith("doc"))
09                    System.out.println(extension[i]);
10        }
11    }
```

【程序的执行结果】

程序的执行结果可参考图 6-17。

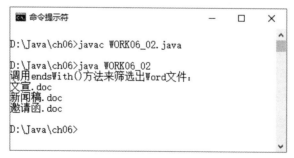

图 6-17

课后习题

一、填空题

1. 在 Java 语言中，字符串分为_____类和_____类两种。

2. Java 语言采用的是 Unicode 编码，所以一个字符占用_____字节的内存空间。

3. 定义字符时，必须将字符置于一对_____内或者直接以 ASCII 编码来表示。

4. Java 语言中的字符串是指一对_____之间的一串字符。

5. _____类中创建的字符串主要是用来定义字符串常数的，其内容不能更改。

6. StringBuffer(StringBuffer)类继承自_____类。

7. _____类创建的字符串对象是不限定长度和内容的。

8. 空的 StringBuffer 类默认有_____个字符的内存空间。

9. 获取字符串长度和容量的相关方法：

- _____获取字符串的长度。
- _____设置 StringBuffer 对象的字符串长度。
- _____获取字符串的容量。
- 若_____已经知道字符串的大小，则可以事先分配内存空间。

二、问答与实践题

1. 举出至少两种可以创建字符串的构造函数。

2. 请说明表 6-16 中的方法所代表的功能。

表 6-16

方法名称	说明
char charAt(int 索引值)	
String concat(String 字符串)	
String subString(int 起始位置,int 结束位置)	
String replace(char 原字符, char 新字符)	
String toUpperCase()	
static String valueOf(int 整数)	
boolean endsWith(String 字符串)	
int indexOf(int 字符,int 索引值)	

3. 请问有哪三个构造函数可以创建 StringBuffer？

4. 请说明表 6-17 中的方法所代表的功能。

表 6-17

方法名称	说明
int capacity()	
void ensureCapacity(int 最小容量)	
void setCharAt(int 索引值, char 字符)	
void setLength(int 长度)	

5．本书介绍了下列几种 StringBuffer 类的方法，请把它们及其调用的语法列出来。

- 长度和容量。
- 获取字符、部分字符串或设置字符值。
- 复制子字符串。
- 删除字符串或字符。

6．请设计一个 Java 程序，以字符数组创建字符串的方式求字符串"INTEL"的长度，并将其转换成小写字母。

7．请设计一个 Java 程序，找出字符 P 在字符串"ABCDEFGHIJKLMNOPQRSTUVWXYZ"中出现的索引位置。

8．请设计一个 Java 程序，在原字符串"勇往直前"之后添加一个字符串"有始有终"。

9．延续第 8 题，请删除新字符串的最后一个字符。

10．请设计一个 Java 程序，分别将数字 3456 和布尔值 true 转换成字符串。

11．在考虑字母大小写的前提下，请设计一个 Java 程序，比较"INTEL"与"intel"两个字符串的大小。

12．延续第 11 题，在不考虑字母大小写的前提下，请设计一个 Java 程序，比较"INTEL"与"intel"两个字符串的大小。

第 **7** 章

面向对象程序设计的初探

面向对象程序设计（Object-Oriented Programming，OOP）是当前主流的程序设计方法。它主要让程序设计人员以一种更生活化、可读性更高的设计思路来进行程序的开发和设计，并且所开发出来的程序更易于扩展、修改及维护，弥补"结构化程序设计"的不足。Java 语言是一种纯面向对象的程序设计语言，面向对象的程序设计通常具有封装（Encapsulation）、继承（Inheritance）、多态（Polymorphism）三种特性，这三种特性将在后续章节为大家一一介绍。

本章的学习目标
- 面向对象的基本概念
- 数据的封装
- 类与对象的创建
- 类的参数与自变量
- 类的构造函数
- 对象的赋值与使用
- 对象的作用域与生命周期

7.1　面向对象的概念

面向对象程序设计的主要精神是将存在于日常生活中的对象（Object）概念应用在软件设计的发展模式（Software Development Model）中，着重于对象的分解与相互作用，重点是强调程序代码的可读性（Readability）、可重复使用性（Reusability）与扩展性（Extension），如图 7-1 所示。让程序设计人员在设计程序时能以一种更生活化、可读性更高的设计思路来进行程序的开发和设计。

图 7-1

在现实生活中的任何人或事物都可以被视为一个对象，而要描述一个人或事物，通常会有两种方式，一种是描述它的内部状态（State）；另一种是描述它的外部行为（Behavior），如图 7-2 所示。例如，汽车这个对象，它的状态可能会有颜色、车型、车轮、排气量等；它的行为会有行驶加速、刹车等。在程序中的对象也可以用状态和行为来描述，分别称为属性（Attribute）和方法（Method）。

图 7-2

如果要使用程序设计语言的方式来描述一个对象，就必须进行所谓的抽象化（Abstraction），也就是使用程序代码来记录此对象的属性、方法与事件。分别说明如下。

- 属性（Attribute）：是指对象的静态外观描述，例如一辆汽车的颜色、大小等。或者对抽象的内在（如汽车引擎的马力、排气量等）进行描述，就像 Java 语言中类的成员数据（Member Data）。
- 方法（Method）：是指对象中的动态响应方式，例如汽车可以开动、停止。是一种行为模式，用来代表一个对象的功能，就像 Java 语言中类的成员方法（Member Method）。
- 事件（Event）：对象可以对外部事件做出各种响应，譬如汽车没油时，引擎就会停止，当然对象也可以主动发出事件消息。例如 Java 程序中的窗口组件就可以对事件做出响应与处理。

7.1.1　消息

程序中对象之间交流的信息称为消息（Message），例如程序中的 A 对象想使用 B 对象中定义的方法，就可以使用消息与 B 对象进行交流。一个消息的传送可能包含三部分：接收消息的对象、所需要调用的方法和参数。举例来说，在"我"要驾驶"汽车"这个事件中，"我"是一个人对象，"汽车"是一个汽车对象，人对象向汽车对象发出消息，汽车对象会根据消息来响应加油门的方法，如此就可以完成这个特定的事件。

通常一个大型的应用程序会由许多对象共同组成，在面向对象程序设计的概念中，可以使用消息传递的方式来实现两个或多个对象间的互动与沟通。例如，把某台"计算机"看作"对象 A"，它想要使用所连接的"打印机"，也就是"对象 B"，以便执行打印的操作。在一般的情况下，打印机没有接到任何指令时，绝对不会有任何打印操作发生，必须通过计算机对打印机下达"打印文件 A"的消息，打印机才会正确地执行打印操作。这个例子中各个对象之间的互动沟通如图 7-3 所示。

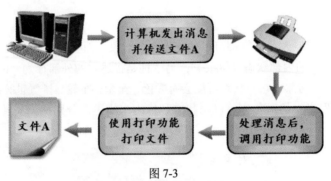

图 7-3

当计算机要打印"文件 A"时，就必须连同消息一起将"文件 A"传送至打印机。这些一同传送给打印机的消息是在打印机执行打印操作之前必须引入的自变量（Argument），习惯上称为参数（Parameter）。一条消息的"组成"可分为以下三部分。

（1）接收消息的对象：在此例中，接收消息的对象就是连接该计算机的打印机。

（2）所调用的方法：在此例中，计算机调用打印机的打印功能（调用打印的方法）。

（3）方法所需要的自变量或参数：在此例中，打印机的打印功能必须要有数据"文件 A"传入，才能完成实际的打印工作。

7.1.2 类

7.1.1 小节中曾经提过，任何面向对象程序中最主要的单元就是对象。对象并不会凭空产生，它必须有一个可以依据的原型（Prototype），而这个原型就是面向对象程序设计中所谓的类（Class）。类是一种用来具体描述对象状态与行为（或称为方法）的数据类型。以汽车例子来说明，汽车就是一个类，参照这个汽车类的属性和行为造出来的每一辆汽车都被称为汽车类的对象，因此可以说，类是一个模型或蓝图，按照这个模型或蓝图所"生产"或"创建"出来的实例（Instance）就被称为对象。

程序设计语言中的对象同样有许多相同的性质，我们可以像建筑物蓝图一样设计出对象的类，当遇到相似的对象但又有少许不同性质时，只要修改或添加类中的状态或行为，即可重新描述该对象。

　　在程序设计语言中，类中包含类的"属性"和类的"方法"（Method，即前面所说的行为），这些属性和方法都可以供此类"创建"出来的对象使用。类与对象之间的关系可以将类看成对象的模型、模块，对象则是类实际创建出来的成品或实例。当对象的原型规划完成后，就可以实际创建出一个可用的对象，通常这个过程被称为对象的"实现"（Implementation）阶段。在 Java 语言中，对象的实现（创建）声明方式如下：

```
类名称对象(变量)名称 = new 构造函数();
```

　　（1）new：按照类的构造函数所代表的引用类型分配内存空间，以创建该类的实例对象。

　　（2）构造函数（Constructor）：用来创建该类的对象，并在创建对象的同时给对象设置初值。

　　实例化之后，类中的变量就称为"实例变量"，其他各项的对应关系如图 7-4 所示。

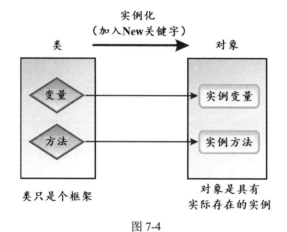

图 7-4

7.1.3　继承

　　继承是面向对象程序设计语言中最强大的功能之一，它允许程序代码的重复使用（Code Reusability，即代码可重复使用性），同时可以表达树形结构中父代与子代的遗传现象。在继承关系中，被继承者称为"基类"（Base Class）或"父类"（Super Class），而继承者称为"派生类"（Derived Class）或"子类"（Sub Class）。面向对象程序设计中的继承类似于现实生活中的遗传，允许我们定义一个新的类来继承现有的类，进而使用并修改继承而来的方法（Method），并可在子类中加入新的成员变量（或数据）与成员方法（或函数）。

7.2　封装与信息隐藏

　　在之前对象的简介中提到对象的属性通常是不被其他对象所使用的，这样的概念在面向对象程序设计中就称为数据的封装。封装包含一个信息隐藏（Information Hiding）的重要概念，就是将对象的数据和实现的方法等信息隐藏起来，让用户只能通过接口（Interface）来使用对象本身，而不能更改对象内隐藏的信息。就像许多人不了解汽车的内部构造等信息，却能够通过汽车提供的油门和刹车等接口方法轻而易举地驾驶汽车。

封装除了信息隐藏的特点之外，还能保护对象内部的数据，并通过提供的方法来使用这些数据，让用户不必了解其内部是如何实现的，使得程序在维护上不必担心由于内部的数据被用户修改而引发的问题，因而变得较容易维护。

封装的存取权限

所谓的对象数据封装，就是将静态属性的数值与动态行为的方法"密封"于此对象所"引用"（Reference）的类中。主要的目的是避免对象范围以外的程序有任何更改或破坏内部数据的可能。

不过，在一般的 Java 程序中，为了应对各种不同性质对象的产生，通常会声明许多不同类型的类。如果某类中的成员数据属于不可变动的数值，就必须明确地告知程序这些数据的存取权限，以避免其他类的对象破坏该数据的完整性（Integrity）。因此 Java 语言提供了三种数据的存取权限（或称为访问权限），以便程序设计者应用所封装的类或对象的属性数据。表 7-1 列出了封装存取权限的说明。

表 7-1

存取权限	说明
private	表示所声明的方法或属性只能被此类的成员使用
protected	表示所声明的方法或属性可以被基类或其派生类的成员所使用
public	表示所声明的方法或属性可以被所有类的成员所使用

定义存取权限时，必须在声明成员变量、方法或类之前加入关键字，例如下面的程序片段：

```
private int userPassword        //声明整数类型变量 userPassword 为私有的成员数据
protected getPassword( )        //声明类方法 getPassword 为受保护的成员方法
public class checkPassword      //声明类 checkPassword 为公有的类
```

7.3　类的命名规则和类的声明与定义

在了解面向对象程序设计的一些基本概念后，就可以针对程序的结构来讨论类的声明与定义方式了。在介绍类之前，先来了解 Java 类的命名规则。

【Java 类的命名规则】

类和接口：第一个字母为大写，当名称由两个以上的单词组成时，每个单词的第一个字母为大写，如 Student、StudentName。

成员变量和成员方法：以字母小写为主，如果为复合单词，那么第一个英文单词小写，其他英文单词的第一个字母大写，其余字母小写，如 setColor。

程序包：全部小写，如 java.io、java.lang.math。

常数：全部大写，若为复合单词，则在每个单词之间以下画线"_"连接，如 PI、MAX_VALUE。

7.3.1　类的声明

在 Java 程序中，自定义类的声明方式如下：

```
[存取权限] class 类名称 {
    数据类型变量名称;    // 成员变量
    返回的类型方法名称(参数行) {    // 成员方法
    程序语句;
    }
}
```

"存取权限"意同于"存取权限修饰词"，也就是封装部分所介绍的三种存取权限，可以让程序设计者决定类的存取权限，以便保护类中的属性和方法。其中类的命名，大多数程序设计人员的习惯都是：以大写英文字母开头的字母字符串，名称符合所命名类的作用。类中含有"数据变量"和"调用的方法"，而这些数据变量和方法又被称为类的"成员（Member）"。下面是一个类的声明和定义的范例：

```
public class Triangle {
    double base;
    double height;

    void area( ){
        System.out.println ("三角形的面积是：");
        double ans=(base*height)/2;
        System.out.println(ans);
    }
}
```

现在通过这个简单的类声明和定义的范例来说明类中的组织结构。首先，Triangle 是此类的名称，base 和 height 是变量名称，它们的类型是双精度浮点数类型（double）。area 是方法的名称，返回值的类型是 void，意思是没有返回值，这个方法的括号内是空的，表示不用传递参数。方法内的程序语句就是此方法需要执行的操作，在本范例中是计算三角形的面积，其中所用到的变量必须是在此类中声明的。

7.3.2　类的成员变量

类的成员变量就是类的属性，记录了类的相关数据，声明方式如下：

```
[存取权限][修饰词] 数据类型成员变量名称[=初始值];
```

（1）存取权限

类的成员变量有 4 种不同的存取权限的声明，如表 7-2 所示。

表 7-2

存取权限	说明
public	表示所有的类都可以使用
protected	表示只有该类的派生类，或者在相同程序包（package）中的类才能使用

（续表）

存取权限	说明
private	表示只有此类本身才能使用
未设置	表示只有相同程序包（package）中的类才可以使用

（2）修饰词

表 7-3 列出了与类的成员变量有关的两个修饰词。

表 7-3

修饰词	说明
static	将成员变量声明为类变量（Class Variable），如此一来，此类中创建的对象都可以使用此变量
final	将成员变量声明成常数的状态，表示不能更改此成员变量的值

（3）数据类型

成员变量的数据类型有基本的数据类型（如整数、浮点数、布尔及字符），还有引用类型的字符串和数组等。

（4）初值

根据数据类型给成员变量赋初值。下面的程序片段示范如何声明一个包含成员变量的类：

```java
public class student {
    public String name;
    public float[ ] score;
}
```

7.3.3 类的成员方法

类的成员中除了实例变量外，另一个重要的"组成"是成员方法（Method）。成员方法让整个类"动"起来，如果类中只有变量声明，似乎有点单调，但是加入方法后，就使类更有活力、更有"使用的价值"。定义好类的成员变量后，接下来要定义它的成员方法，其声明格式如下：

```
［存取权限］［修饰词］返回类型成员方法名称（［参数行］）{
方法内部主体部分；   // 成员方法的主体
return 返回值
}
```

【举例说明】

```java
void area( ) {                    // 方法名称是 area
    //方法内部主体部分
    double ans=(base*height)/2;
    System.out.println("三角形的面积是："+ans);
}
```

（1）存取权限

成员方法的存取权限和成员变量相同，在此就不多做介绍了。

（2）修饰词

成员变量的修饰词一样可以用于成员方法，它的用法稍有不同，可参考表 7-4 中的说明。

表 7-4

修饰词	说明
static	将成员方法声明为类方法（Class Method），如此一来，类可以直接调用成员方法
final	使用 final 声明的成员方法只能在该类中调用，不能被其派生类重新定义

（3）返回类型

返回类型表示的是 return 返回值的数据类型，也就是说，返回值的数据类型必须符合方法定义时所声明的返回类型，如果没有返回值，那么可以声明为 void 数据类型。

（4）参数行

参数行包含参数的数据类型和参数的名称，如果需要多个参数，就可以用 "," 来分隔。而所谓的参数就是类之外的对象传递给此方法的数据，成员方法会以参数的数据来进行运算，再把结果返回给调用成员方法的对象。

（5）返回值

"返回类型" 必须是合法的类型，如 int、char、double 等，当然也可以是自行声明与定义的类类型。类方法可以没有返回值，此时的返回类型必须是 void。

如果有返回值，就需要在方法内部的程序语句中加入 return 语句，return 的功能就是将值返回。返回值有两点需要注意：第一，return 返回值的类型必须和方法声明时定义的返回值的类型相同；第二，接收返回值的变量的类型要和方法声明时定义的返回值的类型相同。

此处接着 7.3.2 小节中例子的成员变量继续定义类的成员方法：

```
class Student {
//成员方法部分
…
//成员方法
    public void show( ){
        System.out.println("姓名="+name);
        System.out.print("成绩=");
        System.out.println("["+score+"] ");
    }
    public void setdata(String name1, char score1){
        name=name1;
        score=score1;
    }
}
```

7.3.4 类参数和自变量

类方法加入 "参数" 的目的是使得类方法在被调用时更有弹性、功能性更强。例如下面的程序片段：

```
    double area ( )        // 返回值的类型为浮点函数
    {
return (10*25.6)/2;
    }
```

上面的例子是没有参数的类方法，因而在运用上受限制，只能计算"(10*25.6)/2"这组数据。如果需要计算另一组数据，就需要再声明另一个方法或"更改"表达式中参与运算的数字。但是加入"参数"之后，使得方法更具扩展性。请参考下面的程序片段：

```
double area( double i, double j)        // 返回值的类型为浮点数
{
return  (i*j)/2;
}
```

增加参数 i 和 j 之后，可以根据所传入的 i 值和 j 值计算相应的结果并返回。

（1）自变量

自变量是"调用"类中的方法时要传入的值。根据上述程序片段范例，调用方法的编写方式如下：

```
double   x, y;   // 定义变量类型
x=area(10,25.8);
y=area(22.1,18.1);
```

其中，"(10,25.8)"和"(22.1,18.1)"就是自变量。参数和自变量的个数可以不止一个，可以有多个。以上例来说，加入了两个参数和两个自变量。

【范例程序：CH07_01】

```
01    /*文件：CH07_01.java
02     *说明：参数与自变量使用的范例
03     */
04
05    class Triangle{
06        int base;
07        int height;
08        double ans;
09
10        void Area(){
11            ans=(base*height)/2;
12            System.out.println(" 底 ="+base+", 高 ="+height+" ： 三 角 形 面 积
    ="+ans+'\n');
13        }
14        double Area_2(int i){
15            return ans=(i*height)/2;
16        }
17        double Area_3(int i,int j){
18            return ans=(i*j)/2;
19        }
20    }
21
22    class CH07_01{
23        public static void main(String[] args){
24            //创建类对象
25            Triangle triangle=new Triangle();
26
27            triangle.base=2;
28            triangle.height=8;
29
30            System.out.println("没有返回值的方法，没有自变量：");
31            triangle.Area();
```

```
32        System.out.println("有返回值，单个自变量：");
33        System.out.println("三角形面积="+triangle.Area_2(4)+'\n');
34        System.out.println("有返回值，2个自变量：");
35        System.out.println("三角形面积="+triangle.Area_3(4,10));
36     }
37  }
```

【程序的执行结果】

程序的执行结果可参考图 7-5。

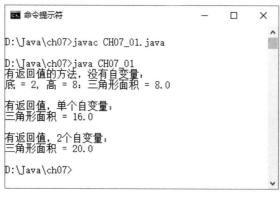

图 7-5

【程序的解析】

第 05 行：声明并定义计算三角形面积的类 Triangle。

第 06~08 行：声明变量 base（底）、height（高）、ans（面积）。

第 10~13 行：声明并定义"没有返回值"的类方法 Area，因此在方法前面需加上关键字 void，表示没有返回值。

第 14~16 行：声明并定义"有返回值，单个自变量"的类方法 Area_2，因此必须声明返回值的数据类型。以范例程序 CH07_01 为例，为了让计算的结果产生双精度浮点数，因此把返回值的数据类型声明为双精度浮点数（double）。这个方法传入的参数为 i。

第 17~19 行：声明并定义"有返回值，2 个自变量"的类方法 Area_3。传入的参数为 i 和 j。

第 25 行：类实例化。

第 31 行：因为类方法 Area 没有返回值，并且没有参数，所以调用时括号内不需要指定自变量。

第 33 和 35 行：类方法 Area_2 有返回值并且有一个自变量，因此调用时必须指定自变量。同样的，类方法 Area_3 有返回值并且有两个自变量。

7.4 类的构造函数

在 Java 语言中，每一个类通常都有构造函数（Constructor）。构造函数的名称和它所属类的名称相同，主要功能是用来创建该类的对象，并在创建对象的同时给对象赋初值。构造函数的声明

方式如下:

```
[存取权限] 类名称(参数行){
//构造函数的主体
}
```

（1）存取权限

构造函数的存取权限和类的存取权限是相同的，所以不再多做介绍。

（2）参数行

类的构造函数都拥有相同的名称，可以通过参数行中的参数类型和参数个数进行不同的初值设置，这是多态的概念，我们会在第 8 章进行详细的介绍。另外，当程序设计人员在类中没有定义构造函数时，Java 会默认一个没有函数主体与参数的构造函数，这样的构造函数被称为默认构造函数（Default Constructor）。

在定义构造函数时需要注意的是，构造函数并不是一个方法，所以没有类型的设置，也不会有返回值。下面的程序片段是在 student 类中定义一个没有参数的构造函数。

```
public student( ){
name="面包超人";
score='A';
}
```

至此，我们介绍完了类的声明与定义。下面我们用一个完整的范例程序（包含 student 类）来让大家更清楚地了解类的结构。

【范例程序：CH07_02】

```
01    /*文件：CH07_02.java
02     *说明：类的声明与定义以及对象的创建——范例
03     */
04
05    //自定义类：student类
06    class student{
07        //构造函数
08        public student(){
09            name="面包超人";
10            score='A';
11        }
12
13        public String name;
14        public char score;
15
16        public void show(){
17            System.out.println("姓名="+name);
18            System.out.print("成绩=");
19            System.out.println("["+score+"] ");
20        }
21        public void setdata(String name1, char score1){
22            name=name1;
23            score=score1;
24        }
25    }
26    //主程序
27    public class CH07_02{
```

```
28        public static void main(String[] args){
29            System.out.println("没有用到student类的成员变量或方法。");
30        }
31    }
```

【程序的执行结果】

程序的执行结果可参考图 7-6。

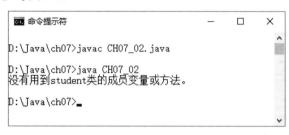

图 7-6

【程序的解析】

第 13~14 行：声明类的成员变量，设置存取权限为 public，也就是说可供其他的类使用。

第 16~20 行：定义类的成员方法 show，存取权限设为 public，让其他类可以使用，用于输出类的数据。

第 27~31 行：主类程序，其中包含主程序的部分，因为在主程序中没有声明 student 类的实例对象，所以不能使用 student 类的属性和方法。

7.5　对象的创建与成员数据的使用

在我们创建一个类之后，如果要使用类所定义的属性与方法，就必须通过对象，因为类只是一个蓝图，对象是根据蓝图所创建的实例，只有通过实例才能使用所定义的类。

7.5.1　对象的创建

在对象的原型规划完成之后，就可以实际创建出一个可用的对象，通常称这个过程为对象的实现（Implementation）阶段。对象属于类的实例（Instance），可想而知，对象的创建必定要通过类。创建对象的语法如下：

```
类名称对象名称=new 构造函数(参数行);
```

上述对象的声明包含两个步骤，第一步为声明，第二步为实例化和赋初值。可以用一行程序语句来表示，也可以分几行程序语句来完成，代码如下：

```
类名称对象名称;  // 对象声明
    Triangle;
对象名称=new 构造函数(参数行);  // 对象实例化与赋初值
    triangle =new Triangle( );
```

7.5.2 对象的赋值

关于对象的赋值（Assignment）必须先澄清一下概念："如果把一个对象的引用变量赋值给另一个对象的引用变量，那么另一个对象的引用变量只是指向新的对象（指向第一个对象），并非复制第一个对象"。通过图 7-7 所示的示意图，我们可以更清楚地了解"对象赋值"的操作结果。

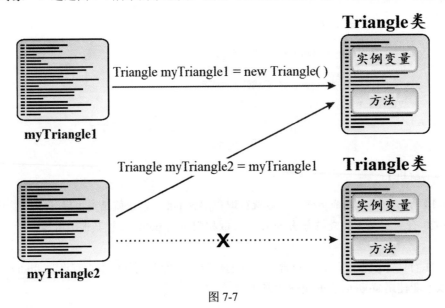

图 7-7

7.5.3 对象的使用

创建一个对象之后，就可以使用对象的属性和方法了。所谓属性，就是类中的成员变量，方法就是类的成员方法。对象在使用成员变量和调用成员方法时，需要通过"."运算符，方式如下：

```
对象.属性;
对象.方法(参数行);
```

在了解了对象的创建及其属性与方法的使用方式之后，下面通过范例程序 CH07_03 来示范使用对象的方式。

【范例程序：CH07_03】

```
01   /*文件：CH07_03.java
02    *说明：对象的使用——范例一
03    */
04
05   //自定义类：student类
06   class Student{
07       //构造函数
08       public Student(){
09           name="面包超人";
10           score='A';
11       }
12
```

```
13      public String name;
14      public char score;
15
16      public void show(){
17          System.out.println("姓名="+name);
18          System.out.print("成绩=");
19          System.out.println("["+score+"] "+'\n');
20      }
21      public void setdata(String name1, char score1){
22          name=name1;
23          score=score1;
24      }
25  }
26  //主程序
27  public class CH07_03{
28      public static void main(String[] args){
29          Student s1=new Student();      //创建对象s1
30          Student s2=new Student();
31          Student s3;                    //声明对象s3
32          s3=new Student();     //创建对象s3
33          s1.show();
34          s2.setdata("细菌人",'B');
35          s2.show();
36          s3.name="小病毒";
37          s3.score='C';
38          s3.show();
39      }
40  }
```

【程序的执行结果】

程序的执行结果可参考图 7-8。

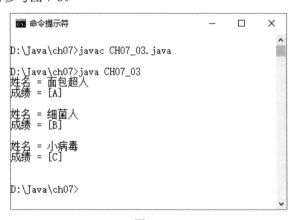

图 7-8

【程序的解析】

第 13~14 行：因为 Student 类中定义的成员变量为 public 存取权限，所以在主程序中可以使用对象的话，就可以用对象的成员变量来设置学生的数据。

第 34 行：调用对象的成员方法 setdata 来设置学生的数据。

7.5.4　修饰词与对象的搭配

在使用对象的属性或方法时，必须根据类中声明时的存取权限和修饰词来决定对象可以使用的情况。例如，在 Java 中内建的类通常将属性设为 private，也就是禁止类外部的对象来使用属性值和调用方法。之前提到的 static 和 final 两个修饰词，也限定了对象使用属性的方式。下面详细说明它们在成员变量和成员方法上的应用。

（1）final

分"成员变量"和"成员方法"来讨论。

- 成员变量: 用 final 声明的类的成员变量，一旦经过初始化后，对象就只能读取它的属性值，而不能更改它的值，因此 final 成员变量通常在声明时就赋了初值。另外，当成员变量引用数据类型时，例如数组或对象等类型，就表示它所引用的实例地址不能更改，而实例的数值则可以更改。
- 成员方法: 用 final 声明的成员方法表示其派生类不能覆盖（Override，或称为重新定义、覆写）这个成员方法。

（2）static

static 是将成员变量和成员方法声明成静态成员（Static Member），使原来需要通过对象来使用的成员变量和成员方法，成为可以直接通过类来使用的变量和方法，使用的方式如下：

```
类名称.类变量;
类名称.类成员(参数行);
```

例如，将 Student 类的成员变量和成员方法加上 static 后，就可以在主程序中以下面的形式来直接使用或调用它们：

```
Student.name="面包超人";
Student.setdata("面包超人",'A');
```

顾名思义，静态成员就是在程序执行时，无论类创建了多少个对象，都会给静态成员变量与静态成员方法分配一份固定的内存空间，存取静态成员变量或调用静态成员方法时，都会在这个固定的内存空间上进行。而普通的成员变量和成员方法的内存空间是随着创建对象的不同而分配不同的物理内存空间。正因为这个特性，即便类没有创建任何对象，静态成员也可以直接通过类来存取或调用，当然也可以通过类创建的对象来存取。不加 static 的成员变量和成员方法就是普通的成员变量和成员方法，它们只能通过所创建的对象来存取和调用。

【范例程序：CH07_04】

```
01    /*文件：CH07_04.java
02     *说明：对象的使用——范例二
03     */
04
05    //自定义类：student类
06    class Student{
07        //构造函数
08        public Student(){
09            name="面包超人";
```

```
10            score='A';
11        }
12
13     public static String name;
14     public static char score;
15
16     public static void show(){
17         System.out.println("姓名="+name);
18         System.out.print("成绩=");
19         System.out.println("["+score+"] "+'\n');
20     }
21     public static void setdata(String name1, char score1){
22         name=name1;
23         score=score1;
24     }
25 }
26 //主程序
27 public class CH07_04{
28     public static void main(String[] args){
29         new Student();
30         Student.name="细菌人";
31         Student.score='B';
32         Student.show();
33         Student.setdata("小病毒",'C');
34         Student.show();
35     }
36 }
```

【程序的执行结果】

程序的执行结果可参考图 7-9。

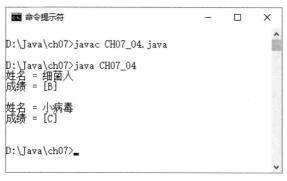

图 7-9

【程序的解析】

第 13~14 行：声明静态成员变量。

第 16 行：定义类的静态方法来输出数据。

第 21~24 行：定义类的静态方法来设置学生的姓名与成绩。

7.6　对象的作用域与生命周期

对象在被创建后，和普通变量一样有作用域和生命周期，本节就来介绍关于对象的作用域和生命周期的信息。

7.6.1　对象的作用域

在 Java 语言中有不同的类和方法，分别用"{}"来分隔不同的类或方法的程序语句。在某个以"{ }"组成的程序语句区块中，所声明的变量如果没有特别的定义（通过修饰词），就只能限定在此程序区块中使用，这种变量称为局部变量（Local Variable）。对象的作用域和变量的作用域相同，都是在所声明的程序区块中才可以使用。例如以下程序片段：

```
public static void main(String[ ] args){
float sum=0;
for(int i=0; i<=5;i++){
    sum+=i;
}
System.out.println("sum="+sum)
}
```

其中，sum 和 i 变量各自属于不同的程序区块的局部变量，也就是各自有不同的作用域，其中 sum 变量的作用域在第一个"{}"所组成的程序区块内，而 i 变量的作用域则在第二个"{ }"所组成的程序区块内。

由于对象可以创建对象变量和对象实例等成员，因此不是所有对象成员的作用域都是相同的。严格来说，其中的对象实例并不是在声明对象时就产生的，必须经过实例化的步骤才会被创建，所以对象实例的作用域可能只是整个程序区块中的一部分。

7.6.2　对象的生命周期

当对象被创建时，可以使用对象来实现程序中所需完成的功能，可是当对象不再被使用时，这些对象该如何处理呢？这是一个值得注意的问题。在某些程序设计语言中会要求设计者删除不再使用的对象，如此一来，程序设计者需要记住所有声明的对象，并要记住分配给对象的内存所在的位置，以便删除对象时收回这些内存，这种处理方式容易引发处理不当而造成的错误。Java 为了避免这种情况的发生，将所有不再被使用的对象统一由"垃圾收集器"（Garbage Collector）来释放它们所占的内存空间。在 Java 语言中，出现以下两种情况之一时会认为对象应该被清除掉：

（1）当对象变量超出其作用域，也就是其生命周期结束时。

（2）将对象变量的值设置成 null 或指向其他的对象实例，使得没有任何对象变量指向该对象实例时。

我们已经在 7.6.2 小节中介绍过第一种情况。对于第二种情况，我们用以下例子来说明：

```
MyObject obj1=new MyObject;      //创建一个 obj1 对象实例
obj1=null;   //将对象变量指向 null
```

在上面这个例子中，第一行程序语句创建了一个对象实例之后，在第二行程序语句中将对象变量指向 null，这就造成了没有任何的对象变量可以引用这个对象实例，Java 语言会自动将此对象实例通过垃圾收集器进行回收，并释放其占用的内存，因此我们程序设计人员不必担心对象内存的释放问题。

虽然垃圾收集器可以自动回收不再需要的对象，并释放其内存资源，不过在对象被垃圾收集器回收之前，程序设计人员仍然可以先调用 finalize 方法，让对象自行清除所占用的内存资源。具体的方式如下：

```
protected void finalize( ){
obj1=null; //将对象变量设置为 null
super.finalize(); //释放内存资源
}
```

如此就能在垃圾收集器回收之前将对象所占用的内存释放掉。另外，还有一种方式是调用 System 类中的 gc 方法，用于提早释放不再需要的对象内存，只要在需要释放内存的程序区块中加上以下程序代码：

```
System.gc( );
```

即可回收并释放此程序代码之前的内存。

7.7　高级应用练习实例

在本章中，我们介绍了面向对象程序设计的基础，并完整地说明了数据封装的概念与存取权限，我们还讲述并示范了类的声明和定义、对象的实现或创建、对象的使用方式以及对象的生命周期。如果读者可以多演练本节的各个范例，相信大家可以更加牢固地掌握面向对象程序设计的基础。

7.7.1　计算圆面积的类

图形面积的计算是数学中常见的问题。请编写一个 Circle 类，它的成员数据包括半径和计算圆面积的方法。

【综合练习】计算圆面积的类

```
01    // 计算圆面积的类
02    class Circle
03    {
04        double pi=3.14;
05        double radius;
06
07        double area()
08        {
09            return (3.14159*radius*radius);
10        }
```

```
11      }
12
13   public class WORK07_01
14   {
15      public static void main(String args[])
16      {
17         Circle obj=new Circle();
18
19         obj.radius=3.0;
20
21         System.out.println("半径="+obj.radius);
22         System.out.println("圆面积="+obj.area());
23      }
24   }
```

【程序的执行结果】

程序的执行结果可参考图 7-10。

图 7-10

7.7.2 声明并定义 Birthday 类

在 Java 程序中声明并定义 Birthday 类，再创建两个人名对象，并设置好出生年月日，最后将这两个人的出生年月日显示出来。

【综合练习】实现 Birthday 类的程序

```
01   //Birthday类
02   class Birthday   // Birthday类的声明
03   { // 成员变量
04     public int day;
05     public int month;
06     public int year;
07     // 成员方法：输出成员变量的出生年月日
08     public void printBirthday()
09     {
10         System.out.println(year+"年"+month+"月"+day+"日");
11     }
12   }
13   // 主类
14   public class WORK07_02
15   { // 主程序
16     public static void main(String[] args)
17     { // 声明Birthday类类型的变量
18        Birthday andy,michael;
```

```
19        andy = new Birthday();  // 创建对象
20        michael = new Birthday();
21        andy.year = 1992;
22        andy.month =7;
23        andy.day = 23;
24        michael.year = 1998;
25        michael.month =9;
26        michael.day = 10;
27        // 调用对象的实例方法
28        System.out.print("Andy的出生年月日= ");
29        andy.printBirthday();
30        System.out.print("Michael的出生年月日= ");
31   michael.printBirthday();
32      }
33  }
```

【程序的执行结果】

程序的执行结果可参考图 7-11。

图 7-11

7.7.3　二叉树的链表表示法

二叉树（又称为 Knuth 树）是一个由有限节点所组成的集合，此集合可以为空集合，或由一个树根及其左右两个子树组成。简单地说，二叉树最多只能有两个子节点，就是度数小于或等于 2（度数指分支数）。二叉树在计算机中的数据结构如图 7-12 所示。

图 7-12

二叉树和数据结构中一般树的不同之处整理如下：

（1）树不可为空集合，但是二叉树可以。

（2）树的度数为 d≥0，但二叉树的节点度数为 0≤d≤2。

（3）树的子树间没有次序关系，二叉树有。

二叉树的存储方式有许多种，在《数据结构》这门学科中，我们一般习惯用链表来表示二叉树的结构，因为在删除或增加二叉树的节点时，会很方便且具有弹性。二叉树的链表表示法就是利用链表数据结构来存储二叉树。在 Java 语言中，我们可以声明和定义 TreeNode 类和 BinaryTree 类，其中 TreeNode 代表二叉树中的一个节点，这两个类的具体定义如下：

```
class TreeNode
{
    int value;
    TreeNode left_Node;
    TreeNode right_Node;
    public TreeNode(int value)
    {
        this.value=value;
        this.left_Node=null;
        this.right_Node=null;
    }
}
```

【综合练习】以链表来实现二叉树

```
01    // =============== Program Description ===============
02    // 程序名称：WORK07_03.java
03    // 程序目的：以链表来实现二叉树
04    // =================================================
05
06    import java.io.*;
07    //二叉树节点类的声明
08
09    class TreeNode {
10        int value;
11        TreeNode left_Node;
12        TreeNode right_Node;
13        // TreeNode构造函数
14        public TreeNode(int value) {
15            this.value=value;
16            this.left_Node=null;
17            this.right_Node=null;
18        }
19    }
20    //二叉树类的声明
21    class BinaryTree {
22        public TreeNode rootNode; //二叉树的根节点
23        //构造函数：传入一个数组作为参数来建立二叉树
24        public BinaryTree(int[] data) {
25            for(int i=0;i<data.length;i++)
26                Add_Node_To_Tree(data[i]);
27        }
28        //将指定的值加入二叉树中适当的节点
29        void Add_Node_To_Tree(int value) {
30            TreeNode currentNode=rootNode;
31            if(rootNode==null) { //建立树根
32                rootNode=new TreeNode(value);
33                return;
34            }
35            //建立二叉树
36            while(true) {
37                if (value<currentNode.value) { //在左子树
38                    if(currentNode.left_Node==null) {
39                        currentNode.left_Node=new TreeNode(value);
40                        return;
41                    }
42                    else currentNode=currentNode.left_Node;
43                }
```

```
44              else { //在右子树
45                 if(currentNode.right_Node==null) {
46                    currentNode.right_Node=new TreeNode(value);
47                    return;
48                 }
49                 else currentNode=currentNode.right_Node;
50              }
51           }
52        }
53     }
54  public class WORK07_03 {
55     //主程序
56     public static void main(String args[]) throws IOException {
57        int ArraySize=10;
58        int tempdata;
59        int[] content=new int[ArraySize];
60        BufferedReader            keyin=new            BufferedReader(new
   InputStreamReader(System.in));
61        System.out.println("请连续输入"+ArraySize+"项数据");
62        for(int i=0;i<ArraySize;i++) {
63           System.out.print("请输入第"+(i+1)+"项数据: ");
64           tempdata=Integer.parseInt(keyin.readLine());
65           content[i]=tempdata;
66        }
67        new BinaryTree(content);
68        System.out.println("===以链表方式建立二叉树，成功!!!===");
69     }
70  }
```

【程序的执行结果】

程序的执行结果可参考图 7-13。

图 7-13

课后习题

一、填空题

1. 在 Java 语言中，每一个类通常都有_____，它的主要功能是为类创建的对象赋初值。

2. 当程序设计人员在类中没有定义构造函数时，Java 会默认一个没有函数主体与参数的构造函数，这个函数被称为_____构造函数。

3. 对象的实例化必须通过_____关键字和类的构造函数来创建实例的对象并初始化对象的值。

4. 对象在使用成员变量和成员方法时，通过_____运算符。

5. 在 Java 中内建的类通常将属性设置为_____。

6. 用_____声明的类成员变量，一旦经过初始化后，对象就只能读取它的属性值，而不能更改它的值。

7. 在程序区块中所使用的变量被称为_____变量。

8. 在程序中的对象同样会用状态和行为来描述，它们分别被称为_____和_____。

9. 程序中对象之间的交流信息称为_____。

10. _____是对象总集合的称呼。

11. 类创建出来的实例称为_____。

12. 被继承的类称为_____，而继承后的新类则称为_____。

13. _____是将对象的数据和实现的方法等信息隐藏起来，让用户只能通过接口使用对象本身。

14. 面向对象程序设计具有_____、_____、_____三种特性。

15. _____修饰词可以将成员变量声明成常数的状态。

16. _____是将成员变量和成员方法定义成静态成员。

17. _____方法可以自行清除对象所占用的内存。

二、问答与实践题

1. 一个消息的传送可能包含哪三部分？

2. 请简单说明封装的三种存取权限。

3. 试举例说明 Java 类的命名规则。

4. 在 Java 语言中，出现哪两种情况之一时会认为对象应该被清除掉？

5. 要描述一个人或事物，通常有哪两种方式？

6. 试简述构造函数的功能与声明方式。

7. 试举例说明类与对象两者之间的关系。

8. 设计一个类，包含 4 个成员变量：int carLength、engCC、maxSpeed 和 String modelName，声明并定义一个可以传入汽车型号名称的构造函数，其他三个成员变量的默认值分别为 int carLength=423、engCC=3000、maxSpeed=250，接着实现一个对象，其型号名称为 "BMW 318i"。

9. 延续第 8 题，加入类方法 ShowData() 和 SetSpeed(int setSpeed)，其中 setSpeed 用来改变成员变量 maxSpeed 的值。程序的执行结果可参考图 7-14。

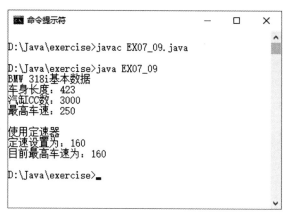

图 7-14

10. 请声明和定义一个三角形类, 其数据成员分别为 bottom 和 high, 并包含一个计算面积的成员方法 area。

11. 延续第 10 题, 创建对象 obj, 并把对象 bottom 的底设置为 15, 把高设置为 12, 编写完整的程序将其成员数据及面积打印输出。

第 **8** 章

继承与多态

继承类似于遗传的概念，例如父母生下子女，若无例外情况，则子女一定会遗传父母的某些特征。当面向对象程序设计技术以这种类似的概念定义其功能时，就称为继承（Inheritance）。继承是面向对象程序设计中核心的概念之一，我们可以参照现有的类，通过继承派生出新的类，这种程序代码可重复使用的概念可以帮助我们省去重复编写相同程序代码的繁复工作。在本章中，我们将探讨继承的基本概念，学习如何通过继承来声明并定义新的类，最后还会介绍对象多态的概念。

本章的学习目标

- 继承的概念
- 基类和派生类
- 单一继承
- 继承权限的处理
- 构造函数的调用顺序
- 类构造函数的继承关系
- 重载（Overload）
- 覆盖（Override）
- 动态调度（Dynamic Dispatch）
- 多态的概念与实现

8.1 认识继承关系

继承从程序设计语言的视角来看，就是一种"承接基类的实例变量及方法"的概念，更严谨的定义是，类之间具有层级关系，基类（Base Class）就是定义好的通用类，而从基类继承而来的派生类（Derived Class）接收了基类的类成员，并在派生类的基础上发展出不同的类成员。

事实上，继承除了可重复使用之前已开发好的类之外，另一项好处在于维持对象封装的特性。这是因为继承时不容易改变已经设计好的类，于是降低了类设计发生错误的机会，并可通过覆盖（Override）操作来重新定义及强化新类所继承的各项功能。

8.1.1　基类和派生类

在开始讨论基类与派生类之前，我们先来看一个重复使用外部类的例子。下面是一个在主程序调用外部类中的成员方法以重复使用外部类的例子。

【范例程序：TotalSum】

```
01    /*文件：TotalSum.java
02     *说明：加总计算*/
03
04    public class TotalSum{
05       //类方法
06       public static void totalSum(int x, int y){
07          int Total = x + y;
08          System.out.println(x + " + " + y + " = " + Total);
09       }
10       //主程序
11       public static void main(String [ ] args){
12          new TotalSum();
13          TotalSum.totalSum(3, 5);
14       }
15    }
```

【范例程序：CH08_01】

```
01    /*文件：CH08_01.java 类重复使用的范例*/
02    public class CH08_01{
03       //主程序
04       public static void main(String[] args){
05          new TotalSum();
06          //调用TotalSum.java的成员方法totalSum
07          TotalSum.totalSum(100, 30);
08       }
09    }
```

【程序的执行结果】

程序的执行结果可参考图 8-1。

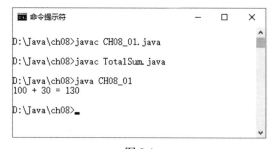

图 8-1

【程序的解析】

【TotalSum 程序部分】

第 04 行：使用 public 存取权限关键字声明 TotalSum 类，以将此类设置为 TotalSum 程序的主类。

第 06 行：声明并定义 TotalSum 类中具有参数的成员方法 totalSum，用以进行加总计算。

【CH08_01 程序部分】

第 05 行：实现程序外部 TotalSum 类对象。

第 07 行：通过调用 TotalSum 类的 totalSum 成员方法并传入 int 类型的参数值 100 与 30，以进行加总计算并输出执行结果。

但是，在某些情况下，我们可能会发现所使用的外部类无法满足程序实际的需求。也就是说，我们必须编写额外的代码段来"弥补"所导入的外部类的不足。这时就可以运用 Java 的继承机制进行类的扩展或扩充。

在 Java 中，原先已定义好的类被称为基类（Base Class），而通过继承所产生的新类被称为派生类（Derived Class）。通常将基类称为父类（SuperClass），而把派生类称为子类（Sub Class）。如果要通过继承（Inheritance）产生新的类，首先要声明并定义好基类，也就是父类，然后派生出新类，也就是子类。子类只要使用 extends 关键字就可以完成初步继承的操作来继承父类。通过继承由父类产生子类的示意图如图 8-2 所示。

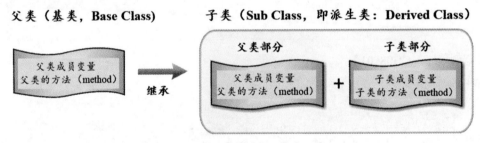

图 8-2　由父类通过继承产生子类

从另一个思考角度来看，我们可以把继承单纯地视为一种复制（Copy）操作。换句话说，当开发人员以继承机制声明新建类时，会先将所参照的原始类中的所有成员完整地写入新建类之中，就如同图 8-3 所示的类继承关系图。

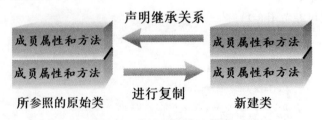

图 8-3　类继承关系示意图

在新建类中完整地包含所参照的原始类的所有类成员，用户可直接在新建类中针对这些成员进行调用或存取操作。当然，除了原始类的各个成员外，开发人员也可以在新建类中根据程序的实际需求添加各种必要的数据与方法。

8.1.2 单一继承

所谓单一继承（Single Inheritance），是指派生类只继承自单独一个基类。在 Java 中是通过使用 extends 关键字来进行类继承的声明的，它的语法格式如下：

【继承的语法】

```
存取权限修饰词 class 新建类的名称 extends 原始类的名称
{
派生类（子类）的新增类成员；
程序内容；
}
```

（1）存取权限修饰词

Java 支持的类存取权限修饰词可以参考表 8-1 中的说明。

表 8-1

存取权限修饰词	说明
public	表示此成员可以被所有的外部类或对象调用或存取
protected	表示此成员只可在同一个类、同一个程序包作用域内，或被派生类的对象调用或存取
private	表示此成员只可在自身类的作用域内被调用或存取
abstract	此类只能被继承，无法直接进行实例化（创建对象）
final	表示此类无法作为其余类的继承原型

（2）新建类

对于新建类的标识名称，若此类为主类，则类名必须与文件名相符。另外，新建类的标识名不可与同一个程序或同一个程序包（相同路径）内已声明的类名称互相冲突。

（3）原始类

新建类所要继承的类。

下面的范例程序的主类将使用 extends 关键字声明继承自同一程序中的 Accounting 类。

【范例程序：CH08_02】

```
01   /*文件：CH08_02.java 单纯类继承的范例*/
02   //声明基类
03   class Accounting{
04      //声明成员方法
05      public void plus(int x, int y){
06      int total = x + y;
07      System.out.println(x + " + " + y + " = " + total);
08      }
09      public void times(int x, int y){
10      int total = x * y;
11      System.out.println(x + " * " + y + " = " + total);
12      }
13      public void divided(int x, int y){
14      int total = x / y;
```

```
15          System.out.println(x + " / " + y + " = " + total);
16      }
17  }
18
19  //声明主类继承自Accounting
20  public class CH08_02 extends Accounting{
21      //加入自定义的类方法
22      public void minus(int x, int y){
23  int total = x - y;
24          System.out.println(x + " - " + y + " = " + total);
25      }
26      //主程序
27      public static void main(String[] args){
28          //创建主类的对象
29          CH08_02 myObject = new CH08_02();
30          //调用继承Accounting类的成员方法
31          myObject.plus(100, 30);
32          myObject.times(100, 30);
33          myObject.divided(100, 30);
34          //调用自定义的成员方法
35          myObject.minus(100, 30);
36      }
37  }
```

【程序的执行结果】

程序的执行结果可参考图 8-4。

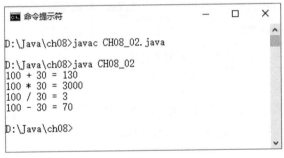

```
命令提示符                               —    □    ×

D:\Java\ch08>javac CH08_02.java

D:\Java\ch08>java CH08_02
100 + 30 = 130
100 * 30 = 3000
100 / 30 = 3
100 - 30 = 70

D:\Java\ch08>
```

图 8-4

【程序的解析】

第 20 行：通过 extends 关键字声明 CH08_02 类继承自 Accounting 类。

第 31~33 行：通过第 29 行所创建的主类对象 myObject 来调用所继承的 Accounting 类的相关成员方法。

除了继承同程序内所声明的类之外，也可以继承外部程序的相关类。不过，同样必须注意的是，Java 只能继承外部以 public 关键字声明的类，或同一个程序包（相同路径）中的各个类。

【范例程序：CH08_03】

```
01  /*文件：CH08_03.java 继承外部类的范例*/
02  //声明主类继承自外部程序的TotalSum类
03  public class CH08_03 extends TotalSum{
04      //加入自定义类方法
05      //主程序
```

```
06        public void average(int x, int y){
07    int total = (x + y) / 2;
08        System.out.println(x + " 与 " + y + " 的平均值为: " + total);
09        }
10        public static void main(String[] args){
11            //创建主类的对象
12            CH08_03 myObject = new CH08_03();
13            //调用继承TotalSum类的成员方法
14        TotalSum.totalSum(100, 30);
15        //调用自定义的成员方法
16        myObject.average(100, 30);
17        }
18    }
```

【范例程序：TotalSum】

```
01    /*文件: TotalSum.java
02     *说明: 加总计算
03    */
04
05    public class TotalSum{
06        //类方法
07        public static void totalSum(int x, int y){
08            int Total = x + y;
09            System.out.println(x + " + " + y + " = " + Total);
10        }
11        //主程序
12        public static void main(String [ ] args){
13            new TotalSum();
14            TotalSum.totalSum(3, 5);
15        }
16    }
```

【程序的执行结果】

程序的执行结果可参考图 8-5。

图 8-5

【程序的解析】

【CH08_03 程序部分】

第 03 行：通过 extends 关键字声明 CH08_03 类继承自外部程序的 TotalSum 类。

第 14 行：通过第 12 行所创建的主类对象 myObject 来调用继承自 TotalSum 类的 totalSum()成员方法。

从上面两个范例程序中可以发现，位于同一个程序内或程序外部的任何类都可以使用 extends 关键字来执行继承的操作。

8.1.3 继承权限处理的原则

Java 存取权限修饰词的使用大概可以分为 4 个等级：①默认的情况，即没有使用修饰词时的情况；②public 存取权限修饰词；③protected 存取权限修饰词；④private 存取权限修饰词。表 8-2 整理出了类成员各种存取权限修饰词的存取权限（或称为访问权限）。

表 8-2

修饰词	类（class）	程序包（packag)	子类（subclass）	其他类（other classes）
public	可存取	可存取	可存取	可存取
protected	可存取	可存取	可存取	无法存取
没有修饰词	可存取	可存取	无法存取	无法存取
private	可存取	无法存取	无法存取	无法存取

提　示

什么是程序包（Package）？

如果我们将范例程序放在同一个文件夹中，程序编译后所得到的类文件.class 都会在同一个文件夹中，这些集中在同一个文件夹的类就会被视为同一个程序包。

这 4 种存取权限的等级分别有不同的存取范围（或访问范围），现说明如下：

①没有使用修饰词

如果类的成员变量或成员方法没有使用修饰词，那么它们默认的存取范围是同一个类（Class）和同一个程序包（Package），但子类（SubClass）或其他类则无法存取。就如同在 Java 程序中的 main()方法，虽然与我们所声明并定义的类不属于同一类，但是可以在 main()方法中存取同一个程序包中没有存取权限修饰词的成员变量与成员方法，这是因为所创建的类文件和 main()程序所创建的类文件同属一个文件夹，所以两个类属于同一个程序包。

②public 存取权限修饰词

如果类的成员变量或成员方法加上这个修饰词，就表示拥有全局作用域，即不局限于只有同一个类或子类才能存取，也就是说程序中任何其他类都可以存取具有全局作用域的变量或方法。当新建类要调用或存取某外部类声明的 public 成员方法或成员变量时，不需要经过任何处理，即可直接对目标类的 public 成员进行调用或存取。调用或存取的语法格式如下：

【语法格式】

```
类名称.方法名称( )      // 调用 public 成员方法
类名称.变量名称          // 存取 public 成员变量
```

【范例程序：CH08_04】

```
01    /*文件：调用外部类的public成员*/
02    //声明主类
03    public class CH08_04{
04        //声明主类的成员方法
05        public void showData(){
06            //调用外部类的public成员方法
07            String myStr = setData.setStr();
08            System.out.println(myStr);
09            //存取外部类的public成员变量
10            setData.myStr = "在主类中重新定义的public成员变量！！！";
11            myStr = setData.setStr();
12            System.out.println("调用被主类重新定义的外部类的public成员变量\n" +
13                    myStr);
14        }
15        //主程序
16        public static void main(String[] args){
17            //创建主类的对象
18            CH08_04 myObject = new CH08_04();
19            myObject.showData();
20        }
21    }
22
23    //声明外部类
24    class setData{
25        //声明public成员变量
26        public static String myStr = "这是由外部类的public成员方法所返回的字符串数据
    \n";
27        //声明public成员方法
28        public static String setStr(){
29            return myStr;
30        }
31    }
```

【程序的执行结果】

程序的执行结果可参考图8-6。

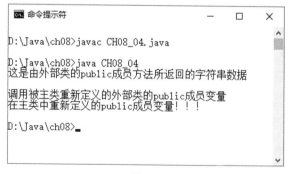

图 8-6

【程序的解析】

第05行：声明主类的成员方法，在此程序区块中执行字符串变量赋值与输出的操作。

第 07 行：使用"类名称.成员方法( )"的格式来调用同一个程序包中外部类的 public 成员方法，执行给字符串变量赋值的操作。

第 10 行：使用"类名称.成员变量"的格式重新给外部类的 public 成员变量赋值。

第 24 行：声明外部类。

第 26 行：声明外部类 static 类型的 public 成员变量。

第 28 行：声明外部类 static 的 public 成员方法。

当派生类以 public 修饰词声明继承自基类时，基类中的各个成员变量的类型依然会保留。也就是说，以 public 修饰词声明继承后，基类中各个程序区块的成员变量会按照原来的属性转移到派生类之中。当存取权限修饰词为 public 时，派生类所继承而来的类成员（成员变量与成员方法）的存取权限保持不变，请看表 8-3 的详细说明。

表 8-3

基类成员（成员变量、成员方法）存取权限修饰词	派生类以"public"继承后对应的存取权限
public	public
protected	protected
private	private

③protected 存取权限修饰词

如果类的成员变量或成员方法加上这个修饰词，就表示它是类的一种受保护的状态，不像 public 拥有全局作用域那样任何类都可以存取，protected 修饰词表示只可以在同一个类、同一个程序包或子类中存取。如果外部类成员是以 protected 存取权限修饰词声明的，就必须经过继承或导入程序包（存储于同一个路径下）的操作才能进行调用或存取。

【范例程序：SetString】

```
01    /*文件: SetString.java
02     *说明: 返回字符串
03     */
04
05    public class SetString{
06        //声明protected成员变量
07        protected static String protectedString = "外部类的protected字符串变量\n";
08        //声明并定义protected成员方法
09        protected static void protectedData( ){
10    System.out.println("外部类的protected成员方法，用以显示外部类的" +
11                "protected字符串变量为\n" + protectedString);
12        }
13    }
```

【范例程序：CH08_05】

```
01    /*文件: CH08_05.java
02     *说明: 调用外部类的protected成员
03     */
04    //声明主类继承自外部类SetString
05    public class CH08_05 extends SetString{
06        //声明主类的成员方法
```

```
07      public void resetData(){
08      /*使用"类名称.成员变量"格式,
09       *重新定义外部类的protected成员变量*/
10      SetString.protectedString = "由主程序CH08_05中重新定义的" +
11                          "protected成员变量";
12      }
13      //主程序
14      public static void main(String[] args){
15          //创建主类的对象
16          CH08_05 myObject = new CH08_05();
17          //调用自定义的成员方法
18          myObject.resetData();
19          //调用继承的protected成员方法
20          SetString.protectedData();
21      }
22  }
```

【程序的执行结果】

程序的执行结果可参考图 8-7。

图 8-7

【程序的解析】

【SetString 程序部分】

第 07 行：声明 static 类型的 protected 成员变量。

第 09 行：声明 static 类型的 protected 成员方法。

【CH08_05 程序部分】

第 10 行：在主程序中采用"类名称.成员变量"的语法格式重新给外部类 protected 成员变量赋值。

第 20 行：通过第 15 行创建的主类对象来调用继承自 SetString 类的 protected 方法。

由于 protected 类成员只能被同一个程序包中的类调用或存取,因此要调用外部程序的 protected 类成员时,需要先执行"javac.exe"将外部程序的类程序代码转换成*.class 文件,并确保该文件与调用来源位于同一个路径中(同一个文件夹中),才可以正确地执行调用或存取操作。

当派生类以 protected 修饰词声明继承自基类时,继承而来的所有成员除了 private 存取权限继承之后仍是 private 存取权限之外,protected 和 public 存取权限都会变成 protected 存取权限的成员。另外,派生类内的其他成员方法可以直接存取基类中位于 protected 与 public 存取权限内的成员,但是不可以存取基类中位于 private 存取权限内的成员。总之，用 protected 修饰词声明继承后的存取权限会将原来是 public 的类成员变为 protected，可参考表 8-4 所示的对照表。

表 8-4

基类成员（成员变量、成员方法）存取权限修饰词	派生类以"protected"继承后对应的存取权限
public	protected
protected	protected
private	private

④private 存取权限修饰词

如果类的成员变量或方法加上这个修饰词，就表示其为类私有的，因此只能在同一个类中存取，即使是该类的子类也无法存取。如果外部类的成员是以 private 存取权限修饰词声明，就只能在同一个类中调用或使用。即使通过继承机制将基类所有的成员复制到派生类中，也无法对基类的 private 成员进行任何存取操作。

【范例程序：SetStr】

```
01  /*文件：SetStr.java
02   *说明：存取基类的private成员
03   */
04  public class SetStr{
05      //声明private成员变量
06      private static String privateString = "";
07      //声明并定义private成员方法
08      private static void privateData( ){
09          System.out.println("外部类的private成员方法，用以显示外部类的" +
10                  "private字符串变量为\n" + privateString);
11      }
12      //声明并定义public成员方法用以调用与存取private成员
13      public static void setPrivateData(String myStr){
14          privateString = myStr;
15      }
16      public static void showPrivateData( ){
17          privateData();
18      }
19  }
```

【范例程序：CH08_06】

```
01  /*文件：CH08_06.java
02   *说明：存取外部类的private成员*/
03  //声明主类继承自外部类SetStr
04  public class CH08_06 extends SetStr{
05      //主程序
06      public static void main(String[] args){
07          String myStr = "主类所定义的字符串！！！";
08          new CH08_06();
09          //调用继承的public成员方法以间接存取private成员
10          SetStr.setPrivateData(myStr);
11          SetStr.showPrivateData();
12      }
13  }
```

【程序的执行结果】

程序的执行结果可参考图 8-8。

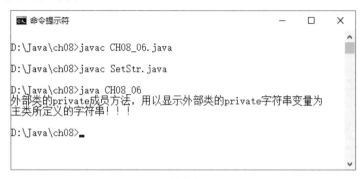

图 8-8

【程序的解析】

【SetStr 程序部分】

第 13 行：声明并定义 static 类型的 public 成员方法 setPrivateData( )，用以间接存取 private 成员变量。

第 16 行：声明并定义 static 类型的 public 成员方法 showPrivateData( )，用以间接调用 private 成员方法。

【CH08_06 程序部分】

第 10 行：通过主类对象调用所继承的 public 成员方法 setPrivateData( )，并引入字符串变量 myStr，以间接给 private 成员变量赋值。

第 11 行：通过主类对象调用所继承的 public 成员方法 showPrivateData( )，以间接调用 private 成员方法显示 private 成员变量的数据。

当派生类以 private 修饰词声明继承自基类时，基类中的所有成员变量与成员方法会存储到派生类的 private 区块之中。与 protected 继承声明一样，非派生类的外部成员无法使用派生类的对象对基类进行调用或存取的操作，必须通过派生类的 public 成员方法来间接存取。用 private 修饰词声明继承后的类成员的存取权限全部都会改为 private，参考表 8-5 所示的对照表。

表 8-5

基类成员（成员变量、成员方法）存取权限修饰词	派生类以"private"继承后对应的存取权限
public	private
protected	private
private	private

8.1.4　构造函数的调用顺序

类之间有继承关系，调用构造函数的顺序是从父类到子类，还是从子类到父类？假设先执行调用子类的构造函数进行初始化，从父类继承的部分则无法完成初始化。因此，答案是创建子类对象时，执行子类的默认构造函数或没有参数的构造函数之前，会先自动执行父类的默认构造函数或没有参数的构造函数。

【范例程序：CH08_07】

```
01    /*  CH08_07：调用构造函数的顺序——单一继承关系*/
02
03    class superclassA {  //声明父类
04        superclassA() {  //声明并定义父类的构造函数
05            System.out.println("这是父类superclassA的构造函数，成功调用。");
06        }
07    }
08    class subclassB extends superclassA {   //声明子类B
09        subclassB() {  //声明并定义子类的构造函数
10            System.out.println("这是子类subclassB的构造函数，成功调用。");
11        }
12    }
13    class subclassC extends subclassB {   //声明子类C
14        subclassC() {  //声明并定义子类的构造函数
15            System.out.println("这是子类subclassC的构造函数，成功调用。");
16        }
17    }
18    class CH08_07{
19        public static void main(String[] args) {
20            System.out.println("单一继承关系时构造函数的调用顺序是：");
21            new subclassB();
22            System.out.println(" ");
23            System.out.println("多层继承关系时构造函数的调用顺序是：");
24            new subclassC();
25        }
26    }
```

【程序的执行结果】

程序的执行结果可参考图 8-9。

图 8-9

【程序的解析】

从实际操作的结果来看，调用的顺序是从父类开始，然后是子类。如果是多层继承关系，同样从父类开始，直到最后的子类。

8.1.5 类构造函数与继承关系

在声明并定义完类之后，就会调用构造函数，直到程序结束执行时才会自动调用析构函数，将不再使用的内存空间释放掉，以归还给系统。派生类因为具有新的特性，所以不能继承基类（父类）的构造函数与析构函数，而必须要有自己版本的构造函数与析构函数。不过，因为继承的特性，派生类会调用基类的构造函数与析构函数。根据 Java 官方 API 文件的记载，类的构造函数没有任何返回类型，并不属于类的成员方法。因此，当派生类继承基类时，并不会将基类的构造函数复制至派生类之中。

现在我们要讨论的问题是：在声明并定义派生类时，如何声明并定义构造函数和析构函数呢？其实在声明并定义派生类时，会先调用基类的构造函数，再调用派生类的构造函数；当程序结束时，会先调用派生类的析构函数，再调用基类的析构函数。执行下面的范例程序，以便更好地了解基类构造函数与派生类之间的继承关系。

【范例程序：CH08_08】

```
01  /*文件：CH08_08.java
02   *说明：基类构造函数的继承关系*/
03  //继承自SuperClass的程序主类
04  public class CH08_08 extends SuperClass{
05      //主程序区块
06      public static void main(String args[]){
07          //创建主程序对象
08          CH08_08 myObject = new CH08_08();
09          //调用基类的构造函数
10          myObject.SuperClass();
11      }
12  }
13
14  //声明基类
15  class SuperClass{
16      public SuperClass(){
17          System.out.println("这是由基类SuperClass的构造函数" +
18              "所输出的字符串。");
19      }
20  }
```

上面的程序代码在编译期间会出现错误信息，提示"无 SuperClass()成员方法"。

【程序的解析】

第 04 行：声明程序主类继承自 SuperClass 类。

第 10 行：通过主类对象来调用基类的构造函数，即 SuperClass( )方法。

第 16 行：定义基类 SuperClass 的构造函数。

虽然基类的构造函数并不会被继承到派生类，但是当我们在创建派生类的对象时，就会发现相当有趣的现象：派生类对象不仅会调用派生类的构造函数方法，还会调用基类的构造函数。

【范例程序：CH08_09】

```
01  /*文件：CH08_09.java
02   *说明：派生类对象与基类构造函数的继承关系*/
```

```
03   //继承自SuperClass的程序主类
04   public class CH08_09 extends SuperClass{
05       //派生类的构造函数
06       public CH08_09(){
07           System.out.println("这是由派生类构造函数所输出的字符串。");
08       }
09       //主程序区块
10       public static void main(String args[]){
11           new CH08_09();
12       }
13   }
14
15   //声明基类
16   class SuperClass{
17       public SuperClass(){
18           System.out.println("这是由基类SuperClass的构造函数" +
19                   "所输出的字符串。");
20       }
21   }
```

【程序的执行结果】

程序的执行结果可参考图 8-10。

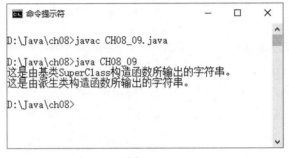

图 8-10

【程序的解析】

第 04 行：声明程序主类继承自 SuperClass 类。

第 11 行：创建派生类对象。

第 16 行：定义基类 SuperClass。

8.1.6 类成员的高级处理

类的继承主要是为了扩充基类的原有功能，因此当基类的类成员无法满足派生类的需求时，程序开发人员可通过重载（Overload）、覆盖（Override）与 super 关键字，针对派生类的实际需求对基类的原有功能进行改造或扩充。

所谓重载（Overload），是指我们可以在派生类之中声明与基类名称相同但具有不同参数类型或不同的参数个数的成员方法。

所谓覆盖（Override），是指派生类从基类继承一个方法，而又重新定义了一个同样的方法，则派生类新写的方法就“覆盖”了基类的方法。

重载和覆盖的差别在于：从基类继承而来的方法，在重新声明或定义时，参数是否和基类原来方法的参数类型和个数相同。重载是不同的，而覆盖是完全相同的。

虽然重载和覆盖都有重新定义的意思，在本书中为了区分它们，我们在描述重载时可以认为是"增加了对基类方法的定义"，而在描述覆盖时可以认为是"对基类的方法重新定义了"。

【范例程序：CH08_10】

```
01   /*文件：CH08_10.java
02    *说明：派生类成员的重载*/
03   //主类
04   public class CH08_10 extends SuperClass{
05       //重载基类totalAverage方法
06       public void totalAverage(int x, int y, int z){
07           int total = (x + y + z) / 3;
08   System.out.println("这是由派生类重载的totalAverage()方法");
09           System.out.println(x + " + " + y + " + " + z + " / 3 = " + total + "\n");
10       }
11       //主程序区块
12       public static void main(String args[]){
13           //创建主类的对象
14           CH08_10 myObject = new CH08_10();
15           //调用继承自基类的totalAverage方法
16           myObject.totalAverage(64, 48);
17           //调用派生类重载的totalAverage方法
18           myObject.totalAverage(32, 24, 58);
19       }
20   }
21
22   //声明基类
23   class SuperClass{
24       //声明成员方法totalAverage
25       public void totalAverage(int x, int y){
26   int total = (x + y) / 2;
27           System.out.println("这是继承自基类的totalAverage()方法");
28           System.out.println(x + " + " + y + " / 2 = " + total + "\n");
29       }
30   }
```

【程序的执行结果】

程序的执行结果可参考图 8-11。

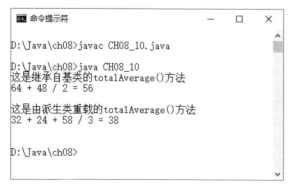

图 8-11

【程序的解析】

第 04 行：声明程序主类继承自 SuperClass 类。

第 06~10 行：重载成员方法 totalAverage( )，在参数行中额外引入一个 int 类型参数，计算所有参数的平均值。

第 18 行：使用主程序对象 myObject 来调用派生类重载的 totalAverage( )方法。

在这个范例程序中，我们可以发现经过重载的类成员方法并不会"隐藏"或"遮挡"原来的类成员。这是因为在 Java 语言的程序结构中，两个相同名称但是拥有不同参数行的方法会被视为两个不同的类成员，这说明重载只是"增加了定义"。

而覆盖可用于重新定义基类的 public 或 protected 成员方法。但是，在覆盖方法时，我们要注意覆盖后的成员方法必须与基类的原方法拥有相同的返回值数据类型以及参数行状态（参数个数、参数数据类型等），否则 Java 会将我们编写的覆盖程序语句视为重载来处理。

【范例程序：CH08_11】

```
01  /*文件：CH08_11.java
02   *说明：派生类成员的重载*/
03  //主类
04  public class CH08_11 extends SuperClass{
05      //重载基类Accounting方法
06      public void Accounting(int x, int y, int z){
07  int total = x + y + z;
08  System.out.println("这是由派生类重载的Accounting()方法");
09          System.out.println(x + " + " + y + " + " + z + " = " + total + "\n");
10      }
11      //重载基类Accounting方法
12      public void Accounting(int x, int y){
13          int total = x * y;
14          System.out.println("这是由派生类重载的Accounting()方法");
15          System.out.println(x + " * " + y + " = " + total + "\n");
16      }
17      //主程序区块
18      public static void main(String args[]){
19          //创建主类的对象
20          CH08_11 myObject = new CH08_11();
21          //调用派生类重载的Accounting()方法
22          myObject.Accounting(12, 36, 60);
23          //调用派生类重载的Accounting()方法
24          myObject.Accounting(7, 5);
25      }
26  }
27
28  //声明基类
29  class SuperClass{
30      //声明成员方法Accounting
31      public void Accounting(int x, int y){
32          int total = x + y;
33      }
34  }
```

【程序的执行结果】

程序的执行结果可参考图 8-12。

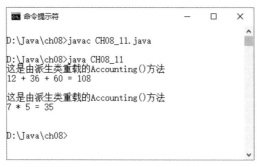

图 8-12

【程序的解析】

第 06~10 行：重载成员方法 Accounting( )，在参数行中额外引入一个 int 类型参数，计算所有参数的总和。

第 12~16 行：重载成员方法 Accounting( )，将成员方法的程序语句变更为计算所有参数的乘积。

第 22 行：使用主程序对象 myObject 来调用派生类重载的 Accounting( )方法。

当派生类进行覆盖或给基类成员赋值时，会隐藏派生类所继承的基类成员，这种情况就是所谓的类成员的隐藏现象。

如果类成员发生隐藏现象，那么我们只能在派生类中调用、存取覆盖（重新定义）的类成员，而无法对基类中的原成员进行任何管理和控制操作。例如下面的代码片段：

【举例说明】

```
class SuperClass {                        // 基类
    int myData = 1;                       // 基类成员变量
}
class SubClass extends SuperClass {  // 派生类
myData = 3;                       // 给所继承的成员变量重新赋值
 }
```

在上面的程序片段中，如果使用 println( )方法输出派生类的 myData 成员变量，就会显示重新赋值的"3"，而不是基类中给变量赋值的"1"。

虽然类成员的覆盖可以根据派生类的需求来重新定义所继承的类成员，但是有时用户可能需要在派生类之中调用覆盖之前的原始数据。此时就可以使用 super 关键字来直接调用、存取基类的 public 或 protected 成员。其语法格式如下：

```
super.方法名称( );      // 调用基类成员方法
super.变量名称;        // 存取基类成员变量
```

【范例程序：CH08_12】

```
01    /*文件：CH08_12.java
02     *说明：super关键字的应用*/
03    //主类
```

```
04    public class CH08_12 extends SuperClass{
05        //派生类覆盖的showData方法
06        public void showData(){
07            System.out.println("由派生类覆盖showData()成员方法输出的字符串！！！");
08        }
09        //派生类自定义方法
10        public void doSuper(){
11            //使用super调用基类的showData()成员方法
12            super.showData();
13        }
14        //主程序区块
15        public static void main(String args[]){
16            //创建主类的对象
17            CH08_12 myObject = new CH08_12();
18            //调用覆盖的showData()方法
19            myObject.showData();
20            //调用自定义的doSuper()方法
21            myObject.doSuper();
22        }
23    }
24
25    //声明基类
26    class SuperClass{
27        //声明基类成员方法
28        public void showData(){
29            System.out.println("由基类showData()成员方法输出的字符串！！！");
30        }
31    }
```

【程序的执行结果】

程序的执行结果可参考图 8-13。

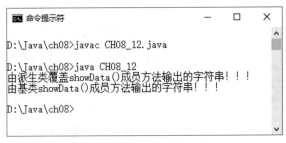

图 8-13

【程序的解析】

第 10~13 行：声明派生类自定义的成员方法，并通过第 12 行的 super.showData( )语句来调用基类的 showData( )成员。

第 19 行：使用主类对象 myObject 调用派生类覆盖的 showData( )方法。

第 21 行：使用主类对象 myObject 调用派生类自定义的 doSuper( )方法，使用 super 关键字调用基类的 showData()成员。

8.2 多态

面向对象程序设计的开发人员必须知道一个重要的概念：在同一个程序中创建过多的对象不仅会增加程序中所有对象关系的复杂性，还会占用过多的系统资源，严重的话就会造成程序无法稳定地运行。

多态（Polymorphism）从字义来解释是多种（poly）变形（morph）的意思。在面向对象程序设计的概念中，多态主要是指同一个方法名称却有多种不同的功能。多态是一种较为复杂、不容易理解却又非常重要的概念，它的主要功能是帮助我们在编写程序时声明并定义同名的方法却能实现不同的功能，也就是一种"同名异式"的概念。在 Java 语言中有两种多态：静态多态与动态多态，在 8.2.1 小节和 8.2.2 小节将介绍它们。

8.2.1 静态多态

静态多态（Static Polymorphism）是一种在编译期间（Compile Time）就决定的多态，例如重载是指我们可以设计相同名称的方法，但允许这个方法有不同的参数类型、参数个数或参数顺序，在 Java 程序编译期间，编译器就可以区分这些方法之间的不同，从而正确决定要调用哪一个方法。

重载可以应用于普通类的方法中，常见的 System.out.println()方法就让我们感受到重载带来的好处，因为 System.out.println()方法可以根据传给它参数的数据类型或个数输出指定的执行结果。例如，如果传入的参数是字符串，就输出指定的字符串；如果传入参数的数据类型是整数，就输出整数。虽然这些方法的调用共享了相同的方法名称，但是允许用户传入不同数据类型的参数给 System.out.println()方法，从而能够打印出适当的结果。

另外，重载常被应用于类定义的构造函数。我们在学习面向对象程序设计的过程中已经了解到，在一个类中可以包含多种不同参数类型的构造函数，有些构造函数没有参数，有些构造函数则必须传入参数，即使传入参数的数量相同，也允许参数的数据类型不同，并在创建对象的过程中进行不同的初始化工作。

下面的范例程序是重载应用于一般方法的例子。在这个方法中声明了 6 个相同名称的方法，可以分别接收 1~3 个参数，数据类型可以有 int 或 double 两种，如果参数只有一个，就直接返回值；如果参数有两个，就返回两个参数相加的总和；如果参数有 3 个，就返回 3 个参数相加的总和。通过这个例子可以完全了解重载的主要功能，至于究竟要调用对应的哪一个方法，在 Java 程序进行编译时会确定，这就是静态多态（Static Polymorphism）。

【范例程序：CH08_13】

```
01    class Add {
02        int sum(int a) {
03            return a;
04        }
05        int sum(int a, int b) {
06            return a + b;
07        }
08        int sum(int a, int b, int c) {
09            return a + b + c;
10        }
```

```
11      double sum(double a) {
12          return a;
13      }
14      double sum(double a, double b) {
15          return a + b;
16      }
17      double sum(double a, double b, double c) {
18          return a + b + c;
19      }
20  }
21
22  public class CH08_13 {
23      public static void main(String[] args) {
24          Add obj = new Add();
25        System.out.println(obj.sum(10));
26          System.out.println(obj.sum(10));
27          System.out.println(obj.sum(10, 10));
28          System.out.println(obj.sum(10, 10, 10));
29          System.out.println(obj.sum(3.7));
30          System.out.println(obj.sum(4.5, 6.3));
31          System.out.println(obj.sum(4.5, 6.3, 5.2));
32      }
33  }
```

【程序的执行结果】

程序的执行结果可参考图 8-14。

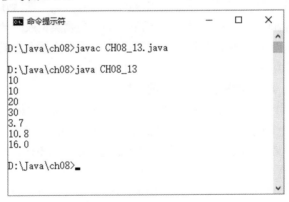

图 8-14

【程序的解析】

第 01~20 行：声明 Add 类，包含 6 个相同名称但参数个数及数据类型不同的方法。

第 24 行：创建一个 Add 类的对象，名称为 obj。

第 26~31 行：调用各种重载的同名方法。

8.2.2　动态多态

动态多态（Dynamic Polymorphism）是一种在执行期间（Runtime）才确定的多态，允许我们继承一个基类来声明并定义同名的方法。如此一来，程序设计人员就可以分别在各个继承的子类中处理不同的数据类型或参数个数。Java 语言中让类方法可以覆盖（重新定义）的原理就是"动态调度"（Dynamic Dispatch）。动态调度的概念是决定要调用改写的类方法是在"执行期间"而不是在"编译期间"，其理论基础是父类（基类）的引用变量可以引用子类（派生类）的对象。这种做法被称为向上转型（Upcasting）。所谓向上转型，就是将子类看待成父类，然后当父类调用覆盖的方法时，Java 会先判断父类是否有该方法，如果没有，就产生错误并终止程序的执行。但是，如果有该方法，就会根据父类的引用对象所指向的子类来调用子类中覆盖的方法。因此，调用哪一个改写方法是由"被引用的对象类型"来决定的。也就是说，多态让我们不再需要为了不同的数据类型而分别声明并定义不同的类，即使未来要添加不同的数据类型，也只要添加继承的子类就可以轻易解决。因此，动态多态可以帮助我们轻易地扩充应用程序的功能。

下面的范例程序将示范动态多态的实现。

【范例程序：CH08_14】

```
01    /*  CH08_14：动态多态的基本实现*/
02
03    class superclassA {  //声明父类
04       protected double A_a;
05       protected int A_b;
06       superclassA(double i,int j) {
07           A_a=i;
08           A_b=j;
09       }
10       protected void test_show(){
11           System.out.println("这是父类的方法");
12           System.out.println("A_a="+A_a);
13           System.out.println("A_b="+A_b);
14           System.out.println("A_a*A_b 计算结果："+(A_a*A_b));
15       }
16    }
17    class subclassB extends superclassA {  //声明子类
18       protected int B_a;
19       subclassB(double i,int j,int h) {
20           super(i,j);
21           B_a=h;
22       }
23       protected void test_show(){  //改写父类的方法
24           System.out.println("这是子类的方法");
25           System.out.println("B_a="+B_a);
26           System.out.println("A_a*A_b*B_a 计算结果："+(A_a*A_b*B_a));
27       }
28    }
29    class CH08_14{
30       public static void main(String[] args) {
31           superclassA A=new superclassA(2,3);
32           A.test_show();
33           System.out.println();
34           A=new subclassB(1.6,5,2); //向上转型
35           A.test_show(); //动态多态会调用被引用对象的方法
36       }
37    }
```

【程序的执行结果】

程序的执行结果可参考图 8-15。

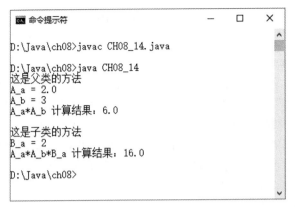

图 8-15

【程序的解析】

第 03~16 行：声明父类 superclassA。

第 06~09 行：父类的构造函数。

第 10~15 行：父类的方法。

第 17~28 行：声明子类 subclassB。

第 19~22 行：子类的构造函数。

第 23~27 行：改写父类的方法。

第 34 行：向上转型。

第 35 行：动态多态会调用被引用对象的方法。

8.2.3　多态的实现

对象多态实现的语法主要是由三部分程序语句组成的，分别说明如下。

（1）基类的声明与定义

在实现对象多态时，通常并不会使用基类对象来调用基类中的任何成员方法，因此对于成员方法只需进行象征性的声明，而实现的部分则交由派生类来覆盖（重新定义）即可。声明并定义基类的方式如下：

```
class RemoteControl{                    //声明并定义基类
   public void powerOn( ){};            //声明程序语句为空的成员方法
   … 程序语句

}
```

（2）派生类的声明与定义

根据程序的需求声明并定义各个派生类，并按序覆盖基类的成员方法。这些继承自基类的成员方法是所有派生类共有的运算功能。我们可以根据派生类特性的不同分别覆盖（重新定义）基类的成员方法，方式如下：

```
class MyTV extends RemoteControl {   //声明并定义派生类
 public void powerOn( ){                //覆盖基类的成员方法
   …  程序语句                          //根据类特性编写程序语句
   }
 …  程序语句
   }
```

（3）主程序区块

主程序区块是实现对象多态处理真正的精髓所在。我们必须先创建一个基类对象，再通过 new 关键字将基类对象转型为派生类对象，进而调用派生类所覆盖的成员方法来执行相应的运算工作，方式如下：

```
public static void main(String args[ ]){                        //主程序区块
    RemoteControl myControl = new RemoteControl( );      //创建基类对象
    myControl = new MyTV( );                            //转型为派生类对象
    myControl.powerOn( );                               //调用 MyTV 类覆盖的成员方法
    …  程序语句
  }
```

下面我们通过范例程序来实现万能遥控器的功能，以便实际观察和学习对象多态处理的完整使用方式。

【范例程序：CH08_15】

```
01   /*文件: CH08_15.java
02    *说明: 对象的多态*/
03   //基类RemoteControl
04   class RemoteControl{
05       //类构造函数
06       RemoteControl(){
07           System.out.print("使用万能遥控器: ");
08       }
09       //成员方法powerOn()
10       public void powerOn(){};
11   }
12
13   //派生类MyTV
14   class MyTV extends RemoteControl{
15       //覆盖基类的powerOn()方法
16       public void powerOn(){
17           System.out.println("开启电视机……");
18           System.out.println("电视机开启成功! ! ! \n");
19       }
20   }
21
22   //派生类MyAirCon
23   class MyAirCon extends RemoteControl{
24       //覆盖基类的powerOn()方法
25       public void powerOn(){
26           System.out.println("启动空调……");
27           System.out.println("空调启动成功! ! ! \n");
28       }
29   }
```

```
30
31      //主类
32      public class CH08_15{
33          //主程序区块
34          public static void main(String args[]){
35              //创建基类对象
36              RemoteControl myControl;
37              //转型为MyTV对象
38              myControl = new MyTV();
39              //调用覆盖（重新定义）的powerOn()方法
40              myControl.powerOn();
41              //转型为MyAirCon对象
42              myControl = new MyAirCon();
43              //调用覆盖（重新定义）的powerOn()方法
44              myControl.powerOn();
45          }
46      }
```

【程序的执行结果】

程序的执行结果可参考图 8-16。

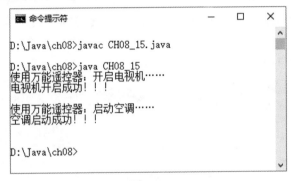

图 8-16

【程序的解析】

第 14~20 行：声明派生类 MyTV，并在第 16~19 行覆盖继承自 RemoteControl 的 powerON() 成员方法。

第 23~29 行：声明派生类 MyAirCon，并在第 25~28 行覆盖继承自 RemoteControl 的 powerON() 成员方法。

第 38~40 行：将基类对象转型为 MyTV 派生类对象，并调用 MyTV 覆盖的 powerON() 成员方法，输出运算结果。

第 42~44 行：将基类对象转型为 MyAirCon 派生类对象，并调用 MyAirCon 覆盖的 powerON() 成员方法，输出运算结果。

8.3　高级应用练习实例

在派生类继承基类所有的成员变量与成员方法之后，并不代表派生类就可以直接存取基类中的所有成员。有关存取的操作必须根据基类成员的存取权限修饰词来进行判断。下面我们将综合运用本章讲述的重要概念,通过一些实例更清楚地示范面向对象程序技术中的继承与多态。

8.3.1　编写计算图书销售金额的类

首先声明并定义一个 Book 类,用来表示某本书的销售单价及销售数量,接着以继承的方式声明并定义 BookSales 类,该类可调用 total_money()方法,先打印输出该书的单价及销售数量,再打印输出该书的总销售金额。

【综合练习】计算图书销售金额

```
01    // 计算某一本书的销售金额
02    class Book
03    {
04        protected int price;
05        protected int number;
06
07        public Book(int p,int n)
08        {
09            price=p;
10            number=n;
11        }
12        protected void total_money()
13        {
14            System.out.println("图书单价="+price+", 销售数量="+number);
15        }
16    }
17
18    class BookSales extends Book
19    {
20        public BookSales(int p,int n)
21        {
22            super(p,n);
23        }
24        public void calculate()
25        {
26            total_money();
27            System.out.println("销售总金额="+price*number);
28        }
29    }
30
31    public class WORK08_01
32    {
33        public static void main(String args[])
34        {
35            BookSales photoshop=new BookSales(62,40);
36            photoshop.calculate();
37        }
38    }
```

【程序的执行结果】

程序的执行结果可参考图 8-17。

图 8-17

8.3.2　以继承方式声明并定义 Baseball 类

首先声明并定义一个 Ball 类，用来表示球的号码及颜色，接着以继承的方式声明并定义 Baseball 类，该类可调用 showBaseball()方法，先打印输出该球的号码及颜色，再打印输出该球的价格。

【综合练习】类的继承

```
01    //继承的应用
02    class Ball    // Ball类的声明与定义
03    {
04        // 成员变量
05        private int number; //球的号码
06        private String color; // 颜色
07        // 设置球的号码
08        public void setNumber(int num) { number=num; }
09        // 设置颜色
10        public void setColor(String color) { this.color=color; }
11        // 成员方法：显示球的数据
12        public void showBall()
13        { // 打印输出
14            System.out.println("球的编号：" + number);
15            System.out.println("球的颜色：" + color);
16        }
17    }
18    class Baseball extends Ball  // Baseball类的声明与定义
19    {
20        // 成员变量
21        private int price;  // 价格
22        // 构造函数
23        public Baseball(int num, String color, int price)
24        { // 调用父类的成员方法
25            setNumber(num);
26            setColor(color);
27            this.price = price;
28        }
29        // 显示球的数据
30        public void showBaseball()
31        { // 显示棒球数据
32            System.out.println("====棒球的基本数据====");
33            showBall();        // 调用父类的成员方法
```

```
34            System.out.println("球的价格: " + price);
35        }
36    }
37    // 主类
38    public class WORK08_02
39    {
40        // 主程序
41        public static void main(String[] args)
42        {
43            // 声明Baseball类类型的变量并创建对象
44            Baseball playboy = new Baseball(1002, "蓝色", 50);
45            Baseball nike= new Baseball(2003, "黄色", 65);
46            playboy.setColor("黑色");
47            playboy.showBaseball();
48            nike.showBaseball();
49        }
50    }
```

【程序的执行结果】

程序的执行结果可参考图 8-18。

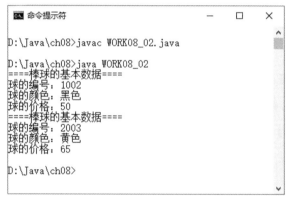

图 8-18

课后习题

一、填空题

1．当外部类无法满足程序实际的需求时，可以使用_____机制来对类进行扩展或扩充。

2．在 Java 语言中最直接的继承声明方式是使用_____关键字来实现继承机制。

3．当发生基类成员的隐藏现象时，可以通过_____关键字来直接进行存取。

4．不通过创建_____的对象，而使用_____的语法格式，即可直接调用同一个程序包中外部类的 public 成员方法。

5．执行_____操作会重新定义基类中具有相同类型返回值与参数状态的同名成员方法。

6．因为在 Java 程序中两个相同名称但是拥有不同参数行的方法会被视为不同的类成员，所以经过_____处理的类成员方法并不会覆盖原来的类成员。

7．_____存取权限修饰词表示此类或此类成员无法被其余类所继承或覆盖（重新定义）。

8. _____存取权限修饰词所声明的类成员可以被所有外部成员直接调用或存取；_____存取权限修饰词所声明的类成员只能被同一个程序包（在相同路径下）或具有继承关系的相关类所使用。

9. 当派生类覆盖基类成员时，会遮蔽派生类所继承的基类成员，我们称这种情况为类成员的_____现象。

10. _____存取权限修饰词所声明的类成员只能在同一个类的作用域内使用，而派生类可通过基类的_____和_____类型的成员方法间接调用或存取基类的这些类成员。

二、问答与实践题

1. 说明子类无法"直接"使用父类的成员变量的解决办法。

2. 试说明构造函数的调用顺序。

3. 子类构造函数调用父类构造函数有哪两个重点？

4. 解释什么是动态调度。

5. 试简述类中 public、protected 与 private 存取权限修饰词所表示的含义。

6. 什么是重载？试简述。

7. 覆盖与重载的主要差异是什么？

8. 当派生类覆盖基类成员时，会遮蔽派生类所继承的基类成员，这种现象称为什么？

9. 对象多态的实现语法主要由哪三部分程序所组成？

10. 如果要得到如图 8-19 所示的执行结果，请问下面的程序代码段中的第 32 行该填入什么？

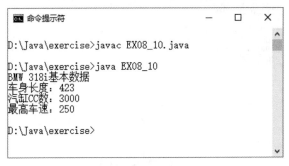

图 8-19

```
01    //名称：EX08_10.java
02    //说明：类的继承
03    //基类
04    class BMW_Serial
05    { //成员变量
06      private int carLength, engCC, maxSpeed;
07      public String modelName;
08      //类方法
09      public void ShowData()
10      {
11       carLength = 423;
12       engCC = 3000;
13       maxSpeed = 250;
14       System.out.println(modelName + "基本数据");
15       System.out.println("车身长度: " + carLength);
```

```
16        System.out.println("汽缸CC数: " + engCC);
17        System.out.println("最高车速: " + maxSpeed);
18    }
19  }
20  //派生类
21  public class EX08_10 extends BMW_Serial
22  { //构造函数
23    public EX08_10(String name)
24    {
25        modelName = name;
26    }
27    //主程序区块
28    public static void main(String args[])
29    {
30      //创建对象
31      EX08_10 BMW318= new EX08_10("BMW 318i");
32      // 此处填入什么
33    }
34  }
```

11. 如果要得到如图 8-20 所示的执行结果，请问下面的程序代码段中的第 40 行该填入什么？

图 8-20

```
01    //名称: EX08_11.java
02    //说明: 覆盖（Override）与重载(Overload)
03    //基类
04  class BMW_Serial
05  { //成员变量
06    public int carLength, engCC, maxSpeed;
07    public String modelName;
08    //构造函数
09    public BMW_Serial(){System.out.println("BMW全系列车款DM");}
10    //类方法
11    public void ShowData(){};
12  }
13  //派生类
14  public class EX08_11 extends BMW_Serial
15  { //构造函数
16    public EX08_11(String name){modelName = name;}
17    //覆盖类方法
18    public void ShowData()
19    {
20      carLength = 410;
```

```
21    engCC = 2000;
22    maxSpeed = 220;
23  };
24  //重载类方法
25  public void ShowData(String memo)
26  {
27    carLength = 423;
28    engCC = 3000;
29    maxSpeed = 250;
30    System.out.println(modelName + "基本数据");
31    System.out.println("车身长度: " + carLength);
32    System.out.println("汽缸CC数: " + engCC);
33    System.out.println("最高车速: " + maxSpeed);
34    System.out.println("附注: " + memo);
35  };
36  //主程序区块
37  public static void main(String args[])
38  { //创建对象
39    EX08_11 BMW318= new EX08_11("BMW 318i");
40    // 此处填入什么
41  }
42 }
```

第 9 章

抽象类、接口、程序包与嵌套类的作用

在面向对象程序设计中，类（Class）关系到程序中所有对象的创建。本章将为大家介绍关于类的 4 种扩展类型：抽象类（Abstract Class）、接口（Interface）、程序包（Package）与嵌套类（Nested Class）。首先，我们会介绍抽象类的基本概念，同时会说明如何声明、定义与使用抽象类；接着，会讨论以接口来实现多重继承；最后，我们将探讨在大型程序项目中如何使用程序包来有效管理程序代码。

本章的学习目标

- 抽象类的概念与实现
- 以接口来实现多重继承
- 程序包的包装与导入
- 嵌套类
- 内部类
- 匿名类

9.1 抽象类

在 Java 语言中，只要在类名称前面加上 abstract 关键字，就表示该类被声明成一个抽象类。我们无法直接通过抽象类来创建对象，必须先以继承的方式来声明并定义子类，再以子类创建对象。如果我们尝试以抽象类创建对象，在编译阶段就会发生错误。因此，我们可以这样理解抽象类：抽象类并不是一个能完全代表对象的类。

另外，在抽象类中的方法可以有抽象方法（Abstract Method），也可以有普通的实例方法（Method），如果在方法名称前面加上 abstract 关键字，就表示该方法是一个抽象方法。抽象方法只有原型的声明，并没有具体的实现内容，当声明某方法为抽象方法时，必须以分号";"结尾。也就是说，抽象方法会隐藏程序代码实现的细节，对用户而言，只需知道如何在此类中使用这些方法即可。请注意，抽象方法必须被子类继承再去实现覆盖。如果子类没有重新定义抽象方法，就会发生编译错误。

一个抽象类如果没有子类去继承，那么这种抽象类是不具有实际功能的，因为我们无法直接以抽象类来创建对象。举例来说，我们可以在一个类名称为 Shape 的抽象类中定义一个计算面积的 area()方法，它可以执行几何图形面积的计算工作，但是由于抽象类无法实例化成具体的对象，因此无法提供如何计算面积的细节，如果有两个子类 Rectangle 类和 Circle 类继承了 Shape 类，这两个子类会针对自己的几何形状覆盖（重新定义）计算面积的 area()方法。

因此，我们可以做一个摘要说明：抽象类中所定义的抽象方法的主要目的是让程序的定义更加完整，但是它并没有任何实现的程序代码，真正的程序代码实现部分交由继承该抽象类的子类重新定义（具体实现）。

重点是，当声明的类中含有抽象方法时，一定要在该类名称前加上 abstract 关键字，明确声明为抽象类，这是因为在普通类中是不会存在抽象方法的。但是，从另一个角度来看，如果被声明为抽象类，那么类中的方法可以有抽象方法，也可以有实例方法。虽然我们无法以抽象类来直接创建对象，但是可以将抽象类声明成引用子类实例的对象变量。

9.1.1 抽象类的使用时机

有时在程序中，我们必须声明一些只有"抽象"概念的方法，主要用途在于供程序以引用的方式来调用相关方法。例如，"打开文件"是大多数程序都拥有的基本功能，但是面对不同类型的程序时，"打开文件"的操作可能有少许差异。换句话说，"打开文件"所代表的只是一个文件打开的抽象概念，它并不是一个实例化的功能。因此，当各个程序有此需求时，就会参照这个抽象概念，并按照文件类型的不同来实现专属的文件打开功能。

在 Java 程序设计中，常常会用到这种抽象概念的设计。我们可能会在基类中声明一些抽象的成员方法，但是这些方法中并没有任何程序语句，即没有任何的具体实现。第 8 章的范例程序 CH08_15 就是一个最好的例子。在这个范例程序中声明了基类 RemoteControl 及其 powerOn( )成员方法，用来模拟现实生活中的万能遥控器，并试图通过它来遥控 MyTV 和 MyAirCon。下面列出该范例程序中基类的部分程序语句。

【RemoteControl 的部分语句】

```
class RemoteControl{                    //基类 RemoteControl
   … 类构造函数的程序语句
   public void powerOn(){   };       //无具体实现内容的 powerOn()方法

}
```

在上面的基类 RemoteControl 程序代码段中，除了类构造函数的声明语句外，只有一个不具任何程序语句的成员方法 powerOn( )。乍看之下，它不具有任何功能，也没有什么实际意义。但是，之所以声明并定义 powerOn( )方法，并非是为了让基类对象来调用，而是方便派生类进行覆盖（进行重新定义），以让基类对象能够执行对象的多态转换工作。这是抽象类方法存在的主要意义。使用声明的抽象类方法强制所有相关派生类必须覆盖（重新定义）从抽象类继承的方法。

因此，我们可以把抽象基类看作完整程序的设计接口，而向下派生的相关类必须遵循抽象类定义的规范，覆盖抽象类内所有的成员方法。抽象类与抽象成员方法的应用，在多人合作开发大型应用程序时更能显示出它们的重要性。开发人员可以使用抽象类来规范基本功能，并可确保其他设计人员不至于忽略某些功能而没有编写实现的具体程序语句，这样就可以使得程序的基本功能一定可以正常执行。

9.1.2　声明、定义和使用抽象类

抽象类方法用 abstract 关键字来声明，在其中不加入任何程序语句，声明语法如下：

```
abstract 返回值数据类型成员方法（参数行）；
```

当某类中包含一个以上的抽象成员方法时，我们称这个类为抽象类。同时此类在声明和定义时，必须在类的修饰词字段使用 abstract 关键字。声明和定义的语法如下：

```
abstract class 类名称 {
    … 类成员的程序语句
    … 抽象成员方法的程序语句
}
```

因为抽象类中含有一至多个抽象成员方法，所以它无法直接用来创建类对象。我们只能使用它的派生类对象来间接地调用抽象类中提供的各种运算功能。由于我们必须通过派生类对象来间接地调用抽象类成员，因此在派生类的声明中必须覆盖（重新定义）所有的抽象成员。

声明和定义抽象类的用意或目的是希望可以参照现有的"样本（sample）类"，再根据程序设计者的需要去修改、添加、扩充或丰富样本类原有的功能。如果子类继承自抽象父类，那么必须在子类中覆盖抽象父类的方法，也可以说是实现（Implement）父类中的抽象方法，其实覆盖、重新定义和实现三个词在这里的含义是一样的。综合之前讲述的语法，抽象类的完整声明和定义语法如下：

```
abstract class 抽象类的名称 {  //关键字"abstract"
成员变量；
返回值类型方法的名称(参数){   //保留普通方法
方法的主体部分；
}
//定义抽象方法，不具体实现方法的主体
存取权限修饰词 abstract 返回值类型抽象方法的名称(参数)；
}
```

使用抽象类有一些要注意的事项：

（1）抽象类因为没有定义完整的类成员，不能用于创建对象，换句话说，就是无法"直接"使用 new 运算符来实例化类。

（2）仍然可以声明抽象类的构造函数（Constructor）。

（3）抽象类可以保留普通的类方法。

（4）抽象类仍可以使用引用（Reference）对象。

（5）抽象方法的存取权限修饰词必须设置为 public 或 protected，不可以设置为 private，也不能使用 static 和 final 关键字来定义。

如果派生类并未覆盖（未重新定义或未实现）基类的所有抽象成员，那么该派生类必须转换为抽象类型，并且无法直接用于创建类对象。

【范例程序：CH09_01】

```
01    /*文件：CH09_01.java
02     *说明：抽象类范例*/
03    //抽象基类RemoteControl
04    abstract class RemoteControl{
05        //类构造函数
06        RemoteControl(){
07            System.out.print("使用万能遥控器：");
08        }
09        //抽象成员方法powerOn()
10        abstract public void powerOn();
11    }
12
13    //派生类MyTV
14    class MyTV extends RemoteControl{
15        //覆盖（重新定义）抽象成员方法
16        public void powerOn(){
17            System.out.println("开启电视机……");
18            System.out.println("电视机开启成功！！！\n");
19        }
20    }
21
22    //派生类MyAirCon
23    class MyAirCon extends RemoteControl{
24        //覆盖（重新定义）抽象成员方法
25        public void powerOn(){
26            System.out.println("启动空调……");
27            System.out.println("空调启动成功！！！\n");
28        }
29    }
30
31    //主类
32    public class CH09_01{
33        //主程序区块
34        public static void main(String args[]){
35            //创建基类对象
36            RemoteControl myControl;
37            //转型为MyTV对象
38            myControl = new MyTV();
39            //调用重新定义的powerOn()方法
40            myControl.powerOn();
41            //转型为MyAirCon对象
42            myControl = new MyAirCon();
43            //调用重新定义的powerOn()方法
44            myControl.powerOn();
45        }
46    }
```

【程序的执行结果】

程序的执行结果可参考图 9-1。

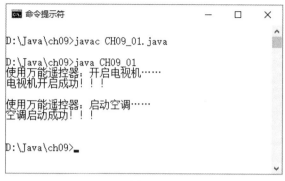

图 9-1

【程序的解析】

第 04~11 行：声明并定义 RemoteControl 抽象基类，并在第 10 行声明抽象类方法 powerOn( )。

第 36 行：创建基类对象。请注意，此处只是创建对象的操作，并未执行任何其他程序语句。

第 38~44 行：使用基类对象执行多态操作，调用派生类已覆盖的抽象成员方法。

9.1.3 抽象类的实现——计算面积

设计一个用来计算面积的范例程序，程序基本说明如下：声明并定义名为 countArea 的抽象类，在其中定义 getArea 的抽象方法；同时声明并定义名为 square 的子类，用来计算正方形的面积，计算公式为 "length*length"（即长*长）；最后声明并定义名为 cube 的子类，用来计算立方体的表面积，计算公式为 "正方形面积*6"，其中 6 是指立方体的 6 个面。

【范例程序：CH09_02】

```
01   /*文件：CH09_02.java
02    *说明：抽象类计算面积的范例*/
03
04   abstract class countArea {    //抽象父类
05      protected double length;
06      countArea(double x){
07          length=x;
08      }
09      abstract double getArea(); //声明计算面积的抽象方法，不对方法做任何定义
10   }
11   class square extends countArea {
12      square(double x){
13          super(x);
14      }
15      double getArea(){        //在子类中覆盖（重新定义）抽象方法
16          return length*length;
17      }
18   }
19   class cube extends countArea {
20      cube(double x){
```

```
21              super(x);
22          }
23          double getArea(){        //在子类中覆盖（重新定义）抽象方法
24              return (length*length)*6;    //立方体有6个面
25          }
26      }
27  class CH09_02{
28      public static void main(String[] args) {
29          square squ=new square(12.5);
30          cube cu=new cube(12.5);
31          System.out.println("调用抽象方法，计算正方形的面积："+squ.getArea());
32          System.out.println("调用抽象方法，计算立方体的面积："+cu.getArea());
33      }
34  }
```

【程序的执行结果】

程序的执行结果可参考图 9-2。

图 9-2

【程序的解析】

第 09 行：声明 getArea( )的抽象方法，因为是抽象方法，所以不必为该方法编写如何计算面积的程序语句。

第 11~18 行：因为 square 继承的是抽象的父类，所以 getArea( )方法也一并继承下来，而 getArea( )是抽象方法，并没有具体实现的任何程序语句。因此，在第 15 行添加了对这个抽象方法的重新定义，即覆盖或实现了抽象方法。

第 19~26 行：cube 继承的是抽象的父类，继承的 getArea( )是抽象方法，并没有具体实现的任何程序语句。因此，在第 23 行添加了对这个抽象方法的重新定义，即覆盖或实现了抽象方法。

9.1.4 使用抽象类存取子类

在第 8 章有关继承的章节中，我们讨论过"可以通过指向父类的引用变量来存取子类对象"，当然，抽象类同样可以使用这样的方式。下面通过一个简单的范例程序来说明。

【范例程序：CH09_03】

```
01  /*文件：CH09_03.java
02   *说明：通过指向父类的引用变量来存取子类对象*/
03
04  abstract class countArea {
05      protected double length;
```

```
06        countArea(double x){
07            length=x;
08        }
09        abstract double getArea();
10    }
11    class square extends countArea {
12        square(double x){
13            super(x);
14        }
15        double getArea(){
16            return length*length;
17        }
18    }
19    class cube extends countArea {
20        cube(double x){
21            super(x);
22        }
23        double getArea(){
24            return (length*length)*6;
25        }
26    }
27    class CH09_03{
28        public static void main(String[] args) {
29            countArea cA;
30            cA=new square(12.5);
31            System.out.println("调用抽象方法，计算正方形的面积："+cA.getArea());
32
33            cA=new cube(12.5);
34            System.out.println("调用抽象方法，计算立方体的面积："+cA.getArea());
35        }
36    }
```

【程序的执行结果】

程序的执行结果可参考图 9-3。

图 9-3

【程序的解析】

第 29 行：声明抽象父类的变量 cA，但先不实例化。

第 30 行：指向 square 类，并实例化子类 square 对象。

第 33 行：指向 cube 类，并实例化子类 cube 对象。

9.2 认识接口

接口与抽象类相似，接口中不可以有任何程序语句，只能定义成员常数或抽象成员方法。而所有类成员的具体实现必须交由派生的相关类进行覆盖处理，即重新定义。接口和抽象类之间最大的差异在于：对于抽象类，因为 Java 在类继承上的限制，一个派生类只能继承单一基类；而接口则可以让程序设计者编写出内含多种接口的实现类。还有一个差异在于：抽象类至少包含一个完整的方法，而接口所包含的都是抽象方法。

接口的实现在应用上的便利不仅仅是多重继承。接口可以被视为一种类的扩展，与抽象类相同，可以使用继承的模式轻松将各种不同接口的成员方法加以结合，形成一个新的接口类型。除此之外，接口中所有的成员数据不需经过额外声明，都会自动地被定义成 static 与 final 类型，因此接口经常被用来定义程序中所需要的各种常数。接口的声明语法如下：

```
interface 接口名称
{
    …
返回值的数据类型成员方法();
    …
}
```

9.2.1 接口的定义

接口按照字面含义的解释为帮助两个对象之间进行沟通的渠道，例如语言是人际关系中基本的互动接口。在面向对象程序设计语言中，接口是负责定义两个互不相干对象（无类的继承关系）彼此互操作的行为协议（Protocol）。换句话说，接口存在的意义与抽象类相同，用于定义派生类所必须遵循的设计规范。

当开发人员设计某些应用程序时，可能会根据程序的需求来制定多个抽象类，并且强制相关派生类必须同时继承两个以上的抽象类，以规范派生类一定要实现所包含的抽象成员方法。

但是，我们知道在 Java 之中不允许类的多重继承行为，每个派生类只能继承自单个基类。因此，有时用户可能会使用多重继承的方式，也就是先继承一个类之后，再通过此派生类继承另一个类。如图 9-4 所示为多重继承关系的示意图。

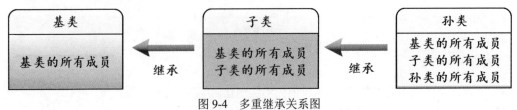

图 9-4 多重继承关系图

这种多重继承的方式并不符合面向对象程序设计的基本精神，因为程序设计人员不得不编写过多且重复的程序代码。因此，最直接、简便的做法是采用接口的方式来实现多重继承的需求。

9.2.2 声明、定义与使用自定义接口

接口是指采用 interface 关键字声明的一种类类型，它不包含任何具体实现的程序语句，而只声明了抽象成员方法。接口的声明语法如下：

```
interface 接口名称 {
   final 成员变量=初始值；
    存取权限修饰词 abstract 返回值类型抽象方法的名称(参数)；
   // 声明方法，但不具体实现方法的主体
  }
```

使用接口有一些要注意的事项：

（1）接口所声明的成员变量必须先初始化，而且不能再被修改。

（2）接口中的类方法全部都声明成抽象方法，就是"只声明方法，但不具体实现方法的主体"。

（3）不允许保留普通的类方法。

（4）接口中的抽象方法存取权限修饰词只能声明为 public 或不做任何声明，而不可以声明为 protected 或 private。

（5）接口无法实例化，因此无法产生构造函数（Constructor）。

除了声明抽象类方法之外，由于接口内所有成员变量都会被定义为 static 与 final 类型，因此这类成员变量常被用于程序中定义成常数（注意：成员变量"名不副实"了，是值不能修改的成员变量）。程序设计人员可以直接通过声明变量的方式来声明程序内可能用到的相关常数，例如下面的接口程序范例代码段。

【范例代码段】

```
interface ConnectDatabase {   // 声明 ConnectDatabase 接口
   String ACCOUNT = "root";      // 声明常数
   String PASSWORD= "123456";
   abstract connect(String);   // 声明抽象类方法
}
```

在这段接口声明程序代码中，我们声明了此接口必须使用的常数：ACCOUNT（登录账号）与 PASSWORD（登录密码），以供程序中接口的实现类来存取。

另外，从这个范例代码段中可以发现，接口其实就是一个完全没有实现任何方法的抽象类，因此它无法直接用于创建任何对象，必须通过实现类（Implement Class）来实现具体的内容。要在类中实现接口，必须使用 implements 关键字来指定实现的接口。

接口中的方法都是抽象方法，无法通过 new 运算符来创建对象，而必须使用 implements 关键字来实现接口声明新类，实现后再覆盖（Override，重新定义）接口的抽象方法，这样才能实例化对象。总结之前的语法，完整的接口实现语法如下：

```
class 类名称 implements 接口名称 {
   成员变量；
   存取权限修饰词返回值类型方法的名称(参数){
       方法的主体；
   }
}
```

从接口的实现语法可以发现，接口与抽象类其实没有什么差异。主要还是因为 Java 只容许我们继承一个抽象类，而允许同时实现多个接口。如果我们想在类之中实现多个接口，就要在每个接口名称之间用 "," 加以分隔，例如：

```
class UserDatabase implements ConnectDatabase, SetData, ShowResult
```

在这个例子中，我们声明了 UserDatabase 类，并实现了 ConnectDatabase、SetData 与 ShowResult 三个接口。在 Java 中，每个类实现的接口数量并没有限制，但是无论我们实现多少个接口，都必须在类中覆盖（重新定义）所有实现接口的抽象方法。

【范例程序：CH09_04】

```
01    /*文件: CH09_04.java
02     *说明: 接口应用*/
03    //接口SetLoginData
04    interface SetLoginData{
05        //声明抽象成员方法
06        abstract void set(String acc, String pass);
07    }
08
09    //接口ConnectDatabase
10    interface ConnectDatabase{
11        //声明常数
12        String ACCOUNT = "root";
13        String PASSWORD = "123456";
14        //声明抽象成员方法
15        abstract void connect();
16    }
17
18    //接口ShowResult
19    interface ShowResult{
20        //声明抽象成员方法
21        abstract void show();
22    }
23
24    //声明实现类
25    class UserDB implements SetLoginData, ConnectDatabase, ShowResult{
26        //声明类成员数据
27        String userAccount;
28        String userPassword;
29        String resultMessage;
30        //覆盖（重新定义）抽象成员方法
31        public void set(String acc, String pass){
32            userAccount = acc;
33            userPassword = pass;
34        }
35        public void connect(){
36            if(userAccount == ACCOUNT && userPassword == PASSWORD){
37                resultMessage = "成功连接User数据库!!";
38            }
39            else{
40                resultMessage = "User数据库连接失败，请检查登录的账号与密码! ";
41            }
42        }
43        public void show(){
```

```
44              System.out.println(resultMessage);
45          }
46      }
47
48      //主类
49      public class CH09_04{
50          //主程序区块
51          public static void main(String args[]){
52              //创建派生类对象
53              UserDB myObject = new UserDB();
54              //调用覆盖（重新定义）的接口成员方法
55              myObject.set("root", "123456");
56              System.out.println("用户输入数据如下: \n" +
57                          "登录账号: root \n" +
58                          "登录密码: 123456 \n");
59              myObject.connect();
60              myObject.show();
61          }
62      }
```

【程序的执行结果】

程序的执行结果可参考图 9-5。

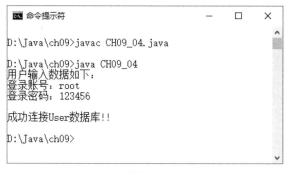

图 9-5

【程序的解析】

第 04~07 行：声明 SetLoginData 接口并在第 06 行声明抽象方法 set( )，以存取用户输入的登录数据。

第 19~22 行：声明 ShowResult 接口并在第 21 行声明抽象方法 show( )，以输出服务器连接成功的结果。

第 25~46 行：声明类 UserDB，并实现前面声明的三个接口。

因为一个类可以同时实现多个接口，所以接口常被用来在 Java 中"仿真"多重继承模式。程序设计人员可以通过这种方式来满足各种不同类型程序的特殊需求。因此，善用接口不仅可以用来统一程序开发上的实现流程，还可以扩展和扩充程序所提供的各项功能。

9.2.3　使用接口变量创建对象

接口的实现不能直接通过 new 运算符来创建对象，而必须通过"实现接口的类"来创建对象，还有另一种方式可以用来"创建接口的对象",就是采用"父类变量引用子类来创建对象"。下面的范例程序就使用接口变量来创建对象。

【范例程序：CH09_05】

```
01    /*文件：CH09_05.java
02     *说明：使用接口变量来创建对象
03     */
04
05    interface countArea {    //声明接口
06        final double length=12.5;     //变量关键字为final
07        public abstract double getArea();
08    }
09    class square implements countArea {   //实现接口，加上关键字implements
10        public double getArea(){
11            System.out.println("调用的是square的getArae()");
12            return length*length;
13        }
14    }
15    class cube implements countArea {
16        public double getArea(){
17            System.out.println("调用的是cube的getArae()");
18            return (length*length)*6;
19        }
20    }
21    class CH09_05{
22        public static void main(String[] args) {
23            countArea cA;
24            cA=new square();
25            System.out.println("使用实现接口来计算正方形的面积："+cA.getArea());
26
27            cA=new cube();
28            System.out.println("使用实现接口来计算立方体的面积："+cA.getArea());
29        }
30    }
```

【程序的执行结果】

程序的执行结果可参考图 9-6。

图 9-6

9.2.4 实现多重继承

在 Java 的继承概念中，无法让单个子类同时继承多个父类，因为会使继承的关系变复杂。但是，如果坚持同时继承多个父类，普通类和抽象类仍然是无法做到的，接口机制的出现解决了多重继承的问题。因此，如果类要实现两个以上的接口，那么在类中要清楚、明确地声明并定义接口中的抽象方法。实现多个接口的语法如下：

```
class 类名称 implements 接口名称1,接口名称2,接口名称3, .....{
    成员变量;
    存取权限修饰词返回值类型方法的名称(参数){
        方法的主体;
    }
}
```

下面我们通过一个范例程序来示范如何以接口实现多重继承。

【范例程序：CH09_06】

```
01    /*文件: CH09_06.java
02     *说明: 通过接口实现多重继承*/
03
04    interface countArea {     //声明第一个接口
05        final double length=12.5;     //变量关键字为final
06        public abstract double getArea();
07    }
08    interface countVolume {     //声明第二个接口
09        final double hight=5;     //变量关键字为final
10        public abstract double getVolume();
11    }
12    class cube implements countArea,countVolume {
13        public double getArea(){
14            System.out.println("调用的是cube的getArea()");
15            return (length*length)*6;
16        }
17        public double getVolume(){
18            System.out.println("调用的是cube的getVolume()");
19            return (length*length*hight);
20        }
21    }
22    class CH09_06{
23        public static void main(String[] args) {
24            cube cu=new cube();
25            System.out.println("使用多重继承来计算立方体的面积: "+cu.getArea());
26            System.out.println("使用多重继承来计算立方体的体积: "+cu.getVolume());
27        }
28    }
```

【程序的执行结果】

程序的执行结果可参考图 9-7。

图 9-7

9.2.5 声明子接口

接口实际上也可能引入继承的概念。类引入继承的概念,有父类(SuperClass)与子类(SubClass)之分,而接口引入继承概念后,同样也有父类与子类的关系、基类与派生类的关系,分别对应的是基接口(BaseInterface)或父接口(SuperInterface)、派生接口(DerivedInterface)或子接口(SubInterface)。既然有继承的概念存在,就拥有继承的基本原则:"保有原来设计的功能并加以扩充,让程序代码可以重复使用"。和类的不同之处在于:接口可以允许单个子接口继承多个父接口。

【声明子接口的语法】

```
interface 子接口名称 extends 子接口名称1, 子接口名称2,.....{
    final 成员变量=初始值;
    存取权限修饰词 abstract 返回值类型抽象方法的名称(参数);
}
```

【范例程序:CH09_07】

```
01  /*文件:CH09_07.java
02   *说明:声明子接口*/
03
04  interface countArea {    //声明父接口
05      final double length=12.5;    //变量关键字为final
06      public abstract double getArea();
07  }
08  interface countVolume extends countArea {    //声明子接口
09      public abstract double getVolume();
10  }
11
12  class cube implements countVolume {
13      public double getArea(){
14          System.out.println("调用的是cube的getArea()");
15          return (length*length)*6;
16      }
17      public double getVolume(){
18          System.out.println("调用的是cube的getVolume()");
19          return (length*length*length);
20      }
21  }
22  public class CH09_07{
23      public static void main(String[] args) {
24          cube cu=new cube();
25          System.out.println("使用创建的子接口来计算立方体的面积:"+cu.getArea());
26          System.out.println("使用创建的子接口来计算立方体的体积:
    "+cu.getVolume());
27      }
28  }
```

【程序的执行结果】

程序的执行结果可参考图 9-8。

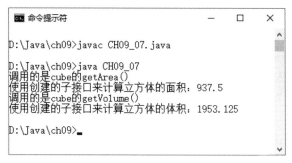

图 9-8

9.3　大型程序的开发与应用——程序包的使用

所谓程序包（Package），就是将程序中所有相关的类、接口或方法加以汇总整合并"打包"，在不少程序设计语言中，程序包也被称为函数库（Library）。例如，在 C++程序中，供程序设计人员使用的"#include"宏指令就是用来直接导入"*.h"的函数库文件，目的是在之后的程序中调用其中的函数或过程。Java 语言的工具程序包同样需要类似导入的声明方式，程序设计人员使用 import 关键字，再配合目标程序包的名称，即可导入所需的程序包。

9.3.1　程序分解的概念

当应用程序属于大型程序时，其功能会比较复杂，一个人难以独立完成。因此，必须将程序分成若干部分，按照不同的功能分派给不同的程序设计人员来完成，再组合成完整的程序，这样的合作方式可以提高程序设计的效率。将程序分成若干部分，是指将程序分解成许多不同功能的类（Class），这就是"程序分解"的概念，将大程序分解成若干个独立的类有助于程序后续的开发和维护。这个过程可参考图 9-9 和图 9-10。

对大型程序采取"分解"的方式固然可行，可是不同的程序设计人员在编写程序时难免会有类名称重复的情况发生，负责程序整合的程序设计人员在处理时，如果某些类名称相同，在程序的整合上就会造成困扰而导致整合失败。

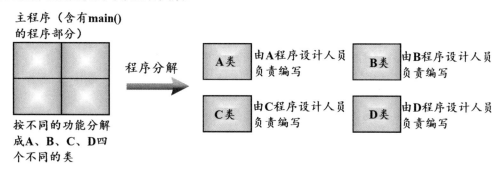

图 9-9

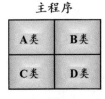

图 9-10

除了有名称重复的问题外，各个独立完成的类必须先编译成 .class 形式的类文件，再将需要整合的类文件存放在同一个文件夹中，最后就可以执行主程序了。这样的方式依然会造成程序执行上的不便。

9.3.2 程序包的需求

在开发中大型应用程序时，程序设计人员通常会将相同类型的类与接口加以封装，形成一种类集合形式的程序包模式。Java 中程序包的封装操作与 C\C++等其他程序设计语言将所有相关类或接口的程序代码封存于某个函数库文件之中是不同的，而是以程序包标识名作为依据，在当前的工作路径下新建子文件夹来存储相关类或接口，即存储经过 Java 编译器编译所产生的"*.class"格式的类文件。例如，某程序包的标识名为 mypackage，即代表该程序包所包含的所有类文件都存储在"*\mypackage"路径之中。

Java 系统之所以采用这种方式来封装所有相关类，主要有下面两个重要原因：

（1）方便类名称的管理

在许多情况下（尤其是当多人合作开发大型应用程序时），程序开发人员难免编写出内容不同但标识名一样的类。

按照常理来说，Java 编译器不允许多个相同名称的类同时存放在相同的路径中。而如果这些同名类都是程序必需的主要功能，程序设计人员就可以采用程序包封装的方式将各个相同名称但具有不同实现内容的类存储在不同的程序包路径中。

如此一来，编译器就会将这些同名类视作不同文件中的不同类，进而解决类名称相同而导致程序出现错误的尴尬局面。

（2）提供存取保护机制

由于程序包封装会将所有目标类存储在同一个路径中，因此开发人员可以将存取权限修饰词用于这些类或接口，进而设置存取权限的控制。

一般而言，不同程序包下的类只能存取程序包路径内声明为 public 的成员类或接口。而以其他存取权限修饰词声明的程序包成员则只能供同程序包内的成员进行存取或调用。

9.3.3 包装与导入程序包

要将指定类或接口汇总整合到目标程序包，必须在该类或接口的源文件的开头使用 package 关键字来执行打包的操作。程序包的声明语法如下：

```
package 指定路径名称;
```

在加入程序包之后，在编译和执行时稍有不同。新建类文件时，要指定 package 为 test.mypackage。在"命令提示符"环境下编译和执行的步骤如下：

（1）编译："javac 目录名称\源文件名称.java"。

（2）执行："java 程序包名称.类名称"。

当编译源文件时，系统会在当前工作路径中存放所有经过编译的类文件。程序包编译的语法如下：

```
package mypackage;    //将文件内所有类与接口汇总整合到 mypackage 文件夹中
```

另外，也可以在指定路径名称中使用"."符号作为分隔符，以创建嵌套结构的路径。编译器会按照用户操作系统的不同自动转换成相应的路径字符串，以形成树形结构的存储目录。例如：

```
package mypackage.file;
```

Java 编译器会在当前工作路径下按序新建并打开 mypackage 与 file 子文件夹，用以存储所有源程序经过编译后的"*.class"文件。

【范例程序：CH09_08】

```
01  /*文件：CH09_08.java
02   *说明：创建程序包*/
03
04  //将程序打包
05  package test.mypackage;
06  //导入IO程序包
07  import java.io.*;
08  //声明类
09  public class CH09_08{
10      //声明类的成员变量
11      String myStr;
12      //声明类的成员方法
13      public String input()throws IOException{
14          BufferedReader myBuf;
15          myBuf = new BufferedReader(new InputStreamReader(System.in));
16          System.out.print("请输入一个字符串：");
17          myStr = myBuf.readLine();
18          return myStr;
19      }
20  }
```

【程序的执行结果】

程序的执行结果可参考图 9-11。

图 9-11

经过编译后，我们可以在文件夹"Java\ch09\test\mypackage"中看到新建的类文件，如图 9-12 所示。

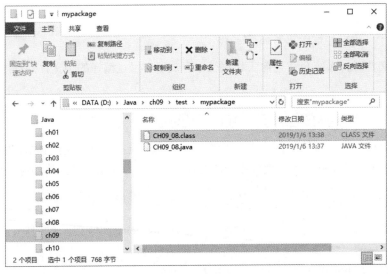

图 9-12

【程序的解析】

第 05 行：设置程序包打包后的存储路径。

第 07 行：导入 Java 系统的 IO 程序包，以提供给类 CH09_08 使用。

程序包打包完成后，程序设计人员即可在所需的程序中导入它，即通过 import 指令导入程序包，语法如下：

```
import test.mypackage.*    //导入"/test/mypackage"路径下的所有程序包
```

9.3.4 导入程序包

了解了程序包的概念之后，接下来讨论如何将各个独立的类纳入程序包之中。类的来源可以分成两种：第一种是"同一个源文件中的类"；第二种是"不同源文件中的类"。下面创建名为"package-test"的程序包。

【范例程序】

```
01    class A {
02      public void A_show( ) {
03          System.out.println("这是A类的示范方法");
04      }
05    }
06    class test {
07      public static void main(String args[ ]){
08          A a=new A( );
09          a.A_show( );
10      }
11    }
```

在范例程序中有类 A 和类 test 尚未加入程序包。接下来将对这两种情况加以说明，分为硬件（Hardware）和软件（Software）两部分：硬件指的是在硬盘中的操作情况；而软件指的是程序实际编写的程序语句。

（1）同一个源文件中的类

● 硬件部分：确定是否已经在硬盘中创建了"package_test"程序包，并将文件 test 存储在"package_test"程序包中。

● 软件部分：类的来源是在同一个源文件 test 中，根据程序包语法的结构，必须在程序的第01 行加入"package package_test"语句，表示将文件 test 纳入"package_test"程序包。

【范例程序：test】

```
01   package package_test
02   class A {
03      public void A_show( ) {
04         System.out.println("这是A类的示范方法");
05      }
06   }
07   class test{
08      public static void main(String args[ ]){
09         A a=new A( );
10         a.A_show( );
11      }
12   }
```

● 编译和执行：因为类 A 和类 test 同在源文件 test 中，编译和执行与普通程序的过程是一样的。编译："javac package_test\test.java"；执行："java package_test. test.java"。

（2）不同源文件中的类

● 硬件部分：同样确定是否已经在硬盘中创建了"package_test"程序包，将文件 A.java 和文件 test.java 分别存储在"package_test"程序包中。

● 软件部分：在文件 A.java 和文件 test.java 中的第 01 行加入"package package_test"，表示文件 A.java 和文件 test.java 纳入"package_test"程序包。

【文件 A.java】

```
01   package package_test ;      //纳入程序包"package_test"
02   class A{
03      public void A_show( ) {
04         System.out.println("这是A类的示范方法");
05      }
06   }
```

【文件 test.java】

```
01   package package_test ;      //纳入程序包"package_test"
02   class test{
03      public static void main(String args[ ]){
04         A a=new A( );
05         a.A_show( );
06      }
```

```
07    }
```

只要按照正常的程序包创建过程，无论有多少个类或文件（在"软件部分"记得在程序的第01 行加入"package 程序包名称"），即可完成纳入程序包的工作。

9.4　类的嵌套结构

在 Java 系统中可以通过静态嵌套类与内部类的声明操作将嵌套结构概念导入类的设计之中，让具有相关功能的类相互配合，进而方便程序设计人员控制这些类的使用范围（作用域）。在 Java 类的声明中可以包含其他类声明的成员，这种概念就称为嵌套类（Nested Class）。嵌套类分为两种：一种是静态嵌套类（Static Nested Class）；另一种是非静态嵌套类（Non-Static Nested Class）。

9.4.1　内部类与静态嵌套类

所谓内部类（Inner Class），是指将某类直接定义成另一个类的非静态内部成员。

【内部类的结构】

```
class OutsideClass {          //声明主类
    …类成员语句;
    class InsideClass {       //声明主类的静态嵌套类
    …类成员语句;
    }
}
```

由于内部类与其他的实例类成员一样都附属于主类对象，因此可以直接存取对象的实例变量（Instance Variable）与实例方法（Instance Method），并且在内部类之中不得包含任何静态成员（Static Member）。

如果程序设计人员想在主类的静态方法（例如 main( )主执行区块）中创建内部类的对象，就必须使用完整的类路径语句来指定该对象的引用位置，并在外部类中声明内部类的相关方法，以返回内部类创建对象的引用值。

【范例程序：CH09_09】

```
01    /*文件：CH09_09.java
02     *说明：内部类实现的应用范例*/
03
04    //主类
05    public class CH09_09{
06        //主类构造函数
07        public CH09_09(){
08            System.out.println("主类构造函数的语句");
09        }
10        //声明内部类
11        class InnerClass{
12            public InnerClass(){
13    System.out.println("内部类构造函数的语句");
14        }
```

```
15       }
16       //主类成员方法
17       public InnerClass ImplementInnerClass(){
18           return new InnerClass();
19       }
20       //主程序区块
21       public static void main(String args[]){
22           //创建主类对象
23           CH09_09 myObject = new CH09_09();
24           myObject.ImplementInnerClass();
25       }
26   }
```

【程序的执行结果】

程序的执行结果可参考图 9-13。

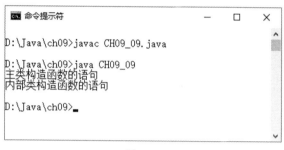

图 9-13

【程序的解析】

第 11~15 行：声明并定义内部类。

第 17~19 行：声明返回值类型为 InnerClass 对象的 ImplementInnerClass()方法，用以获取内部类对象实现的引用值。

第 24 行：使用指定完整类路径的方式，并通过主类成员方法 ImplementInnerClass()的返回值实现内部类对象的创建工作。

当内部类被声明为主类的静态成员时，我们称这个静态成员为静态嵌套类。

【静态嵌套类的结构】

```
class OuterClass {                        //外部类
    class InnerClass {                    //内部类
    }
    static class StaticNestingClass{  //静态嵌套类
    }
}
```

静态嵌套类不同于内部类，并不是依附于主类创建的对象，而是直接附属于主类。因此，静态嵌套类无法直接存取实例变量或调用任何实例方法，只能通过对象来间接存取或调用类的实例成员。

另外，由于静态嵌套类属于主类的静态成员，因此可以不通过主类的成员方法来返回对象实现的引用值，即可以直接在主类的静态方法（例如 main( )主执行区块）中进行内部类对象的创建工作。

【范例程序：CH09_10】

```
01    /*文件: CH09_10.java
02     *说明: 静态嵌套类实现的应用范例*/
03
04    //主类
05    public class CH09_10{
06        //主类构造函数
07        public CH09_10(){
08            System.out.println("主类构造函数的语句");
09        }
10        //声明静态嵌套类
11        static class InnerClass{
12            public InnerClass(){
13                System.out.println("静态嵌套类构造函数的语句");
14            }
15        }
16        //主程序区块
17        public static void main(String args[]){
18            new CH09_10();
19            new InnerClass();
20        }
21    }
```

【程序的执行结果】

程序的执行结果可参考图 9-14。

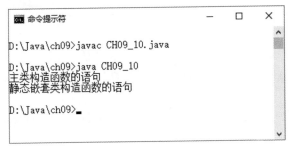

图 9-14

【程序的解析】

第 11~14 行：声明并定义静态嵌套类。

第 19 行：在主类的静态方法中，直接通过静态嵌套类的构造函数来创建 InnerClass 类的对象。

9.4.2　匿名类的介绍

经过 9.4.1 小节的介绍，我们了解了内部类与静态嵌套类的声明、定义与使用。我们可以直接在类的静态方法中创建静态嵌套类的对象，程序代码如下：

```
public static void main(String args[ ]){
    //创建静态嵌套类的对象
    InnerClass myInner = new InnerClass( );
}
```

或者调用外部类方法来返回内部类对象的引用值，以作为内部类对象的创建依据。

```
public static void main(String args[ ]){
    //使用外部类方法的返回值来创建内部类对象
    OuterClass.InnerClass myInner = OutClass.ImplementInnerClass();
}
```

如果我们所声明的内部类或嵌套静态类必须继承某个类或实现某个接口，就可以在不定义类名称的情况下，直接通过基类或接口的构造函数引用值来创建该类的对象：

```
public static void main(String agrs[ ]){       //主程序区块
    Object myObject = new Object( ){           //继承 Object 类的派生类
        public String toString( ){            //覆盖（重新定义）toString 方法
            return "这是一个内部的匿名类！";
        }
    }
}
```

这种不具有类名，但可以直接调用基类或接口的构造函数来创建派生类对象的类，我们称其为匿名类（Anonymous Class）。匿名类的语法格式如下：

```
基类(接口)名称派生匿名类对象 = new 基类(接口)构造函数( ){
    //声明匿名类成员的程序语句
}
```

由于匿名类可以继承自其他基类或实现的指定接口，因此使用匿名类可以比实现接口的方式更容易且更有效率地实现类的多重继承关系。

请注意一点，当使用匿名内部类时，虽然在程序代码中看不出任何的声明语句，但是它的创建必须有所依据，因此匿名内部类一般用于实现一个接口或继承一个特定的类。

【范例程序：CH09_11】

```
01  /*文件：CH09_11.java
02   *说明：内部匿名类实现的应用范例*/
03
04  //主类
05  public class CH09_11{
06      //外部类的构造函数
07      public CH09_11(){
08          System.out.println("成功实现外部类的构造函数！！！");
09      }
10      //声明内部类
11      class MyInnerClass{
12      //内部类的构造函数
13          public MyInnerClass(){
14              System.out.println("成功实现内部类的构造函数！！！");
15          }
16          public void show(){
17              System.out.println("成功调用内部类的show()方法！！！");
18          }
19      }
20      //声明并定义内部匿名类
21      public MyInnerClass MyInnerClass(){
22          //返回内部匿名类创建的方法
```

```
23        return new MyInnerClass(){
24            //覆盖（重新调用）内部类的成员方法
25            public void show(){
26                System.out.println("    成功调用内部匿名类的show()方法！！！");
27            }
28        };
29    }
30    //主程序区块
31    public static void main(String args[]){
32        //创建主类对象
33        CH09_11 myObject = new CH09_11();
34        //创建内部匿名类对象
35        MyInnerClass myAnonymous = myObject.MyInnerClass();
36        //调用内部匿名类覆盖（重新定义）的方法
37        myAnonymous.show();
38    }
39 }
```

【程序的执行结果】

程序的执行结果可参考图 9-15。

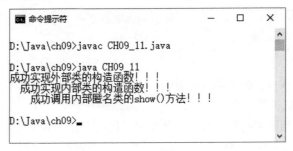

图 9-15

【程序的解析】

第 11~19 行：声明并定义内部类。

第 21~29 行：以内部类的返回值为依据声明外部类的方法 MyInnerClass()，用以返回内部匿名类的构造函数。

第 25~27 行：覆盖（重新定义）内部类的成员方法 show( )。

第 35 行：通过调用外部类的方法返回内部匿名类的构造函数，以创建内部匿名类的对象。

9.5　高级应用练习实例

在面向对象程序设计中，类关系到程序中所有对象的创建，本章介绍了类的 4 种扩展类型：抽象类、接口、程序包与类的嵌套结构。这些功能都相当实用，如果配合本节的练习，相信大家对这些功能和概念会有更加深入的理解，有助于大家将这些功能运用到实际开发中。

9.5.1　以抽象类来实现显示汽车数据的功能

虽然抽象基类中含有一到多个抽象方法，但是并不能直接用它们来创建对象。为了能顺利地创建各种需求的派生类，程序设计人员必须在派生类中覆盖（及重新定义）基类所有的抽象方法。我们以下面这个综合练习来示范通过抽象类实现汽车基本数据的设置。

【综合练习】以抽象类设置汽车的基本数据

```
01    //抽象类
02    abstract class autoMobile
03    {
04        //抽象方法
05        abstract public void setData();
06        abstract public void showData();
07    }
08    //派生类
09    class BENZ_Serial extends autoMobile
10    {
11        //成员变量
12        private int carLength, engCC, maxSpeed;
13        //构造函数
14        public BENZ_Serial(String modelName)
15        {
16            System.out.println("BENZ系列: "+ modelName +"基本数据");
17        }
18        //覆盖（重新定义）抽象方法
19        public void setData()
20        {
21            carLength = 400;
22            engCC = 3200;
23            maxSpeed = 280;
24        }
25        public void showData()
26        {
27            System.out.println("车身长度: " + carLength);
28            System.out.println("汽缸CC数: " + engCC);
29            System.out.println("最高车速: " + maxSpeed);
30        }
31    }
32    //主类
33    public class WORK09_01
34    {
35        public static void main(String args[])
36        {
37            //创建抽象类的对象
38            autoMobile myCar = null;
39            //创建派生类的对象
40            BENZ_Serial SLK2000 = new BENZ_Serial("SLK2000");
41            //实现多态
42            myCar = SLK2000;
43            myCar.setData();
44            myCar.showData();
45        }
46    }
```

【程序的执行结果】

程序的执行结果可参考图 9-16。

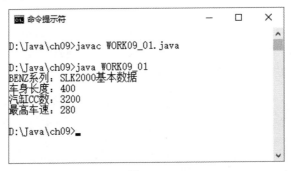

图 9-16

9.5.2　用接口来实现多重继承

接口与抽象类相似，它们之间最大的差异在于抽象类因为 Java 在类继承上的限制，一个派生类只能继承单个基类；而接口则可以让我们编写出内含多种接口的实现类。另一个差异在于抽象类至少要包含一个完整的方法，而接口所包含的都是抽象方法。下面我们将改写 9.5.1 小节中综合练习的例子，用接口来实现多重继承。

【综合练习】用接口来实现多重继承

```
01    //说明：用接口来实现多重继承
02    //声明接口一
03
04    interface autoMobile_setData
05    {
06        //成员方法
07        void setData();
08    }
09    //声明接口二
10    interface autoMobile_showData
11    {
12        //成员方法
13        void showData();
14    }
15
16    //接口实现类
17    class WORK09_02 implements autoMobile_setData, autoMobile_showData
18    {
19        //成员变量
20        int carLength, engCC, maxSpeed;
21        //构造函数
22        public WORK09_02(String modelName)
23        {
24            System.out.println("BENZ系列："+ modelName +"基本数据");
25        }
26        //覆盖（重新定义）抽象方法
27        public void setData()
28        {
```

```
29          carLength = 400;
30          engCC = 3200;
31          maxSpeed = 280;
32      }
33      public void showData()
34      {
35          System.out.println("车身长度: " + carLength);
36          System.out.println("汽缸CC数: " + engCC);
37          System.out.println("最高车速: " + maxSpeed);
38      }
39      //主程序区块
40      public static void main(String args[])
41      {
42          WORK09_02 SLK2000 = new WORK09_02("SLK2000");
43          SLK2000.setData();
44          SLK2000.showData();
45      }
46  }
```

【程序的执行结果】

程序的执行结果可参考图 9-17。

图 9-17

课后习题

一、填空题

1. 抽象类无法直接使用_____运算符来实例化。

2. 抽象方法的存取权限修饰词不可以设置为_____。

3. 使用_____来实现类的多重继承关系比通过接口方式实现更方便且更有效率。

4. 程序设计人员可以使用_____指令来导入指定的程序包，或搭配_____符号将程序包内的所有类与接口一次性导入。

5. 所谓内部类，就是将某类声明为外部类的_____类成员，而如果某内部类被声明为_____类，我们就称这个内部类为"静态嵌套类"。

6. 抽象类与接口最大的差异在于：一个类只能继承单个_____，但是可以同时实现多个_____。

7. 程序包之外的类只能存取_____的程序包成员。

8．包含抽象方法的类必须使用_____修饰词声明为抽象类。

9．使用_____指令会将程序中所有类或接口加以汇总整合，并打包成为一种函数库类型的类集合。

10．Java 系统允许在_____中包含可以实现的类成员，而_____中只能加入定义常数与抽象成员方法的程序语句。

11．内部类属于外部类的实例成员，因此可以直接存取外部类对象的_____与_____。

12．抽象类是指使用_____修饰词声明的类语句；而接口则是使用_____关键字取代 class 关键字来进行类的声明。

二、问答与实践题

1．请问下面的程序代码片段中有哪些错误？

```java
interface MyInterface extends MyClass implements Runnable{
    String myStr;
    public void setString(String myStr){
        myStr = myStr;
    }
    abstract public void show( );
}
```

2．在 Java 语言中是否可以实践多重继承，试进行说明。

3．什么是程序包，试进行说明。

4．什么是抽象类的方法？

5．什么是接口？在 Java 中接口所使用的关键字是什么？

6．试说明接口与抽象类两者之间最大的差异。

7．请问接口内所有成员变量会被定义成什么类型的数据类型。

8．要在类中实现接口，必须使用哪一个关键字来指定实现的接口。

9．我们想在类中实现多个接口，那么可以在每个接口名称之间用什么符号加以分隔？

10．在 Java 中，之所以用程序包来汇总和整合所有相关的类，主要原因是什么？

11．关于抽象类的使用，有什么需要注意的事项？

12．在下面的程序中，类 autoMobile 是一个抽象类，其中包含两个抽象方法 setData()和 showData()，请在其派生类中覆盖（重新定义）抽象方法，以得到如图 9-18 所示的执行结果。

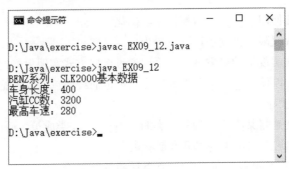

图 9-18

```
01    //名称：EX09_12.java
02    //说明：抽象类
03    //抽象类
04    abstract class autoMobile
05    { //抽象方法
06      abstract public void setData();
07      abstract public void showData();
08    }
09    //派生类
10    class BENZ_Serial extends autoMobile
11    { //成员变量
12      private int carLength, engCC, maxSpeed;
13      //构造函数
14      public BENZ_Serial(String modelName)
15      {
16       System.out.println("BENZ系列: "+ modelName +"基本数据");
17      }
18      //覆盖（重新定义）抽象方法
19      public void setData()
20      {
21        //请在此编写程序语句
22      }
23      public void showData()
24      {
25        //请在此编写程序语句
26      }
27    }
28    //主类
29    public class EX09_12
30    {
31      public static void main(String args[])
32      { //创建抽象类的对象
33       autoMobile myCar = null;
34       //创建派生类的对象
35       BENZ_Serial SLK2000 = new BENZ_Serial("SLK2000");
36       //实现多态
37       myCar = SLK2000;
38       myCar.setData();
39       myCar.showData();
40      }
41    }
```

13. 在下面的接口实现范例程序中，请问哪里出错了？

```
01    //名称：EX09_13.java
02    //说明：接口的实现
03    //声明接口一
04    interface autoMobile_setData
05    { //成员方法
06      void setData();
07    }
08    //声明接口二
09    interface autoMobile_showData
10    { //成员方法
11      void showData();
12    }
```

```
13    //接口实现类
14    class EX09_13 extends autoMobile_setData, autoMobile_showData
15    { //成员变量
16      int carLength, engCC, maxSpeed;
17      //构造函数
18      public EX09_13(String modelName)
19      {
20       System.out.println("BENZ系列: "+ modelName +"基本数据");
21      }
22      //覆盖（重新定义）抽象方法
23      public void setData()
24      {
25       carLength = 400;
26       engCC = 3200;
27       maxSpeed = 280;
28      }
29      public void showData()
30      {
31       System.out.println("车身长度: " + carLength);
32       System.out.println("汽缸CC数: " + engCC);
33       System.out.println("最高车速: " + maxSpeed);
34      }
35      //主程序区块
36      public static void main(String args[])
37      {
38        EX09_13 SLK2000 = new EX09_13("SLK2000");
39    SLK2000.setData();
40        SLK2000.showData();
41      }
42    }
```

第 10 章

Java 常用类

Java 的类库已定义了许多实现的类，各种类中也针对这些类的特性设计了许多实用的方法，如果对这些常用的类有相当的了解，那么不仅可以把它们灵活地运用在 Java 的程序开发中，还可以减少许多不必要的开发时间。在本章中，我们将介绍几种相当实用的类。

本章的学习目标

- Math 类
- Number 类
- Vector 类

10.1　Math 类

Math 类主要提供数学上的一些运算方法。在程序的运行或运算中常需要处理数值之间的运算，而在 Math 类中提供了许多运算方法，例如随机数、指数、三角函数、开平方根等。由于 Math 类中的方法都声明为静态的，因此调用这些方法的方式如下：

```
Math.abs(数值);        //求数值的绝对值
```

10.1.1　Math 类的常数

Math 类中定义了两个数学上常使用的常数，通过表 10-1 来了解它们。

表 10-1

常数名称	说明
E	数学上的自然数 e，大约是 2.718281828459045
PI	圆周率（π）

10.1.2 随机数的方法

随机数是指随机产生所需要范围内的数值，它的方法参考表 10-2。

表 10-2

产生随机数的方法	说明
static double random ( )	随机产生一个介于 0.0~1.0 的数值

虽然随机数方法生成的数值默认介于 0.0~1.0 之间，不过我们可以使用一些计算的小技巧使所产生的随机数符合程序需求范围，以下是它的设置方式。

【自定义随机数生成的语法】

```
(数值类型)(random( )*(最大范围值-最小范围值+1)+最小范围值);
```

经过如此设置之后，就能随机产生所需范围内的数值。例如，需要产生一个介于 30~100 之间的整数，它的设置方式如下：

```
int a=(int)(random( )*71+30);
```

【范例程序：CH10_01】

```
01    /*文件: CH10_01.java
02     *说明: 随机数的使用
03     */
04    public class CH10_01{
05        public static void main(String[] args){
06            double a=Math.random();//产生一个double类型的数值
07            System.out.println("默认的随机数类型 a="+a);
08            System.out.println();
09            int[] num=new int[6];
10            System.out.println("自己设置彩票号码的产生器: ");
11            for(int i=0; i<num.length;i++){
12                num[i]=(int)(Math.random()*49+1);//产生号码
13                System.out.print(num[i]+" ");
14            }
15            System.out.println("\n恭喜中了头奖！！！");
16        }
17    }
```

【程序的执行结果】

程序的执行结果可参考图 10-1。

图 10-1

【程序的解析】

第 09 行：声明一个整数数组用来存放产生的随机数值。

第 11~14 行：使用 for 循环来设置各个数组元素的随机数值，并将范围设置为 1~49 之间。程序每次执行时所产生的随机数值都不相同。

10.1.3　数学类的方法

数学类的方法大致可分为两种：计算结果和数值转换。

（1）计算结果的方法（参照表 10-3）

表 10-3

数学类的方法	说明
static　数值类型　max(数值类型数值，数值类型数值)	返回两个数值中的最大值
static　数值类型　min(数值类型数值，数值类型数值)	返回两个数值中的最小值
static double pow(double 底数，double　次方)	返回底数的指定次方的值
static double sqrt(double 数值)	返回指定数值的平方根值
static double exp(double 数值)	返回以自然数 E 为底的指定次方的值
static double log(double 数值)	返回指定数值的对数值
static double sin(double 弧度)	返回三角函数的正弦值
static double cos(double 弧度)	返回三角函数的余弦值
static double tan(double 弧度)	返回三角函数的正切值
static double asin(double 弧度)	返回三角函数的反正弦值
static double acos(double 弧度)	返回三角函数的反余弦值
static double atan(double 弧度)	返回三角函数的反正切值

【范例程序：CH10_02】

```
01    /*文件：CH10_02.java
02     *说明：Math类的计算方法
03     */
04    public class CH10_02{
05        public static void main(String[] args){
06            int num1=68,num2=77;
07            int Max=Math.max(num1,num2);
```

```
08          System.out.println("Max="+Max);//找最大值
09          double d1=45.67,d2=86.11;
10          double min=Math.min(d1,d2);//找最小值
11      System.out.println("min="+min);
12
13          System.out.println("指数次方与开平方根的计算：");
14      int a=5,b=4,c=25;
15          System.out.println(a+"的"+b+"次方="+Math.pow(a,b));//计算指数次方
16          System.out.println(c+"的平方根="+Math.sqrt(c));//计算开平方根
17      }
18  }
```

【程序的执行结果】

程序的执行结果可参考图 10-2。

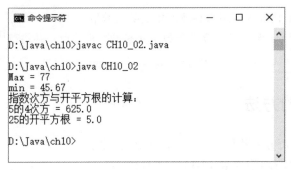

图 10-2

【程序的解析】

第 07、10 行：使用两个不同的数值类型分别调用数学类中的方法找出最大值与最小值。

第 15~16 行：计算数值的指数次方和开平方根，因为这两种方法的默认类型是 double，所以输出时是以 double 的类型输出。

（2）数值转换的方法（参照表 10-4）

表 10-4

数值转换的方法	说明
static double toRadians(double 弧度)	将弧度转换成角度
static double toDegrees(double 角度)	将角度转换成弧度
static double ceil(double 数值)	取整到不小于指定数值的最小整数
static double floor(double 数值)	取整到不大于指定数值的最大整数
static double rint(double 数值)	返回双精度浮点数最接近的整数值
static int round(float 数值)	返回单精度浮点数四舍五入后的整数
static long round(double 数值)	返回双精度浮点数四舍五入后的长整数
static 数值类型 abs(数值类型 数值)	返回指定数值的绝对值

由于 rint、round、ceil 和 floor 等方法通常是以小数点后第一位作为四舍五入的依据，因此我们可以使用下面的技巧来实现不同位数的舍入法。

【数值舍入的语法】

```
Math.方法名称(数值*10ⁿ)/10ⁿ    //n 代表取小数点后的第 n 位数
Math.方法名称(数值/10ⁿ)* 10ⁿ    //n 代表取小数点前的第 n 位数
```

rint 与 round 两种方法的不同之处在于 round 是单纯的四舍五入法，而 rint 是舍入到最接近的整数，当小数点后只有一位且是 5 时，是否舍入就要看要舍入的个位数是偶数还是奇数，以决定是否进位：当个位数字是偶数时，舍去 0.5；当个位数字为奇数时，0.5 则进位。下面举例说明。

rint(12.5)的结果值是 12.0。

rint(13.5)的结果值是 14.0。

rint(14.5)的结果值是 14.0。

【rint 与 round 舍入的语法】

```
a =43.5//个位数为奇数
    Math.rint(a)的结果为 44, Math.round(a)的结果为 44。
b=46.5//个位数为偶数
    Math.rint(b)的结果为 46, Math.round(a)结果为 47。
```

【范例程序：CH10_03】

```
01    /*文件: CH10_03.java
02     *说明:Math类的数值转换方法
03     */
04    public class CH10_03{
05        public static void main(String[] args){
06
07            double d1=12.53,d2=12.5;
08            System.out.println("d1="+d1);
09            System.out.println("rint("+d1+") ="+Math.rint(d1));
10            System.out.println("round("+d1+") ="+Math.round(d1));
11
12            System.out.println("d2="+d2);
13            System.out.println("rint("+d2+") ="+Math.rint(d2));
14            System.out.println("round("+d2+") ="+Math.round(d2));
15
16            double d3=156.347;
17            //不同位数的舍入法
18            System.out.println("取小数后2位 ceil("+d3+")
    ="+Math.ceil(d3*100)/100);
19            System.out.println("取小数前2位
    floor("+d3+")="+Math.floor(d3/100)*100);
20            float f1=-12.45f;
21            System.out.println(f1+"的绝对值="+Math.abs(f1));
22
23            double rad=60;
24            //将角度转换成弧度
25            System.out.println("角度("+rad+") = "+"弧度
    ("+Math.toDegrees(60)+")");
26        }
27    }
```

【程序的执行结果】

程序的执行结果可参考图 10-3。

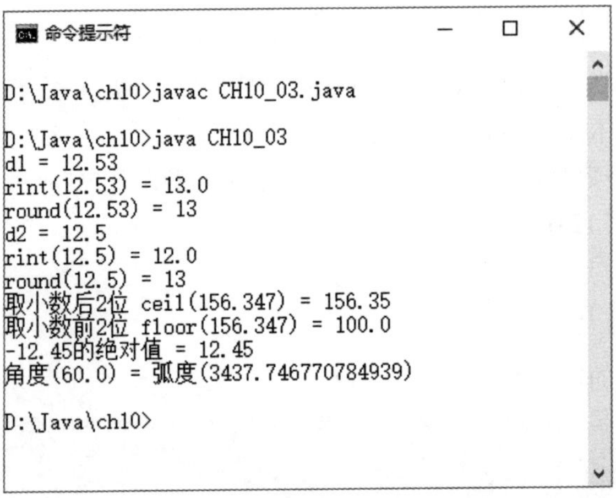

```
命令提示符                                    —    □    ×

D:\Java\ch10>javac CH10_03.java

D:\Java\ch10>java CH10_03
d1 = 12.53
rint(12.53) = 13.0
round(12.53) = 13
d2 = 12.5
rint(12.5) = 12.0
round(12.5) = 13
取小数后2位 ceil(156.347) = 156.35
取小数前2位 floor(156.347) = 100.0
-12.45的绝对值 = 12.45
角度(60.0) = 弧度(3437.746770784939)

D:\Java\ch10>
```

图 10-3

【程序的解析】

第 07~14 行：调用 rint 和 round 方法返回不同数值舍入的结果值，我们可以发现 rint 不仅仅考虑取最接近的整数，在小数点后只有一位且为 5 时，还会考虑个位数字的奇偶来决定 0.5 是否进位。

第 21 行：求数值的绝对值。

第 25 行：将角度 60 度转换成弧度。

10.2   Number 类

Number 类是一个抽象的类，并包含派生类 Byte、Double、Float、Integer、Long 和 Short，这些派生类都被定义为 Final 类，也就是不能覆盖（重新定义）它们的方法。

10.2.1   Number 类简介

Number 类是一种类型包装器（TypeWrapper）类，它的主要作用是将基本数据类型包装成对象类型。所以除了 Number 类外，像 Boolean 类、Character 类和 Void 类都属于类型包装类。

这些基本数据类型之所以需要被包装成对象类型，是因为 Java 语言是一个纯面向对象的程序设计语言，在程序代码的编写上会使用到相当多的对象类型和方法，而当程序中需要使用基本数据类型的数据时，就会造成数据类型的不一致，所以需要将基本数据类型包装成对象类型来存储和使用。

现在我们来看看 Number 类中派生类的构造函数，参照表 10-5。

表 10-5

Number 类的构造函数	说明
数据类型(基本数据类型数值)	以数值方式创建一个对象类型的基本数据类型，其中的数据类型为 Byte、Double、Float、Integer、Long 和 Short
数据类型(String 字符串)	以字符串方式创建一个对象类型的基本数据类型

10.2.2 Number 类的常用方法

在 Number 类的派生类中定义了表 10-6 中的常数供程序使用。

表 10-6

Number 类的常数	说明
MAX_VALUE	Number 类中各个数据类型派生类的最大值
MIN_VALUE	Number 类中各个数据类型派生类的最小值
TYPE	将 Number 类中的数据类型以其基本数据类型的名称来表示
NaN	Not a Number，在 Double 和 Float 类型中，表示数值除以 0 的情况
NEGATIVE_INFINITY	Double 和 Float 类型中的负无穷大常数
POSTITIVE_INFINITY	Double 和 Float 类型中的正无穷大常数

Number 类及其派生类中常用的一些方法可参考表 10-7。

表 10-7

Number 类及其派生类的常用方法	说明
abstract int intValue()	将 Number 类中的对象数值转换成 int 数值
abstract long longValue()	将 Number 类中的对象数值转换成 long 数值
abstract float floatValue()	将 Number 类中的对象数值转换成 float 数值
abstract double doubleValue()	将 Number 类中的对象数值转换成 double 数值
byte byteValue()	将 Number 类中的对象数值转换成 byte 数值
short shortValue()	将 Number 类中的对象数值转换成 short 数值
int compareTo(数据类型其他数据类型)	比较两个数据类型的数值，返回值为 0 表示这两个数值相等，小于 0 表示被比较的数值比 compareTo 参数的值小，大于 0 则相反
int compareTo(Object 对象)	比较对象的数值大小，返回值为 0 表示这两个对象相等，小于 0 表示被比较的对象比 compareTo 参数的对象小，大于 0 则相反
static int compare(基本浮点数类型浮点数名称,基本浮点数类型浮点数名称)	比较两个浮点数的大小
boolean equals(Object 对象)	比较两个对象是否相等，返回 true 表示相等，返回 false 则表示不相等

【范例程序：CH10_04】

```
01   /*文件:CH10_04.java
02    *说明:Number类的常用方法
03    */
04   public class CH10_04{
05       public static void main(String[] args){
06           //输出Number类各对象数据类型的最大值与最小值
07           System.out.println("(Byte)\n最大值="+Byte.MAX_VALUE+" 最小值
     ="+Byte.MIN_VALUE);
08           System.out.println("(Integer)\n最大值="+Integer.MAX_VALUE+" 最小值
     ="+Integer.MIN_VALUE);
09           System.out.println("(Short)\n最大值="+Short.MAX_VALUE+" 最小值
     ="+Short.MIN_VALUE);
10           System.out.println("(Long)\n最大值="+Long.MAX_VALUE+" 最小值
     ="+Long.MIN_VALUE);
11           System.out.println("(Float)\n最大值="+Float.MAX_VALUE+" 最小值
     ="+Float.MIN_VALUE);
12           System.out.println("(Double)\n最大值="+Double.MAX_VALUE+" 最小值
     ="+Double.MIN_VALUE);
13           //声明与创建各个数值的对象数据类型
14       }
15   }
```

【程序的执行结果】

程序的执行结果可参考图 10-4。

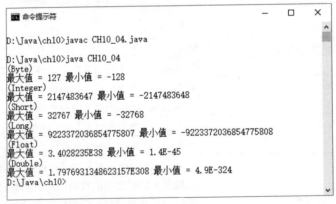

图 10-4

【程序的解析】

第 07~12 行：输出 Number 类各对象数据类型的最大值与最小值。

10.2.3 字符串与数值转换

在 10.2.2 小节中，我们提到了对象数据类型的数值可以转换成基本数据类型的数值，其实数值和字符串类型的数值之间也可以互相转换。下面来看看它们之间的转换方法。

（1）数值转换成字符串（见表 10-8）

表 10-8

数值转换成字符串的方法	说明
String toString()	将各 Number 类中的对象类型转换成字符串类型
static String toString(对象类型)	将对象类型的数值转换成字符串
static String toString(对象类型 对象,int 进制数)	按照指定进制数把各 Number 类对象类型的数值转换字符串
static String valueOf(Object 对象)	将各 Number 类的对象类型转换成字符串
static String valueOf(数据类型参数)	将基本数据类型的数值转换成字符串

（2）字符串转换成数值（见表 10-9）

表 10-9

字符串转换成数值的方法	说明
static 对象类型 parse 对象类型(String 字符串)	将字符串转换成基本数值数据类型
static 对象类型 parse 对象类型(String 字符串,int 进制数)	按照指定进制数把字符串转换成基本数据类型
static 对象类型 valueOf(String 字符串)	将字符串转换成 Number 类中的对象类型
static 对象类型 valueOf(String 字符串, int 进制数)	按照指定进制数把字符串转换成 Number 类中的整数对象类型

【范例程序：CH10_05】

```
01    /*文件：CH10_05.java
02     *说明：数值与字符串的转换
03     */
04    public class CH10_05{
05       public static void main(String[] args){
06
07          System.out.println("数值转换成字符串");
08          Integer I1=20;
09          Double D2=4.56;
10          String str1=I1.toString();
11          String str2=D2.toString();
12          String str3=Integer.toBinaryString(20);
13          String str4=Integer.toString(20,8);
14
15          System.out.println("[Integer -> Sting] str1="+str1);
16    System.out.println("[Double -> String] str2="+str2);
17          System.out.println("[20的二进制] -> str3="+str3);
18          System.out.println("[20的八进制] -> str4="+str4);
19          Double a=123.9870;
20          System.out.println("将数值转换成字符串："+String.valueOf(a));
             //在字符串类中介绍过这个方法
21
22          System.out.println("\n字符串转换成数值");
23          String s1=new String("123");
24          int i1=Integer.parseInt(s1);//将字符串s1转换成int数据类型
25          String s2=new String("456");
26          int i2=Integer.valueOf(s2).intValue();//将字符串s2转换成int数据类型
27          System.out.println("s1="+s1+"\t"+"s2="+s2);
28          System.out.println("i1="+i1+"\t"+"i2="+i2);
29          System.out.println("s1+5="+(s1+5));
```

```
30            System.out.println("i1+5="+(i1+5) );
31            System.out.println("i2+i1="+(i2+i1));
32        }
33    }
```

【程序的执行结果】

程序的执行结果可参考图 10-5。

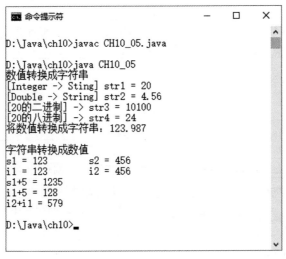

图 10-5

【程序的解析】

第 12~13 行：Number 类中的整数对象类型可以直接调用方法将数值转换成二进制、八进制和十六进制三种进制数对应的字符串。而 Number 类中所有的对象都可以用参数来指定所要表示的进制。

第 24 行：调用 parseInt 方法把字符串转换成数值。

第 26 行：调用 valueOf 方法把字符串转换成对象类型，再转换成 int 数据类型。

第 27~31 行：对字符串与数字执行"+"运算并输出，其中字符串类型表示串接，而数值则执行加法运算。

10.3 Vector 类

Vector 类和 ArrayList 类的功能很相似，主要的差别是 Vector 类可以应用于多线程来同步处理数据。如图 10-6 所示为 Vector 类的继承关系图。

java.lang.Object
└java.util.AbstractCollection
　　└java.util.AbstractList
　　　　└java.util.Vector

图 10-6 Vector 类的继承关系图

10.3.1　Vector 类简介

Vector 类中的向量（Vector）和数组类似，都是使用索引值来存取其中的元素的。Vector 类的向量大小可以随着向量元素的加入或删除而变化（向量的元素增加或减少）。表 10-10 列出了 Vector 类的构造函数。

表 10-10

Vector 类的构造函数	说明
Vector()	创建一个空向量对象，默认的容量为 10
Vector(Collection 集合对象)	以集合对象来创建向量对象
Vector(int 容量)	创建一个设置起始容量的向量对象
Vector(int 容量, int 容量增量)	创建一个向量对象并设置起始容量以及每增加一个元素所增加的容量

10.3.2　Vector 类的常用方法

Vector 类中有一些方法和 ArrayList 类中的方法相同，在表 10-11 中只列出了 Vector 类中有而 ArrayList 类中没有的常用方法。

表 10-11

Vector 类中的一些方法	说明
int capacity()	返回向量对象当前的容量
void copyInto(Object[]数组)	复制向量对象中的元素给指定的数组，必须确定数组有足够的容量
void setSize(int 容量大小)	重新设置向量对象的容量
Object elementAt(int 索引值)	返回位于指定索引值位置的对象
Object firstElement()	返回向量对象中的第一个元素
Object lastElement()	返回向量对象中的最后一个元素
void setElementAt(Object 对象, int 索引值)	将向量对象中指定索引值位置的元素替换成新对象
void removeElementAt(int 索引值)	删除向量对象中指定索引值位置的元素
void insertElementAt(Object 对象, int 索引值)	把对象插入向量对象中由索引值指定的位置
void addElement(Object 对象)	把对象添加到向量对象的末尾
boolean removeElement(Object 对象)	删除向量对象中的对象，若删除成功，则返回 true
boolean containsAll(Collection 集合对象)	如果向量对象包含集合对象中所有的元素，就返回 true
boolean retainAll(Collection 集合对象)	在向量对象中保留集合对象的元素

【范例程序：CH10_06】

```
01    /*文件：CH10_06.java
02     *说明：Vector类中的方法
03     */
04    import java.util.Vector;
05    public class CH10_06{
06       public static void main(String[] args){
07          Vector<Comparable> ve=new Vector<Comparable>();//创建一个空Vector对象
```

```
08        int I=5;
09        float F=(float) 12.23;
10        //添加元素
11        ve.addElement("Java");
12        ve.add(I);
13        ve.addElement(F);
14        ve.addElement(45.68);
15        System.out.println("Ve向量当前的内容= "+ve);
16        System.out.println("Ve向量当前的容量= "+ve.capacity());
17        System.out.println("Ve向量当前的大小= "+ve.size());
18        System.out.println("Ve向量中其索引值为3的元素= "+ve.elementAt(3));
19        System.out.println("删除元素F之后的结果为："+ve.removeElement(F));
20        System.out.println("Ve向量当前的内容= "+ve);
21        ve.insertElementAt("Hello",2);//插入元素
22        System.out.println("Ve向量当前的内容= "+ve);
23        ve.trimToSize();//使向量的容量等于向量元素的数量
24        System.out.println("Ve向量当前的容量= "+ve.capacity());
25        System.out.println("Ve向量当前的大小= "+ve.size());
26        System.out.println("Ve向量中最后一个元素= "+ve.lastElement());
27        String str=ve.toString();
28        System.out.println("字符串的内容= "+str);
29    }
30 }
```

【程序的执行结果】

程序的执行结果可参考图 10-7。

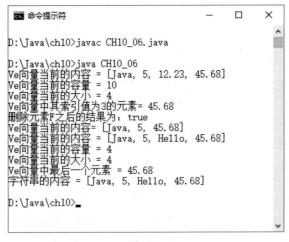

图 10-7

【程序的解析】

第 04 行：导入 Vector 程序包。

第 11~14 行：调用添加 Vector 对象元素的各种方法。

第 15 行：输出 Ve 向量对象中的各个元素。

第 16~17 行：输出 Ve 向量对象的容量和大小，其中向量的容量为默认的 10，而向量的大小是指元素的个数。

第 18 行：打印输出 Ve 向量对象中由索引值指定位置的元素。

第 19 行：删除 Ve 向量对象中指定的元素，当返回 true 时，表示删除成功。

第 23~25 行：调用 trimToSize()方法使向量的容量等于向量元素的数量。

10.4　高级应用练习实例

在本章中，我们讲述的 Math 类、Number 类、Collection 类及 Arrays 类提供了许多实用的方法。下面配合一些练习来加深我们对这些方法的理解并提高实际运用它们的能力。

10.4.1　彩票幸运号码产生器

使用二维数组来做一个彩票号码产生器，产生随机数的次数为 1000000 次，列出这些随机数中重复出现次数最高的 6 个数字。

【综合练习】用二维数组搭配 random()方法来产生彩票号码

```
01    //用二维数组来实现彩票号码产生器——随机数号码
02    import java.util.*;
03    public class WORK10_01{
04        public static void main(String[] args){
05            //变量声明
06            int intCreate=1000000;//产生随机数的次数
07            int intRand;//产生的随机数号码
08            int[][] intArray=new int[2][42];//存放随机数累加次数的数组
09
10            //对产生的随机数进行统计，把重复出现的次数存放到随机数对应的数组中
11            while(intCreate-->0){
12                intRand=(int)(Math.random()*42);
13                intArray[0][intRand]++;
14                intArray[1][intRand]++;
15            }
16
17            //对intArray[0]数组进行排序
18            Arrays.sort(intArray[0]);
19
20            //找出重复出现次数最多的6个号码
21            for(int i=41;i>(41-6);i--){
22
23                //逐一检查出现次数相同的号码
24                for(int j=41;j>=0;j--){
25
26                    //当次数符合时打印输出
27                    if(intArray[0][i]==intArray[1][j]){
28                        System.out.println("随机数号码 "+(j+1)+" 出现
    "+intArray[0][i]+" 次");
29                        intArray[1][j]=0;//将找到的号码对应的次数归零
30                        break;            //中断内循环，继续外循环
31                    }
32                }
```

```
33            }
34        }
35    }
```

【程序的执行结果】

程序的执行结果可参考图 10-8。

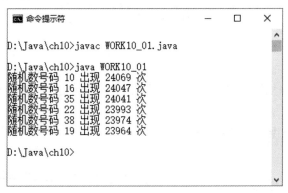

图 10-8

10.4.2　在数组集合加入不同的数据类型

ArrayList 类可以视为一个动态数组。ArrayList 类可以通过实现 List 接口来控制 ArrayList 对象中所存放的对象，例如添加、删除、转换等。一般数组只能存放同类型的对象，而 ArrayList 可以存放不同类型的对象。下面练习如何在数组集合中加入不同的数据类型。

【综合练习】ArrayList 类的应用

```
01    //使用数组集合加入不同的数据类型
02    import java.util.*;
03    public class WORK10_02{
04        public static void main(String[] args){
05            //声明变量
06            int intVal=2019;
07            String strVal1=new String("Happy");
08            String strVal2=new String("New");
09            String strVal3=new String("Year");
10            double doubleVal=99999;
11            ArrayList<Comparable> multipleType=new ArrayList<Comparable>();
12
13            //添加数据字符数组集合
14            multipleType.add(intVal);
15            multipleType.add(strVal1);
16            multipleType.add(strVal2);
17            multipleType.add(strVal3);
18            multipleType.add(doubleVal);
19
20            //数组集合方法的应用
21            System.out.print("检查multipleType集合中有无doubleVal对象：");
22            System.out.println(multipleType.contains(doubleVal));
23        for(int i=0;i<multipleType.size();i++){
24                System.out.print("multipleType集合中索引值 "+i+" 的对象值为：");
25                System.out.println(multipleType.get(i));
```

```
26              }
27          }
28      }
```

【程序的执行结果】

程序的执行结果可参考图 10-9。

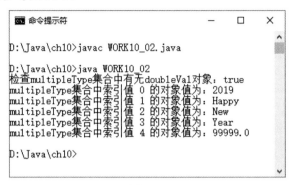

```
D:\Java\ch10>javac WORK10_02.java

D:\Java\ch10>java WORK10_02
检查multipleType集合中有无doubleVal对象：true
multipleType集合中索引值 0 的对象值为：2019
multipleType集合中索引值 1 的对象值为：Happy
multipleType集合中索引值 2 的对象值为：New
multipleType集合中索引值 3 的对象值为：Year
multipleType集合中索引值 4 的对象值为：99999.0

D:\Java\ch10>
```

图 10-9

10.4.3　矩阵相乘

两个矩阵 A 与 B 相乘受到某些条件的限制。首先，必须符合 A 为一个 m*n 的矩阵，B 为一个 n*p 的矩阵，A*B 之后的结果为一个 m*p 的矩阵 C，如图 10-10 所示。

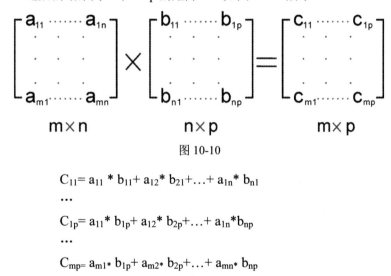

图 10-10

$C_{11}= a_{11} * b_{11}+ a_{12}* b_{21}+...+ a_{1n}* b_{n1}$

...

$C_{1p}= a_{11}* b_{1p}+ a_{12}* b_{2p}+...+ a_{1n}*b_{np}$

...

$C_{mp}= a_{m1*} b_{1p}+ a_{m2*} b_{2p}+...+ a_{mn*} b_{np}$

【综合练习】两个矩阵 A 与 B 相乘

```
01      // =============== Program Description ===============
02      // 程序名称：WORK10_03.java
03      // 程序目的：两个矩阵相乘的结果
04      // ==================================================
05
06      import java.io.*;
07      public    class WORK10_03
```

```
08    {
09        public static void main(String args[]) throws IOException
10        {
11            int M,N,P;
12            int i,j;
13            String strM;
14            String strN;
15            String strP;
16            String tempstr;
17            BufferedReader keyin=new BufferedReader(new
    InputStreamReader(System.in));
18            System.out.println("请输入矩阵A的维数(M,N)：");
19            System.out.print("请先输入矩阵A的M值：");
20            strM=keyin.readLine();
21            M=Integer.parseInt(strM);
22            System.out.print("接着输入矩阵A的N值：");
23            strN=keyin.readLine();
24            N=Integer.parseInt(strN);
25            int A[][]=new int[M][N];
26            System.out.println("[请输入矩阵A的各个元素]");
27            System.out.println("注意！每输入一个值按下Enter键确认输入");
28            for(i=0;i<M;i++)
29                for(j=0;j<N;j++)
30                {
31                    System.out.print("a"+i+j+"=");
32                    tempstr=keyin.readLine();
33                    A[i][j]=Integer.parseInt(tempstr);
34                }
35            System.out.println("请输入矩阵B的维数(N,P)：");
36            System.out.print("请先输入矩阵B的N值：");
37            strN=keyin.readLine();
38            N=Integer.parseInt(strN);
39            System.out.print("接着输入矩阵B的P值：");
40            strP=keyin.readLine();
41            P=Integer.parseInt(strP);
42            int B[][]=new int[N][P];
43            System.out.println("[请输入矩阵B的各个元素]");
44            System.out.println("注意！每输入一个值按下Enter键确认输入");
45            for(i=0;i<N;i++)
46                for(j=0;j<P;j++)
47                {
48                    System.out.print("b"+i+j+"=");
49                    tempstr=keyin.readLine();
50                    B[i][j]=Integer.parseInt(tempstr);
51                }
52            int C[][]=new int[M][P];
53            MatrixMultiply(A,B,C,M,N,P);
54            System.out.println("[AxB的结果是]");
55            for(i=0;i<M;i++)
56            {
57                for(j=0;j<P;j++)
58                {
59                    System.out.print(C[i][j]);
60                    System.out.print('\t');
61                }
62                System.out.println();
63    }
```

```
64          }
65      public    static    void    MatrixMultiply(int    arrA[][],int    arrB[][],int
    arrC[][],int M,int N,int P)
66      {
67          int i,j,k,Temp;
68          if(M<=0||N<=0||P<=0)
69          {
70              System.out.println("[错误：维数M, N, P必须大于0。]");
71              return;
72          }
73          for(i=0;i<M;i++)
74              for(j=0;j<P;j++)
75              {
76                  Temp = 0;
77                  for(k=0;k<N;k++)
78                  Temp = Temp + arrA[i][k]*arrB[k][j];
79                  arrC[i][j] = Temp;
80              }
81      }
82  }
```

【程序的执行结果】

程序的执行结果可参考图 10-11。

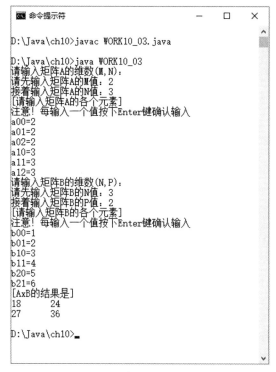

图 10-11

10.4.4 稀疏矩阵

稀疏矩阵（Sparse Matrix）最简单的定义是一个矩阵中大部分的元素为 0。如图 10-12 所示的矩阵就是一种典型的稀疏矩阵。

$$\begin{bmatrix} 25 & 0 & 0 & 32 & 0 & -25 \\ 0 & 33 & 77 & 0 & 0 & 0 \\ 0 & 0 & 0 & 55 & 0 & 0 \\ 0 & 0 & 0 & 0 & 0 & 0 \\ 101 & 0 & 0 & 0 & 0 & 0 \\ 0 & 0 & 38 & 0 & 0 & 0 \end{bmatrix} \quad 6 \times 6$$

图 10-12

直接使用传统的二维数组来存储如图 10-12 所示的稀疏矩阵也是可以的，但是由于矩阵中许多元素都是 0，因此这样的做法在稀疏矩阵很大时，十分浪费计算机的内存空间。

提高内存空间利用率的方法是利用三项式（3-tuple）的数据结构，我们把每一个非零项以（i, j, item-value）来表示。假如一个稀疏矩阵有 n 个非零项，那么可以使用一个 A(0:n, 1:3) 的二维数组来存储这些非零项。

其中 A(0, 1) 存储这个稀疏矩阵的行数，A(0, 2) 存储这个稀疏矩阵的列数，而 A(0, 3)则用来存储此稀疏矩阵非零项的总数。另外，每一个非零项以 (i, j, item-value) 来表示。其中 i 为此矩阵非零项所在的行数，j 为此矩阵非零项所在的列数，item-value 则为此矩阵非零的值。以如图 10-12 所示的 6×6 稀疏矩阵为例，可以用如图 10-13 所示的三项式来表示。

	1	2	3
0	6	6	8
1	1	1	25
2	1	4	32
3	1	6	-25
4	2	2	33
5	2	3	77
6	3	4	55
7	5	1	101
8	6	3	38

图 10-13

A(0, 1)表示此矩阵的行数。

A(0, 2)表示此矩阵的列数。

A(0, 3)表示此矩阵非零项的总数。

通过三项式数据结构来压缩稀疏矩阵可以避免不必要的内存浪费。

【综合练习】稀疏矩阵

```
01   // =============== Program Description ===============
02   // 程序名称：WORK10_04.java
```

```
03      // 程序目的：压缩稀疏矩阵并输出结果
04      // ==================================================
05
06      import java.io.*;
07      public    class WORK10_04
08      {
09          public static void main(String args[]) throws IOException
10          {
11              final int _ROWS =8; //定义行数
12              final int _COLS =9; //定义列数
13              final int _NOTZERO =8; //定义稀疏矩阵中不为0的元素的个数
14              int i,j,tmpRW,tmpCL,tmpNZ;
15              int temp=1;
16              int Sparse[][]=new int[_ROWS][_COLS]; //声明稀疏矩阵
17              int Compress[][]=new int[_NOTZERO+1][3]; //声明压缩矩阵
18              for (i=0;i<_ROWS;i++)            //将稀疏矩阵的所有元素设为0
19                  for (j=0;j<_COLS;j++)
20                      Sparse[i][j]=0;
21              tmpNZ=_NOTZERO;
22              for (i=1;i<tmpNZ+1;i++)
23              {
24                  tmpRW=(int)(Math.random()*100);
25                  tmpRW = (tmpRW % _ROWS);
26                  tmpCL=(int)(Math.random()*100);
27                  tmpCL = (tmpCL % _COLS);
28                  if(Sparse[tmpRW][tmpCL]!=0)
                        //避免同一个元素设置两次数值而造成压缩矩阵中有0
29                      tmpNZ++;
30                  Sparse[tmpRW][tmpCL]=i; //随机产生稀疏矩阵中非零的元素值
31              }
32              System.out.println("[稀疏矩阵的各个元素]"); //打印输出稀疏矩阵的各个元素
33              for (i=0;i<_ROWS;i++)
34              {
35                  for (j=0;j<_COLS;j++)
36                      System.out.print(Sparse[i][j]+" ");
37                  System.out.println();
38              }
39              /*开始压缩稀疏矩阵*/
40              Compress[0][0] = _ROWS;
41              Compress[0][1] = _COLS;
42              Compress[0][2] = _NOTZERO;
43              for (i=0;i<_ROWS;i++)
44                  for (j=0;j<_COLS;j++)
45                      if (Sparse[i][j] != 0)
46                      {
47                          Compress[temp][0]=i;
48                          Compress[temp][1]=j;
49                          Compress[temp][2]=Sparse[i][j];
50                          temp++;
51                      }
52              System.out.println("[稀疏矩阵压缩后的内容]"); //打印输出压缩矩阵的各个元素
53              for (i=0;i<_NOTZERO+1;i++)
54              {
55                  for (j=0;j<3;j++)
56                      System.out.print(Compress[i][j]+" ");
57                  System.out.println();
58              }
```

```
59        }
60    }
```

【程序的执行结果】

程序的执行结果可参考图 10-14。

图 10-14

课后习题

一、填空题

1. _____类中定义了数学上的一些计算方法。
2. Math 类中定义了数学上常使用的两个常数：_____和_____。
3. 计算机中产生的_____是指系统自动帮助程序产生所需要范围内的随机数值。
4. 在数学类中，大致上可分为两种方法：_____和_____。
5. _____类包含许多数组方面的操作方法，有排序、填充和查找等。
6. _____类是一种动态的数组。
7. _____类的向量大小能随着向量元素的加入或删除而变化（增加或减少）。

二、问答与实践题

1. 如果需要产生一个介于 1~50 之间的随机整数，随机数函数该如何设置？
2. 请举出至少三种 Number 类的派生类的例子。
3. 什么是类型包装类？请举出至少三种类型包装类的例子。
4. 简述 rint 与 round 两种方法的不同。
5. 试简述集合类的主要功能。

6. 请简述 Math 类的功能。

7. 请设计一个 Java 程序，计算出如图 10-15 所示的输出结果。

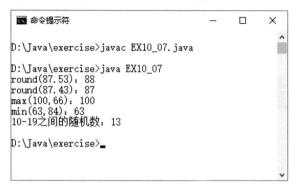

图 10-15

第11章

窗口环境与事件处理

图形用户界面（Graphics User Interface，GUI）是一种以图形化为基础的用户界面，用户在操作时只需要移动鼠标，单击另一个被赋予功能的图形，即可执行对应的已设计好的程序。在 Java 中，抽象窗口工具包（Abstract Window Toolkit，AWT）提供了窗口与绘图的基本工具。AWT 是 Java 较早的技术，缺点是会浪费许多系统资源，SUN 公司后来又推出了 Swing 类库以取代 AWT 类库。在 Swing 类库中提供了比 AWT 更多的对象，也是 Java 窗口应用程序更新一代的架构。Swing 的对象是基于 AWT 的 Container 类发展而来的。由于用 AWT 开发窗口应用程序的普及率不低，即使 SUN 不再扩充 AWT 类库，我们仍有必要在介绍 Swing 技术之前对 AWT 技术有所了解，因此本章将探讨如何用 Java 的 AWT 类来构建窗口环境作为我们开发窗口程序设计的基础。

本章的学习目标

- 浅谈 GUI 设计
- 创建第一个窗口程序
- 窗口的版面布局
- 窗口的事件处理
- 鼠标事件
- 键盘事件
- 低级事件类

11.1　初探 AWT 程序包

AWT 在 Java 中提供了有关可视化功能的工具程序包。一般而言，AWT 程序包主要用于支持 Applet 窗口的用户图形界面或直接产生独立的 GUI 窗口应用程序。AWT 程序包中拥有相当多的派生类，这些派生类根据功能的不同可以归纳为以下 4 种类型。

- 图形界面：这些类提供了各种管理、创建及设置图形界面的方法，如 Button（按钮）、List（列表框）、Label（标签）等。
- 版面布局：这些类提供了各种版面布局的相关方法，如 BorderLayout（边框布局）、FlowLayout（流式布局）、GridLayout（网格布局）等。
- 图形绘制：这些类提供了各种图形的绘制方法，如 Rectangle（矩形）、Polygon（多边形）等。
- 事件处理：这些类负责相关事件的触发以及事件处理工作，如 MouseEvent（鼠标相关事件的处理）、InputEvent（输入相关事件的处理）等。

AWT（抽象窗口工具包）的用户界面控件（User Interface Control）多数派生自 java.awt.Component 类。java.awt.Container 类派生自 java.awt.Component 类，所以它是一个组件，其主要功能是装进其他的组件。容器（Container）组件与其他组件最大的不同在于：一般组件必须先加入容器后才能操作和显示，而使用这些窗口容器组件就可以让我们创建出基本的窗口样式。

11.1.1　我的第一个窗口程序

窗口程序的编写与文本模式程序的编写有很大差异，除了程序代码明显增加外，在基本设计原理上也大不相同。对于 Java 的窗口应用程序而言，主要的构成元素为各种窗口组件，至于窗口本身则被视为一种装载这些组件的容器。与基本窗口创建有关的语法如下：

```
import java.awt.*          //导入 AWT 程序包
import java.awt.event.*//导入事件处理机制
public class 类名称 extends Frame { }     //以继承 Frame 类的方式创建窗口
```

在导入 AWT 程序包之后，即可使用 AWT 中内建的与窗口相关的基本方法来管理与设置窗口中的各项细节。这些常用的类方法及其说明可参考表 11-1。

表 11-1

AWT 中与窗口相关的基本方法	说明
void setSize(int X, int Y)	设置窗口规格的大小，X 与 Y 坐标值的单位为像素
void setTitle(String 名称)	设置此窗口的名称，会显示在窗口的上方
void setBackground(int 颜色代码或 RGB 值)	设置此窗口的背景颜色，颜色代码为 Java 内部定义的基本颜色标识符，如 Color.CYAN 代表浅蓝
void setFont(int 字体名称, int 类型, int 大小)	设置此窗口的字体、字体类型与大小，常用的类型值有三种：Font.PLAIN（平常字）、Font.BOLD（粗体字）、Font.ITALIC（斜体字）
void setResizable(boolean 布尔值)	设置此窗口是否可以重新调整大小，当布尔值为 false 时，窗口无法重新调整大小，此方法的默认值为 true
void add(String 组件名称)	在窗口中加入指定的组件

（续表）

AWT 中与窗口相关的基本方法	说明
void remove(String 组件名称)	在窗口中删除指定的组件
show()	显示窗口

完成窗口创建的操作后，接着要将各个组件摆放到窗口中，这些组件主要包含三大类，分别是图形界面组件、版面布局组件与绘制图形组件。在 Java 窗口环境中，组件的操作必须依靠触发各种事件才会起作用。

了解了窗口的构成原理之后，接着下来我们将实现第一个窗口程序。在 Java 中创建一个窗口可经由以下几个步骤。

步骤一：通过 new 指令创建窗口对象。语法如下：

```
Frame  对象名称 = new Frame ( );
```

步骤二：调用窗口组件的 setSize 方法来设置窗口大小，语法如下：

```
对象名称.setSize(窗口宽,窗口高);
```

步骤三：调用窗口组件的 setVisible 方法来设置窗口为可视状态，语法如下：

```
对象名称.setVisible(true);
```

【范例程序：CH11_01】

```
01    /*程序：CH11_01.java
02     *说明：创建简单的窗口程序
03     */
04    import java.awt.Frame;
05
06    public class CH11_01
07    {
08        public static void main(String[] args)
09        {
10            //创建窗口的实例对象
11            Frame frmMyFrame=new Frame();
12
13            //设置窗口的大小
14            frmMyFrame.setSize(300,200);
15
16            //把窗口设置为可视状态
17            frmMyFrame.setVisible(true);
18        }
19    }
```

【程序的执行结果】

程序的执行结果可参考图 11-1。

图 11-1

【程序的解析】

第 11 行：要创建窗口组件就必须先使用 new Frame( )指令创建窗口的实例对象。

第 17 行：将窗口可视状态设置为 true。

从范例程序 CH11_01 中可以发现，通过对象的方式创建一个窗口的外观是如此简单和轻松，这也是 Java 语言一直追求的概念——简单性。凡事都以对象的概念为出发点，先创建对象，再调用对象所提供的方法，进行必要的设置之后就可以轻松地使用对象了。

Frame 类除了以上所提供的两个方法之外，还提供了许多必要的窗口控制方法。Frame 类的构造函数及意义如表 11-2 所示。Frame 类的方法及意义如表 11-3 所示。

表 11-2

Frame 类的构造函数	意义
Frame( )	创建一个窗口
Frame(String 窗口标题)	创建窗口时，并指定窗口的标题文字

表 11-3

Frame 类的方法	意义
void setIconImage(Image 图形)	设置窗口左上角所显示的图标（Icon）
Image getIconImage( )	将窗口左上角所显示的图标作为图像对象返回
void setTitle(String 字符串)	设置窗口标题栏所显示的文字（字符串）
String getTitle( )	返回一个字符串
void setState(int 状态)	设置窗口的外观状态。NORMAL：正常，ICONIFIED：最小化
int getState( )	返回获取窗口的外观状态。NORMAL：正常，ICONIFIED：最小化
void setResizable (Boolean 是否可缩放)	设置窗口是否可以调整大小
boolean isResizable( )	返回窗口是否可以缩放大小，boolean 值
static Frame[ ] getFrames()	获取此应用程序所打开的所有窗口，以窗口对象数组的方式返回
voidsetMaximizedBounds(Rectangle 范围)	设置窗口可显示的最大范围
Rectangle getMaximizedBounds( )	返回窗口的最大范围
void setMenuBar(MenuBar 菜单栏)	设置窗口的菜单栏
MenuBar getMenuBar( )	返回窗口的菜单栏对象（MenuBar）

Frame 类的父类是 Window 类，Window 类是 Container 类的子类，Container 类又继承自 Component 类。图 11-2 展示了 Frame 类的继承关系。

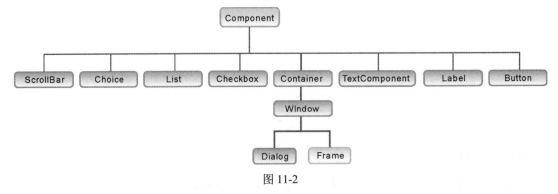

图 11-2

【范例程序：CH11_02】

```
01  /*程序: CH11_02.java
02   *说明: 窗口相关的方法应用
03   */
04
05  import java.awt.*;
06  import javax.swing.*;
07
08  public class CH11_02
09  {
10      public static void main(String[] args)
11      {
12          Frame frmMyFrame=new Frame();
13          Image imgIcon;
14
15          //设置标题栏的文字
16          frmMyFrame.setTitle("窗口相关方法的应用");
17
18          //设置是否可以调整窗口的大小(未设置时其默认为true)
19          frmMyFrame.setResizable(true);
20
21          //设置窗口的状态(未设置时默认为正常，即NORMAL)
22          frmMyFrame.setState(Frame.NORMAL);
23
24          //使用Image类读取图标
25          imgIcon=(new ImageIcon("s3.gif").getImage());
26
27          //给窗口设置图标
28          frmMyFrame.setIconImage(imgIcon);
29
30          frmMyFrame.setSize(300,200);
31          frmMyFrame.setVisible(true);
32      }
33  }
```

【程序的执行结果】

程序的执行结果可参考图 11-3。

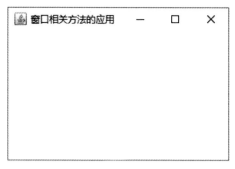

图 11-3

【程序的解析】

第 12 行：创建窗口实例组件。

第 24~28 行：调用 Image 类的 getImage( )方法获取图标，再将图标设置给窗口。

对 Frame 组件而言，除了本身所提供的方法（Method）可以调用之外，别忘了 Frame 是从 Window 组件继承而来的，Window 组件又继承自 Component 组件，所以 Frame 同时拥有 Window 和 Component 两个组件所提供的方法。表 11-4~表 11-6 展示了这些常用的方法及其说明。

表 11-4

Window 类的方法	说明
void toBack( )	设置指定窗口在所有窗口的下面
void toFront( )	设置指定窗口在所有窗口的上面
void pack( )	调整窗口到最适当的大小
boolean isShowing( )	返回一个 boolean 值，表示窗口是否显示在屏幕上

表 11-5

Container 类的方法	说明
void remove(Component 组件名称)	删除容器中指定的组件
void remove(int 组件编号)	删除容器中指定的组件编号。编号按照组件加入容器的顺序，第一个为 0
void removeAll ( )	删除容器中所有的组件

表 11-6

Component 类的方法	说明
void setForeground(Color 颜色)	设置组件的前景色
void setBackground(Color 颜色)	设置组件的背景色
void setFont(Font 字体)	设置组件显示的字体
void setSize(int 宽, int 高)	设置组件显示时的宽与高
void setLocation(int X,int Y)	设置组件显示时的坐标

【范例程序：CH11_03】

```
01    /*程序：CH10_03.java
02     *说明：Frame的基类和父类提供的相关方法
03     */
04
05    import java.awt.*;
06
07    public class CH11_03
08    {
09        public static void main(String[] args)
10        {
11            Frame frmMyFrame=new Frame();
12
13            //设置标题栏的文字
14            frmMyFrame.setTitle("Frame的基类和父类相关方法的应用");
15
16            //设置是否可以调整窗口的大小（未设置时默认为true）
17            frmMyFrame.setResizable(true);
18
19            //设置窗口的状态（未设置时默认为普通，即NORMAL）
20            frmMyFrame.setState(Frame.NORMAL);
21
22            //设置窗口的大小
23            frmMyFrame.setSize(300,200);
24
25            //设置窗口在屏幕上显示的位置
26            frmMyFrame.setLocation(500,500);
27
28            //设置窗口的前景色
29            frmMyFrame.setForeground(Color.BLUE);
30
31            //设置窗口的背景色
32            frmMyFrame.setBackground(Color.cyan);
33
34            frmMyFrame.setVisible(true);
35        }
36    }
```

【程序的执行结果】

程序的执行结果可参考图 11-4。

图 11-4

【程序的解析】

第 22~32 行：继承自 Component 基类，调用由这个类提供的方法。

11.1.2　Pack 方法

在 Java 中，Window 组件提供了一个自动调整窗口大小的方法 Pack( )。Pack( )方法主要用于当窗口内的组件需要根据显示的大小自动调整时。当窗口调用 Pack( )设置为自动调整大小与未设置时，呈现的窗口有所不同，分别如下。

（1）未设置 Pack（见图 11-5）

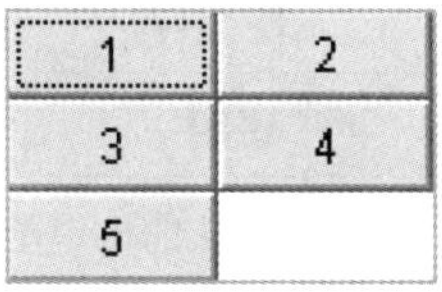

图 11-5

（2）设置 Pack（见图 11-6）

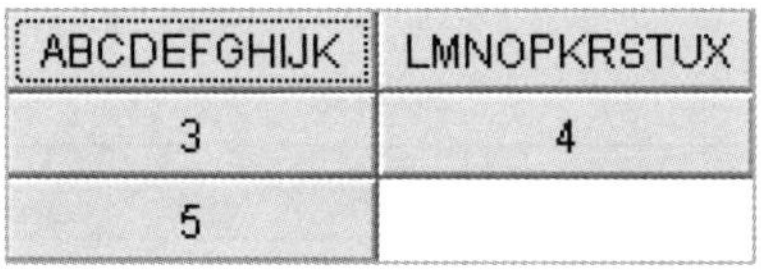

图 11-6

如图 11-6 所示，Pack( )方法是根据窗口内组件本身所需要显示的版面大小将组件调整到适当的长宽。

11.2　版面布局

在 Java 中，版面布局的功能主要是提供快速、美观、弹性的组件布局方式。常用的版面布局的方式可分为以下几种：

（1）流式版面布局（FlowLayout）
（2）边框版面布局（BorderLayout）
（3）网格版面布局（GridLayout）

11.2.1　流式版面布局

所谓流式版面布局，就是对程序窗口中的所有组件做一定流向式的排列。当窗口设置为流式版面布局方式时，组件会按照加入窗口的顺序排列，当显示区域的大小改变时，组件的布局方式会自动地按照从左到右、自上而下的方式将组件调整到适当的位置。

流式版面布局方式是默认的版面布局方式。当组件加入窗口容器时，假如未指定组件所要显示的位置或大小，Java 会自动按照流式版面布局的方式将组件布置在窗口适当的位置。

使用流式版面布局方式必须通过 FlowLayout 类来建立，布局时可以调用窗口容器所提供的

setLayout( )方法来完成。假设一个 Frame 类的对象名为 frmMyFrame，要完成流式版面布局，设置的语法如下：

```
frmMyFrame.setLayout ( new FlowLayout( ) );
```

流式版面布局所提供的构造函数及其说明可参考表 11-7。流式版面布局所提供的方法及其说明可参考表 11-8。

表 11-7

流式版面布局类的构造函数	说明
FlowLayout ( )	默认的构造函数
FlowLayout (int 组件排列方向)	设置组件在窗口中排列的方向
FlowLayout (int 组件排列方向, int 组件横向间隔, int 组件纵向间隔)	设置组件在窗口中排列的方向以及组件间横向与纵向的间隔

表 11-8

流式版面布局类的方法	说明
void setAlignment (int 方向)	设置组件排列的方向
int getAlignment ( )	获取组件排列的方向
int getRows ( )	获取版面布局纵向的网格数
int getVgap ( )	获取版面布局纵向组件的间隔大小
void setHgap (int 横向组件间隔)	设置横向组件间隔
void setVgap (int 纵向组件间隔)	设置纵向组件间隔

流式版面布局的结果如下：

（1）程序刚执行时，如图 11-7 所示。

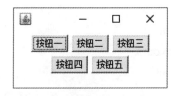

图 11-7

（2）程序执行过程中改变了窗口的外观之后，如图 11-8 所示。

图 11-8

【范例程序：CH11_04】

```
01   /* 程序: CH11_04.java
02    * 说明: 流式版面布局方式
03    */
04
05   import java.awt.*;
06
07   class CH11_04 extends Frame
08   {
09       private static final long serialVersionUID = 1L;
10
11       public CH11_04 ()
12       {
13
14           //设置窗口的大小
15           setSize(110,110);
16
17           //设置版面布局方式
18           setLayout(new FlowLayout());
19
20           //加入控件
21           add(new Button("按钮一"));
22           add(new Button("按钮二"));
23           add(new Button("按钮三"));
24           add(new Button("按钮四"));
25           add(new Button("按钮五"));
26
27           //显示窗口
28           setVisible(true);
29
30       }
31
32       public static void main(String[] args)
33       {
34           new CH11_04();
35       }
36   }
```

【程序的执行结果】

程序的执行结果可参考图 11-9。

图 11-9

【程序的解析】

第 21~25 行：按序加入 5 个按钮的控件，并调用 show( )方法将窗口显示出来。

第 28 行：调用 setVisible(true)方法将窗口显示出来。

11.2.2 边框版面布局

当窗口设置为边框版面布局（BorderLayout）方式时，窗口版面会被分割为东、西、南、北、中 5 部分，组件会按照指定的方向布置在窗口内。

通常边框版面布局方式主要应用的时机和场合是，当窗口的中心位置用于信息的显示时，或者希望把组件布置在窗口的周边时。选择边框版面布局方式必须通过 BorderLayout 类来建立，布局时可以调用窗口容器所提供的 setLayout( )方法来完成。

假设一个 Frame 类的对象名为 frmMyFrame，要完成边框版面布局，设置的语法如下：

```
frmMyFrame.setLayout(new BorderLayout( ));
```

当组件加入窗口容器时必须指定布局的位置，指定语法如下：

```
Add (new Button("北"), BorderLayout.NORTH);
```

上面这条语句加入了一个按钮（Button），并指定布局的位置在窗口的上方。BorderLayout 类所提供的构造函数及其说明可参考表 11-9。BorderLayout 类所提供的方法及其说明可参考表 11-10。

表 11-9

BorderLayout 类的构造函数	说明
BorderLayout ()	默认的构造函数
BorderLayout (int 横向组件间隔, int 纵向组件间隔)	设置横向和纵向组件间隔的大小

表 11-10

BorderLayout 类的方法	说明
int getRows ( )	获取版面布局中纵向的间隔大小
int getVgap ( )	获取版面布局中纵向组件的间隔大小
void setHgap(int 横向组件间隔)	设置横向组件间隔
void setVgap(int 纵向组件间隔)	设置纵向组件间隔

采用边框版面布局方式的布局结果如图 11-10 所示。

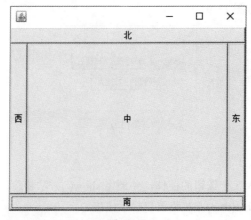

图 11-10

【范例程序：CH11_05】

```
01    /* 程序：CH11_05.java
02     * 说明：边框版面布局（BorderLayout）的方式
03     */
04
05    import java.awt.*;
06
07    class CH11_05 extends Frame
08    {
09        private static final long serialVersionUID = 1L;
10
11        public CH11_05 ()
12        {
13
14            //设置窗口的大小
15            setSize(110,110);
16
17            //设置版面布局的方式
18            setLayout(new BorderLayout());
19
20            //加入组件
21            add(new Button("东"), BorderLayout.EAST);
22            add(new Button("西"), BorderLayout.WEST);
23            add(new Button("南"), BorderLayout.SOUTH);
24            add(new Button("北"), BorderLayout.NORTH);
25            add(new Button("中"), BorderLayout.CENTER);
26
27            //将窗口显示出来
28            setVisible(true);
29
30        }
31
32        public static void main(String[] args)
33        {
34            new CH11_05();
35        }
36    }
```

【程序的执行结果】

程序的执行结果可参考图 11-11 和图 11-12。

（1）程序执行时（未调整窗口大小前），如图 11-11 所示。

图 11-11

（2）调整窗口大小后，如图 11-12 所示。

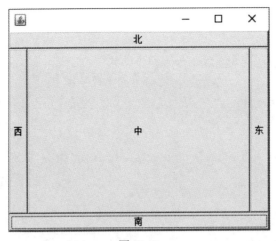

图 11-12

【程序的解析】

第 21~25 行：设置各个按钮组件在版面区域内摆放的位置。

第 21 行："add(new Button("东"), BorderLayout.EAST);"是将按钮加入窗口并指定摆放的位置，这条语句的意思是：将按钮"东"按照边框版面布局方式加入窗口的东边（EAST），之后的西边（WEST）、南边（SOUTH）、北边（NORTH）和中间（CENTER）以此类推。

11.2.3 网格版面布局

网格版面布局（GridLayout）方式要求窗口版面均分，当窗口设置为这种版面布局方式时，窗口版面将根据所设置的长与宽的网格数把窗口等分为长乘以宽的数量。假如设置版面时长为 3、宽为 4，则版面布局后的结果窗口将呈现为"3×4=12"等份。

采用网格版面布局方式必须通过 GridLayout 类来建立，布局时可以调用窗口容器所提供的 setLayout( )方法来完成。假设一个 Frame 类的对象名为 frmMyFrame，要完成网格版面布局，设置的语法如下：

```
frmMyFrame.setLayout (new GridLayout (宽,高));
```

当组件加入窗口容器时必须指定布局的位置，指定的语法如下：

```
add(new Button("Button"));
```

上面这条语句加入了一个按钮（Button）组件，版面会按照加入的顺序从左到右、自上而下排列组件。网格版面布局提供了相关的构造函数及方法供调用，构造函数及其说明如表 11-11 所示，方法及其说明如表 11-12 所示。

表 11-11

GridLayout 类的构造函数	说明
GridLayout ( )	默认的构造函数
GridLayout (int 宽, int 长)	设置横向和纵向所要划分的网格数
GridLayout (int 宽, int 长, int 横向间距, int 纵向间距)	设置横向和纵向所要划分的网格数，且设置横向和纵向组件之间的间隔大小

表 11-12

GridLayout 类的方法	说明
void addLayoutComponent (String 组件名称, Component 组件)	给指定的组件设置名称并加入版面布局中
int getColumns ( )	获取版面布局横向的网格数
int getHgap ( )	获取版面布局中横向组件的间隔大小
int getRows ( )	获取版面布局纵向的网格数
int getVgap ( )	获取版面布局中纵向组件的间隔大小
void layoutContainer(Container 容器)	指定容器的版面布局方式为网格版面布局方式
void setColumns (int 横向方格数)	设置横向网格数
void setRows (int 纵向方格数)	设置纵向网格数
void setHgap (int 横向组件间隔)	设置横向组件的间隔
void setVgap (int 纵向组件间隔)	设置纵向组件的间隔

【范例程序：CH11_06】

```
01     /* 程序：CH11_06.java
02      * 说明：网格版面布局的方式
03      */
04
05     import java.awt.*;
06
07     class CH11_06 extends Frame
08     {
09         private static final long serialVersionUID = 1L;
10
11         public CH11_06 ()
12         {
13
14             //设置窗口的大小
15             setSize(110,110);
16
17             //设置版面布局的方式
18             setLayout(new GridLayout(3,2));
19
20             //加入组件
21             add(new Button("1"));
22             add(new Button("2"));
23             add(new Button("3"));
```

```
24          add(new Button("4"));
25          add(new Button("5"));
26
27          //把窗口显示出来
28          setVisible(true);
29
30      }
31
32      public static void main(String[] args)
33      {
34          new CH11_06();
35      }
36  }
```

【程序的执行结果】

程序的执行结果可参考图 11-13。

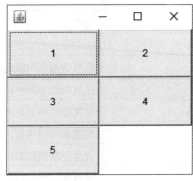

图 11-13

【程序的解析】

第 18 行：设置所要划分的网格数，"new GridLayout(3,2)"表示要分割出 3（行）×2（列）=6 网格。

11.3 事件处理的实现

窗口模式与文本模式最大的不同在于用户与程序之间的操作模式。在文本模式下，用户必须按照程序规划的流程来操作；在窗口模式下，用户的操作则是通过事件的触发来与程序进行沟通的。事件的定义：用户执行窗口程序时，对窗口组件所进行的操作。

在传统的文本模式下，程序与用户是通过固定的流程来互动的，用户必须按照程序所规划的流程进行相应的操作，只有这样程序才能获取用户所输入的信息，再进行适当的处理；在窗口模式下，程序与用户互动的流程不再是固定的，当程序需要获得用户所输入的信息时，必须在特定组件上加入事件处理部分的程序代码，当用户通过操作界面和设备（如鼠标或键盘等）输入信息时，这时特定的事件将会被触发，随后调用事件处理程序来处理用户的需求。

在窗口模式下，与事件触发相关的角色有三个："事件触发者""事件监听者"和"事件处理者"（在 Java 语言中，后两者分别被称为"事件监听器"和"事件处理器"），这三者的关系图如图 11-14 所示。

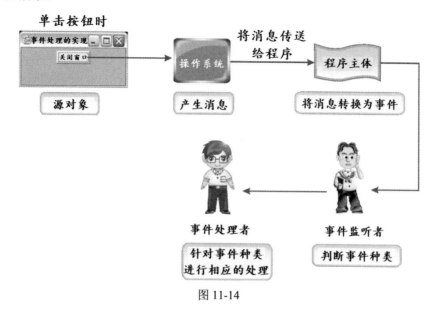

图 11-14

如图 11-14 所示，窗口代表事件触发者，当程序将窗口中的任意一个组件（包括窗口本身）加入监听事件时，只要该组件被触发（如鼠标移动、单击鼠标），该组件的监听事件就会被执行，而监听事件的执行程序代码就是事件处理的方式。

在 Java 窗口模式下，Java 提供了许多事件监听器（EventListener）。事件的种类包含窗口事件（WindowsEvent）、鼠标事件（MouseEvent）及键盘事件（KeyEvent）等。事件监听器以接口的方式来定义，假如要加入某一种监听器接口，则必须实现该监听器接口。

11.3.1　事件类

事件类（Event Class）是 Java 事件处理机制的核心。事件类是分层派生而来的，是从 EventObject 类中派生出 AWTEvent 类，再从 AWTEvent 类派生出不同类的事件类，以用于不同的需求。事件类分成"高级事件类"和"低级事件类"。图 11-15 展示了整个事件类的继承关系。

图 11-15　整个事件类的继承关系图

高级事件类是从 AWTEvent 类派生的子类，而低级事件类是从 ComponentEvent 类派生的子类以及从 InputEvent 类派生的子类。表 11-13 和表 11-14 分别列出了高级事件类和低级事件类的常用构造函数与方法。

表 11-13

高级事件类	使用说明
ActionEvent	当单击按钮（Button）、菜单（Menu）、列表框（List）或者输入文字或数字的文本框（TextField）触发的事件类
HierachyEvent	当容器（Container）中的组件（Component）发生结构改变时触发的事件
AdjustmentEvent	滚动窗口中的滚动条（Scroll Bar）时触发的事件
ComponentEvent	当组件（Component）被移动、隐藏、重新设置大小或者显现时触发的事件
ItemEvent	下拉式菜单（Choice）、列表框（List）或者复选框（Check Box）、可选择的菜单项（Checkable Menu Item）被选择或取消选择时触发的事件
InvocationEvent	当调用具有可运行（Runnable）接口对象的 run( )方法时触发的事件
TextEvent	改变文本字段（TextField）或文本框（TextArea）中的文字时触发的事件
TextSelectionEvent	选择文本字段（TextField）或文本框（TextArea）中的文字时触发的事件

表 11-14

低级事件类	使用说明
ContainerEvent	在容器（Container）中添加组件或删除组件触发的事件
WindowEvent	当执行打开（open）、关闭（close）、闲置、图标化（iconified，即缩小）、取消图标化（deiconified，即还原）、获得主控权（activated）和失去主控权（deactivated）等操作时触发的事件
InputEvent	组件（Component）输入事件的父类，属于抽象类
FocusEvent	组件（Component）获得主控权（activated）和失去主控权（deactivated）触发的事件
MouseEvent	当鼠标被拖曳（draged）、单击（clicked）、移动（moved）和鼠标按钮被松开时触发的事件
MouseWheelEvent	当滚动鼠标滚轮时触发的事件
KeyEvent	从键盘（keyboard）输入时，按下按键和松开按键时触发的事件

在了解了高级事件类和低级事件类的常用构造函数与方法之后，还要注意两个重要的事件类——EventObject 和 AWTEvent。这两个类的关系是，EventObject 类是 AWTEvent 类的父类。下面就分别说明 EventObject 类和 AWTEvent 类。

EventObject 类：所有事件类的基类（或父类），包含在 java.util 程序包中，EventObject 类内含以下两个方法。

- getSource( )：将返回"源"事件。
- toString( )：返回事件字符串。

AWTEvent 类：所有 AWT 的基类（或父类），包含在 java.util 程序包中。其中的方法 getID( ) 是用来获取事件类型的。

11.3.2　事件来源与监听器接口

事件（Event）的触发一定会有来源，譬如单击"确定"按钮，单击的动作是事件产生的来源，因为改变了内部的状态，有可能是发送出"OK"的消息。因此，事件来源（Event Source）是指"触发事件的对象是因其内部状态改变所致的"，事件来源可能产生于一个或多个对象。

既然有事件触发，相对应的就有事件的处理。事件监听器（Event Listener）提供了接收和处理事件的方法，是事件触发时会被通知的对象。事件监听器接口（Event Listener Interface）能够提供一个或多个方法来接收和处理事件。图 11-16 展示的是事件来源与事件监听器之间的关系。

事件来源　　　　　　　　监听器
（Event Source)　　　（Listener)

图 11-16

表 11-15 和表 11-16 分别列出了事件来源和事件监听器接口。

表 11-15

事件来源	使用说明
Button（按钮）	单击按钮时，触发 action 事件
Checkbox（复选框）	勾选或取消勾选时，触发 item 事件
Choice（选项）	Choice 被选取时，触发 item 事件
List（列表选项）	双击列表中的选项时，触发 action 事件；当列表中的选项被选取或取消选取时，触发 item 事件
Menu Item（菜单项）	菜单项被选取时，触发 action 事件。当可复选菜单项（Checkable Menu Item）被选取时，触发 item 事件
Scrollbar（滚动条）	鼠标的滚轮滚动时，触发 adjustment 事件
Text Components（文字组件）	输入文字时，触发 text 事件
Window（窗口）	当执行打开（open）、关闭（close）、闲置、图标化（iconified，即缩小）、取消图标化（deiconified，即还原）、获得主控权（activated）和失去主控权（deactivated）等操作时所触发的 Window 事件

表 11-16

事件监听器接口	使用说明
ActionListener	定义一个接收 action 事件的方法
AdjustmentListener	定义一个接收 adjustment 事件的方法
ComponentListener	4 个方法，用于辨别组件被移动、隐藏、重新调整大小或者显现
ContainerListener	两个方法，用于辨别容器中添加组件或删除组件
FocusListener	两个方法，用于辨别组件获得主控权（activated）和失去主控权（deactivated）
ItemListener	定义一个接收组件选项内部状态改变的 item 事件的方法
KeyListener	3 个方法，用于辨别在键盘（keyboard）输入时，是按下按键还是放开按键

下面介绍事件监听接口中方法的调用。

（1）记录事件来源的监听器

【记录事件来源的语法】

```
public void addTypeListener (TypeListener 事件对象)
```

说明：此方法是用来记录事件来源的监听器的，以便能够找出相应的事件类型。括号中的参数是指监听器的引用位置。简而言之，当触发一个事件时，所有的事件监听器都会收到"消息"，通知现在有事件发生，但是只有和事件类型相符合的事件监听器才会收到"通知单"。

（2）取消记录事件来源的监听器

【取消记录事件来源的语法】

```
public void removeTypeListener (TypeListener 事件对象)
```

11.4 低级事件类

派生自 ComponentEvent 事件类和派生自 InputEvent 事件类的事件类均属于"低级事件类"，ComponentEvent 事件类包含 4 种事件类，InputEvent 事件类包含 3 种事件类。图 11-17 展示了低级事件类的继承关系。

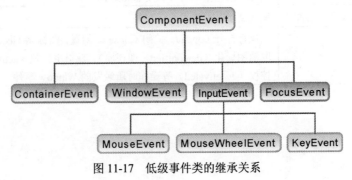

图 11-17 低级事件类的继承关系

11.4.1　ComponentEvent 类

（1）ComponentEvent 事件的产生

ComponentEvent 事件类是所有低级事件类的基类，它的使用时机是，当组件被移动、隐藏、重新调整大小或者显现时。ComponentEvent 事件类定义了 4 种类型的整数常数，表 11-17 列出了这些常数的名称与含义。

表 11-17

ComponentEvent 类的常数	说明
COMPONENT_HIDDEN	隐藏组件
COMPONENT_MOVED	移动组件
COMPONENT_RESIZED	重新调整组件的大小
COMPONENT_SHOWN	显示组件

【ComponentEvent 构造函数的语法】

```
ComponentEvent (Component ref, int type)
```

说明：其中 ref 是"指向触发事件的对象"，type 是指"属于哪种类型的事件"。ComponentEvent 事件类内还提供了一个方法，它可以返回触发事件的组件，这个方法的语法如下：

```
Component getComponent ( );
```

（2）ComponentEvent 事件的触发

ComponentEvent 事件触发时，会调用 ComponentListener 来接收 ComponentEvent 事件。

11.4.2　InputEvent 类

（1）InputEvent 事件的触发

InputEvent 事件类不仅是 ComponentEvent 事件类的子类，也是 MouseEvent 事件类与 KeyEvent 事件类的父类。

（2）监听器部分

关于监听器的部分，调用 KeyListener、MouseListener 和 MouseMotionListener 来接收 KeyEvent 事件类或 MouseEvent 事件类。

11.4.3　WindowEvent 类

（1）WindowEvent 事件的触发

当执行打开（open）、关闭（close）、闲置、图标化（iconified，即缩小）、取消图标化（deiconified，即还原）、获得主控权（activated）和失去主控权（deactivated）等操作时所触发的事件。

【WindowEvent 构造函数的语法】

```
WindowEvent (Object obj, int ID)
```

语法说明：其中 obj 是"触发事件的窗口对象"，ID 是指"触发事件的类型变量"。表 11-18 列出了常数的名称及说明。表 11-19 列出了类的方法。

表 11-18

WindowEvent 类的常数	说明
WINDOW_ICONIFIED	缩小窗口，即图标化窗口
WINDOW_DEICONIFIED	将缩小的窗口还原，即取消图标化
WINDOW_OPENED	打开窗口
WINDOW_CLOSING	关闭窗口
WINDOW_ACTIVATED	取得窗口主控权
WINDOW_DEACTIVATED	失去窗口主控权

表 11-19

WindowsEvent 类的方法	说明
Window getWindow ( )	获取 WindowEvent 事件的窗口对象
String paramString ( )	事件的字符串参数

（2）监听器部分

【WindowListener 的语法】

```
public void addWindowListener (WindowListener 对象)
```

语法说明：addWindowListener 是指"记录窗口事件的监听器"，用于接收窗口所触发的事件。WindowListener 是指"根据不同的窗口事件调用不同的处理方法"。表 11-20 列出了 WindowListener 事件类的方法。

表 11-20

WindowListener 类的方法	说明
void windowActioned (WindowEvent 对象)	被监听的窗口获得主控权
void windowDeactioned (WindowEvent 对象)	被监听的窗口失去主控权
void windowClosed (WindowEvent 对象)	被监听的窗口被关闭了
void windowClosing (WindowEvent 对象)	被监听的窗口正在关闭
void windowDeiconified (WindowEvent 对象)	被监听的窗口被缩小了，即图标化
void windowIconified (WindowEvent 对象)	被监听的窗口被还原了，即取消图标化
void windowOpened (WindowEvent 对象)	被监听的窗口被打开了

【范例程序：CH11_07】

```
01    /* 程序：CH11_07.java
02     * 说明：实现WindowEvent事件类
03     */
04
05    import java.awt.*;
06    import java.awt.event.*;
07
08    public class CH11_07 extends Frame implements WindowListener{
09        private static final long serialVersionUID = 1L;
10        public static void main(String args[]) {
11            CH11_07 WL = new CH11_07();
12            WL.addWindowListener(new CH11_07());
13            WL.setBounds(120, 120, 240, 240);
14            WL.setVisible(true);
15        }
16        public void windowClosing(WindowEvent e) {
17            System.out.println("窗口关闭");
18            System.exit(0);
19        }
20        public void windowActivated(WindowEvent e) {
21            System.out.println("取得窗口主控权");
22        }
23        public void windowDeactivated(WindowEvent e) {
24            System.out.println("失去窗口主控权");
25        }
26        public void windowDeiconified(WindowEvent e) {
27            System.out.println("窗口还原了");
28        }
29        public void windowIconified(WindowEvent e) {
30            System.out.println("窗口缩小了");
31        }
32        public void windowOpened(WindowEvent e) {
33            System.out.println("窗口被打开了");
34        }
35        public void windowClosed(WindowEvent e) {
36        }
37    }
```

【程序的执行结果】

程序的执行结果可参考图 11-18~图 11-21。

（1）编译完成后，第一次执行程序所显示的结果如图 11-18 所示。

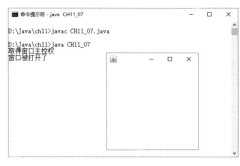

图 11-18

（2）缩小窗口，如图 11-19 所示。

图 11-19

（3）关闭窗口，如图 11-20 所示。

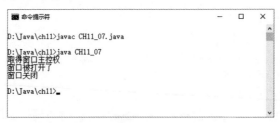

图 11-20

（4）执行缩小和还原、关闭窗口，如图 11-21 所示。

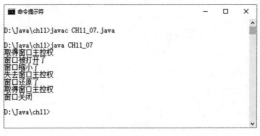

图 11-21

11.4.4 MouseEvent 类

（1）MouseEvent 事件的触发

当鼠标被拖曳（draged）、单击（clicked）、移动（moved）和松开鼠标按钮时所触发的事件。

【MouseEvent 构造函数的语法】

> MouseEvent (component 源对象, int ID, int 时间, int 限定按键, int x, int y, int 次数)

语法说明：源对象指的是"触发事件的鼠标对象"，ID 是指"触发事件的类型变量"，时间是指"触发事件的时间长短"，x、y 是指"鼠标的坐标位置"，次数是指"单击鼠标的次数"。表 11-21 列出了 MouseEvent 事件类常数的名称及说明。表 11-22 列出了 MouseEvent 事件类的方法及说明。

表 11-21

MouseEvent 类的常数	说明
MOUSE_CLICKED	单击鼠标
MOUSE_DEAGGED	拖曳鼠标
MOUSE_ENTERED	鼠标指针指向某个组件
MOUSE_MOVED	移动鼠标
MOUSE_EXITED	鼠标指针离开某个组件
MOUSE_PRESSED	按下鼠标按键
MOUSE_RELEASED	放开鼠标按键

表 11-22

MouseEvent 类的方法	说明
void translatePoint (int x, int y)	将鼠标设置到 x、y 指定的坐标位置
String paramString ( )	事件的字符串参数

（2）监听器部分

【MouseListener 的语法】

```
public void addMouseListener (MouseListener 对象)
```

语法说明：addMouseListener 是指"记录鼠标事件的监听器"，用来接收鼠标所触发的事件。MouseListener 是指"根据不同的鼠标事件调用不同的处理方法"。表 11-23 列出了 MouseListener 事件类的方法。

表 11-23

MouseListener 类的方法	说明
void mouseEntered ( )	鼠标进入（Entered）被监听的组件
void mouseExited ( )	鼠标离开（Exited）被监听的组件
void mousePressed ( )	在监听的组件上按下（Pressed）鼠标按键
void mouseReleased ( )	在监听的组件上放开（Released）鼠标按键
void mouseClicked ( )	在监听的组件上单击（Clicked）鼠标按键

11.4.5 KeyEvent 类

（1）KeyEvent 事件的触发

从键盘输入时，就是按下（Pressed）按键和放开（Released）按键时所触发的事件。

【KeyEvent 构造函数的语法】

```
KeyEvent (component 源对象, int ID, long 时间, int 限定按键, int 按键码)
```

> **KeyEvent (component 源对象, int ID, long 时间, int 限定按键, int 按键码, int 按键字符)**

语法说明:源对象指的是"触发事件的键盘对象",ID 是指"触发事件的类型变量",时间是指"触发事件的时间长短",限定按键指的是 Shift、Ctrl、Alt 按键的 ID,按键码是指"触发事件的按键 ID"、按键字符是指"触发事件的按键对应的 Unicode 编码"。表 11-24 和表 11-25 分别列出了 KeyEvent 事件类按键 ID 和 KeyEvent 事件类的方法。

表 11-24

KeyEvent 事件类的按键 ID	说明
VK_A ~ VK_Z	按下英文字母键 A ~ Z
VK_0 ~ VK_9	按下数字键 1 ~ 9
VK_SHIFT	按 Shift 键
VK_ALT	按 Alt 键
VK_CTRL	按 Ctrl 键
VK_F1 ~ VK_F12	按下功能键 F1~F12
VK_ENTER	按 Enter 键
VK_BACK_SPACE	按 Backspace 键,即退格键
VK_TAB	按 Tab 键,即制表符键
VK_SPACE	按 Space 键,即空格键
VK_ESCAPE	按 Escape 键,即退出键
VK_DELETE	按 Delete 键,即删除键
VK_PAGE_UP	按 Page Up 键,即向上翻页键
VK_PAGE_DOWN	按 Page Down 键,即向下翻页键

表 11-25

KeyEvent 事件类的方法	说明
char getKeyChar ( )	获取按键的 Unicode 编码
int getKeyCode ( )	获取按键的编码
String getKeyModifierText (int 限定类型)	获取按键的限定类型
String getKeyText (int ID)	获取按键对应的 ID
boolean isActionKey ( )	判定是否是 action key
void setKeyChar (char 字符)	更改按键的 Unicode 编码
void setKeyCode (char ID)	更改按键的 ID
void setKeyModifierText (int 限定类型)	更改按键的限定类型
String paramString ( )	获取事件的字符串变量

（2）监听者部分

【KeyListener 的语法】

```
public void addKeyListener (KeyListener 对象)
```

语法说明：addKeyListener 是指"记录键盘事件的监听器"，用来接收键盘所触发的事件。KeyListener 是指"根据不同的键盘事件调用不同的处理方法"。表 11-26 列出了 KeyListener 事件类的方法及说明。

表 11-26

KeyListener 事件类的方法	说明
void KeyPressed (KeyEvent 对象)	按下 Pressed 按键时所调用的方法
void KeyReleased (KeyEvent 对象)	放开 Released 按键时所调用的方法
void KeyTyped (KeyEvent 对象)	按下并放开 Pressed 和 Released 按键时所调用的方法

11.5　高级应用练习实例

在本章中，我们讲述了创建窗口界面的基本概念，还介绍了在窗口中各种版面布局的方式。下面通过一个高级应用练习实例进一步熟悉各种简易窗口应用程序的设计流程。

通过鼠标事件的触发来改变窗口的背景色

请用 Java 设计一个窗口界面，其默认的背景色为红色，在窗口中有一个按钮，按钮上的文字为"关闭窗口"。当鼠标移入窗口内时，窗口的背景色会从红色变成黄色；当鼠标移到按钮上时，窗口的背景色会从黄色变成蓝色；当鼠标移出按钮时，窗口的背景色会从蓝色变成黄色；当单击这个按钮时，则会关闭窗口。

【综合练习】通过鼠标事件的触发来改变窗口的背景色

```
01    //通过鼠标事件的触发来改变窗口的背景色
02    import java.awt.*;
03    import java.awt.event.*;
04    public class WORK11_01 extends Frame implements ActionListener
05    {
06        private static final long serialVersionUID = 1L;
07    private static Button myButton;
08        public WORK11_01()
09        {
10            setSize(400,200);
11            setTitle("通过鼠标事件的触发来改变窗口的背景色");
12            setLayout(new FlowLayout());
13            setBackground(Color.RED);
14            myButton = new Button("关闭窗口");
15            //Java内置的事件监听器
16            myButton.addActionListener(this);
17            add(myButton);
```

```
18              //自定义的事件监听器
19              addWindowListener(new MyListener());
20              setVisible(true);
21          }
22      public static void main(String args[])
23      {    //实现程序窗口
24          final WORK11_01 myFrm = new WORK11_01();
25          //内部匿名类模式
26          myFrm.addMouseListener(
27          new MouseAdapter(){
28              public void mouseEntered(MouseEvent myevent1){
29                  myFrm.setBackground(Color.YELLOW);}
30              public void mouseExited(MouseEvent myevent2){
31                  myFrm.setBackground(Color.BLUE);}
32          });
33      }
34      //Java内置的事件处理器
35      public void actionPerformed(ActionEvent myevent3){
36          System.exit(0);}
37      //自定义的事件处理器
38      private class MyListener extends WindowAdapter {
39          public void windowClosing(WindowEvent myevent4){
40          System.exit(0);}}
41  }
```

【程序的执行结果】

程序的执行结果可参考图 11-22。

图 11-22

课后习题

一、填空题

1. 采用边框版面布局方式时可以调用窗口容器所提供的_____方法来完成。

2. _____程序包主要包含 Java 应用程序及 Applet 所需的用户界面控件。

3. Java 所提供的 AWT 类包含在_____中，AWT 组件都继承自_____。

4. 在 Java 的任何窗口应用程序中，操作和显示所有组件之前必须先将这些组件加入_____中。

5. 由于继承关系，因此 Frame 同时拥有_____和_____两个组件所提供的方法。

6. AWT（Abstract Window Toolkit，抽象窗口工具包）的组件都是_____的子类，它包含

设计窗口应用程序时要使用到的_____、_____、_____和_____等设计组件。

7. _____方法主要用于当需要窗口内的组件根据显示的大小自动调整时。

8. _____方式是默认的版面布局方式。

9. 当窗口设置为_____方式时，窗口版面会被分割为东、西、南、北、中 5 部分。

10. 当窗口设置为_____方式时，窗口版面将根据所设置的网格长与宽的数量把窗口等分为长乘以宽的数量。

11. 在窗口模式下，用户的操作是通过_____的触发来与程序进行沟通的。

12. 在窗口模式下，与事件触发相关的角色有三个：_____、_____及_____。

13. 在 Java 窗口模式下提供了许多事件监听，事件的种类包含_____、_____及_____等。

二、问答与实践题

1. AWT 程序包大概有哪几种类型？

2. GUI（Graphics User Interface）的意思是什么？

3. AWT（Abstract Windowing Toolkit）的意思是什么？

4. 请画出 java.awt.Container 的类继承关系图。

5. 请用 Java 设计一个简单的窗口框架。

6. pack( )方法的主要作用是什么？

7. 请举出三种版面布局方式。

8. 版面布局主要的作用是什么？

9. 什么是流式版面布局？

10. 简述事件的定义。

11. 请设计一个 Java 窗口程序，外观如图 11-23 所示，其中窗口的背景颜色为黄色，而字体的设置如下：

```
Font("楷体", Font.ITALIC|Font.BOLD, 16)？
```

图 11-23

12. 请采用流式版面布局来管理如图 11-24 所示的 4 个标签。

图 11-24

第 **12** 章

Swing 程序包开发守则

Swing 程序包是一个完全用 Java 语言编写的新版窗口程序包，它定义在 javax.swing 类下，并提供了比 AWT 程序包更多、更新的功能。大部分的 Swing 组件都继承自 JComponent 类，所以它的组件名称大都是以"J"字母开头的，以此来区分 AWT 的组件。Java Swing 是 Java 用来开发窗口应用程序的新技术，以 AWT 的架构为基础，相关的组件除了基本的按钮（Button）、复选框（Checkbox）、标签（Label）和文本框（Textbox）外，Swing 还提供了树形图（Tree）、表格（Table）和滚动式面板（Scroll Pane）等组件。在本章中，我们将介绍 Swing 的特色及组件外观，并针对几个重要的组件为大家说明这些组件的实现方式及其主要的应用场合。

本章的学习目标

- Swing 程序包特色
- 调整 Swing 组件外观
- JButton（按钮）组件
- JCheckBox（复选框）组件
- JRadioButton（单选按钮）组件
- JTextField（文本字段）与 JTextArea（文本框）组件
- JList（列表框）组件
- 创建页签

12.1　Swing 程序包的简介

我们先列出 Swing 程序包与 AWT 程序包的继承关系，再来说明 Swing 与 AWT 程序包的相同点与差异性。Swing 程序包与 AWT 程序包的继承关系如图 12-1 所示。

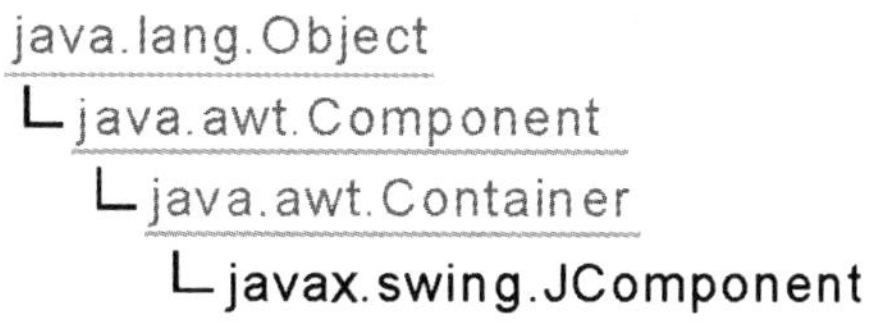

java.lang.Object
└ java.awt.Component
　└ java.awt.Container
　　└ javax.swing.JComponent

图 12-1

从图 12-1 的继承关系中，我们知道 Swing 程序包继承自 AWT 中的 Component 类。所以在方法的调用上，可以调用 Swing 程序包中的类方法，也可以调用 AWT 类中 Component 类的方法。不过，即使 Swing 和 AWT 是继承的关系，仍然存在一些差异。图 12-2 完整地展示出了 Swing 类的继承关系。

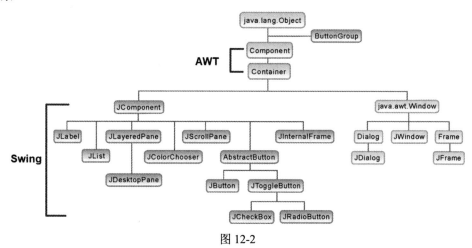

图 12-2

JComponent 类继承自 java.awt.Container 类，因此 Swing 的相关程序包主要是 AWT 程序包的扩展。即便如此，在一些使用和操作上，Swing 程序包还是比 AWT 简单。Swing 程序包的特点归纳如下：

（1）运行时可更换外观，或者重新实现组件外观。

（2）可使用鼠标执行拖曳操作。

（3）具有工具提示文字的功能。

（4）组件较为容易扩展，并可创建自定义的组件。

（5）支持特定的调试功能，并提供了组件以"慢动作"方式执行的功能等。

既然 Swing 程序包主要从 AWT 程序包扩展而来，大家也许会问，为何不直接将 Swing 新增的功能加到 AWT 程序包呢？虽然 Swing 程序包继承自 AWT 程序包，但是 Swing 程序包拥有自己组件外观的绘制方式。通常 AWT 程序包被称为重量级（Heavyweight）组件，其原因是 AWT 程序包会根据操作系统的不同而采用不同的组件外观，组件创建时对系统的负载较重；而 Swing 程序包一般被称为轻量级（Lightweight）组件，主要原因是 Swing 程序包拥有自己组件外观的绘制方式，不会因为操作系统的不同而选用不同的外观，因而对系统的负载较轻。

12.1.1　Swing 窗口的层级结构

在创建 Swing 窗口时，会产生以下 5 个层级来布局组件。

- Top Level Container（最顶层容器）

Top Level Container 是最基本的层级，以下所有的层级都是从这个层级扩展出来的，它属于窗口容器组件，并且可以加入其他窗口组件，如 JFrame 框架、JApplet 窗口、JDialog 对话框和 JWindow 等 Swing 程序包的上层容器。所谓上层容器，是指窗口组件所能依附的最高层级，也就是说，所有的 Swing 程序包中的组件都必须先加入 JFrame、JApplet 和 JDialog 等上层容器，才能加入 Swing 程序包的其他组件中，所以我们称它为基本的层级。

- Root Pane（根面板）

Root Pane 是 Top Level Container 层级的最内层。一般来说，我们不需要在这一层级进行任何设置。

- Layered Pane（分层面板）

Layered Pane 是 Swing 程序包中 JLayoutPane 类的实例。它属于 Swing 程序包的中层容器，主要的功能是管理下一层级的 Content Pane（内容面板）以及设置图层的显示和遮罩的功能。

- Content Pane（内容面板）

Content Pane 主要是加入基本的图形组件和改变 Swing 窗口版面布局的层级区。

- Glass Pane（透明面板）

Glass Pane 是用来产生绘图效果和处理窗口程序事件的层级。

12.1.2　Swing 相关组件的说明

Swing 程序包的相关组件及说明如表 12-1 所示。

表 12-1

组件名称	说明
JApplet	与 Applet 相同，可加入 Swing 组件
JCheckBox	复选框
JCheckBoxMenuItem	复选框菜单项
JColorChooser	颜色选择器
JComboBox	下拉菜单栏
JComponent	组件
JButton	按钮

（续表）

组件名称	说明
JdesktopPane	桌面面板
JDialog	对话框
JInternalFrame	内部框架
JEditorPane	文本编辑器
JFileChooser	文件选择器
JFrame	框架
JInternalFrame.JDesktopIcon	内部框架图形界面
JLabel	标签
JOptionPane	选项面板
JPanel	面板
JLayeredPane	分层面板
JList	列表框
JMenu	菜单
JMenuBar	菜单栏
JPasswordField	密码输入字段
JPopupMenu	弹出式菜单
JRootPane	根面板
JScrollBar	滚动条
JScrollPane	滚动式面板
JPopupMenu.Separator	弹出式菜单的分隔线
JProgressBar	进度条
JRadioButton	单选按钮
JRadioButtonMenuItem	单选按钮菜单项
JSeparator	下拉式菜单的分隔线
JSlider	微调滑块
JSplitPane	分隔面板
JTabbedPane	页签
JTable	表格
JTextArea	文本框
JTextField	文本字段

（续表）

组件名称	说明
JtextPane	文本面板
JToggleButton	开关按钮
JToggleButton.ToggleButtonModel	开关按钮的开关模式
JToolBar	工具栏
JToolBar.Separtor	工具栏的分隔线
JToolTip	工具提示文字
JTree	树形图
JTree.DynamicUtilTreeNode	树形图，动态
JTree.EmptySelectionModel	树形图，空选择模式
JViewport	视区（或称为视口）
JWindow	窗口

与 AWT 程序包相比，Swing 程序包新增的功能如下。

（1）调试模式：调用 setDebuggingGraphicsOptions( )方法，在绘制过程中逐一检查有可能产生闪动的情况。

（2）调整型外观：提供不同操作系统的外观样式，如 Windows、Motif（UNIX）或 Metal（Swing 程序包的标准外观）。

（3）新增版面布局管理组件：新增的组件为 BoxLayout 和 OverlayLayout。

（4）组件与滚动条整合：新版的滚动条面板可容纳任何类型的 Swing 组件。

（5）工具提示文字（ToolTip）：所有 Swing 组件可以调用 setToopTipText( )方法来设置组件的提示文字。

（6）边框：调用 setBorder()方法设置组件边框的样式。

（7）按键操作：可通过按键控制组件。

接下来，我们创建第一个 Swing 程序包的窗口。在 Swing 程序包中可以使用 JFrame 组件来创建窗口。JFrame 组件的继承关系如图 12-3 所示。

图 12-3

JFrame 组件提供的构造函数及方法如表 12-2 所示。

表 12-2

JFrame 组件提供的构造函数和方法	说明
JFrame()	创建 JFrame 组件
JFrame(String 显示文字)	创建对象并设置组件所要显示的文字
protected void addImpl(Component 组件,Object 对象,int 索引)	把组件加入面板中
protected JRootPanecreateRootPane()	调用构造函数创建根面板
protected void frameInit()	调用构造函数初始化 JFrame 对象
AccessibleContext getAccessibleContext()	获取 JFrame 的可存取的关联上下文
Container getContentPane()	获取内容面板
int getDefaultCloseOperation()	获取默认窗口关闭模式
Component getGlassPane()	获取透明面板
JMenuBar getJMenuBar()	获取窗口的菜单栏
JLayeredPane getLayeredPane()	获取分层面板
JRootPane getRootPane()	获取根面板
protected boolean isRootPaneCheckingEnabled()	检查是否为根面板
protected String paramString()	获取窗口参数
protected void processKeyEvent(KeyEvent 事件)	处理键盘事件
protected void processWindowEvent(WindowEvent 事件)	处理窗口事件
void remove(Component 组件)	删除窗口中的组件
void setContentPane(Container 容器)	设置内容面板
void setDefaultCloseOperation(int 关闭模式)	设置默认窗口关闭模式
void setGlassPane(Component 组件)	设置透明面板
void setJMenuBar(JMenuBar 菜单)	设置窗口的菜单栏
void setLayeredPane(JLayeredPane 分层面板)	设置分层面板
void setLayout(LayoutManager 版面控件)	设置版面布局方式
protected void setRootPane(JRootPane root)	设置根面板
protected void setRootPaneCheckingEnabled(Boolean enabled)	设置并检查根面板
void update(Graphics g)	重新显示窗口内容

【范例程序：CH12_01】

```
01    /* 程序: CH12_01.java
02     * 说明: 创建一个 Swing 窗口
03     */
04    import java.awt.*;
05    import javax.swing.*;
06
07    public class CH12_01 {
08
09        private static void createfFrame() {
```

```
10
11          //设置窗口外观为默认模式
12          JFrame.setDefaultLookAndFeelDecorated(true);
13
14          //创建窗口组件
15          JFrame frame = new JFrame("Swing 窗口");
16
17          //设置默认的窗口关闭模式
18          frame.setDefaultCloseOperation(JFrame.EXIT_ON_CLOSE);
19
20          //加入组件
21          JLabel emptyLabel = new JLabel("创建 Swing 窗口");
22          emptyLabel.setPreferredSize(new Dimension(175, 100));
23          frame.getContentPane().add(emptyLabel, BorderLayout.CENTER);
24
25          //自动调整窗口外观
26          frame.pack();
27
28          //显示窗口
29          frame.setVisible(true);
30      }
31
32      public static void main(String[] args) {
33
34          new CH12_01();
35          //创建对象
36          CH12_01.createfFrame();
37      }
38  }
```

【程序的执行结果】

程序的执行结果可参考图 12-4。

图 12-4

【程序的解析】

第 12 行：调用 setDefaultLookAndFeelDecorated ( )方法设置窗口外观为 Swing 程序包默认的模式。

第 18 行：调用 setDefaultCloseOperation ( )方法设置窗口关闭模式为默认模式。

12.2 调整 Swing 组件外观

Swing 组件因为构成组件外观的方式与 AWT 组件不同，所以不会因操作系统的不同而变更。不仅如此，Swing 程序包还可以让组件在运行时更换外观样式。Swing 组件的外观绘制统一继承自

UIManager 类，UIManager 类的继承关系如图 12-5 所示。

```
java.lang.Object
  └ javax.swing.UIManager
```

图 12-5

UIManager 类提供的构造函数及方法如表 12-3 和表 12-4 所示。

表 12-3

UIManager 类的构造函数	说明
UIManager()	创建 UIManager 组件

表 12-4

UIManager 类的方法	说明
static void addAuxiliaryLookAndFell(LookAndFeel laf)	创建 UIManager 组件
static UIDefaults getDefaults()	获取默认值
static Dimension getDimension(Object 对象)	获取组件外观的大小
static Font getFont(Object 对象)	获取字体
static void addPropertyChangeListener(PropertyChangeListener 事件监听)	添加 PropertyChangeListener 对象
static Object get(Object 对象)	获取对象
static LookAndFeel[]getAuxiliaryLookAndFeels()	获取外观组件列表
static Border getBorder(Object 对象)	获取组件边框
static String getSystemLookAndFeelClassName()	获取系统默认的组件外观
static ComponentUI getUI(JComponent 组件)	获取组件的外观（用户界面）
static Icon getIcon(Object 对象)	获取图标设置
static Color getCrossPlatformLookAndFrrlClassName()	获取跨平台的外观
static void installLookAndFeel(UIManager.LookAndFeelInfo 信息)	安装指定外观
static String getString(Object 对象)	获取默认值的字符串
static Insets getInsets(Object 对象)	从默认值中获取 Insets 对象
static LookAndFeel getLookAndFeel()	获取组件外观
static int getInt(Object 对象)	获取整数值
static void removePropertyChangeListener(PropertyChangerListener 事件监听)	删除 PropertyChangerListener 对象
static UIDefaults getLookAndFeelDefaults()	获取组件默认的外观
static void installLookAndFeel(String 名称,String 类名称)	把指定的外观安装到组件中
static Object put(Object 对象,Object 数值)	以默认值保存对象
static UIManager.LookAndFeelInfo[] getInstalledLookAndFeels()	将实现的外观存储到对象的数组中
static void setLookAndFeel(String 类名称)	按类名称设置组件外观
static void setInstalledLookAndFeels(UIManager.LookAndFeelInfo[] 外观数组)	设置外观数组
static void setLookAndFeel(LookAndFeel 新外观)	给组件设置新外观
static boolean removeAuxiliaryLookAndFeel(LookAndFeel 外观)	按外观类删除外观对象

【范例程序：CH12_02】

```
01    /* 程序：CH12_02.java
02     * 说明：动态更换 Swing 组件外观
03     */
04    import java.awt.*;
05    import javax.swing.*;
06    import java.awt.event.*;
07
08    public class CH12_02
09    {
10        JFrame frame;
11        JRadioButton b1 = new JRadioButton("默认外观"),
12        b2 = new JRadioButton("Unix"),
13        b3 = new JRadioButton("Windows");
14
15        public void createFrame()
16        {
17            //创建窗口
18            frame=new JFrame("动态更换 Swing 组件外观");
19
20            //获取窗口容器
21            Container contentPane = frame.getContentPane();
22
23            //将面板加入窗口容器中
24            contentPane.add(new jp(), BorderLayout.CENTER);
25
26            //将窗口大小调整到适中
27            frame.pack();
28
29            //将窗口设置为可视
30            frame.setVisible(true);
31        }
32
33        //自定义面板内容
34        class jp extends JPanel implements ActionListener
35        {
36            private static final long serialVersionUID = 1L;
37
38            @SuppressWarnings({ "unchecked", "rawtypes" })
39            public jp()
40            {
41
42                add(new JTextField("文本字段"));
43                add(new JButton("按钮"));
44                add(new JRadioButton("单选按钮"));
45                add(new JCheckBox("复选框"));
46                add(new JLabel("标签"));
47                add(new JList(new String[] {
48                    "选项一",
49                    "选项二",
50                    "选项三"}));
51
52                add(new JScrollBar(SwingConstants.HORIZONTAL));
53
54                ButtonGroup group = new ButtonGroup();
```

```
55                group.add(b1);
56                group.add(b2);
57                group.add(b3);
58
59                //加入组件监听事件
60                b1.addActionListener(this);
61                b2.addActionListener(this);
62                b3.addActionListener(this);
63
64                add(b1);
65                add(b2);
66                add(b3);
67            }
68
69        public void actionPerformed(ActionEvent e)
70        {
71            try {
72                if((JRadioButton)e.getSource() == b1)
73                    UIManager.setLookAndFeel(
74                        "javax.swing.plaf.metal.MetalLookAndFeel");
75                else if((JRadioButton)e.getSource() == b2)
76                    UIManager.setLookAndFeel(
77                        "com.sun.java.swing.plaf.motif.
    MotifLookAndFeel");
78                else if((JRadioButton)e.getSource() == b3)
79                    UIManager.setLookAndFeel(
80                        "com.sun.java.swing.plaf.windows.
    WindowsLookAndFeel");
81            }
82            catch(Exception ex) {}
83
84            SwingUtilities.updateComponentTreeUI
    (frame.getContentPane());
85        }
86    }
87
88    public static void main(String[] args){
89    new CH12_02().createFrame();
90    }
91 }
```

【程序的执行结果】

程序的执行结果可参考图 12-6~图 12-8。

（1）默认状态，如图 12-6 所示。

图 12-6

（2）UNIX 状态，如图 12-7 所示。

图 12-7

（3）Windows 状态，如图 12-8 所示。

图 12-8

【程序的解析】

第 42~52 行：把组件添加到面板中。

第 73 行：把窗口组件外观变更为 Swing 默认外观。

第 76 行：把窗口组件外观变更为 UNIX 组件外观。

第 79 行：把窗口组件外观变更为 Windows 组件外观。

12.3　JButton（按钮）组件

Swing 程序包能够提供轻量化的组件，因为所占用的系统资源较少，目前多数新开发的 Java 应用程序都采用 Swing 程序包所提供的组件。本节将为大家介绍一些常用的组件。

Swing 程序包的按钮所能调用的方法大多定义在 AbstractButton 类中，它们不仅能够设置文字，还可以设置按钮在各种状态下的图标。JButton 组件因为可以带给用户在操作时下达命令的直观感受，所以在窗口应用程序中被广泛使用。

JButton 组件的类继承关系如图 12-9 所示。

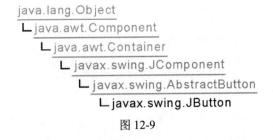

图 12-9

JButton 组件常用的构造函数及方法如表 12-5 和表 12-6 所示。

表 12-5

JButton 组件的常用构造函数	说明
JButton()	创建 JButton 组件
JButton(String 显示文字)	创建对象并设置组件所要显示的文字
JButton(Icon 图标)	创建按钮时加入要显示的图标
JButton(String 显示文字,Icon 图标)	创建按钮时设置文字及要显示的图标

表 12-6

JButton 组件的常用方法	说明
protected void configurePropertiedFromAction(Action 事件)	设置事件
protected String paramString()	获取参数字符串
void removeNotify()	删除通知的按钮
AccessibleContext getAccessibleContext()	获取可存取的关联上下文
String　getUIClassID()	获取外观对象标识号（ID）
boolean isDefaultButton()	检查默认按钮
void setDefaultCapable(boolean 预设)	设置默认按钮
void updateUI()	改变外观
boolean isDefaultCapable()	检查根面板的默认按钮

【范例程序：CH12_03】

```
01    /* 程序：CH12_03.java
02     * 说明：JButton 使用说明
03     */
04
05    import javax.swing.AbstractButton;
06    import javax.swing.JButton;
07    import javax.swing.JPanel;
08    import javax.swing.JFrame;
09
10    import java.awt.event.ActionEvent;
11    import java.awt.event.ActionListener;
12    import java.awt.event.KeyEvent;
13
14    public class CH12_03 extends JPanel implements ActionListener {
15
16        private static final long serialVersionUID = 1L;
17        protected JButton b1, b2, b3;
18
19        public CH12_03() {
20
21            //左边的按钮
22            b1 = new JButton("取消中间按钮的功能");
23            b1.setVerticalTextPosition(AbstractButton.CENTER);
24            b1.setHorizontalTextPosition(AbstractButton.LEADING);
25            b1.setMnemonic(KeyEvent.VK_D);
26            b1.setActionCommand("dis");
27
```

```
28          //中间的按钮
29          b2 = new JButton("中间按钮");
30          b2.setVerticalTextPosition(AbstractButton.BOTTOM);
31          b2.setHorizontalTextPosition(AbstractButton.CENTER);
32          b2.setMnemonic(KeyEvent.VK_M);
33
34          //右边的按钮
35          b3 = new JButton("恢复中间按钮的功能");
36          b3.setMnemonic(KeyEvent.VK_E);
37          b3.setActionCommand("en");
38          b3.setEnabled(false);
39
40          //按钮加入监听事件
41          b1.addActionListener(this);
42          b3.addActionListener(this);
43
44          //将组件加入面板中
45          add(b1);
46          add(b2);
47          add(b3);
48      }
49
50      //实现事件的方法
51      public void actionPerformed(ActionEvent e) {
52
53          if ("dis".equals(e.getActionCommand())) {
54              b2.setEnabled(false);
55              b1.setEnabled(false);
56              b3.setEnabled(true);
57          } else {
58              b2.setEnabled(true);
59              b1.setEnabled(true);
60              b3.setEnabled(false);
61          }
62
63      }
64
65      private static void createAndShowGUI() {
66
67          //窗口外观设置为Swing默认状态
68          JFrame.setDefaultLookAndFeelDecorated(true);
69
70          //创建窗口
71          JFrame frame = new JFrame("JButton 使用");
72
73          //设置默认的窗口关闭模式
74          frame.setDefaultCloseOperation(JFrame.EXIT_ON_CLOSE);
75
76          //创建面板
77          CH12_03 newContentPane = new CH12_03();
78          newContentPane.setOpaque(true);
79
80          //将面板加入窗口中
81          frame.setContentPane(newContentPane);
82
83          //将窗口大小调整到适中
84          frame.pack();
```

```
85
86          //将窗口设为可视
87          frame.setVisible(true);
88      }
89
90      public static void main(String[] args) {
91          new CH12_03();
92          CH12_03.createAndShowGUI();
93      }
94  }
```

【程序的执行结果】

程序的执行结果可参考图 12-10。

图 12-10

【程序的解析】

第 53 行：使用对象命令文字判断触发事件的组件。

因为 JButton 继承自 AbstractButton 类，所以它的多数属性及方法可以从 AbstractButton 类中找到。AbstractButton 类所提供的构造函数及方法如表 12-7 和表 12-8 所示。

表 12-7

AbstractButton 类的构造函数	说明
AbstractButton()	创建 AbstractButton 对象

表 12-8

AbstractButton 类的方法	说明
void addActionListener(ActionListener 事件)	添加操作的监听器
void addChangeListener(ChangeListener 事件)	添加更改的监听器
void addItemListener(ItemListener 事件)	添加选项的监听器
protected int checkHorizontalKey(int 整数值,String 字符串)	检查水平键
protected int checkVerticalKey(int 整数值,String 字符串)	检查垂直键
protected void configurePropertiesFromAction(Action 事件)	根据操作配置属性
protected void ActionListener createActionListener()	创建操作的监听器
protected PropertyChangeListener creatActionPropertyChangeListener(Action 事件)	创建属性更改操作的监听器
protected ChangeListener createChangeListener()	创建更改的监听器
protected ItemListener createItemListener()	创建选项的监听器
void doClick()	鼠标按键被按下
void doClick(int 按下的时间)	鼠标按钮被按下的时间
protected void fireActionPerformed(ActionEvent 事件)	执行动作的事件

（续表）

AbstractButton 类的方法	说明
protected void fireItemStateChanged(ItemEvent 事件)	选项状态变更
protected void fireStateChanged()	操作状态变更
String getActionCommand()	获取操作命令
Icon getDisabledIcon()	获取禁用图标
Icon getDisabledSelectedIcon()	获取禁选图标
int getHorizontalAlignment()	获取水平对齐方式
int getHorizontalTextPosition()	获取水平显示文字的位置
Icon getIcon()	获取图标
String getLabel()	获取标签
Insets getMargin()	获取间距
int getMnemonic()	获取快捷键
ButtonModel getModel()	获取按钮模块
Icon getPressedIcon()	获取按下图标
Icon getRolloverIcon()	获取按钮翻转图标
Icon getRolloverSelectedIcon()	获取按钮翻转选择图标
Icon getSelectedIcon()	获取被选取时的图标
Object[] getSelectedObjects()	获取被选取的对象数组
String getText()	获取文字
ButtonUI getUI()	获取按钮的外观（UI）
int getVerticalAlignment()	获取垂直对齐方式
int getVerticalTextPosition()	获取垂直显示文字的位置
boolean imageUpdate(Image 图标,int 整数值,int x,int y,int 宽,int 高)	更新图标
protected void init(String 文字,Icon icon)	初始化文字和图标
boolean isBorderPainted()	检查边框是否被绘制
boolean isContentAreaFilled()	检查内容区是否被填充
boolean isFocusPainted()	检查获得焦点处是否被绘制
boolean isRolloverEnabled()	检查是否启用按钮翻转功能
boolean isSelected()	检查是否被选取
protected String paramString()	参数字符串
void removeActionListener(ActionListener 事件)	删除监听操作的监听器
void removeChangeListener(ChangeListener 事件)	删除监听更改的监听器
void removeItemListener(ItemListener 事件)	删除监听选项的监听器
void setActionCommand(String 命令文字)	设置命令
void setBorderPainted(boolean b)	设置是否绘制边框
void setContentAreaFilled(boolean b)	设置是否填充内容区
void setDisabledIcon(Icon i)	设置禁用图标
void setDisabledSelectedIcon(Icon i)	设置禁选图标
void setEnabled(boolean b)	设置是否启动组件

（续表）

AbstractButton 类的方法	说明
void setFocusPainted(boolean b)	设置是否绘制获得焦点
void setHorizontalAlignment(int 方式)	设置水平对齐方式
void setHorizontalTextPosition(int 文字位置)	设置水平显示文字的位置
void setIcon(Icon 图标)	设置图标
void setLabel(String 文字)	设置标签文字
void setMargin(Insets 间距)	设置间距
void setMnemonic(char 字符)	设置快捷键
void setModel(ButtonModel 新模式)	设置按钮模式
void setPressedIcon(Icon 图标)	设置按下时的图标
void setRolloverEnabled(boolean b)	启用按钮翻转的功能
void setRolloverIcon(Icon 图标)	设置按钮翻转时的图标
void setRolloverSelectedIcon(Icon 图标)	设置按钮翻转选取时的图标
void setSelectedIcon(Icon 图标)	设置选取时的图标
void setText(String 文字)	设置文字
void setUI(ButtonUI　bu)	设置按钮的外观
void setVerticalAlignment(int 整数值)	设置垂直对齐
void setVerticalTextPosition(int 整数值)	设置垂直显示文字的位置
void updateUI()	更新组件外观

12.4　JCheckBox（复选框）组件

　　JCheckBox 组件通常用于程序中为用户提供有条件多选的场合。JCheckBox 的使用非常简单，只要单击 JCheckBox，就会在对应的选项出现对号（勾选），再单击一次，对号就会消失（取消勾选）。

　　JCheckBox 的类继承关系如图 12-11 所示。

```
java.lang.Object
 └java.awt.Component
   └java.awt.Container
     └javax.swing.JComponent
       └javax.swing.AbstractButton
         └javax.swing.JToggleButton
           └javax.swing.JCheckBox
```

图 12-11

　　JCheckBox 组件所提供的构造函数及方法如表 12-9 和表 12-10 所示。

表 12-9

JCheckBox 组件的构造函数	说明
JCheckBox()	创建 JCheckBox 组件
JCheckBox(String 文字)	创建对象并设置组件所要显示的文字
JCheckBox(String 文字,boolean 状态)	创建对象并设置组件所要显示的文字及勾选的状态
JCheckBox (Icon 图标,boolean 状态)	创建对象并设置组件所要显示的图标、勾选的状态
JCheckBox (String 文字, Icon 显示图标)	创建对象并设置组件所要显示的文字和图标
JCheckBox(String 文字,Icon 图标,boolean 状态)	创建对象并设置组件所要显示的文字、图标及勾选的状态

表 12-10

JCheckBox 组件的方法	说明
AccessibleContext getAccessibleContext()	获取可存取的关联上下文
String getUIClassID()	获取外观类的标识号（ID）
protected String paramString()	参数字符串
void updateUI()	更新外观

【范例程序：CH12_04】

```
01     /* 程序: CH12_04.java
02      * 说明: JCheckBox 使用说明
03      */
04
05     import java.awt.*;
06     import javax.swing.*;
07     import java.awt.event.*;
08
09     public class CH12_04 implements ItemListener
10     {
11         JCheckBox check1;
12         JCheckBox check2;
13         JCheckBox check3;
14         JCheckBox check4;
15
16         JTextField text;
17         JFrame jf;
18
19         public CH12_04()
20         {
21     //创建窗口
22     jf=new JFrame("JCheckBox 应用");
23
24         //创建窗口的内容面板
25         Container contentPane = jf.getContentPane();
26
27         //设置版面布局方式
28         contentPane.setLayout(new FlowLayout());
29
```

```
30          //加入Checkbox
31          check1 = new JCheckBox("复选框一");
32          check2 = new JCheckBox("复选框二");
33          check3 = new JCheckBox("复选框三");
34          check4 = new JCheckBox("复选框四");
35
36          //加入监听事件
37          check1.addItemListener(this);
38          check2.addItemListener(this);
39          check3.addItemListener(this);
40          check4.addItemListener(this);
41
42          //将组件加入面板
43          contentPane.add(check1);
44          contentPane.add(check2);
45          contentPane.add(check3);
46          contentPane.add(check4);
47
48          text = new JTextField(20);
49          contentPane.add(text);
50
51          //将窗口大小调整到适中
52          jf.pack();
53
54          //将窗口设置为可视状态
55          jf.setVisible(true);
56      }
57
58      public void itemStateChanged(ItemEvent e)
59      {
60          if (e.getItemSelectable() == check1)
61          {
62              text.setText("复选框一");
63          }
64          else if (e.getItemSelectable() == check2)
65          {
66              text.setText("复选框二");
67          } else if (e.getItemSelectable() == check3)
68          {
69              text.setText("复选框三");
70          }
71          else if (e.getItemSelectable() == check4)
72          {
73              text.setText("复选框四");
74          }
75      }
76
77      public static void main(String[] args)
78      {
79      JFrame.setDefaultLookAndFeelDecorated(true);
80      new CH12_04();
81      }
82  }
```

【程序的执行结果】

程序的执行结果可参考图 12-12。

JCheckBox 应用				
□ 复选框一	□ 复选框二	□ 复选框三	□ 复选框四	

图 12-12

【程序的解析】

第 60~74 行：按不同组件触发的事件执行相对应的程序。

12.5　JRadioButton（单选按钮）组件

JRadioButton 组件主要应用于多项单选的场合。当程序执行时，需要用户在多个选项中选一项，就可以使用 JRadioButton。当同一个窗口中的 JRadioButton 需要分组时，可先创建 ButtonGroup 对象，再将 JRadioButton 逐一加入即可成为分组。JRadioButton 的类继承关系如图 12-13 所示。

```
java.lang.Object
└ java.awt.Component
  └ java.awt.Container
    └ javax.swing.JComponent
      └ javax.swing.AbstractButton
        └ javax.swing.JToggleButton
          └ javax.swing.JRadioButton
```

图 12-13

JRadioButton 提供的构造函数及方法如表 12-11 和表 12-12 所示。

表 12-11

JRadioButton 组件的构造函数	说明
JRadioButton()	创建一个单选按钮
JRadioButton(Icon 图标)	创建一个单选按钮，并设置图标
JRadioButton(Icon 图标,boolean 选取)	创建一个单选按钮，并设置图标以及是否被选取
JRadioButton(String 文字)	创建一个单选按钮，并设置要显示的文字
JRadioButton(String 文字,boolean 选取)	创建一个单选按钮，并设置要显示的文字以及是否被选取
JRadioButton(String 文字,Icon 图标)	创建一个单选按钮，并设置要显示的文字和图标
JRadioButton(String 文字,Icon 图标,boolean 选择)	创建一个单选按钮，并设置要显示的文字和图标以及是否被选取

表 12-12

JRadioButton 组件的方法	说明
protected void configurePropertiesFromAction(Action 事件)	根据操作配置属性
protected PropertyChangeListener creatActionPropertyChangeListener (Action 事件)	创建属性更改操作的监听器
AccessibleContext getAccessibleContext()	获取可存取的关联上下文
String getUIClassID()	获取外观类的标识号
protected String paramString()	参数字符串
void updateUI()	更新外观

【范例程序：CH12_05】

```
01    /* 程序：CH12_05.java
02     * 说明：JRadioButton 使用说明
03     */
04
05    import java.awt.*;
06    import java.awt.event.*;
07    import javax.swing.*;
08
09    public class CH12_05 extends JPanel
10              implements ActionListener {
11
12        private static final long serialVersionUID = 1L;
13        static String str1 = "图标一";
14        static String str2 = "图标二";
15        static String str3 = "图标三";
16        static String str4 = "图标四";
17        static String str5 = "图标五";
18
19        JLabel picture;
20
21        public CH12_05()
22        {
23            //设置版面布局方式
24            super(new BorderLayout());
25
26            //创建单选按钮JRadioButton1
27            JRadioButton btn1 = new JRadioButton(str1);
28            btn1.setActionCommand("p1");
29            btn1.setSelected(true);
30
31            //创建单选按钮JRadioButton2
32            JRadioButton btn2 = new JRadioButton(str2);
33            btn2.setActionCommand("p2");
34
35            //创建单选按钮JRadioButton3
36            JRadioButton btn3 = new JRadioButton(str3);
37            btn3.setActionCommand("p3");
38
39            //创建单选按钮JRadioButton4
```

```
40        JRadioButton btn4 = new JRadioButton(str4);
41        btn4.setActionCommand("p4");
42
43        //创建单选按钮JRadioButton5
44        JRadioButton btn5 = new JRadioButton(str5);
45        btn5.setActionCommand("p5");
46
47        //将JRadioButton设为分组
48        ButtonGroup group = new ButtonGroup();
49        group.add(btn1);
50        group.add(btn2);
51        group.add(btn3);
52        group.add(btn4);
53        group.add(btn5);
54
55        //将单选按钮加入事件监听器
56        btn1.addActionListener(this);
57        btn2.addActionListener(this);
58        btn3.addActionListener(this);
59        btn4.addActionListener(this);
60        btn5.addActionListener(this);
61
62        //设置图片
63        picture = new
   JLabel(createImageIcon("pic/"+btn1.getActionCommand()+".gif"));
64        picture.setPreferredSize(new Dimension(177, 122));
65
66
67        JPanel radioPanel = new JPanel(new GridLayout(0, 1));
68        radioPanel.add(btn1);
69        radioPanel.add(btn2);
70        radioPanel.add(btn3);
71        radioPanel.add(btn4);
72        radioPanel.add(btn5);
73
74        add(radioPanel, BorderLayout.LINE_START);
75        add(picture, BorderLayout.CENTER);
76        setBorder(BorderFactory.createEmptyBorder(20,20,20,20));
77    }
78
79    //事件监听器
80    public void actionPerformed(ActionEvent e)
81    {
82        picture.setIcon(createImageIcon("pic/"+e.getActionCommand()+
   ".gif"));
83    }
84
85    //创建图标
86    protected static ImageIcon createImageIcon(String path)
87    {
88        java.net.URL imgURL = CH12_05.class.getResource(path);
89        return new ImageIcon(imgURL);
90    }
91
92    private static void createAndShowGUI()
93    {
94        //设置窗口外观为默认状态
95        JFrame.setDefaultLookAndFeelDecorated(true);
```

```
96
97          //创建窗口
98          JFrame frame = new JFrame("JRadioButton 应用");
99          frame.setDefaultCloseOperation(JFrame.EXIT_ON_CLOSE);
100
101         JComponent newContentPane = new CH12_05();
102         newContentPane.setOpaque(true);
103         frame.setContentPane(newContentPane);
104
105         //将窗口调整到适中
106         frame.pack();
107         frame.setVisible(true);
108     }
109
110     public static void main(String[] args) {
111         new CH12_05();
112         CH12_05.createAndShowGUI();
113     }
114 }
```

【程序的执行结果】

请记得将 pic 图片文件夹与编译完成的 class 文件存放在同一个目录下，如图 12-14 所示。

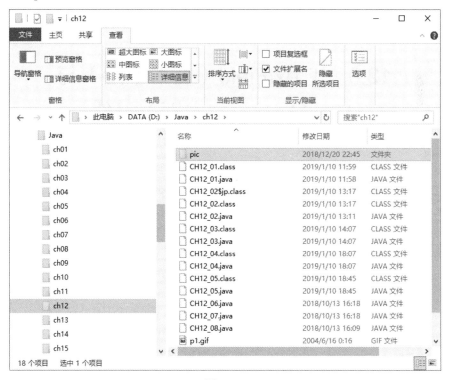

图 12-14

程序的执行结果可参考图 12-15 和图 12-16。

图 12-15   图 12-16

【程序的解析】

第 99 行：设置窗口关闭模式为默认模式。

第 112 行：创建对象并调用对象所属的方法。

12.6　JTextField（文本字段）与 JTextArea（文本框）组件

　　JTextField 与 JtextArea 是一种供用户输入信息或数据的操作界面。程序执行时通常需要许多变量，假如变量是固定的，我们可以使用 JCheckBox 或 JRadioButton 等组件设计成固定选项供用户选取，但是当变量无法确定或必须由用户提供时，我们可以使用 JTextField 与 JTextArea 两个组件来进行设计。

　　JTextField 的类继承关系如图 12-17 所示。

```
java.lang.Object
 └ java.awt.Component
   └ java.awt.Container
     └ javax.swing.JComponent
       └ javax.swing.text.JTextComponent
         └ javax.swing.JTextField
```

图 12-17

JTextArea 的类继承关系如图 12-18 所示。

```
java.lang.Object
  └java.awt.Component
      └java.awt.Container
          └javax.swing.JComponent
              └javax.swing.text.JTextComponent
                  └javax.swing.JTextArea
```

图 12-18

JTextField 提供的构造函数及方法如表 12-13 和表 12-14 所示。

表 12-13

JTextField 组件的构造函数	说明
JTextField()	创建一个文本字段
JTextField(Document 文件,String 文字,int 行数)	创建一个文本字段，并设置存储格式、要显示的文字以及行数
JTextField(int 行数)	创建一个文本字段，并设置行数
JTextField(String 文字)	创建一个文本字段，并设置要显示的文字
JTextField(String 文字, Int 行数)	创建一个文本字段，并设置要显示的文字以及行数

表 12-14

JTextField 组件的方法	说明
void addActionListener(ActionListener 事件)	添加操作的监听器
protected void configurePropertiesFromAction(Action 事件)	设置根据操作配置属性
protected PropertyChangeListener creatActionPropertyChangeListener(Action 事件)	创建更改属性操作的监听器
protected Document createDefaultModel()	创建默认文件模式
protected void fireActionPerformed()	执行操作
AccessibleContext getAccessibleContext()	获取可存取的关联上下文
Action[] getActions()	获取命令（操作）数组
int getColumns()	获取列数
protected int getColumnWidth()	获取栏宽（列宽）
int getHorizontalAlignment()	获取水平对齐方式
BoundedRangeModel getHorizontalVisibility()	获取水平可见区域
Dimension getPreferredSize()	获取文本字段的最优大小
int getScrollOffset()	获取滚动条的偏移量
String getUIClassID()	获取对象类的标识号
protected String paramString()	参数字符串
void postActionEvent()	处理文本字段上的操作事件
void removeActionListener(ActionListener 事件)	删除监听操作的监听器

（续表）

JTextField 组件的方法	说明
void scrollRectToVisible(Rectangle 范围)	显示滚动条区域
void setActionCommand(String 字符串)	设置操作命令
void setFont(Font 字体)	设置字体
void setHorizontalAlignment(int 位置)	设置水平对齐方式
void setScrollOffset(int 偏移量)	设置偏移量

JTextArea 提供的构造函数及方法如表 12-15 和表 12-16 所示。

表 12-15

JTextArea 组件的构造函数	说明
JTextArea()	创建一个文本框
JTextArea (Document 文件)	创建一个文本框，并指定文件格式
JTextArea (Document 文件,String 文字,int 行数,int 列数)	创建一个文本框，并指定文件格式、显示字符串、行数和列数
JTextArea (int 行数,int 列数)	创建一个文本框，并设置行数和列数
JTextArea (String 文字)	创建一个文本框，并设置要显示的文字
JTextArea (String 文字, int 行数,int 列数)	创建一个文本框，并设置要显示的文字、行数和列数

表 12-16

JTextArea 组件的方法	说明
void append(String 附加字符串)	附加字符串
protected Document createtDefaultModel()	创建默认模式
AccessibleContext getAccessibleContext()	获取可存取的关联上下文
int getColumns()	获取列数
int getColumnWidth()	获取列宽
int getLineCount	获取行数
int getLineEndOffset(int line)	获取行末偏移量
int getLineStartOffset(int line)	获取行始偏移量
int getTabSize()	获取制表键（Tab）的偏移量
String getUIClassID()	获取对象类的标识号
protected String paramString()	参数字符串
int insert(String str, int pos)	插入字符串到指定的位置
void setColumns(int columns)	设置列数
void setFont(Font 字体)	设置字体
void setRows(int rows)	设置行数
void setTabSize(int size)	设置制表键（Tab）的偏移字符数

【范例程序：CH12_06】

```
01  /* 程序：CH12_06.java
02   * 说明：JTextField 使用说明
03   */
04
05  import java.awt.*;
06  import java.awt.event.*;
07  import javax.swing.*;
08
09  public class CH12_06 extends JPanel implements ActionListener {
10
11      private static final long serialVersionUID = 1L;
12      protected JTextField tf;
13      protected JTextArea ta;
14
15      public CH12_06() {
16
17          //设置版面布局方式
18          super(new GridBagLayout());
19
20          tf = new JTextField(30);
21          tf.addActionListener(this);
22
23          ta = new JTextArea(10, 30);
24          ta.setEditable(false);
25          JScrollPane scrollPane = new JScrollPane(ta,
26              JScrollPane.VERTICAL_SCROLLBAR_ALWAYS,
27              JScrollPane.HORIZONTAL_SCROLLBAR_ALWAYS);
28
29          //创建新的版面布局方式
30          GridBagConstraints c = new GridBagConstraints();
31          c.gridwidth = GridBagConstraints.REMAINDER;
32
33          c.fill = GridBagConstraints.BOTH;
34          c.weightx = 2.0;
35          c.weighty = 2.0;
36          add(scrollPane, c);
37
38          c.fill = GridBagConstraints.HORIZONTAL;
39          add(tf, c);
40      }
41
42      //事件的方法
43      public void actionPerformed(ActionEvent evt) {
44          String txt = tf.getText();
45          ta.append(txt + "\n");
46          tf.selectAll();
47
48          ta.setCaretPosition(ta.getDocument().getLength());
49      }
50
51
52      private static void createAndShowGUI() {
53
54          //默认窗口样式
55          JFrame.setDefaultLookAndFeelDecorated(true);
56
```

```
57          //创建窗口
58          JFrame f = new JFrame("JTextField 应用");
59
60          //设置窗口关闭模式
61          f.setDefaultCloseOperation(JFrame.EXIT_ON_CLOSE);
62
63          //创建面板
64          JComponent newContentPane = new CH12_06();
65          newContentPane.setOpaque(true); //content panes must be opaque
66          f.setContentPane(newContentPane);
67
68          //将窗口大小调整到适中
69          f.pack();
70
71          //把窗口设为可视
72          f.setVisible(true);
73      }
74
75      public static void main(String[] args) {
76          new CH12_06();
77          CH12_06.createAndShowGUI();
78      }
79  }
```

【程序的执行结果】

程序的执行结果可参考图 12-19 和图 12-20。

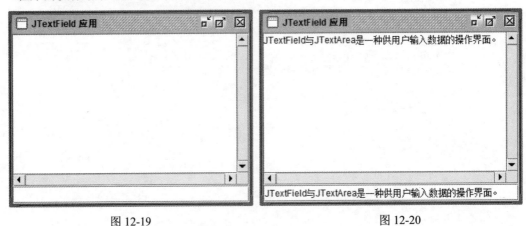

图 12-19   图 12-20

12.7　JList（列表框）组件

JList 主要应用于制作复选式的选项列表。JList 如同把多个 Checkbox（复选框）组合起来。JList 的用途主要是系统地组织选项列表，让操作界面腾出更多的空间或呈现出简洁明亮的感觉。

JList 的类继承关系如图 12-21 所示。

```
java.lang.Object
  └ java.awt.Component
      └ java.awt.Container
          └ javax.swing.JComponent
              └ javax.swing.JList
```

图 12-21

JList 所提供的构造函数及方法如表 12-17 和表 12-18 所示。

表 12-17

JList 组件的构造函数	说明
JList()	创建一个列表框对象
JList(ListModel 数据模式)	创建一个列表框对象，并指定数据模式
JList(Object[]对象数组)	创建一个列表对象，并指定对象数组
JList(Vector 数据)	创建一个列表对象，并指定数据

表 12-18

JList 组件的方法	说明
void addListSelectionListener(ListSelectionListener 事件)	添加列表选择监听器
void addSelectionInterval(int 整数,int 整数)	添加选取区间（或间隔）
void clearSelection()	清除选取
protected ListSelectionModel createSelectionModel()	创建选取模式
void ensureIndexIsVisible(int 索引)	确保索引可见
protected void fireSelectionValueChanged(int 起始索引,int 结束索引,boolean 控制)	更改了选择值
AccessibleContext getAccessibleContext()	获取可存取的关联上下文
int getAnchorSelectionIndex()	获取选取索引
Rectangle getCellBounds(int 索引一,int 索引二)	获取单元格索引上下值
ListCellRenderer getCellRenderer()	获取单元格绘制器
int getFirstVisibleIndex()	获取第一个可见索引
int getFixedCellHeight()	获取固定的单元格高度
int getFixedCellWidth()	获取固定的单元格宽度
int getLastVisibleIndex()	获取最后一个可见的索引
int getLeadSelectionIndex()	获取领头选择的索引
int getMaxSelectionIndex()	获取最大选取的索引
int getMinSelectionIndex()	获取最小选取的索引
ListModel getModel()	获取列表模式
Dimension getPerferredScrollableViewportSize()	获取最优可滚动视区的大小
Object getPrototypeCellValue()	获取原型单元格的值
int getScrollableBlockIncrement(Rectangle 范围,int 整数,int 整数)	获取可滚动区块的增加量

（续表）

JList 组件的方法	说明
boolean getScrollableTracksViewportHeight()	获取可滚动追踪视区的高度
boolean getScrollableTracksViewportWidth()	获取可滚动追踪视区的宽度
int getScrollableUnitIncrement(Rectangle 范围,int 整数,int 整数)	获取可滚动单元增加量
int getSelectedIndex()	获取选取索引
int[] getSelectedValue()	获取选取值（返回数组）
Object getSelectedValue()	获取选取值（返回对象）
Object[] getSelectedValues()	获取选取值（返回对象数组）
Color getSelectedForegound()	获取选取时的前景颜色
Color getSelectionBackground()	获取选取时的背景颜色
int getSelectionModel()	获取选取模式
ListSelectionModel getSelectionModel()	获取列表选取模式
ListUI getUI()	获取列表外观对象
String getUIClass()	获取外观类
boolean getValueIsAdjusting()	数据是否正在调整
int getVisibleRowCount()	获取可见的行数
Point indexToLocation(int 索引)	获取索引的坐标值
boolean isSelectedIndex(int 索引)	是否为选取的索引
boolean isSelectionEmpty()	是否无选项
int locationToIndex(Point 坐标)	将坐标转换成索引

【范例程序：CH12_07】

```
01    /* 程序：CH12_07.java
02     * 说明：JList 使用说明
03     */
04
05    import java.awt.BorderLayout;
06    import javax.swing.*;
07
08    public class CH12_07 extends JPanel{
09
10        private static final long serialVersionUID = 1L;
11        private JList<String> list;
12        private DefaultListModel<String> dlm;
13
14        public CH12_07() {
15            super(new BorderLayout());
16
17            //创建DefaultlistModel对象
18            dlm = new DefaultListModel<String>();
19
20            //加入元素
21            dlm.addElement("C/C++入门与应用开发");
22            dlm.addElement("Java学习从入门到高手");
23            dlm.addElement("Visual C++游戏开发");
```

```
24          dlm.addElement("Visual Basic与游戏设计");
25          dlm.addElement("Visual C#游戏设计宝典");
26          dlm.addElement("Python 教学范本");
27
28          //创建列表框（JList）对象
29          list = new JList<String>(dlm);
30
31          //设置列表框（JList）选择模式
32          list.setSelectionMode(ListSelectionModel.SINGLE_SELECTION);
33
34          //设置列表框（JList）选取的索引位置
35          list.setSelectedIndex(0);
36
37          //设置行数
38          list.setVisibleRowCount(5);
39
40          //创建滚动条面板
41          JScrollPane listScrollPane = new JScrollPane(list);
42
43          //将滚动条面板加入主面板中
44          add(listScrollPane, BorderLayout.CENTER);
45
46      }
47
48      private static void createAndShowGUI() {
49
50          //设置窗口外观
51          JFrame.setDefaultLookAndFeelDecorated(true);
52
53          //创建窗口对象
54          JFrame frame = new JFrame("JList 应用");
55
56          //设置窗口关闭方式
57          frame.setDefaultCloseOperation(JFrame.EXIT_ON_CLOSE);
58
59          JComponent newContentPane = new CH12_07();
60          newContentPane.setOpaque(true);
61          frame.setContentPane(newContentPane);
62
63          //将窗口大小调整到适中
64          frame.pack();
65
66          //将窗口设为可视
67          frame.setVisible(true);
68      }
69
70      public static void main(String[] args) {
71          new CH12_07();
72          CH12_07.createAndShowGUI();
73      }
74  }
```

【程序的执行结果】

程序的执行结果可参考图 12-22。

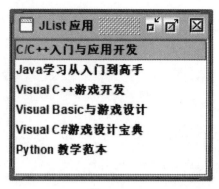

图 12-22

【程序的解析】

第 64 行：pack 方法可以将窗口大小调整到适中。

12.8　创建页签

在进行窗口界面设计时，如果需要放置很多选项供用户选择，除了使用下拉式列表或创建多个列表外，Java 的 Swing 还提供了页签（Tabbed Pane）的方式。在 Swing 类中，页签的使用需通过 JTabbedPane 类来实现。表 12-19 列出了 JTabbedPane 类的构造函数。

表 12-19

JTabbedPane 类的构造函数	意义
JTabbedPane ( )	创建页签对象
JTabbedPane (int 页签位置)	指定页签位置

关于页签的位置，有 4 个常数用于设置。

（1）JTabbedPane.RIGHT：右边。

（2）JTabbedPane.LEFT：左边。

（3）JTabbedPane.BOTTOM：下方。

（4）JTabbedPane.TOP：上方。如果不指定页签位置，就默认值是在上方。

【范例程序：CH12_08】

```
01   /* 程序：CH12_08.java
02    * 说明：创建页签      */
03
04   import javax.swing.*;
05   import java.awt.*;
06   public class CH12_08{
07      public static void main(String[] args){
08         JFrame JF=new JFrame("创建JTabbedPane");
09         Dimension sc=Toolkit.getDefaultToolkit().getScreenSize();
10         JF.getContentPane().setLayout(null);
```

```
11          int x=(sc.width-300)/2;
12          int y=(sc.height)/2;
13          JF.setLocation(x,y);
14          JF.setSize(300,150);
15          JTabbedPane JT=new JTabbedPane();
16          JT.setBounds(0,0,300,150);
17          JT.addTab("学历",null,null,"学历提示");
18          JT.addTab("姓名",null,null,"姓名提示");
19          JT.addTab("住址",null,null,"住址提示");
20          JT.addTab("自我介绍",null,null,"自我介绍提示");
21          JF.getContentPane().add(JT);
22          JF.setVisible(true);
23      }
24  }
```

【程序的执行结果】

程序的执行结果可参考图 12-23。

图 12-23

12.9　高级应用练习实例

本章主要讨论的是 Swing 程序包，而 Swing 程序包中的版面布局法分别是盒式版面布局法
（BoxLayout）和重叠版面布局法（OverlayLayout）。下面介绍这两种版面布局的方式。

12.9.1　盒式版面布局法

盒式版面布局法是将各个组件按照垂直或水平的方向排列对齐，无论窗口放大或缩小都不会
改变组件的对齐位置。它的构造函数如下：

```
BoxLayout(Container 目标容器,int 方向轴)
```

- 目标容器：要布局的容器组件。
- 方向轴（axis）：要对齐的方向轴，有以下 4 种排列方式。
    - BoxLayout_X_AXIS：对齐 X 轴的水平方向排列。
    - BoxLayout_Y_AXIS：对齐 Y 轴的垂直方向排列。
    - BoxLayout_LINE_AXIS：对齐指定组件线段的排列方式。
    - BoxLayout_PAGE_AXIS：对齐指定组件页面的排列方式。

【综合练习】盒式版面布局（BoxLayout）的应用范例

```
01  //盒式版面布局（BoxLayout）方式
02  import java.awt.*;
03  import javax.swing.*;
04  public class WORK12_01 extends JFrame
05  {
06      private static final long serialVersionUID = 1L;
07      Container c=getContentPane();
08      JPanel jp1, jp2;
09      JButton jb1,jb2,jb3,jb4;
10      JTextField jtf1,jtf2,jtf3,jtf4;
11      public WORK12_01()
12      {
13          //JPanel jp1区
14          jp1 = new JPanel();
15          jp1.setBorder(BorderFactory.createTitledBorder("版面布局区块1"));
16          jb1 = new JButton("英语水平考试初级");
17          jb2 = new JButton("英语水平考试中级");
18          jb3 = new JButton("商务实用英语");
19          jb4 = new JButton("留学英语：托福");
20          jp1.add(jb1);
21          jp1.add(jb2);
22          jp1.add(jb3);
23          jp1.add(jb4);
24          jp1.setLayout(new BoxLayout(jp1, BoxLayout.X_AXIS));
25          //JPanel jp2区
26          jp2 = new JPanel();
27          jp2.setBorder(BorderFactory.createTitledBorder("版面布局区块2"));
28          jtf1 = new JTextField(5);
29          jtf2 = new JTextField(5);
30          jtf3 = new JTextField(5);
31          jtf4 = new JTextField(5);
32          jp2.add(jtf1);
33          jp2.add(jtf2);
34          jp2.add(jtf3);
35          jp2.add(jtf4);
36          jp2.setLayout(new BoxLayout(jp2, BoxLayout.Y_AXIS));
37
38          c.add(jp1);
39          c.add(jp2);
40          c.setLayout(new BoxLayout(c,BoxLayout.PAGE_AXIS));
41      }
42      public static void main(String args[])
43      {
44          WORK12_01 frm =new WORK12_01();
45          frm.setTitle("盒式版面布局（BoxLayout）方式");
46          frm.setSize(400,400);
47          frm.setDefaultCloseOperation(JFrame.EXIT_ON_CLOSE);
48          frm.setVisible(true);
49      }
50  }
```

【程序的执行结果】

程序的执行结果可参考图 12-24。

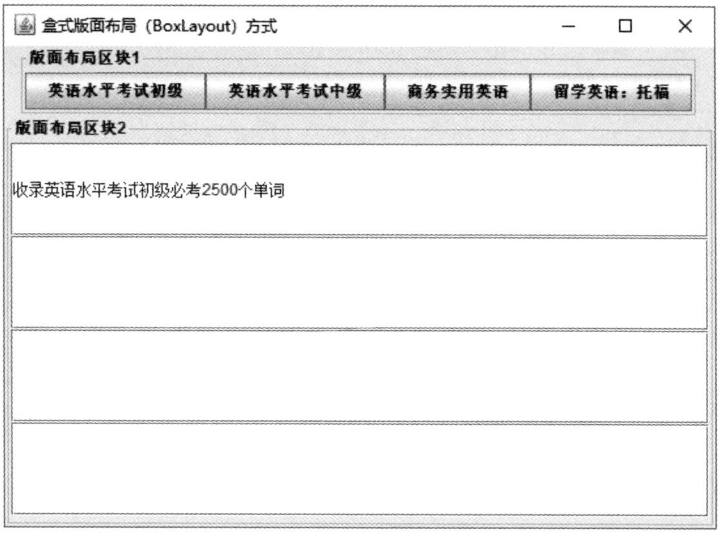

图 12-24

12.9.2　重叠版面布局法

重叠版面布局法就是将所有加入容器的组件重叠在一起，最先加入的组件放在窗口的最上面，程序设计者可以根据需要加入监听器进行相应的处理。我们先说明它的构造函数：

```
OverlayLayout(Container 目标容器)
```

目标容器：用于进行版面布局的容器。

表 12-20 所示是重叠版面布局常用的方法。

表 12-20

重叠版面布局常用的方法	说明
float getLayoutAlignmentY(Container 目标容器)	返回容器中的对象，Y 轴的对齐方式
void layoutContainer(Container 目标容器)	设置目标容器为重叠版面布局方式
Dimension maximumLayoutSize(Container 目标容器)	返回一个容纳目标容器布局的最大尺寸
Dimension minimumLayoutSize(Container 目标容器)	返回一个容纳目标容器布局的最小尺寸
Dimension preferredLayoutSize(Container 目标容器)	返回一个容纳目标容器布局的最优尺寸

为了清楚地分辨组件的上下位置，每个组件都加上边框。我们来看下面的范例程序。

【综合练习】重叠版面布局的应用范例

```
01    //重叠版面布局（OverlayLayout）方式
02    import javax.swing.*;
03    import java.awt.*;
04    public class WORK12_02 extends JFrame
05    {
06        private static final long serialVersionUID = 1L;
```

```
07      //声明
08      Container c=getContentPane();
09      JButton jb1;
10      JLabel jlab;
11      ImageIcon icon=new ImageIcon("pic/p1.gif");
12      JTextArea jta;
13      public WORK12_02()
14      {
15          jb1=new JButton("我是教学小尖兵，请用鼠标单击我");
16          jb1.setBorder(BorderFactory.createRaisedBevelBorder());
17          //将图标加入标签jLab中
18          jlab=new JLabel(icon);
19          jlab.setBorder(BorderFactory.createTitledBorder("标签区"));
20          jta=new JTextArea(1,5);
21          jta.setBorder(BorderFactory.createTitledBorder("文本框内"));
22          jta.setBackground(Color.yellow);
23          c.add(jb1);
24          c.add(jlab);
25          c.add(jta);
26          c.setLayout(new OverlayLayout(c));
27      }
28      public static void main(String args[])
29      {
30          WORK12_02 frm =new WORK12_02();
31          frm.setTitle("重叠版面布局（OverlayLayout）方式");
32          frm.setSize(500,500);
33          frm.setDefaultCloseOperation(JFrame.EXIT_ON_CLOSE);
34          frm.setVisible(true);
35      }
36  }
```

【程序的执行结果】

程序的执行结果可参考图 12-25。

图 12-25

课后习题

一、填空题

1. 在 Swing 程序包中，当程序执行时需要用户在多个选项中选一项时，可以使用_____。

2. _____与_____主要作为操作界面供用户输入信息或数据。

3. _____主要应用于制作复选式的选项列表，它如同把多个复选框（Checkbox）组合起来。

4. _____程序包中所有组件的外观都可以在运行时更换样式。

5. 在 Swing 程序包中，_____组件主要应用于指令的下达或功能的区分。

6. JButton 继承自_____类。

7. 在 Swing 程序包中，_____组件通常用于程序中供用户进行有条件勾选的场合。

8. 当同一个窗口中 JRadioButton 需要分组时，可先创建_____对象，再将 JRadioButton 逐一加入即可成为分组。

9. Swing 程序包主要从_____程序包扩展而来。

10. Swing 组件的外观绘制统一继承自_____类。

二、问答与实践题

1. Swing 程序包主要从哪一个类扩展而来？

2. 请列举出 Swing 程序包的特点。

3. AWT 程序包为何被称为重量级组件？

4. 请至少列举 10 项 Swing 程序包的组件。

5. 与 AWT 程序包相比，Swing 程序包新增的功能有哪些？

6. Swing 程序包为何被称为轻量级组件？

7. 请使用 JLabel 和 JButton 的构造函数设计如图 12-26~图 12-28 所示的窗口应用程序。

图 12-26

图 12-27

图 12-28

8. 请使用 JCheckBox 和 JradioButton 组件设计如图 12-29 所示的窗口应用程序。

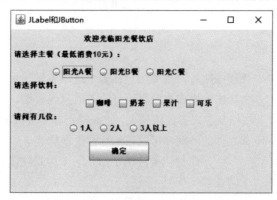

图 12-29

第 **13** 章

绘图与多媒体功能开发

java.awt 程序包中的 Graphics 类负责 Java 基本图形的绘制工作。我们可以调用它所提供的各种成员方法在 AWT、Swing 窗口或 Applet 组件上绘制各种图形和图案。另外，还通过 MediaTracker 类对象来重复播放动画。

本章的学习目标

- Java 的基本绘图程序包
- draw 的成员方法
- 画线
- 画矩形
- 画圆和椭圆
- 窗口颜色
- 图像的重新绘制
- 动画处理与声音的播放

13.1 Java 的基本绘图程序包

Graphics 类是所有图像与文字图形对象的抽象基类，它允许用户在窗口组件中绘制各种形式的简单 2D 图形。但在进行图形的绘制之前，必须先获取相关的图形对象，并设置对象内部的各项属性，这些属性必须包含下列信息：

（1）指定输出的窗口组件（Component）。

（2）转换绘图输出的坐标系统。

（3）当前使用的图形缓冲区空间（clip，也称剪贴簿）。

（4）当前使用的颜色。

（5）当前使用的字体。

（6）像素绘制函数（例如 paint 方法）。

（7）当前使用的异或交替（XOR Alternation）输出颜色。

用户可以调用 Graphics 类提供的各项设置方法来进行上述属性的设置工作。有关属性设置方法如表 13-1 所示。

表 13-1

Graphics 类有关属性设置的方法	说明
getGraphics()	获取当前窗口组件的图形对象，此方法并非是由 Graphics 类所提供的，而是 Frame 类、JFrame 类或 Applet 类的成员方法
void setClip(int x, int y, int width, int height)	设置图形缓冲区（剪贴簿）大小
void setColor(Color C)	设置绘制图形的颜色
void setFont(Font font)	设置绘制的字体
void setXORColor(Color C)	设置异或交错输出的颜色

在 Java 中要想绘制几何图形，无论是画线、画圆或画方形都必须通过 Graphics 类。接下来将介绍画线、画矩形和画椭圆。首先看看表 13-2 列出的 Graphics 类的主要方法。

表 13-2

Graphics 类的方法	说明
abstract void drawArc(int x,int y, int w, int h, int 起点角度, int 终点角度)	绘制弧形
abstract void fillArc(int x,int y, int w, int h, int 起点角度, int 终点角度)	绘制弧形并填充颜色
abstract void drawLine(int x1,int y1, int x2, int y2)	绘制线段
abstract void fillLine(int x1,int y1, int x2, int y2)	绘制线段并填充颜色
abstract void drawRect(int x,int y, int w, int h)	绘制矩形
abstract void fillRect(int x,int y, int w, int h)	绘制矩形并填充颜色
abstract void drawOval(int x,int y, int w, int h)	绘制椭圆
abstract void fillOval(int x,int y, int w, int h)	绘制椭圆并填充颜色
abstract void drawRoundRect(int x,int y, int w, int h, int arcW, int arcH)	绘制圆角矩形
abstract void drawRoundRect(int x,int y, int w, int h, int arcW, int arcH)	绘制圆角矩形并填充颜色
abstract Color getColor( )	获取所绘制图形的颜色
abstract Font getFont( )	获取所绘制的字体
abstract void drawString(String str, int x 坐标位置, int y 坐标位置)	在绘制区内写入字符串
abstract void setColor(Color c)	设置绘制图形的颜色
abstract void setFont(Font font)	设置字体

图形绘制时所使用的坐标系统与 AWT、Swing 或 Applet 窗口内组件布局时使用的坐标系统相同，是以窗口左上角为原点（0,0），向右及向下的坐标值（X,Y）依次递增。

13.1.1 draw 成员方法

Graphics 类中提供了各种简单的 2D 图形绘制方法，其中以 draw 开头的相关方法可描绘内容中空的图形外框轮廓。表 13-3 列出了常用的各种 draw 相关方法及其语法格式的说明。

表 13-3

draw 相关方法	说明
drawArc(int x, int y, int width, int height, int startAngle, int arcAngle)	通过用户指定的圆心坐标以及高（height）、宽（width）值来绘制圆弧的外框线段。相关参数说明如下。 int startAngle：圆弧起始角度 int arcAngle：圆弧的角度范围
drawImage(Image img, int x, int y, int width, int height, Color bgcolor,ImageObserver observer)	在指定坐标处绘制指定图像对象。相关参数说明如下。 Color bgcolor：使用指定颜色对象设置背景颜色 ImageObserver observer：图形的同步更新对象
drawLine(int x1, int y1, int x2, int y2)	在起始坐标(x1, y1)和终点坐标(x2, y2)之间绘制实心线段
drawOval(int x, int y, int width, int height)	以(x, y)为起始坐标及指定高、宽值来绘制椭圆
drawPolygon(int[] xPoints, int[] yPoints, int nPoints)	参照 X 轴与 Y 轴坐标数组及顶点数（nPoints）来绘制多边形
drawRect(int x, int y, int width, int height)	以(x, y)坐标为起点绘制指定高宽值的矩形
drawString(String str, int x, int y)	以(x, y)坐标为起点绘制指定字符串对象

【范例程序：CH13_01】

```
01    /*程序：CH13_01 Draw 相关方法的应用*/
02    //加载相关程序包
03    import java.awt.*;
04    import java.awt.event.*;
05    public class CH13_01 extends Frame{
06        private static final long serialVersionUID = 1L;
07        //声明成员函数
08        private static Graphics g;
09        private static String myStr = "Hello Java!!!";
10        private static int[] xPoints = {215, 227, 269, 233, 243, 215, 187, 197,
161, 203};
11        private static int[] yPoints = {80, 116, 116, 134, 176, 152, 176, 134,
116, 116};
12        //类构造函数
13        public CH13_01(){
14            //设置 AWT 窗口的属性
15            setTitle("Draw 相关方法的应用");
16            setSize(300,220);
17            setVisible(true);
```

```
18        setBackground(Color.pink);
19        //设置关闭窗口的操作
20        addWindowListener(new WindowAdapter(){
21            public void windowClosing(WindowEvent e){
22                System.exit(0);}});
23        //获取绘图对象
24        g = getGraphics();
25        //设置绘图对象的属性
26        g.setColor(Color.blue);
27        g.setFont(new Font("SimHei", Font.BOLD, 32));
28    }
29    public static void main(String args[]){
30        CH13_01 myFrm = new CH13_01();
31        myFrm.setVisible(true);
32        //调用绘图方法
33        g.drawString(myStr ,10,70);
34        g.drawOval(30, 80, 50, 50);
35        g.drawRect(100, 80, 50, 70);
36        g.drawPolygon(xPoints, yPoints, 10);
37    }
38 }
```

【程序的执行结果】

程序的执行结果可参考图 13-1。

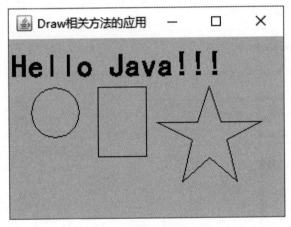

图 13-1

【程序的解析】

第 24 行：在类构造函数内调用 getGraphics()方法获取 CH13_01 的 Graphics 类对象。

第 26 行：设置绘图对象的前景颜色。

第 27 行：设置绘图对象的文字字体。

第 34 行：输出椭圆，必须注意当高与宽参数值相等时，所输出的图形为圆。

第 36 行：使用用户声明的 X 与 Y 轴坐标数组（xPoint[ ]、yPoint[ ]）输出星型多边形。

从 13.1.2 小节~13.1.4 小节，我们将详细介绍如何绘制 CH13_01 范例程序输出的图形，包括画线、画圆及画矩形。

13.1.2　画线

Graphics 类中的线段的绘制方法为 drawLine( )。

【drawLine( )的语法】

```
void drawLine(int x1, int y1,int x2, int y2)
```

【范例程序：CH13_02】

```
01    /*程序：CH13_02 Graphics 相关方法的应用*/
02    //画线 DrawLine */
03
04    import java.awt.*;
05    import java.awt.Graphics;
06    public class CH13_02 extends Frame{
07        private static final long serialVersionUID = 1L;
08        static CH13_02 f=new CH13_02();
09        public static void main(String args[]){
10            f.setTitle("画线 DrawLine");
11            f.setSize(500,300);
12            f.setVisible(true);
13        }
14        public void paint(Graphics g){
15            g.drawLine(30,20,300,250);
16            g.drawLine(90,8,150,100);
17        }
18    }
```

【程序的执行结果】

程序的执行结果可参考图 13-2。

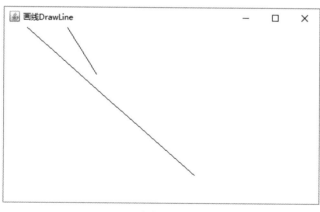

图 13-2

【程序的解析】

第 06 行：继承自 Frame 类，所以可以使用这个类相关的方法。

第 15~16 行：画两条直线，一条是从起点（30,20）到（300,250）的线段；另一条是从起点（90,8）到（150,100）的线段。

13.1.3 画矩形

Graphics 类中绘制矩形的方法是 drawRect( )和 drawRoundRect( )。它们二者的不同之处是：drawRect( )绘制出的矩形是普通的矩形，而 drawRoundRect( )绘制出的矩形是"4 个角是圆弧形"的矩形（圆角矩形）。矩形包含正方形和长方形。

（1）drawRect( )

【drawRect( )的语法】

```
void drawRect(int x, int y, int w, int h)
void fillRect(int x, int y, int w, int h)
```

其中，（x, y）指的是开始绘制的起点，w 是矩形的宽度，h 是矩形的高度。fillRect( )用于指定颜色并且填充矩形。fill 相关名称的方法不同于 draw 方法，前者并不会绘制图形，而是使用指定的前景颜色（调用 setColor()方法）来填充由坐标区域所构成图的形的内部。

【范例程序：CH13_03】

```
01   /*程序：CH13_03 Graphics 相关方法应用*/
02   //画矩形 drawRect
03
04   import java.awt.*;
05   import java.awt.Graphics;
06   public class CH13_03 extends Frame{
07       private static final long serialVersionUID = 1L;
08       static CH13_03 f=new CH13_03();
09       public static void main(String args[]){
10           f.setTitle("画矩形 DrawRect");
11           f.setSize(500,300);
12           f.setVisible(true);
13       }
14       public void paint(Graphics g){
15           g.fillRect(30,45,60,45);
16           g.drawRect(100,45,60,45);
17           g.fillRect(30,120,60,60);
18           g.drawRect(100,120,60,60);
19       }
20   }
```

【程序的执行结果】

程序的执行结果可参考图 13-3。

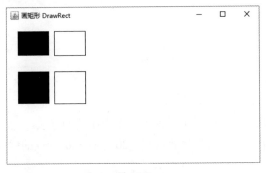

图 13-3

【程序的解析】

第 15~18 行：分别画出正方形和长方形的填充和无填充的情况。关于填充的颜色设置，默认是黑色的。绘图语法中，参数 w 和 h 代表的是宽度和高度，当 w 等于 h 时，绘制的是正方形；当 w 和 h 不相等时，绘制的是长方形。

（2）drawRoundRect( )

【drawRoundRect( )的语法】

```
void drawRoundRect(int x, int y, int w, int h, int arcW, int arcH)
void fillRoundRect(int x, int y, int w, int h, int arcW, int arcH)
```

其中，（x, y）指的是开始绘制的起点，w 是矩形的宽度。h 是矩形的高度。fillRoundRect( ) 可以指定颜色来填满矩形，如图 13-4 所示。

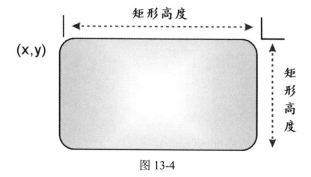

图 13-4

【范例程序：CH13_04】

```
01    /*程序: CH13_04 Graphics 相关方法的应用*/
02    //画矩形 drawRoundRect
03
04    import java.awt.*;
05    import java.awt.Graphics;
06    public class CH13_04 extends Frame{
07        private static final long serialVersionUID = 1L;
08        static CH13_04 f=new CH13_04();
09        public static void main(String args[]){
10            f.setTitle("画矩形 DrawRoundRect");
11            f.setSize(500,300);
12            f.setVisible(true);
13        }
14        public void paint(Graphics g){
15            g.fillRoundRect(30,45,60,45,10,10);
16            g.drawRoundRect(100,45,60,45,20,20);
17            g.fillRoundRect(30,120,60,60,20,20);
18            g.drawRoundRect(100,120,60,60,20,20);
19        }
20    }
```

【程序的执行结果】

程序的执行结果可参考图 13-5。

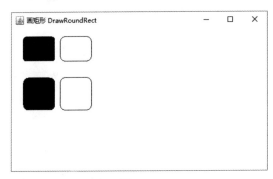

图 13-5

【程序的解析】

第 15~18 行：画正常的矩形和画圆角矩形，绘制的方式是一样的。不同的是，画圆角矩形时多了两个参数，这两个参数的含义是圆角的距离。

第 17 行：调用方法 g.fillRoundRect(30,120,60,60,20,20)，其中后两个参数的数值代表的是矩形角的弧度。

13.1.4　画圆和画椭圆

Graphics 类中绘制椭圆的方法是 drawOval( )。

【drawOval( )的语法】

```
void drawOval(int x, int y, int w, int h)
void fillOval(int x, int y, int w, int h)
```

其中，（x, y）指的是开始绘制的起点，w 是椭圆外接矩形的宽度，h 是椭圆外接矩形的高度。fillOval( )可以指定颜色来填充椭圆。如果想要画圆，就把 w 和 h 的值设为相同。

【范例程序：CH13_05】

```
01    /*程序: CH13_05 Graphics 相关方法的应用*/
02    //画椭圆 drawOval
03
04    import java.awt.*;
05    import java.awt.Graphics;
06    public class CH13_05 extends Frame{
07        private static final long serialVersionUID = 1L;
08        static CH13_05 f=new CH13_05();
09        public static void main(String args[]){
10            f.setTitle("画椭圆 DrawOval");
11            f.setSize(500,300);
12            f.setVisible(true);
13        }
14        public void paint(Graphics g){
15            g.fillOval(30,45,60,45);
16            g.drawOval(100,45,60,45);
17            g.fillOval(30,120,60,60);
18            g.drawOval(100,120,60,60);
19        }
20    }
```

【程序的执行结果】

程序的执行结果可参考图 13-6。

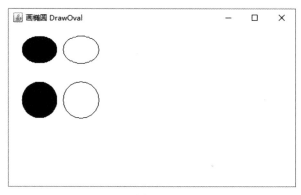

图 13-6

【程序的解析】

第 15~18 行：分别画出椭圆和圆的填充和无填充的情况。关于填充的颜色设置，默认是黑色的。绘图语法中，参数 w 和 h 代表的是椭圆或圆外接矩形的宽度和长度，当 w 等于 h 时，绘制的是圆；当 w 和 h 不相等时，绘制的是椭圆。

13.1.5 窗口颜色

在 Java 中，对颜色的管理是由 Color 类负责的，AWT 颜色管理系统可以让程序设计者指定自己想要的颜色。Color 类能够用于设置窗口的前景色和背景色、设置图形颜色和设置文字颜色。表 13-4 和表 13-5 分别列出了 Color 类的构造函数和方法。

表 13-4

Color 类的构造函数	说明
Color(int red, int green, int blue)	颜色是由红（red）、绿（green）和蓝（blue）按比例调配的。而参数的设置数值是 0~255 之间的整数
Color(float red, float green, float blue)	颜色同样是由红、绿和蓝按比例调配的。但参数的设置数值是 0~1 之间的浮点数
Color(int rgb)	由红、绿和蓝组合成一个整数来代表颜色。红的范围是 16~23 比特，绿的范围是 8~15 比特，蓝的范围是 0~7 比特

表 13-5

Color 类的方法	说明
Color brighter( )	获取比当前的颜色更"亮"的颜色
Color darker( )	获取比当前的颜色更"暗"的颜色
setForeground(Color 颜色对象)	设置窗口的前景色
setBackground(Color 颜色对象)	设置窗口的背景色

（续表）

Color 类的方法	说明
setColor(Color 颜色对象)	设置输出的颜色
int getRed( )	获取所设置的红色的数值
int getGreen( )	获取所设置的绿色的数值
int getBlue( )	获取所设置的蓝色的数值

颜色设置常数如表 13-6 所示。

表 13-6

常数	说明
Color.black	黑色
Color.blue	蓝色
Color.cyan	青色
Color.darkGray	深灰色
Color.gray	灰色
Color.green	绿色
Color.lightGray	浅绿色
Color.magenta	紫色
Color.orange	橘色
Color.pink	粉红色
Color.red	红色
Color.white	白色
Color.yellow	黄色

【范例程序：CH13_06】

```
01    /*程序：CH13_06 Graphics 相关方法的应用*/
02    /*颜色展示 */
03
04    import java.awt.*;
05    import java.awt.Graphics;
06    public class CH13_06 extends Frame{
07        private static final long serialVersionUID = 1L;
08        static CH13_06 f=new CH13_06();
09        public static void main(String args[]){
10            f.setTitle("颜色展示");
11            f.setSize(500,300);
12            f.setVisible(true);
13        }
14        public void paint(Graphics g){
15            g.setColor(Color.green);  //使用颜色常数设置颜色
16            g.drawRect(30,45,60,45);
17            g.fillRect(100,45,60,45);
18            g.setColor(Color.orange);
19            g.drawRect(180,45,60,45);
20            g.fillRect(260,45,60,45);
21            Color c1=new Color(23,47,199); //使用数值常数设置颜色
22            Color c2=new Color(33,199,210);
```

```
23            g.setColor(c1);
24            g.drawRect(30,145,60,45);
25            g.fillRect(100,145,60,45);
26            g.setColor(c2);
27            g.drawRect(180,145,60,45);
28            g.fillRect(260,145,60,45);
29        }
30    }
```

【程序的执行结果】

程序的执行结果可参考图 13-7。

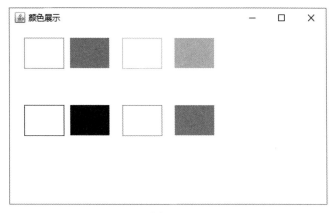

图 13-7

【程序的解析】

显示结果：上层是使用颜色常数设置颜色，下层是使用数值常数设置颜色。程序中的数值是任意给的，读者在自行练习时可以尝试使用不同的数值，看看呈现的是什么颜色。

13.1.6　图像重新绘制功能

在前面几节的范例程序中，不知大家是否发现如果单纯调用 getGraphics( )方法来获取绘图对象，并直接在程序中调用各种方法进行图形绘制，有时会发生图形被覆盖的情况。这是因为程序中所编写的绘制图形的语句按照编写的执行顺序只会被执行一次，所以当有任何其他窗口遮挡该图形所属的窗口组件时，两个窗口重叠部分的图形内容就会彼此挡住。此时，用户可以调用 java.awt 程序包中的 Component 类成员方法 paint( )，需要对这个方法进行覆盖（重新定义），将程序中的图形绘制方法（或函数）收纳其中，再直接通过调用 repaint()方法，让每次该窗口处于焦点（highlighted，即主控或突显）状态时，会在第一时间调用 paint( )方法，再一次执行该图形的绘制工作。

【范例程序：CH13_07】

```
01    /*程序：CH13_07 paint()与 repaint()方法的应用*/
02    //导入相关程序包
03    import java.awt.*;
04    import java.awt.event.*;
05    public class CH13_07 extends Frame{
```

```
06        private static final long serialVersionUID = 1L;
07        private static Image myImg;
08        //类构造函数
09        public CH13_07(){
10            //设置 AWT 窗口的属性
11            setTitle("paint()与 repaint()方法的应用");
12            setSize(300, 300);
13            setVisible(true);
14            //设置关闭窗口的操作
15            addWindowListener(new WindowAdapter(){
16                public void windowClosing(WindowEvent e){
17                    System.exit(0);}});
18            //加载图像文件
19            myImg = Toolkit.getDefaultToolkit().getImage("test.jpg");
20        }
21        //覆盖（重新定义）paint()类
22        public void paint(Graphics g){
23            g.drawImage(myImg, 10, 30, 150, 150,this);
24        }
25        public static void main(String args[]){
26            CH13_07 myFrm = new CH13_07();
27            myFrm.setVisible(true);
28            //调用 repaint()方法
29            myFrm.repaint();
30        }
31    }
```

【程序的执行结果】

（1）如果某窗口被挡住，就调用 repaint( )与 paint( )方法绘制图形，结果如图 13-8 所示。

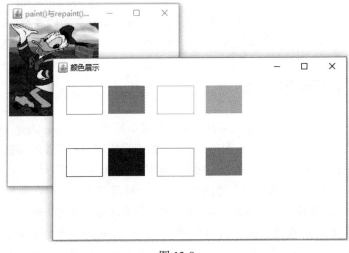

图 13-8

（2）当该图形所属的窗口重新获得焦点时，会自动调用 repaint()方法，重新执行 paint()方法内的语句，结果如图 13-9 所示。

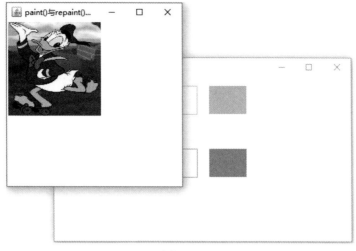

图 13-9

【程序的解析】

第 19 行：调用 getImage()方法加载图像文件，以作为输出的图像（Image）对象。

第 22~24 行：覆盖（重新定义）paint()方法，将图像对象的绘制语句包含在 paint()方法中。

第 29 行：使用窗口对象 myFrm 调用 repaint()方法，来执行 paint()方法。

13.2　动画处理与声音播放

如果觉得通过前面所介绍的 Graphics 类来绘制各种简单的文字、图形或图像太过呆板无趣，而想加入动画效果的话，不妨直接使用线程（Thread）类或 timer 类（定时设备）来实现多张图形的重复绘制工作。在本节中，我们将介绍另一种方式，通过 MediaTracker 类对象来进行动画的重复播放。

MediaTracker 位于 java.awt 程序包中，属于一个工具类。顾名思义，MediaTracker（媒体追踪器）的主要功能在于汇总整合多个媒体文件，以对媒体的内容进行追踪。它的类构造函数如下：

```
    MediaTracker (Component Comp) //Component Comp：MediaTracker 对象所附属的窗口
组件
```

MediaTracker 提供了多种成员方法，让用户对 MediaTracker 对象内的所有媒体文件进行检查、加入以及删除等管理工作。相关成员方法及其说明如表 13-7 所示。

表 13-7

MediaTracker 类的方法	说明
addImage(Image img, int id, int width, int height)	将指定图像对象加入媒体追踪器（MediaTracker）中
checkAll(boolean load)	检查图像对象是否加载完毕
checkID(int id, boolean load)	检查指定编号的图像对象是否加载完毕

（续表）

MediaTracker 类的方法	说明
getErrorAny()	返回图像对象可能产生的所有错误
getErrorID(int id)	返回指定编号的图像对象可能产生的错误
isErrorAny()	检查图像对象是否发生了错误
isErrorID(int id)	检查指定编号的图像对象是否发生了错误
removeImage(Image img, int id, int w, int h)	把指定的图像对象从媒体追踪器中删除
statusAll(boolean load)	返回所有图像状态的 OR 位运算的结果
statusID(int id, boolean load)	返回指定图像对象状态的 OR 位运算的结果
waitForAll(long ms)	开始加载媒体追踪器中的所有图像对象
waitForID(int id, long ms)	开始加载媒体追踪器中指定 ID 的图像对象

调用 addImage()方法把所有图像对象加入追踪器（Tracker）对象后，必须先执行 waitForAll()
或 waitForID()方法将所有或指定 ID 的图像对象加载到媒体追踪器（MediaTracker）中。接着通过
线程调用 repaint()方法来执行 paint()中的所有图形绘制语句。下面我们使用两个 Java 吉祥物 Duke
娃娃的图像文件来为大家示范如何使用媒体追踪器对象。

【范例程序：CH13_08】

```
01    /*程序: CH13_08 动画播放*/
02    import java.awt.*;
03    import java.awt.event.*;
04    public class CH13_08 extends Frame implements Runnable{
05        private static final long serialVersionUID = 1L;
06        //声明类成员变量
07        MediaTracker myTracker;
08        Image[] myImg = new Image[2];
09        int imgInx;
10        Thread myTh;
11        //类构造函数
12        public CH13_08() {
13            myTracker = new MediaTracker(this);
14            for (int i = 0; i < myImg.length; i++) {
15                myImg[i] = Toolkit.getDefaultToolkit().getImage("Nuke" +
16                    String.valueOf(i+1) +".png");
17                myTracker.addImage(myImg[i], 0);
18            }
19            //设置窗口属性
20            setTitle("播放动画效果");
21            setSize(200,150);
22            setVisible(true);
23            //创建线程对象并启动线程
24            myTh = new Thread(this);
25            myTh.start();
26        }
27        //覆盖（重新定义）run()方法
28        public void run(){
29            //加载 Image 对象
30            try{
```

```
31          myTracker.waitForID(0);
32       }catch(InterruptedException e){
33          return;
34       }
35       Thread me = Thread.currentThread();
36       while(myTh == me){
37          try{
38             Thread.sleep(200);
39          }catch(InterruptedException e){
40          break;
41          }
42          //同步处理
43          synchronized(this){
44             imgInx++;
45             if(imgInx >= myImg.length){
46                imgInx = 0;
47             }
48          }
49          repaint();
50       }
51    }
52    //覆盖（重新定义）paint()方法
53    public void paint(Graphics g){
54       g.drawImage(myImg[imgInx], 60, 50, this);
55    }
56    public static void main(String args[]){
57       CH13_08 myFrm = new CH13_08();
58       //设置窗口关闭的操作
59       myFrm.addWindowListener(new WindowAdapter(){
60       public void windowClosing(WindowEvent e){ System.exit(0);}});
61    }
62 }
```

【程序的执行结果】

程序的执行结果可参考图 13-10。

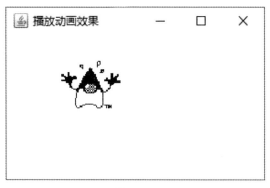

图 13-10

【程序的解析】

第 14~18 行：使用 for 循环语句将图像文件 Nuke1.png 与 Nuke2.png 加入媒体追踪器（MediaTracker）对象中。

第 30~34 行与第 37~41 行：由于执行 waitForID( )和 sleep()方法会产生中断例外（Interrupted

Exception），因此必须声明对应的 try 与 catch 程序区块来执行捕获和处理操作。

第 38 行：当两个线程同时执行时，myTh 对象暂停 200 毫秒（1/5 秒）。

13.3　高级应用练习实例

本章探讨了 Java 中的绘图功能，接下来我们将通过范例程序来整合 Java 的按钮功能及绘图功能，制作出可以根据按钮上的文字来绘制相关功能的线条或图形。

Java 的 Graphics 类中包含简单 2D 图形的绘制方法，其中 draw()方法可画出中空的线，fill()方法可以用指定颜色填充图形。下面用 Java 来设计一个绘图功能整合范例的窗口应用程序。

【综合练习】绘图功能应用的范例程序

```
01    //绘图功能应用的范例程序
02    import java.awt.*;
03    import java.awt.event.*;
04    public class WORK13_01 extends Frame implements ActionListener
05    {
06        private static final long serialVersionUID = 1L;
07        int kind;
08        Button b1,b2,b3,b4,b5;
09        public WORK13_01()
10        {
11            setTitle("绘画功能范例");
12            //设置窗口的大小
13            setSize(450,220);
14            setVisible(true);
15            //设置关闭窗口的按钮功能
16            addWindowListener(new WindowAdapter()
17            {
18                public void windowClosing(WindowEvent e){
19                    System.exit(0);
20                }
21            }
22            );
23            //添加 4 个按钮
24            b1=new Button("fillPolygon(多边形)");
25            b2=new Button("fillOval(圆)");
26            b3=new Button("fillOval(椭圆)");
27            b4=new Button("fillRect(矩形)");
28            add(b1);
29            add(b2);
30            add(b3);
31            add(b4);
32            //版面布局方式
33            setLayout(new FlowLayout(FlowLayout.CENTER,10,10));
34            //加入监听器
35            b1.addActionListener(this);
36            b2.addActionListener(this);
37            b3.addActionListener(this);
38            b4.addActionListener(this);
39        }
40        //接收和处理监听的事件
```

```
41      public void actionPerformed(ActionEvent e)
42      {
43          if(e.getSource()==b1)    //当单击 b1 按钮时
44              kind=1;
45          else if(e.getSource()==b2)
46              kind=2;
47          else if(e.getSource()==b3)
48              kind=3;
49          else if(e.getSource()==b4)
50              kind=4;
51              repaint();
52      }
53      public void paint (Graphics g)
54      {   //根据单击的按钮来判断要画的图形
55          int xs[]={60,120,160,120,60,20};
56          int ys[]={80,80,140,200,200,140};
57          switch(kind){
58              case 1:{g.setColor(Color.BLUE);
59              g.fillPolygon(xs,ys,6);
60              break;}
61          case 2:{g.setColor(Color.YELLOW);
62              g.fillOval(60,80,120,120);
63                  break;}
64              case 3:{g.setColor(Color.RED);
65                  g.fillOval(60,80,120,100);
66                  break;}
67              case 4:{g.setColor(Color.CYAN);
68                  g.fillRect(60,80,140,120);
69                  break;}
70          }
71      }
72      //主程序部分
73      public static void main(String args[])
74      {
75          WORK13_01 myfrm = new WORK13_01();
76          myfrm.setVisible(true);
77      }
78  }
```

【程序的执行结果】

程序的执行结果可参考图 13-11~图 13-14。

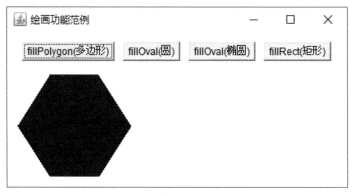

图 13-11

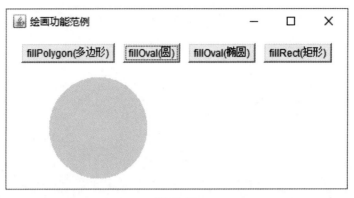

图 13-12

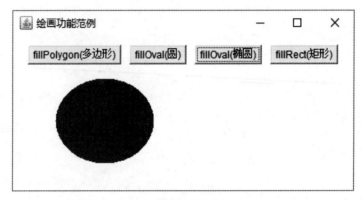

图 13-13

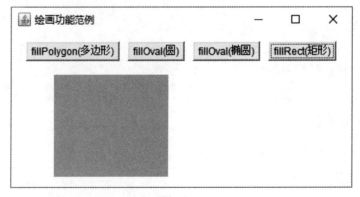

图 13-14

课后习题

一、填空题

1. _____与_____是 Graphics 类提供的两种主要的图形绘制方法。

2. 调用_____方法可将图像对象加入媒体追踪器中，并通过_____方法来检查指定 ID 的图像对象是否加载完毕。

3．所谓的_____方法是指当窗口组件获得焦点时，会自动调用 paint()方法执行画面重新绘制的操作。

4．_____方法用来设置 Graphics 绘图对象使用的颜色，而_____方法用来设置绘图对象使用的字体。

5．绘制图形时所使用的坐标系统是以窗口_____为原点(0,0)，_____及_____的坐标值（X,Y）依次递增。

6．java.awt 程序包中_____的类负责 Java 内部的基本图形绘制工作。

7．Graphics 类中_____相关的方法用于绘制图形。

8．_____不同于 draw 方法，它并不会绘制图形，而是使用指定的前景颜色（调用 setColor()方法）来填充指定图形的内部。

9．若想加入动画效果，不妨直接使用_____或_____来实现多个图形的重复绘制工作。

10．_____类主要的功能在于汇总整合多个媒体文件，以对媒体内容进行追踪。

11．java.applet 程序包中所包含的_____接口可用来播放声音资源。

12．AudioClip 的声音资源播放只支持_____组件，无法在 AWT 或 Swing 窗口程序中执行。

二、问答与实践题

1．在进行图形的绘制工作之前，必须先获取相关的图形对象，并设置好对象内部的各项属性，请举出至少三种要设置的属性。

2．请说明 AudioClip 所支持的声音文件格式。

第 14 章

例外处理

例外（Exception）的定义：程序在执行过程中，中断程序继续执行的错误信息。在程序设计过程中，从思考设计流程到开始编写程序代码，再到编译、执行，难免会有考虑不周而导致的错误。有些过程所产生的错误是在执行前，程序设计者可以自行处理；但有些错误是程序设计者无法自行处理的，这时 Java 必须"接手"来处理，还好 Java 提供了例外处理的机制。本章将完整地说明 Java 语言的例外机制，并通过范例程序来示范如何自定义例外类。

本章的学习目标

- 什么是例外处理
- 例外处理的语法
- 例外处理的执行流程
- 使用 throws 抛出例外事件
- 调用方法来处理例外
- 使用类处理例外
- 例外结构的介绍
- 自定义例外处理的类

14.1　什么是例外处理

当程序执行时发生问题，使得程序被中断无法正常执行，这种情况被称为例外（Exception），例如程序语法错误、算数的错误（一个数值被零除，即除数为零）等。

下面是一些时常发生的错误情况。

- 执行"打开文件"的程序时，发现找不到文件或根本不存在。
- 数学表达式中除式分母为 0。
- 存取数组时，指定的数组索引值超出数组大小的范围或索引值为负值。
- 提取用户从键盘输入的数字字符串，并将其转成整数，但输入的并非数字字符串。

Java 的每个例外都是一个对象，从 Object 基类派生而来，可分为 Error 类与 Exception 类。

14.1.1 Error 类

Java 语言定义 Error 为会产生严重错误的类。所谓严重错误，可能是指动态链接（Dynamic Linking）所发生的错误、系统内存不足或除法运算的除数为零等，这些都是重大的错误，所以 Java 的例外处理不会捕获（Catch）这类严重错误（Error），而是在执行时就把这类错误直接抛出（Throw）。

Error 类的继承关系如图 14-1 所示。

```
java.lang.Object
└ java.lang.Throwable
  └ java.lang.Error
    └ java.lang.ThreadDeath
```

图 14-1

Throwable 为例外处理的基类，派生出 Error 类处理严重错误，其所派生的例外类则是针对可能发生的情况分别进行处理。表 14-1 列出了常用的 Error 派生类及其说明。

表 14-1

Error 派生类	说明
AWTError	程序执行 AWT（抽象窗口工具包）所使用的 Error 类
LinkageError	类间的链接或使用不当时所使用的 Error 类，例如类格式错误（ClassFormatError）
ThreadDeath	程序执行时，发生不明情况引起错误时所使用的 Error 类，例如除法运算的除数为零
VirtualMachineError	Java 虚拟机发生错误所使用的 Error 类，例如超出内存使用范围（OutOfMemoryError）

从 Error 类开始继承的完整继承关系如图 14-2 所示。

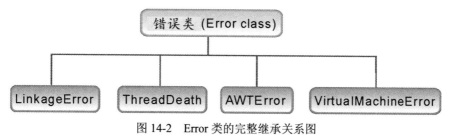

图 14-2　Error 类的完整继承关系图

14.1.2　Exception 类

所谓 Exception，就是在程序执行过程中，当发生例外时能马上处理的错误。例如解释器（java.exe）在解释 .class 文件时，如果这个文件不存在或找不到，就会调用例外类 ClassNotFoundException 告知我们这个文件不存在。

Exception 派生的错误类相当多，大部分程序抛出的错误对象都继承自 Exception 类。如图 14-3 所示是 Object 类的继承关系示意图，我们可以从中了解 Exception 类的继承关系。

```
java.lang.Object
└java.lang.Throwable
    └java.lang.Exception
```

图 14-3

由于 Exception 的派生类相当多，若读者想了解更多的内容，则可以参考 Java 的帮助文件。表 14-2 简单列出了 Exception 的常用派生类及其说明。

表 14-2

Exception 的派生类	说明
ClassNotFoundException	当应用程序加载 .class 文件而找不到时所使用的 Exception 类
IllegalAccessException	程序加载的 .class 函数或相关数据有权限问题时，会产生此例外。例如，获取某字段的 char 数据类型发生问题时，就会使用此类的派生类 Field.getChar(Object) 来捕获例外
IOException	程序在输入/输出期间发生例外错误时所使用的 Exception 类，例如文件未关闭
NoSuchFieldException	当载入的 .class 文件中的数据成员或数据字段不存在时会使用此类
NoSuchMethodException	当载入的 .class 文件中的函数不存在时会使用此类
RuntimeException	JMV 执行时产生的例外错误而使用的 Exception 类。此类下面还有派生类，例如 NegativeArraySizeException

Exception 类的完整继承关系如图 14-4 所示。

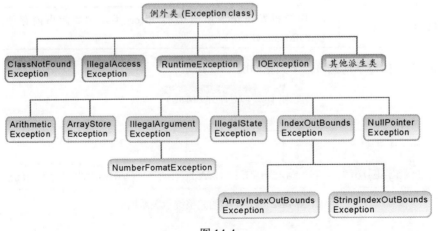

图 14-4

14.2　认识例外处理

Java 的例外处理采用的方式为 try...catch[...finally]，我们把可能会发生例外情况的程序代码放在 try 程序区块中，把要处理例外情况的程序代码放在 catch 程序区块中，而 finally 程序区块则是必定要执行的区块，不过 finally 程序区块可以省略（不编写任何内容）。下面介绍例外处理的语法。

14.2.1　例外处理的语法说明

例外处理机制使用 try...catch 语法格式，语法如下：

```
try{
    //可能发生例外的程序代码
}
catch(例外类1 例外对象1){
    //处理例外事件的程序区块
}
catch(例外类2 例外对象2){
    //处理例外事件的程序区块
}
```

在上述语法中，catch 程序区块可以有很多个，以便捕获各种不同类型的例外事件。下面看看 try 和 catch 程序区块的具体含义。

（1）try 程序区块

此区块包含的程序代码用来检查可能会发生的例外。我们把要进行例外检查的程序代码放在此区块中，此区块会按序进行检查，若发生了例外情况，则会根据例外事件的类把此例外对象抛给相关的 catch 程序区块进行处理，因为产生的例外情况不限于一种，所以 catch 程序区块的设计相当重要。

（2）Catch 程序区块

此区块用来捕获从 try 程序区块抛过来的例外对象，并执行在此区块所设计的相关处理。Catch 程序区块可以设计多个，每个区块负责捕获一种例外对象，而要捕获的例外对象是根据 catch 参数行中所使用的例外类决定的，例如 EOFException 或 IOException 等，所以在设计 catch 程序区块时，必须考虑会发生的例外情况，选择适用的 Exception 类。

假如读者在设计多个 catch 程序区块时遇到选用的 Exception 类有继承关系，则派生类的 catch 程序区块必须在前面，如果反过来的话，就会发生编译错误而发出"exception 派生类 has already been caught"的错误提示信息，这是因为基类已先捕获到例外对象的缘故。多个 catch 程序区块的问题在后续章节会详细说明。

【范例程序：CH14_01】

```
01    /*程序：CH14_01.java
02     *说明：例外处理的范例程序1
03     */
04    import java.io.*;
```

```
05
06   public class CH14_01{
07      public static void main(String[] args) throws IOException{
08         try{
09            int i;
10            BufferedReader buf;
11            buf = new BufferedReader(new InputStreamReader(System.in));
12
13            System.out.print("请输入整数 i: ");
14            i = Integer.parseInt(buf.readLine());//将读取的数据转换成 int 类型
15
16            System.out.println("i = "+ i);
17
18         }
19         //例外处理的第一个 catch 程序区块
20         catch(NumberFormatException nfe){
21            System.out.println("catch NumberFormatException...");
22            System.out.println(nfe.toString());//输出 NumberFormatException
      的信息
23
24         }
25         //例外处理的第二个 catch 程序区块
26         catch(Exception e){
27            System.out.println("catch Exception...");
28            System.out.println(e.toString());//输出 Exception 的信息
29
30         }
31      }
32   }
```

【程序的执行结果】

程序的执行结果可参考图 14-5。

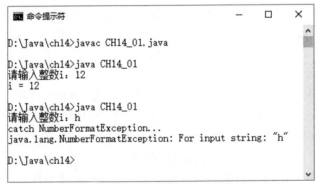

图 14-5

【程序的解析】

第 08~18 行：因为用户输入数据有可能会发生类型错误，所以设计 try 程序区块来预防和处理这种例外情况。

第 22 行：将 NumberFormatException 类的例外信息显示出来。

14.2.2　finally 的使用

在发生例外事件时，除了使用 try...catch 程序区块外，还可以加上 finally 程序区块。Java 语言把 finally 程序区块定义为一定要执行的区块。当发生例外事件时，try...catch 会被触发，无论 try 程序区块或 catch 程序区块有没有执行完毕（有可能再发生例外事件），finally 程序区块都一定会被执行。

finally 程序区块通常用于一定要处理的情况，例如文件的关闭操作，这样即使在 try 程序区块中再次发生例外情况，或者 catch 程序区块没有捕获到例外对象，都可以将补救措施放在这个程序区块进行最后的处理。

下面介绍 finally 程序区块的语法格式。我们只要将一定要执行的程序代码编写于此处即可。

【finally 的语法格式】

```
finally {
    //一定要执行的程序代码
}
```

上述 finally 程序区块与 catch 程序区块可以同时存在，也可择一存在，但是不能同时都没有，因为当例外发生时，程序需要有一个以上的例外处理方式来处理例外事件。下面以 14.2.1 小节中的例子为基础，再加上 finally 程序区块来示范一下。

【范例程序：CH14_02】

```
01   /*程序：CH14_02.java
02    *说明：例外处理的范例程序 2
03    */
04   import java.io.*;
05
06   public class CH14_02{
07      public static void main(String[] args) throws IOException{
08         try{
09            int i;
10            BufferedReader buf;
11            buf = new BufferedReader(new InputStreamReader(System.in));
12
13            System.out.print("请输入整数 i: ");
14            i = Integer.parseInt(buf.readLine());//将读取的数据转换成 int 类型
15
16            System.out.println("i = "+ i);
17         }
18         //例外处理的第一个 catch 程序区块
19         catch(NumberFormatException nfe){
20            System.out.println("catch NumberFormatException...");
21            System.out.println(nfe.toString());//输出 NumberFormat
     Exception 的信息
22         }
23         //例外处理的第二个 catch 程序区块
24         catch(Exception e){
25            System.out.println("catch Exception...");
26            System.out.println(e.toString());//输出 Exception 的信息
27         }
28         //最后必定会执行的程序区块
```

```
29          finally{
30              System.out.println("\n 执行 finally 程序区块……");
31              System.out.println("程序执行结束！！！");
32          }
33      }
34  }
```

【程序的执行结果】

程序的执行结果可参考图 14-6。

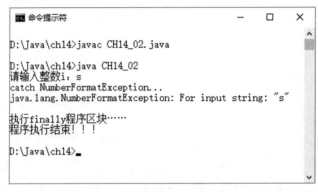

图 14-6

【程序的解析】

第 29~32 行：finally 程序区块提示用户再次确认输入的值。

14.2.3　例外处理的执行流程

程序在执行过程中会调用程序设计人员所设计的函数，当调用的函数发生例外事件时，Java 执行系统会寻找相对应的例外处理方法。当函数被调用时，是采用堆栈的原理进行调用的，即当 main 函数调用函数 A，函数 A 又调用函数 B 时，先被调用的函数会被存放在一个区块的下层（堆栈结构的下层），最后被调用的函数则会被存放在上层（堆栈结构的上层）。

只要函数 B 发生例外情况，就会将此例外对象抛回给函数 A，函数 A 会寻找对应的处理方法解决例外，也就是触发 catch 程序区块，执行完后再由 finally 程序区块执行一定要处理的操作。

14.3　抛出例外功能

除了在程序执行时触发例外事件之外，也可由程序设计人员使用 throw 和 throws 指令来抛出例外事件。

14.3.1　使用 throw 抛出例外

使用 throw 语句可以强制程序抛出例外对象，以处理可能发生例外的情况，例如输入超过 12

的月份。

在 Java 语言中，所有的例外类都使用 throw 抛出例外对象，而所抛出的对象必须继承自 Throwable 类或其派生类，Error 类及 Exception 类就是其中之一。因为程序在执行期间随时可能发生例外，当例外发生时必须中断程序的执行，对这些例外进行处理，所以需要使用 throw 把例外对象抛给例外情况对应的类。

【throw 的声明语法】

```
throw 例外实例对象;
```

上述例外实例对象必须是继承自 Throwable 的对象。下面通过一个范例程序来实现并示范 throw 的使用。

【范例程序：CH14_03】

```
01   /*程序: CH14_03.java
02    *说明: throw 的实现范例
03    */
04   import java.io.*;
05
06   public class CH14_03{
07       public static void main(String[] args) throws IOException{
08           try{
09               int month;
10               BufferedReader buf;
11               buf = new BufferedReader(new InputStreamReader(System.in));
12
13               System.out.print("请输入月份: ");
14               month = Integer.parseInt(buf.readLine());
15
16               if(month<0 | month>12)
17                   throw new ArithmeticException("没有这个月份! ! ! ");
18                   System.out.println("您输入的月份为 = "+ month+ "月份")
19               }
20           catch(ArithmeticException ae){
21               System.out.println("catch ArithmeticException...");
22               System.out.println(ae.toString());
23           }
24
25       }
26   }
```

【程序的执行结果】

程序的执行结果可参考图 14-7。

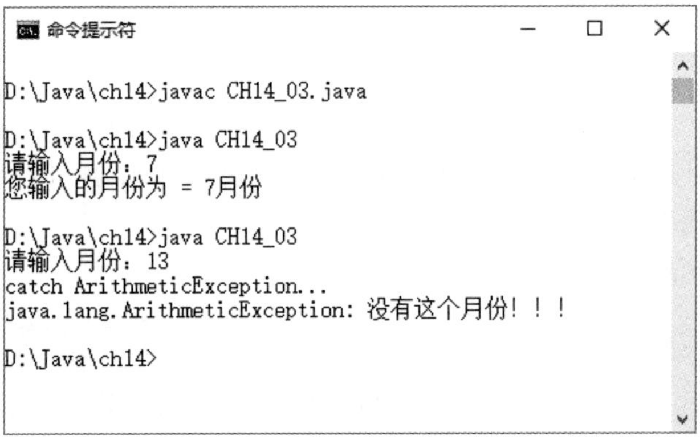

图 14-7

【程序的解析】

第 17 行：因为变量 month 在这里不会产生例外，但我们希望 month 超过 12 就触发例外情况，所以使用 throw 把例外对象抛出。

14.3.2 使用 throws 抛出例外事件

假如我们知道所设计的函数可能会发生某种例外，就可以使用 throws 指定此例外类，例如可能会发生 IllegalAccessException 例外，就可以使用 throws 说明可能会有存取函数或相关数据的权限问题。

而当此函数发生例外时，程序会将此函数转换成所指定的例外对象抛出，让程序能捕获到此例外并进行处理。

下面说明 throws 的语法。

【throws 的语法格式】

```
数据类型函数名称(函数参数) throws 例外类1,例外类2…{
    // 程序代码
}
```

上述例外类并不限定一个，例外类之间以逗点 "," 隔开，表示此函数可能有这几种例外产生。在指定例外类时，RuntimeException 类及其派生类可以不用指定，Java 虚拟机会自动捕获此类的例外。

【范例程序：CH14_04】

```
01    /*程序: CH14_04.java
02     *说明: throws 的实现范例 1
03     **/
04    public class CH14_04{
05       public static void main(String[] args){
06          try{
07             int month;
08
09             for(month=1; month<=12; month++){
```

```
10              if(month == 3)
11                  message();
12              else
13                  System.out.println("现在为"+ month+ "月份");
14              }
15          }
16
17          catch(IllegalAccessException iae){
18              System.out.println(iae.toString());
19          }
20      }
21
22      static void message() throws IllegalAccessException{
23          //设置发生了 IllegalAccessException 例外
24          throw new IllegalAccessException("三月份是春天来临的季节……");
25      }
26  }
```

【程序的执行结果】

程序的执行结果可参考图 14-8。

图 14-8

【程序的解析】

第 22~25 行：指定 message()会发生例外的类。

14.4 调用方法处理例外

调用方法来处理例外产生的情况。try-catch 程序区块编写在主程序中，实施步骤如下：

（1）在 try 程序区块中调用方法。

（2）如果例外错误成立，就执行 catch 程序区块中的语句。

（3）如果例外错误不成立，就执行方法中的语句，完成后再跳回 try 程序区块继续执行。

【范例程序：CH14_05】

```
01  /*程序: CH14_05.java
02   *说明: throws 的实现范例 2
03   *调用方法处理例外问题(一)  */
04  class CH14_05{
05      static double count(int x,int y){
```

```
06            double c=(x+y)/(y-x-1);
07    return c;
08        }
09      public static void main(String[] args) throws ArithmeticException{
10          int a=15;
11          int b=16;
12          try{
13              System.out.println("例外错误不成立"+count(a,b));
14          }catch(ArithmeticException e){
15              System.out.println(e);
16          }
17      }
18    }
```

【程序的执行结果】

程序的执行结果可参考图 14-9。

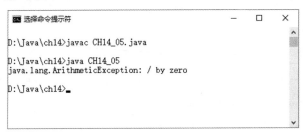

图 14-9

【程序的解析】

第 13 行：调用 count( )方法，执行流程跳到第 05~08 行程序代码，发现执行时有错误，因为分母为 0。

第 14 行：执行第 06 行时，错误成立，try 程序区块抛出例外，于是程序接着往下执行 catch 程序区块。

另一种调用方法来处理例外问题的方式是：把 try-catch 程序区块编写在方法中，实施步骤如下：

（1）主程序调用方法，方法中的 try 程序区块抛出例外。

（2）如果例外错误成立，就执行方法内 catch 程序区块中的语句。

（3）如果例外错误不成立，就执行完 try 程序区块的语句后，再跳回主程序继续执行。

【范例程序：CH14_06】

```
01    /*程序: CH14_06.java
02     *说明: throws 的实现范例 3
03     *调用方法处理例外问题(二)  */
04    class CH14_06{
05      static void count(int x,int y) throws ArithmeticException {
06          try{
07              double c=(x+y)/(y-x-1);
08    System.out.println("例外错误不成立"+c);
09          }catch(ArithmeticException e){
10              System.out.println(e);
11          }
12      }
```

```
13      public static void main(String[] args)  {
14          int a=15;
15          int b=16;
16          count(a,b);   //调用方法
17      }
18  }
```

【程序的执行结果】

程序的执行结果可参考图 14-10。

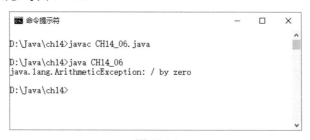

图 14-10

【程序的解析】

第 16 行：调用 count( )方法，执行流程跳转到第 05~12 行程序代码，发现第 07 行执行时有错误，因为分母为 0。

14.5 调用类处理例外

现在要讨论如何创建类，使用类来处理问题，首先了解类（class）处理例外问题的实施步骤。

（1）在主程序中加入 try 程序区块，在 try 程序区块中调用所创建类中的类方法。

（2）如果例外错误成立，就离开类，返回主程序执行 catch 程序区块中的语句。

（3）如果例外错误不成立，就执行类中的程序语句，然后返回 try 程序区块继续执行。

【范例程序：CH14_07】

```
01  /*程序：CH14_07.java
02   *说明：throws 的实现范例
03   *使用自行创建的类处理来例外问题 */
04  class count{
05      private double c;
06      double calculate(int x,int y){
07  c=(x+y)/(y-x-1);
08          return c;
09      }
10  }
11  class CH14_07{
12      public static void main(String[] args) throws ArithmeticException {
13          count ct=new count();
14          int a=15;
15          int b=16;
16          try{
```

```
17              System.out.println("例外错误不成立"+ct.calculate(a,b));
18          }catch(ArithmeticException e){
19              System.out.println(e);
20          }
21      }
22  }
```

【程序的执行结果】

程序的执行结果可参考图 14-11。

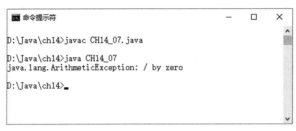

图 14-11

14.6　例外结构的介绍

在了解了如何使用不同的方式来处理例外问题之后，接下来讨论例外的结构问题。之前我们已经详细说明了例外的基本结构，现在来认识其他不同的例外结构。

不同的例外结构有多个 catch 程序区块、Rethrow、getMessage( )与嵌套 try-catch 等。下面我们通过两个不同的例外结构来进行说明。

14.6.1　多个 catch 程序区块

在我们之前介绍的范例程序中，catch 程序区块的个数只有一个，在 try-catch 结构中，catch 程序区块可以同时拥有两个或两个以上，而每一个 catch 程序区块有不同的程序语句用于捕获不同的例外，因此 try 程序区块和 catch 程序区块有"一对多"的特性。

在同一个 try-catch 例外结构中，当 try 程序区块抛出例外时，catch 程序区块就负责捕获例外，但是如果有两个以上的 catch 程序区块，应该是哪一个 catch 程序区块负责捕获呢？捕获是有顺序的，按顺序依次捕获。也就是说，按顺序比较 catch 程序区块中的语句是否符合 try 程序区块所抛出的例外，如果不符合，就按顺序比较下一个，以此类推。

【语法】

```
public static void main (string[ ] args)  throws 例外类 1，列外类 2,….
try {
例外语句；
} catch(例外类 1 变量名称){
例外处理的程序语句；
} catch(例外类 2 变量名称){          //可以声明两个 catch 程序区块
例外处理的程序语句；
}
```

```
        }
```

【范例程序：CH14_08】

```
01    /*程序:CH14_08.java
02     *说明:throws 的实现范例
03     *多 catch 程序区块 */
04    class CH14_08{
05        public static void main(String[] args) throws
      ArithmeticException,IndexOutOfBoundsException{
06            int a=15;
07            int b=16;
08            double c[]=new double[2];
09            try{
10                double d=(a+b)/(b-a-1);
11            }catch(ArithmeticException e){
12                System.out.println("分母为 0 的例外错误："+e);
13            }catch(IndexOutOfBoundsException e){
14                System.out.println("超出数组范围的例外错误："+e);
15            }
16
17            try{
18                double d=(a+b)/(b-a);
19                c[3]=d;
20            }catch(ArithmeticException e){
21                System.out.println("分母为 0 的例外错误："+e);
22            }catch(IndexOutOfBoundsException e){
23                System.out.println("超出数组范围的例外错误："+e);
24            }
25        }
26    }
```

【程序的执行结果】

程序的执行结果可参考图 14-12。

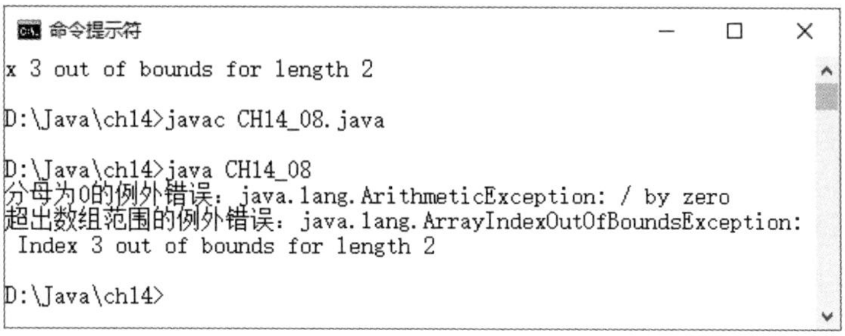

图 14-12

14.6.2 getMessage( )

getMessage( )是源自 Throwable 类中的类方法，它用于"获取例外类中显示的信息"。如图 14-13 所示是其中的一个例子。

◎例外错误产生

java. lang. ArithmeticException；by zero
错误信息

图 14-13

表 14-3 列出了 Throwable 类中的类方法。

表 14-3

Throwable 类的方法	说明
Throwable fillInStackTrace( )	返回方法调用堆栈的追踪记录
String getLocalizedMessage( )	返回例外的局部错误信息
String getMessage ( )	返回例外错误信息
void printStackTrace( )	显示方法调用堆栈的追踪记录
void printStackTrace(PrintStream 字符串)	将方法调用堆栈的追踪记录从指定的"打印数据流设备"打印出来
void printStackTrace(PrintWriter 字符串)	将方法调用堆栈的追踪记录从标准的"错误输出设备"打印出来
String toString( )	返回含有例外的字符串对象

【范例程序：CH14_09】

```
01   /*程序：CH14_09.java
02    *说明：getMessage() */
03   class CH14_09{
04      public static void main(String[] args) throws ArithmeticException{
05          int a=15;
06          int b=16;
07          try{
08              double d=(a+b)/(b-a-1);
09          }catch(ArithmeticException e){
10              System.out.println("获取例外错误信息："+e.getMessage());
11          }
12      }
13   }
```

【程序的执行结果】

程序的执行结果可参考图 14-14。

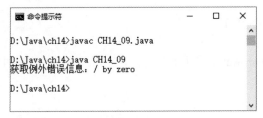

图 14-14

14.7 自定义例外处理的类

碰到需要自己设计例外事件的处理，通常是因为例外处理机制不够用，Java 语言允许我们自行定义例外类来处理特定的例外情况。

自定义的例外类必须为 Throwable 的派生类，因为程序所产生的例外对象会交由 Java 虚拟机处理，这个"交给 Java 虚拟机"的操作必须由 Throwable 类或其派生类来执行，所以自定义的例外类至少要继承自 Throwable 类。

自定义例外类的继承方式与类的继承方式相同，使用 extends 关键字即可。因为自定义的例外类大都可以处理不是非常严重的错误，所以通常继承自 Exception 类。

【Exception 类的语法】

```
class 用户自行设计的例外名称 extends  Exception 类或 Exception 类的子类{
类的程序语句;
}
```

类创建完成后，重要的是如何抛出例外。

【抛出例外语法】：

```
throw new 用户自行设计的例外类(参数)
```

【范例程序：CH14_10】

```
01    /*程序: CH14_10.java
02     *说明: 自定义例外类的范例程序
03     **/
04
05    public class CH14_10{
06        public static void main(String[] args){
07            try{
08                int day;
09                for(day=1; day<10; day++){
10                    if(day > 7)//若一星期超过七天，则产生例外
11                        throw new myException("星期 "+day+", 一个星期只有七天！！！");
12                    }
13                }
14
15                catch(myException myE){
16                    System.out.println(myE.toString());
17                }
18        }
19    }
20    //自定义例外类
21    class myException extends Exception{
22        private static final long serialVersionUID = 1L;
23
24        public myException(){
25            super();
26        }
27
28        public myException(String message){
```

```
29          super(message);
30      }
31  }
```

【程序的执行结果】

程序的执行结果可参考图 14-15。

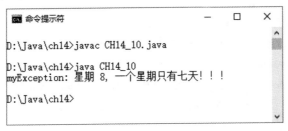

图 14-15

【程序的解析】

第 21 行：自定义的例外类，只要是 Throwable 的派生类就可以继承。

14.8 高级应用练习实例

Java 支持例外处理，它可以在执行期间发生任何错误时自动抛出例外对象，如果我们可以熟练地编写例外处理的程序代码，就可以有效地解决程序执行期间可能发生的错误。

请用 Java 设计一个范例程序，允许用户重复输入数字，并连续累加 5 个数字，每累加一个数字就将中间结果打印输出，如果输入的数据不是数字格式，就会抛出例外，当输入的数字总数超过 5 个时，就交由 finally 程序区块进行处理，将程序正常终止。

【综合练习】 使用 finally 程序区块跳离无限循环

```
01  //说明: finally 程序区块的使用
02  import java.io.*;
03  public class WORK14_01
04  {
05      static int count = 1;
06      static int sum = 0;
07      public static void main(String args[]) throws IOException
08      {
09          //无限循环
10          while(true)
11          {
12              int value;
13              //try 区块
14              try
15              {
16                  BufferedReader buf = new BufferedReader(new
InputStreamReader(System.in));
17                  System.out.print("请输入第"+count+"个数字: ");
18                  value = Integer.parseInt(buf.readLine());
19                  sum = sum + value;
```

```
20          System.out.println("当前的累加结果为: "+ sum);
21          ++count;
22      }
23      //catch 程序区块
24      catch(NumberFormatException Object)
25      {
26          System.out.println("请输入整数类型的数字格式, 否则无法进行计算。");
27      }
28      //finally 程序区块
29      finally
30      {
31          //判断是否结束循环
32          if (count > 5)
33          {
34              System.out.println("已连续累加了 5 个数字, 程序正常结束。");
35              break;
36          }
37      }
38      }
39      }
40  }
```

【程序的执行结果】

程序的执行结果可参考图 14-16。

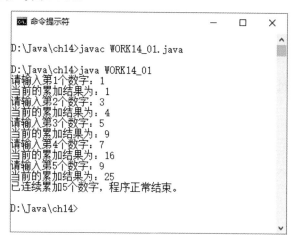

图 14-16

课后习题

一、填空题

1. Java 的例外类可分为_____类与_____类。

2. Java 语言把_____类定义为会产生"严重错误"的类。

3. 所谓_____, 就是在程序执行过程中, 当发生例外时可以马上处理的错误。

4. Java 把发生例外情况的程序代码放在_____程序区块中, 把要处理例外情况的程序代码放在_____程序区块中，而_____程序区块则是必定要执行的区块。其中_____程序区块可以有很多个，以便用于捕获各种不同类型的例外事件。

5．除了在程序执行期间触发的例外事件之外，也可以由程序设计人员使用_____和_____指令来触发例外事件。

6．自定义的例外类必须为_____的派生类。

7．要继承自定义例外类的继承方式必须使用_____关键字。

二、问答与实践题

1．请在表 14-4 中说明常用的 Error 派生类的含义。

表 14-4

Error 的派生类	说明
AWTError	
LinkageError	
ThreadDeath	
VirtualMachineError	

2．请简单说明 ClassNotFoundException 和 IOException 类的含义。

3．请问 finally 程序区块与 catch 程序区块是否可以同时没有？试进行说明。

4．请举出至少三种在 Java 语言中发生"严重错误"的例子。

5．请简述 try…catch[…finally]三个程序区块的主要功能。

第 15 章

数据流与文件管理

数据流（Stream）表示一个序列的数据从"源头"流向"终点"。在 C++中，所有数据的输入输出都建立在数据流的概念上。一种是"输出数据流"，用来把程序输出的结果传到输出设备（例如屏幕、磁盘等）；另一种是"输入数据流"，用来让输入设备（例如键盘、磁盘等）把数据传入程序中。在 Java 环境下，无论是存储于哪一种类型的媒介（文件、缓冲区或网络）中的不同类型的数据（数值、字符、字符串、图形甚至对象），它们的基本输入输出操作都必须依靠内建的数据流（Stream）对象来进行处理。我们将在本章完整地说明 Java 数据流的 I/O 控制，包括标准输入输出数据流、字符数据流、字节数据流、文件数据流及缓冲区等。

本章的学习目标

- Java 的基本数据流对象
- 标准输出数据流
- 标准输入数据流
- 抽象基类——Reader 与 Writer
- InputStream 类与 OutputStream 类
- 文件数据流
- 缓冲区

15.1 Java 的基本输入输出控制

每当开始执行一个 Java 程序时，系统都会先行创建 System.in、System.out 与 System.err 三个基本数据流对象。

（1）System.in：标准输入数据流对象，负责将用户所输入的键盘数据传送到程序中予以处理。

（2）System.out：标准输出数据流对象，负责将程序执行的结果输出到显示器屏幕上。

（3）System.err：同样属于标准输出数据流对象，此对象是 System.out 对象的变种，负责将程序执行时所产生的错误提示信息输出到显示器屏幕上。

15.1.1 标准输出数据流

System.out 是 Java 的标准输出数据流对象，它是参照 java.lang 程序包的 System 类创建的。与其他对象不同，用户不必在程序代码中声明 System.out 的实现语句，当程序开始执行时，系统会自动创建该对象供程序调用时使用。

在 Java 基本输出机制中，System.out 对象大部分都搭配 PrintStream 类的 print( )或 println( )成员方法来输出显示各种类型的数据。使用方式如下：

【标准输出方式】

```
System.out.print("Hello");          // 输出字符串 "Hello"
System.out.println(myData);         // 输出变量 myData 的值
System.out.print (new myClass());//输出创建的 myClass 类对象的内容
System.out.print(myStr+"Java");   // 输出 "myStr+"Java"" 表达式的执行结果
```

从上面的程序语句片段中，我们可以看到 print( )与 println( )方法可以输出任意格式的数据，包含数值、字符、变量、常数、对象，甚至是表达式的执行结果。

此外，print( )与 println( )方法的语法格式相同，唯一的差异在于 print( )方法在执行输出后不会自动进行换行的操作；而 println( )会在输出数据后自动换行。

【范例程序：CH15_01】

```
01    /*文件：CH15_01
02     *说明：基本输出应用范例
03     */
04
05    public class CH15_01{
06        public static void main(String args[]){
07
08            //显示结果
09            System.out.println("这是范例程序 CH15_01");
10            //声明字符串变量
11            String myString="这是范例程序 CH15_01";
12            System.out.println("字符串变量的内容为："+myString);
13            System.out.print("数学算式：5 + 3 = ");
14            System.out.println(5 + 3);
15            Readkey();
16        }
17    }
```

【程序的执行结果】

程序的执行结果可参考图 15-1。

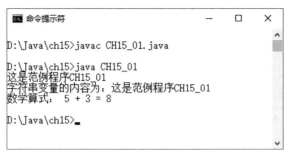

图 15-1

【程序的解析】

第 09 行：直接使用标准输出方式 System.out.println( )，将所要显示的结果标示在括号中。括号中可以接收变量、数字或字符串值。如果是直接输出字符串，就需要将输出的字符串包含在一对双引号（"）之间。

第 12 行：如果声明了字符串变量，就可以直接使用字符串变量。如果要将两组字符串串接在一起输出，那么在字符串中间加入"+"运算符即可。

第 13~14 行：数值运算的结果可以直接输出，不需要将要显示的内容包含在一对引号（"）之间。

第 14 行：第 13 行程序代码"System.out.print("数学算式：5 + 3 = ");"输出完成后，光标会停在等号"="的后面，接着执行第 14 行程序语句，结果就会继续显示在后面，所以显示的结果为"数学算式：5 + 3 =8"，而不会把结果 8 跳到下一行再显示。产生这样的结果是因为调用的是print( )，这个方法不会自动换行。第 14 行程序语句"System.out.println(5 + 3);"调用的是 println( )，因此在输出后会自动换行。

而 System.err 同样是参照 System 类实现的基本输出数据流对象，它的基本使用格式与 System.out 对象相同。如果在程序中必须输出错误信息（例如提示用户输入了错误格式的数据），就可以使用 System.err 对象来调用输出的方法。

【范例程序：CH15_02】

```
01    /*程序：CH15_02 System.err 对象的应用范例*/
02    public class CH15_02{
03        public static void main(String args[]){
04            //声明变量
05            int divisor = 5;
06            int dividend = 100;
07            //设置无限循环
08            while(true){
09                if(divisor == 0){
10                    //列出错误信息
11                    System.err.println("程序错误,中断执行……除数不能为零！！！");
12                    break;
13                }
14                //输出执行的结果
15                System.out.println(dividend + " 除以 " + divisor
16                        + " 等于 " + (dividend / divisor));
17                divisor --;
```

```
18          }
19      }
20  }
```

【程序的执行结果】

程序的执行结果可参考图 15-2。

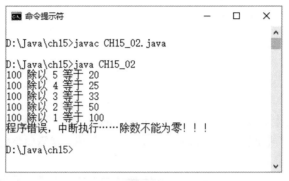

图 15-2

【程序的解析】

第 08 行：设置无限循环，使程序不遇到错误情况就不会中断执行。

第 09~13 行：使用 if 条件分支语句判断程序是否发生了错误，如果是，就使用 System.err 对象输出错误信息，并从第 12 行 break 指令跳出循环。

第 15 行：使用 System.out 对象输出数据运算的结果。

15.1.2　标准输入数据流

System.in 是 Java 的标准输入数据流对象，负责读取用户通过键盘输入的数据。System.in 对象通常会搭配 InputStream 类的 read()成员方法来实现 Java 基本的输入机制。它的语法格式如下：

【标准输入的语法格式】

```
System.in.read( );
```

当 read( )方法执行时，会先读取输入数据流的下一个字节的数据，再将该数据转换为 ASCII 码返回给程序。

也就是说，调用 System.in.read( )所读取的数据是整数类型的 ASCII 值，因此如果要输出或转存为其他类型的数据（如字符），就必须先进行强制类型转换。

【举例说明】

```
char myData = (char)System.in.read( );
        // 将所读取的数据转换为 char 类型，并转存到 myData 变量中
System.out.println(myData);// 输出 myData 变量值
```

用户必须注意，如果直接调用 read( )方法而不导入任何参数，那么 read( )方法一次只会读取一个字符。

【范例程序：CH15_03】

```
01  /*程序：CH15_03 基本输入范例程序*/
02  //导入 IO 程序包
03  import java.io.*;
04  public class CH15_03{
05      public static void main(String args[])throws IOException{
06          //声明变量
07          int ASCIIcode;
08          char myChar;
09          System.out.println("[键盘按键转换为 ASCII 码]");
10          System.out.print("请输入要转换的按键：");
11          ASCIIcode = System.in.read();
12          myChar = (char)ASCIIcode;
13          if(ASCIIcode == 13)
14              System.out.println("键盘【Enter】键的 ASCII 值为：" + ASCIIcode);
15          else
16              System.out.println("键盘 " + myChar + " 键的 ASCII 值为：" +
    ASCIIcode);
17      }
18  }
```

【程序的执行结果】

（1）【Enter】键的 ASCII 值如图 15-3 所示。

图 15-3

（2）【a】键的 ASCII 值如图 15-4 所示。

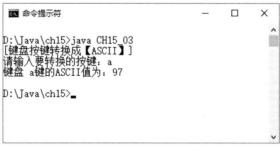

图 15-4

（3）【A】键的 ASCII 值如图 15-5 所示。

图 15-5

【程序的解析】

第 03 行：由于程序使用 System.in 输入数据流对象，因此必须导入"java.io.*"程序包。

第 05 行：因为程序中有可能发生 IOException 输入输出例外，所以必须加上"throws IOException"语句以便程序发生 IOException 例外情况时进行处理。

第 13 行：判断用户按的是否为【Enter】键，如果是，就执行第 14 行语句，以"Enter"字符串代替 myChar 变量执行输出操作。

15.1.3　java.io 程序包

前面的章节已经大致为大家介绍了 Java 数据的标准输入输出处理机制，但是，无论是 System.in、System.out 还是 System.err 中的哪一种标准输入输出对象，都只能处理简单的读取数据与输出数据的操作，不足以应对实际的使用需求。

因此，在 Java 的 API 中提供了多种不同的数据流对象，用以处理不同类型数据的输入输出操作。例如，BufferReader 和 BufferWriter 对象负责存取缓冲区中的数据；而 FileInputStream 和 FileOutputStream 可用来存取文件或系统的内容等。

这些大大小小的数据流对象共有 30 多种，主要都包含在 java.io 程序包中。根据这些对象所处理数据类型的不同，我们大致可以将它们分为三种：字符数据流（Character Stream）、字节数据流（Byte Stream）与文件数据流（File Stream）。

15.2　字符数据流

字符数据流主要用来存取 16-bit 的字符数据（也可用来存取 Unicode 字符集）。而 java.io 程序包中所有相关的字符数据流类都是继承自 Writer 与 Reader 两个主要的抽象类。java.io 程序包中字符数据流的完整继承树形结构如图 15-6 所示。

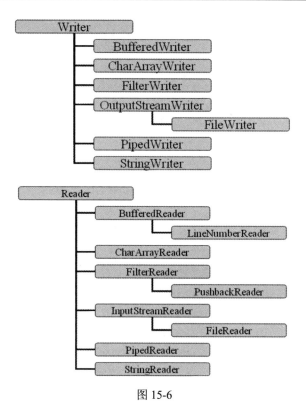

图 15-6

15.2.1 抽象基类——Reader 与 Writer

Reader 类与 Writer 类是 Java 的输入输出（IO）处理程序包中所有字符数据流的抽象基类（Abstract BaseClass）。

抽象基类 Reader 主要负责字符数据流的读取功能，并提供了一些负责处理 16-bit 字符数据读取操作的类成员方法，它们的语法格式与相关说明如表 15-1 所示。

表 15-1

Reader 类的方法	说明
close()	抽象类方法供派生类继承后实现覆盖（重新定义），用以关闭目标数据流对象
mark()	标记当前数据流的指针位置。当数据流调用 reset()时，会将数据流指针移向上一个标记的位置
markSupport()	返回布尔值来表明此数据流是否支持标记功能
read()	读取当前数据流指针位置的下一个字符
read(char[] cbuf)	将字符数据读入字符数组中。它的参数值如下。 char[ ] cbuf：数据转存的字符数组

（续表）

Reader 类的方法	说明
read(char[] cbuf, int off, int len)	抽象类方法供派生类继承后实现覆盖（重新定义），用以将指定的字符数据读入字符数组中。它的参数值如下。 char[ ] cbuf：数据转存的字符数组 int off：读入数据存放在数组的起始位置 int len：读取的字符串长度
read (CharBuffer target)	将字符数据读入已声明的字符缓冲区中。它的参数值如下。 CharBuffer target：数据转存的字符缓冲区
ready()	返回布尔值以表明数据流是否已初始化并可以开始读取
reset()	将数据流指针转回上一个标记的位置
skip(long n)	忽略指定长度的字符串不加以读取

　　Writer 抽象基类负责各种字符数据的写入操作，并同样提供了处理 16-bit 字符数据写入的类成员方法，以让所继承的字符数据流派生类加以实现。Writer 类的成员方法及其说明如表 15-2 所示。

表 15-2

Writer 类的方法	说明
append(char c)	将指定字符写入 writer 数据流对象中，参数值为一个字符
append(CharSequence csq)	将指定字符序列写入 writer 数据流对象中。它的参数值如下。 CharSequence csq：字符序列 如果字符序列的内容为空值（null），append()方法就会将 4 个 "null" 字符写入 writer 数据流对象中
close()	抽象类方法供派生类继承后实现覆盖（重新定义），用以关闭目标数据流对象 但是，请注意 writer 数据流对象会在关闭前先执行 flush()操作，输出缓冲区内的所有数据
flush()	一次输出缓冲区中所有的数据
write(int c)	将一个字符写入缓冲区中，参数值为该字符的 ASCII 码
writer(char[] cbuf)	将一个字符数组的内容写入缓冲区中，参数说明如下。 char[] cbuf：所需写入的字符数组
write(char[] cbuf, int off, int len)	抽象类方法供派生类继承后实现覆盖（重新定义），用以将字符数组中指定的内容写入缓冲区中。它的参数值如下。 char[] cbuf：所需写入的字符数组 int off：数据在数组中的起始位置 int len：所需写入数据的长度
write(String str)	将字符串写入缓冲区中

（续表）

Writer 类的方法	说明
write(String str, int off, int len)	将字符串中指定的内容写入缓冲区中，参数值说明如下。 String str：字符串 int off：写入数据在字符串中的起始位置 int len：所需写入数据的长度

15.2.2　常用的字符数据流类

Reader 与 Writer 抽象基类派生的类结构中，总共包含 17 个不同功能的字符数据流派生类。这些字符数据流各自负责不同领域的数据存取操作，但是有些字符数据流类并不常使用，因此本小节只对常用的字符数据流类进行说明。

（1）内存数据的存取

内存区块数据的存取操作主要是由 CharArrayReader、CharArrayWriter、StringReader 和 StringWriter 四个字符数据流类所组成的。

CharArrayReader 和 CharArrayWriter 主要负责内存中字符数组类型数据的存取操作，它们的构造函数说明如下。

【举例说明】

```
CharArrayReader(char[ ] cbuf, int off, int len)
   // cbuf：字符数组
   // off：读取数据的起始位置，此参数可省略
   // len：读取数据的指定长度，此参数可省略
CharArrayWriter(int initialSize)
   // initialSize：缓冲区大小，此参数可省略
```

CharArrayReader 和 CharArrayWriter 类所提供的各种存取字符数组数据的方法大部分都是继承自 Reader 和 Writer 抽象基类的成员方法，因此调用方法的格式与 Reader 和 Writer 类相同。下面直接通过范例程序来示范 CharArrayReader 和 CharArrayWriter 数据流对象的使用。

【范例程序：CH15_04】

```
01    /*程序：CH15_04 CharArrayReader 和 CharArrayWriter 应用范例*/
02    //导入 IO 程序包
03    import java.io.*;
04    public class CH15_04{
05       //声明并定义成员变量
06       private static String inputStr = "Test String";
07       private static char[] inputChar = {'T','e','s','t','
'','C','h','a','r','A','r','r','a','y'};
08       public static void main(String args[]) throws IOException{
09          //创建 Writer 对象
10          CharArrayWriter myWriter = new CharArrayWriter();
11          //将字符串与字符数组成员写入缓冲区中
12          myWriter.write(inputStr);
13          myWriter.write(" & ");
14          myWriter.write(inputChar);
```

```
15              //将缓冲区的内容输出转存到myChar变量
16              char[] myChar = myWriter.toCharArray();
17              System.out.println("下面是由CharArrayWriter所写入的字符数组内容：");
18              System.out.println(myChar);
19              //参照myChar变量创建两个Reader对象
20              CharArrayReader readerCounter = new CharArrayReader(myChar);
21              CharArrayReader myReader = new CharArrayReader(myChar);
22              System.out.println("\n下面是由CharArrayReader所读取的字符数组内容:");
23              //读取并按序输出字符数组的内容
24              while(readerCounter.read() != -1){
25                  System.out.print((char)(myReader.read()));
26              }
27              System.out.println("\n");
28          }
29      }
```

【程序的执行结果】

程序的执行结果可参考图 15-7。

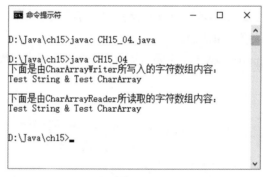

图 15-7

【程序的解析】

第 10~16 行：使用 CharArrayWriter 对象将字符串与字符数组成员合并，并转存到 myChar 字符数组变量中。

第 18 行：输出合并后的 myChar 字符数组变量。

第 20 行：参照 myChar 变量创建第一个 CharArrayReader 对象，用以作为数据流指针的判断依据。

第 21 行：参照 myChar 变量创建第二个 CharArrayReader 对象，用来读取 myChar 字符数组的内容。

第 24~26 行：使用 while 循环语句按序读取并输出 myChar 字符数组的内容。

StringReader 和 StringWriter 类负责内存中字符串类型数据的存取操作，它们的构造函数说明如下。

【举例说明】

```
StringReader(String str)// str: 字符串。
StringWriter(int initialSize)// initialSize: 缓冲区大小, 此参数可省略。
```

StringReader 和 StringWriter 类的使用方式及成员方法与 CharArrayReader 和 CharArrayWriter

类的使用方式及成员方法相同。

【范例程序：CH15_05】

```
01    /*程序：CH15_05 StringReader/Writer 应用范例*/
02    //导入 IO 程序包
03    import java.io.*;
04    public class CH15_05{
05        //声明并定义成员变量
06        private static String inputStr = "Test String";
07        private static char[] inputChar = {'T','e','s','t','
    ','C','h','a','r','A','r','r','a','y'};
08        public static void main(String args[]) throws IOException{
09            //创建 Writer 对象
10            StringWriter myWriter = new StringWriter();
11            //将字符串与字符数组成员写入缓冲区中
12            myWriter.write(inputStr);
13            myWriter.write(" & ");
14            myWriter.write(inputChar);
15            //将缓冲区的内容输出转存到 myStr 变量
16            String myStr = myWriter.toString();
17            System.out.println("下面是由 StringWriter 所写入的字符串内容：");
18            System.out.println(myStr);
19            //参照 myStr 变量创建两个 Reader 对象
20            StringReader readerCounter = new StringReader(myStr);
21            StringReader myReader = new StringReader(myStr);
22            System.out.println("\n 下面是由 StringReader 所读取的字符串内容：");
23            //读取并按序输出字符串的内容
24            while(readerCounter.read() != -1){
25                System.out.print((char)(myReader.read()));
26            }
27            System.out.println("\n");
28        }
29    }
```

【程序的执行结果】

程序的执行结果可参考图 15-8。

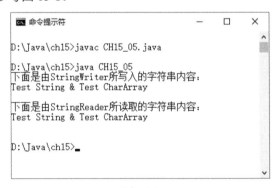

图 15-8

【程序的解析】

第 16 行：调用 StringWriter 的成员方法 toString() 将缓冲区内的数据内容转存到字符串类型变量 myStr 中。

（2）缓冲区的存取

缓冲区数据的存取操作主要是由 BufferedReader 和 BufferedWriter 两个类负责的。BufferedReader 负责数据的读取，当程序使用 BufferedReader 类时，会先打开一个读取缓冲区将原数据存入缓冲区中，再以数据流方式按序将缓冲区所备份的数据输出。BufferedReader 类的构造函数和使用例子如下：

```
BufferedReader(Reader in, int sz)
    // in：已声明的 Reader 对象
    // sz：缓冲区的容量
BufferedReader myReader = new BufferedReader(new FileReader("Test.txt"))
    //创建用来读取 Test.txt 文件的缓冲区数据流对象
```

我们必须注意的是，BufferedReader 属于一种间接的读取对象。也就是说，它无法直接读取存储在文件或内存中的数据内容，而是提供给其他 Reader 对象以缓冲区的方式暂存数据，以此来减少对原数据的存取次数。因此提供缓冲区的数据流通常会比未提供缓冲区的数据流效率更高。

【范例程序：CH15_06】

```
01    /*程序：CH15_06 BufferedReader 应用范例*/
02    //导入 IO 程序包
03    import java.io.*;
04    public class CH15_06{
05        private static String myStr;
06        public static void main(String args[])throws IOException{
07            //创建 BufferedReader 对象
08            BufferedReader myReader;
09            myReader = new BufferedReader(new InputStreamReader(System.in));
10            System.out.print("请输入文字：");
11            //将缓冲区中的数据转存到变量中
12            myStr = myReader.readLine();
13            System.out.println("您所输入的文字为：" + myStr);
14        }
15    }
```

【程序的执行结果】

程序的执行结果可参考图 15-9。

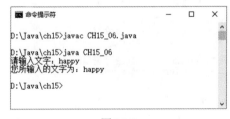

图 15-9

【程序的解析】

第 09 行：使用 InputStreamReader 对象将 System.in 读取的键盘数据存入 myReader 对象所打开的缓冲区中。

第 12 行：调用 readLine()方法，以整行读取模式将缓冲区数据转存到 myStr 变量中。

　　BufferedWriter 类负责缓冲区输出的工作，它同样属于一种间接的写入对象。不过请注意，与 BufferedReader 数据流不同的是，BufferedWriter 会先将所有目标数据写入缓冲区，而后再执行写入操作，转而提供给其他 Writer 对象使用。BufferedWriter 类的构造函数和使用例子如下：

```
BufferedWriter(Writer out, int sz)
    // out：已声明的 Writer 对象
    // sz：缓冲区的容量
BufferedWriter myWriter = new BufferedWriter(new FileWriter("Test.txt"))
    //创建用来输出 Test.txt 文件内容的缓冲区数据流对象
```

　　使用 BufferedWriter 的好处在于，程序不必重复地执行"读取→写入"的操作，只需等待 BufferedWriter 将所有数据写入缓冲区后，再通过 flush 操作将缓冲区中的全部数据提供给程序使用。

　　【范例程序：CH15_07】

```
01  /*程序：CH15_07 BufferedWriter 应用范例*/
02  //导入 IO 程序包
03  import java.io.*;
04  public class CH15_07{
05      //声明相关的变量
06      private static char[] myChar = {'H','e','l','l','o','!','!', '!'};
07      private static String myStr = "What a wonderful day it is! ! !";
08      public static void main(String args[]) throws IOException{
09          new File("Test.txt");
10          //文件写入数据流
11          FileWriter myFileWriter = new FileWriter("Test.txt");
12          //创建写入缓冲区
13          BufferedWriter myBuffer = new BufferedWriter(myFileWriter);
14          //实现写入操作
15          myBuffer.write("ACSII 码 120 的对应字符为：");
16          myBuffer.write(120);
17          myBuffer.newLine();
18          myBuffer.write("下面的文字是由字符数组与字符串所组成：\r\n");
19          myBuffer.write(myChar);
20          myBuffer.write(myStr);
21          //关闭数据流对象
22          myBuffer.close();
23          myFileWriter.close();
24      }
25  }
```

　　【程序的执行结果】

　　程序的执行结果可参考图 15-10 和图 15-11。

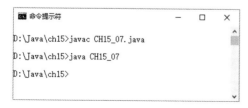

图 15-10

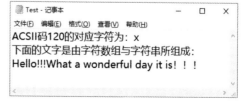

图 15-11

【程序的解析】

第 13 行：创建 BufferedWriter 对象，并将此对象提供给第 11 行所声明的 FileWriter 对象使用。

第 15 行：将字符串写入缓冲区中。

第 16 行：将指定 ASCII 码的字符写入缓冲区中。

第 17 行：调用 newLine()方法进行换行。

第 19 行：将字符数组变量的值写入缓冲区中。

第 20 行：将字符串变量的值写入缓冲区中。

15.3　字节数据流

字节数据流主要用来存取 8-bit 的字节数据，在 java.io 程序包中所有相关的字节数据流类都继承自 OuputStream 与 InputStream 两个主要的抽象类。java.io 程序包中字节数据流的完整继承树形结构如图 15-12 所示。

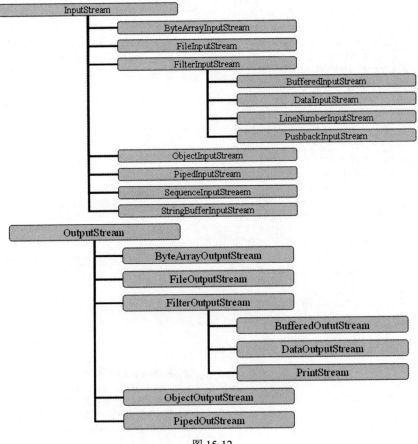

图 15-12

15.3.1 InputStream 类与 OutputStream 类

InputStream 与 OutputStream 是 Java 的 IO 处理程序包中所有字节数据流的抽象基类（Abstract BaseClass）。字节数据流（Byte Stream）除了可以处理文本文件（.txt）外，还可以处理二进制（Binary File）的文件类型。Object 类中关于字节数据流的类分为 InputStream（输入数据流类）和 OutputStream（输出数据流类）。

InputStream 类主要负责字节数据流的读取功能，并提供了一些负责处理 8-bit 字节数据读取操作的类成员方法。InputStream 类的方法及其说明可参考表 15-3。

表 15-3

InputStream 类的方法	说明
available()	返回当前数据流对象可以读取的字节大小
close()	抽象类方法供派生类继承后实现覆盖（重新定义），用以关闭目标数据流对象
mark()	标记当前数据流的指针位置。当数据流调用 reset() 时，会将数据流指针移向上一个标记的位置
markSupport()	返回布尔值以表明此数据流是否支持标记功能
read()	抽象类方法供派生类继承后实现覆盖（重新定义），读取当前数据流指针位置的下一个字节数据
read(byte[] b)	将字节数组的内容读入缓冲区中。它的参数值如下。 byte[] b：数据转存的字节数组
read(byte[] b, int off, int len)	将字节数组中指定长度的字节数据读入缓冲区中。它的参数值如下。 byte[] b：数据转存的字节数组 int off：读取的字节起始位置 int len：读取的字节大小
ready()	返回布尔值以表明数据流是否已初始化并可以开始读取
reset()	将数据流指针转回上一个标记的位置
skip(long n)	忽略指定的字节数不加以读取

OutputStream 类负责字节数据的输出操作，它所包含的类成员方法及其说明如表 15-4 所示。

表 15-4

OutputStream 类的方法	说明
close()	关闭目标数据流对象，并释放所有连接到此对象的系统资源
flush()	输出缓冲区中所有的数据
write(int b)	抽象类方法供派生类继承后实现覆盖（重新定义），将一个字节数据写入 Writer 对象中，参数值为该 8-bit 二进制码
writer(byte[] b)	将字数组的内容写入 Writer 对象中，参数说明如下。 byte[] b：所需写入的字节数组

（续表）

OutputStream 类的方法	说明
write(byte[] b, int off, int len)	将字节数组中指定长度的数据写入 Writer 中。它的参数值如下。 byte[] b：所需写入的字节数组 int off：数据起始的字节位置 int len：读取的字节数

15.3.2　输入数据流类（InputStream）

InputStream（输入数据流类）的继承关系如图 15-13 所示。

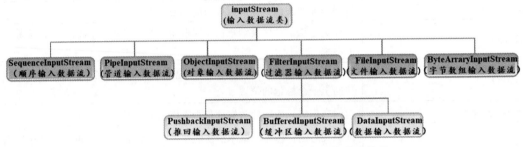

图 15-13　InputStream（输入数据流）的继承关系

文件输入数据流（FileInputStream）是从文件中读取顺序的字节数据或低级的数据，它的常用方法及其说明如表 15-5 所示。

表 15-5

文件输入数据流的常用方法	说明
int available( )	被读取的文件大小
void close( )	关闭数据流
void finalize( )	确认数据流已经关闭
void read( )	读取数据流
int read(byte[ ] 缓冲区，int 地址，int 长度)	从指定地址开始把数据流中的数据读取到缓冲区中

【文件输入数据流的语法】

```
FileInputStream (String 文件路径或文件名符串);
FileInputStream (File 文件路径或文件对象);
```

【范例程序：CH15_08】

```
01    /*文件: CH15_08
02     *说明: FileOutputStream 使用示范
03     */
04
05    import java.io.*;
```

```
06    class CH15_08{
07        public static void main(String[] args) throws IOException {
08            byte[] fb="FileOutputStream".getBytes();
09            FileOutputStream f=new FileOutputStream("test2.txt");
10            for(int i=0;i<fb.length;i++){
11                f.write(fb[i]);
12            }
13            f.close();
14        }
15    }
```

【程序的执行结果】

程序的执行结果可参考图 15-14 和图 15-15。

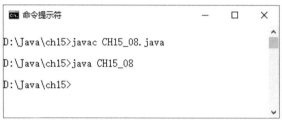

图 15-14

图 15-15

【程序的解析】

第 09 行：使用 " new FileOutputStream("c:/test2.txt") " 语句创建 test2.txt 文件，并且把 "FileOutputStream" 写入 test2.txt 文件。

字节数组数据流（ByteArrayInputStream）是从字节缓冲区读取字节数据，并存入字节数组输入串行对象。字节数组数据流常用的方法及其说明如表 15-6 所示。

表 15-6

字节数组数据流的常用方法	说明
int available( )	被读取的文件大小
void close( )	关闭数据流
void finalize( )	确认数据流已经关闭
void read( )	读取数据流
int read(byte[ ] 缓冲区，int 地址，int 长度)	从指定地址开始读取数据流中的数据到缓冲区

【字节数组数据流的语法】

```
ByteArrayInputStream (byte[ ]字节缓冲区);
ByteArrayInputStream (byte[ ]缓冲区, int 起始地址, int 长度);
```

【范例程序：CH15_09】

```
01    /*文件：CH15_09
02     *说明：ByteArrayOutputStream 使用范例
03     */
04
05    import java.io.*;
06
07    class CH15_09{
08        public static void main(String[] args) throws IOException {
09            byte[] fb="ByteArrayOutputStream".getBytes();
10            ByteArrayOutputStream f=new ByteArrayOutputStream();
11            f.write(fb);
12            FileOutputStream f1=new FileOutputStream("test3.txt");
13            f.writeTo(f1);
14            f.close();
15        }
16    }
```

【程序的执行结果】

程序的执行结果可参考图 15-16 和图 15-17。

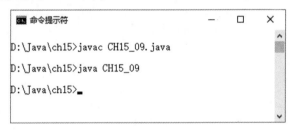

图 15-16

图 15-17

15.3.3 输出数据流类（OutputStream）

OutputStream（输出数据流类）的继承关系如图 15-18 所示。

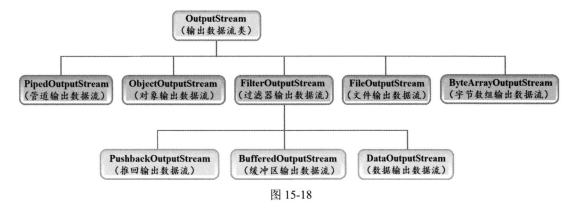

图 15-18

（1）文件输出数据流（FileOutputStream）

文件输出数据流是顺序地将字节数据写入指定的文件，如果指定的文件不存在，那么文件输出数据流会自行创建文件后才允许写入。文件输出数据流常用的方法及其说明如表 15-7 所示。

表 15-7

文件输出数据流的常用方法	说明
int available( )	被读取的文件大小
void close( )	关闭数据流
void finalize( )	确认数据流已经关闭
void write(int 数据)	指定要写入的数据
int write(byte[ ] 缓冲区，int 地址，int 长度)	从指定地址开始把数据流中的数据写入缓冲区

【文件输出数据流的语法】

```
FileOutputStream (String 文件路径或文件名字符串);
FileOutputStream (File 文件路径或文件对象);
```

【范例程序：CH15_10】

```
01    /*文件：CH15_10
02     *说明：读取文件类（FileReader）使用范例
03     */
04
05    import java.io.*;
06    class CH15_10{
07       public static void main(String[] args) throws IOException {
08          FileReader f=new FileReader("FileReader.txt"); //创建 FileReader 对象
09          BufferedReader bf=new BufferedReader(f);  //读入缓冲区中
10          String x;
11          while((x=bf.readLine())!=null){
12             System.out.println(x);  //开始读取字符
13          }
14          f.close();
15       }
16    }
```

【程序的执行结果】

程序的执行结果可参考图 15-19。

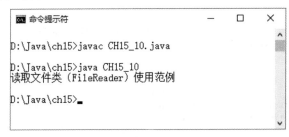

图 15-19

【程序的解析】

第 08 行：使用"new FileReader("FileReader.txt")"语句创建 FileReader 对象，并且读取 FileReader.txt。

第 09 行：读取的数据存放在缓冲区 BufferedReader 中。

第 11~13 行：逐一从缓冲区"BufferedReader"读取并打印输出。

（2）字节数组输出数据流（ByteArrayOutputStream）

字节数组输出数据流是从字节缓冲区写入字节数据，并存入字节数组输出串行对象。字节数组输出数据流的常用方法及其说明如表 15-8 所示。

表 15-8

字节数组输出数据流的常用方法	说明
int available( )	被读取的文件大小
void close( )	关闭数据流
void finalize( )	确认数据流已经关闭
void write(int 数据)	指定要写入的数据
int write(byte[ ] 缓冲区，int 地址，int 长度)	从指定地址开始把数据流中的数据写入缓冲区
String toString( )	将写入的数据内容转换成字符串

【字节数组输出数据流的语法】

```
ByteArrayOutputStream ( );
ByteArrayOutputStream (int 长度);
```

【范例程序：CH15_11】

```
01    /*文件:CH15_11
02     *说明:读取字符数组类（CharArrayReader）使用范例
03     */
04
05    import java.io.*;
06    class CH15_11{
07      public static void main(String[] args) throws IOException {
08          String x="CharArrayReader test!!";
09          char[] c=new char[x.length()];
```

```
10          x.getChars(0,x.length(),c,0);  //将字符串存入缓冲区中
11          int a;
12          CharArrayReader ch=new CharArrayReader(c);
13          while((a=ch.read())!=-1){
14              System.out.print((char)a);
15          }
16      }
17  }
```

【程序的执行结果】

程序的执行结果可参考图 15-20。

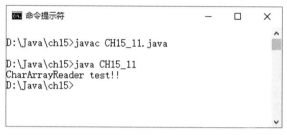

图 15-20

【程序的解析】

第 08 行：声明并定义字符串"CharArrayReader test!!"。

第 09 行：将字符串存入数组中。

第 12~15 行：将数组从缓冲区中读取并打印输出。

15.3.4　其他字节数据流类

前面我们学习了字节数据流和字符数据流，从它们各自的类继承关系图中，我们可以发现字节数据流与字符数据流其实是相互对应的存在。

也就是说，在 java.io 程序包中总会提供处理相同类型 I/O 的字符数据流类与字节数据流类，并且两者拥有近乎相同的类成员方法。差别只在于一个是针对字符类型数据的处理，而另一个是针对字节类型数据的处理。

因此，本小节将不再对前面提过的常用数据流类型进行说明，而改为介绍一些较为罕见的字节数据流类相关的方法。

（1）管道数据流对象

所谓的管道（Pipe）处理，就是将一个程序（或方法）的返回值导入并转换为另一个程序（或方法）的输入参数。在 Java 中负责管道处理的字节数据流程序包是由 PipedInputStream 和 PipedOutputStream 两个类所组成的，它们的构造函数如下。

【语法格式】

```
PipedInputStream(PipedOutputStream src)
    //src：数据源的 PipedOutputStream 输出对象。如果不附加此参数，就表示该 InputStream
对象尚未连接任何数据源输出
PipedOutputStream(PipedInputStream snk)
```

//snk：数据连接的 PipedInputStream 接收对象。如果不附加此参数，表示该 OutputStream 对象尚未连接任何输出数据的接收端

从构造函数的声明中可以发现，所谓的管道是由 PipedInputStream 和 PipedOutputStream 两个类建立起来的连接。PipedOutputStream 负责管道的输出端，用来输出字节类型数据；而 PipedInputStream 负责管道的接收端，用来接收输出端传递的数据。

也就是说，当使用 PipedInputStream 和 PipedOutputStream 对象建立起管道机制后，无论 PipedOutputStream 对象写出了什么数据，一定会被管道另一端的 PipedInputStream 对象接收。

【范例程序：CH15_12】

```
01  /*程序：CH15_12 管道数据流应用范例*/
02  //导入 IO 程序包
03  import java.io.*;
04  public class CH15_12{
05      //具有返回值的类成员方法
06      public byte setByte(){
07          byte myByte = 32;
08          System.out.println("myOutput 对象输出的字节数据为：" + myByte);
09          return (myByte);
10      }
11      //具有参数行的类成员方法
12      public void showByte(byte myByte){
13          System.out.println("myInput 对象接收到的字节数据为：" + myByte);
14      }
15      public static void main(String args[]) throws IOException{
16          //创建管道输入输出对象
17          PipedOutputStream myOutput = new PipedOutputStream();
18          PipedInputStream myInput = new PipedInputStream(myOutput);
19          //创建主类的对象
20          CH15_12 myObject = new CH15_12();
21          //将主类成员方法的返回值通过 myOutput 对象输出
22          myOutput.write(myObject.setByte());
23          //将 myInput 接收的数据导入到 showByte()方法的参数行中
24          myObject.showByte((byte)(myInput.read()));
25          myInput.close();
26      }
27  }
```

【程序的执行结果】

程序的执行结果可参考图 15-21。

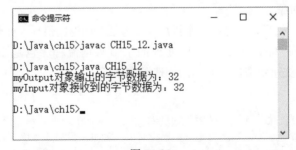

图 15-21

【程序的解析】

第 18 行：参照第 17 行的 myOutput 对象创建 PipedInputStream 类对象 myInput，用以建立管道连接。

第 22 行：调用 myOutput 对象的 write()方法，将主类 setByte()的返回值写入管道中。

第 24 行：调用 myInput 对象的 read()方法，将通过管道传递过来的数据导入主类 showByte()方法的参数行中。

（2）格式化数据流

格式化输入输出数据流是 DataInputStream 类与 DataOutputStream 类所组成的，它们可将另一个数据流对象内的数据进行格式化的转换操作后，再进行数据的存取。

先来看 DataOutputStream 类。当程序执行 DataOutputStream 时，会先将数据按照用户指定的格式导入 DataOutputStream 对象中，再通过外部 OutputStream 对象执行数据写入的操作。DataOutputStream 类的构造函数和使用例子如下：

```
DataOutputStream(OutputStream out)
    // out：外部 OutputStream 数据流对象，用以将缓冲区中格式化后的数据输出
DataOutputStream myOut = new DataOutputStream(new
FileOutputStream("Custom.txt"))
    //创建用来写入 Custom.txt 文件的格式化数据流对象
```

在 DataOutputStream 类中提供了多种不同的写入方法，用来将不同类型的数据写入缓冲区中。DataOutputStream 类相关的写入成员方法及其说明如表 15-9 所示。

表 15-9

DataOutputStream 类的方法	说明
writeBoolean(boolean b)	写入布尔类型的数值
writeByte(int i)	写入字节类型的数值
writeBytes(String str)	将字符串改以字节类型序列写入
writeChar(int i)	写入字符类型的数据
writeChars(String str)	将字符串改以字符类型序列写入
writeDouble(Double d)	写入 Double 类型的数值
writeFloat(Float f)	写入 Float 类型的数值
writeInt(int i)	写入 int 类型的数值
writeLong(long l)	写入 long int 类型的数值
writeShort(int i)	写入 short int 类型的数值
writeUTF(String str)	将字符串改写为 8-bit UTF 编码类型的数值

【范例程序：CH15_13】

```
01    /*程序: CH15_13 DataOutputSream 应用范例*/
02    //导入 IO 程序包
03    import java.io.*;
04    public class CH15_13{
05        //设置数据成员
```

```
06        private static String firstName[] = {"Alex", "Bob", "Celtic"};
07        private static String lastName[] = {"Lee", "Lu", "Wang"};
08        //主程序区块
09        public static void main(String args[]) throws IOException{
10            //创建 DataOutputStream 对象
11            DataOutputStream myOut = new DataOutputStream(new
12                                FileOutputStream("Customer.txt"));
13            //按照指定的格式写入
14            for(int i = 0; i < firstName.length; i++){
15                myOut.writeChars(firstName[i]);
16                myOut.writeChar('\t');
17                myOut.writeChars(lastName[i]);
18                myOut.writeChars("\n");
19            }
20            //关闭文件
21            myOut.close();
22        }
23    }
```

【程序的执行结果】

程序的执行结果可参考图 15-22 和图 15-23。

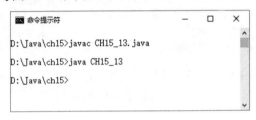

图 15-22

图 15-23

【程序的解析】

第 11 行：创建 DataOutputStream 对象，并传入创建的 FileOutputStream 对象，以便将数据按照用户指定的输出格式写入 Customer.txt 文件中。

第 14~19 行：调用不同类型数据的写入方法将 myOut 对象中所有数据按照指定的格式写入文件中。

在执行 DataInputStream 数据流对象时，会先通过其他类型的 InputStream 对象将数据读入缓冲区中，再通过用户指定的数据格式按序读取缓冲区内的所有数据内容。DataInputStream 类的构造函数和使用例子如下：

```
DataInputStream(InputStream in)
    // in：外部 InputStream 对象，用以将数据读入缓冲区
DataInputStream myIn = new DataInputStream(new FileInputStream("Customer.txt"));
    //创建用来输出 Custom.txt 文件内容的格式化数据流对象
```

DataInputStream 类同样提供了多种不同的读取方法，用来读取缓冲区中不同类型的数据。DataInputStream 相关的读取成员方法及其说明如表 15-10 所示。

表 15-10

DataInputStream 类的方法	说明
readBoolean()	读取缓冲区内布尔类型的数值
readByte()	读取缓冲区内字节类型的数值
readChar()	读取缓冲区内字符类型的数据
readDouble()	读取缓冲区内 Double 类型的数值
readFloat()	读取缓冲区内 Float 类型的数值
readInt()	读取缓冲区内 int 类型的数值
readLong()	读取缓冲区内 long int 类型的数值
readShort()	读取缓冲区内 short int 类型的数值
readUTF()	读取缓冲区内 8-bit UTF 编码类型的数值

15.4　文件数据流

在文件数据流程序包（java.io.File）中包含一个主要的派生类 File、一个实现接口 FilenameFilter 以及 FileReader、FileWriter、FileInputStream、FileOutputStream 四个文件 IO 数据流类，程序开发人员使用它们可以轻松地进行文件的管理。

15.4.1　File 类

File 类是 Java 文件管理的专属工具类。我们可以创建 File 对象来调用相关的类方法，进行文件的"打开/新建""读取""编辑/写入"与"删除"等管理操作。

在一般的应用程序中，文件的读取（read）和写入（write）是基本的要求。Java 提供了文件（File）类，通过文件类可以了解文件相关的信息以及对文件的描述。文件类包括下列功能：

（1）创建和删除文件。

（2）查看文件。

（3）存取文件信息。

【文件（File）类的语法】

```
file (String 文件路径或文件名);        // 创建一个 File 对象，此对象与文件有关
file (String 文件路径, String 文件名);
```

如果在路径名称字符串中只输入了文件名而不附加指定的路径，就会以当前系统工作路径作为默认路径来创建 File 对象。

当文件路径或文件名为 null 值时，系统会自动抛出 NullPointerException 例外，交由程序中对应的例外处理部分的 catch 程序区块来排除。

【举例说明】

```
File(String parent, String child)
    // parent：文件所在的路径，由字符串来表示
    // child：文件名字符串
```

此声明方式主要是将文件的完整路径名称分为 parent（路径名称）字符串与 child（文件名）字符串。用户可省略 parent 字符串部分，如果省略这部分（文件所在的路径），系统就会以根目录（Root Direction）作为默认工作路径来创建 File 对象。

当 child 字符串为 null 值时，系统会自动抛出 NullPointerException 例外，交由程序中对应的例外处理部分的 catch 程序区块来排除。

【举例说明】

```
File(File parent, String child)
    // parent：已存在的 File 对象
    // child：文件名字符串
```

不同于前一种声明方式，这里主要是引用已存在的 File 对象的文件所在路径，以此作为 parent 字符串。如果省略 parent 参数，就会以系统根目录作为默认工作路径来创建新的 File 对象。

当 child 字符串为 null 值时，系统会自动抛出 NullPointerException 例外，交由程序中对应的例外处理部分的 catch 程序区块来排除。

【举例说明】

```
File(URI uri)
    // uri：已存在的 uri 对象
```

使用已存在的 uri 对象作为文件路径，创建一个新的 File 对象。所谓的 URI（Uniform Resource Identifier），就是"统一资源标识符"，是一种通用制式的绝对路径。

使用 URI 路径创建 File 对象，配合 Java 跨平台的虚拟机（Virtual Machine）机制，可让程序开发人员不用考虑客户端操作平台的差异，就能编写出通用的代码段。

在 File 类中内建了多种成员方法。我们可以将这些成员方法按照作用性质的不同大致分为文件管理相关的方法与文件属性检查、存取相关的方法两大类。

（1）文件管理相关的方法

File 类文件管理相关的方法不外乎就是用来对文件进行"新建""删除"或"更名"等操作，这些方法及其说明如表 15-11 所示。

表 15-11

File 类的方法	说明
createNewFile()	新建文件
createTempFile(String prefix, String suffix, File directory)	新建临时文件，相关参数说明如下。 String prefix：主文件名字符串 String suffix：扩展名字符串 File directory：指定 File 对象的文件路径
delete()	删除指定文件
deleteOnExit()	程序结束后删除指定文件，通常用来删除所创建的临时文件
mkdir()	创建指定路径，若父路径不存在，则无法创建，并返回布尔值 false
mkdirs()	创建指定路径，若父路径不存在，则会同时创建父路径
renameTo(File dest)	变更文件或路径名称，参数说明如下。 File dest：指定 File 对象的文件或路径名称

【范例程序：CH15_14】

```
01    /*程序：File 类文件管理方法应用范例*/
02    //导入 IO 程序包
03    import java.io.*;
04    public class CH15_14{
05        //主程序区块
06        public static void main(String args[]) throws IOException{
07            //创建 File 对象
08            File myFile = new File("Test.txt");
09            File myRename = new File("Test.doc");
10            //新建文件
11            if(myFile.createNewFile() == true)
12                System.out.println("文件 Test.txt 成功创建。");
13            else
14                System.out.println("文件 Test.txt 创建失败。");
15            //变更文件名
16            if(myFile.renameTo(myRename) == true)
17                System.out.println("文件 Test.txt 成功更名为 Test.doc。");
18            else
19                System.out.println("文件 Test.txt 更名失败。");
20            //删除文件
21            if(myRename.delete() == true)
22                System.out.println("文件 Test.doc 删除成功。");
23            else
24                System.out.println("文件 Test.doc 删除失败。");
25        }
26    }
```

【程序的执行结果】

程序的执行结果可参考图 15-24。

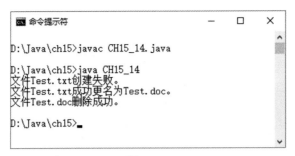

图 15-24

【程序的解析】

第 11~14 行：使用 if 条件判断语句并根据 create()方法的布尔返回值显示文件 Test.txt 是否创建成功。

第 21~24 行：使用 if 条件判断语句并根据 delete()方法的布尔返回值显示更名后的文件 Test.doc 是否成功删除。

（2）文件属性存取与检查相关的方法（参考表 15-12）

表 15-12

文件属性存取与检查相关的方法	说明
canRead()	检查是否具有读取目标文件的权限
canWrite()	检查是否具有写入目标文件的权限
exists()	检查目标文件是否存在
getName()	获取目标对象的文件名，该文件名不包含路径字符串
getParent()	获取目标对象的父路径名
getPath()或 getAbsolutePath()	获取目标对象路径，Absolute Path 为 "绝对路径"
isFile()	检查目标是否为文件类型
isDirectory()	检查目标是否为目录类型
isHidden()	检查目标文件或目录是否为隐藏属性
lastModified()	获取目标文件最后的修改日期
length()	获取目标的文件大小，如果目标为目录，则该返回值为 0
list()或 listFiles()	获取目录对象内所有成员数据的字符串数组
setReadOnly()	设置只读属性
setLastModified(long time)	设置最后的修改日期，其 time 参数格式如下： (00:00:00 GMT, January 1, 1970)

【范例程序：CH15_15】

```
01    /*程序：Dir 指令的实现*/
02    //导入 IO 程序包
03    import java.io.*;
04    public class CH15_15{
05        //主程序区块
```

```
06        public static void main(String args[]){
07            try{
08                //使用主程序区块参数创建 File 对象
09                File myFile = new File(args[0]);
10                //File 对象是否为目录类型
11                if(myFile.isDirectory()){
12                    //将目录内所有成员数据转存成字符串数组
13                    String list[] = myFile.list();
14                    for(int i = 0; i < list.length; i++){
15                        //创建目录内部成员的 File 对象
16                        File mySubFile = new File(args[0] + "/" + list[i]);
17                        //判断 mySubFile 对象是否为文件
18                        if(mySubFile.isFile())
19                            System.out.println(list[i] + "\t 长度" +
     mySubFile.length());
20                        else
21                            System.out.println("目录\t" + "[" + list[i] + "]");
22                    }
23                }
24                else
25                    //抛出自定义错误
26                    throw new Exception("指定路径错误。");
27            }
28        catch(ArrayIndexOutOfBoundsException e){
29                System.out.println("没有指定路径。");
30            }
31        catch(Exception e){
32                System.out.println(e.getMessage());
33            }
34        }
35    }
```

【程序的执行结果】

程序的执行结果可参考图 15-25。

图 15-25

【程序的解析】

第 11 行：判断对象 myFile 是否为目录，如果是，就执行第 12~23 行，按序创建路径内成员的 File 对象，并调用相关的方法输出路径内成员的属性值。

第 26 行：如果主程序区块所导入的字符串参数不是路径类型，就抛出自定义的错误提示信息。

15.4.2　文件名过滤接口

文件数据流程序包中包含一个文件名过滤接口 FilenameFilter，用于快速过滤目标路径内符合搜索条件的文件成员。

由于 FilenameFilter 属于接口类，因此必须通过自定义类进行 FilenameFilter 接口的实现，并在实现的程序语句中覆盖（重新定义）它的抽象成员方法 accept( )。

【语法格式】

```
class myFilter implements FilenameFilter{
...myFilter 程序语句
public boolean accept(File dir, String name){
...覆盖实现的程序语句
    }
}
```

【范例程序：CH15_16】

```
01    /*程序：文件名过滤器的实现*/
02    //导入 IO 程序包
03    import java.io.*;
04    public class CH15_16 implements FilenameFilter{
05        private String myFilename;
06        //类构造函数
07        public CH15_16(String myStr){
08            this.myFilename = myStr;
09        }
10        //覆盖（重新定义）接口的 accept()方法
11        public boolean accept(File dir, String filename){
12            boolean isMatch = true;
13            if(myFilename != null)
14                isMatch &= filename.startsWith(myFilename);
15            return isMatch;
16        }
17        //主程序区块
18        public static void main(String args[]){
19            //使用主程序区块参数创建 File 对象
20            File myFile = new File(args[0]);
21            //创建主类的对象
22            CH15_16 myObject = new CH15_16(args[1]);
23            System.out.println("在目标路径: " + args[0] + " 内搜索符合 " +
24                    args[1] + "关键字的文件\n");
25            System.out.println("搜索结果如下: ");
26            //列出文件清单
27            String fileList[] = myFile.list(myObject);
28            for(int i = 0; i < fileList.length; i++)
29                System.out.println(fileList[i]);
```

```
30        }
31    }
```

【程序的执行结果】

程序的执行结果可参考图 15-26（注意要请先行设置传给程序的参数）。

命令提示符　—　□　×

```
D:\Java\ch15>javac CH15_16.java

D:\Java\ch15>java CH15_16 d: CH15_1
在目标路径：d: 内搜索符合 CH15_1关键字的文件

搜索结果如下：
CH15_10.class
CH15_10.java
CH15_11.class
CH15_11.java
CH15_12.class
CH15_12.java
CH15_13.class
CH15_13.java
CH15_14.class
CH15_14.java
CH15_15.class
CH15_15.java
CH15_16.class
CH15_16.java
CH15_17.java
CH15_18.java
CH15_19.java

D:\Java\ch15>
```

图 15-26

【程序的解析】

第 11~16 行：覆盖（重新定义）抽象成员方法 accept()，当文件名符合要求时，返回布尔类型的变量 isMatch。

第 27~29 行：使用 for 循环与 fileList 字符串数组输出所有符合搜索条件的文件。

15.4.3　文件 IO 数据流

文件的 IO 数据流如同其他数据流一样，可按照处理的数据类型的不同分为字符数据流与字节数据流两种。

（1）文件的字符数据流

文件的字符数据流是由 FileReader 和 FileWriter 两个类组成的，它们负责处理字符类型数据文件的存取操作。FileRead 类和 FileWriter 类的构造函数说明如下。

【FileReader 类构造函数的语法格式】

```
FileReader(File file)
FileReader(FileDescriptor fd)
FileReader(String filename)
    // File：参照 File 对象内的路径或文件名来创建 FileReader 对象
    // FileDescriptor fd：参照 FileDescriptor 对象内的路径或文件名来创建 FileReader 对象
    // String filename：直接使用路径或文件名字符串来创建 FileReader 对象
```

【FileWriter 类构造函数的语法】

```
FileWriter(File, boolean append)
FileWriter(FileDescriptor fd)
FileWriter(String filename, boolean append)
    // boolean append：设置是否启用文件的附加写入模式。此参数值可以省略，当省略此参数时，
系统的默认值为"false"
```

由于 FileReader 类和 FileWriter 类所提供的存取字符数组数据的方法大部分都是继承自
Reader/Writer 抽象基类的成员方法，因此调用方法的格式与 Reader 和 Writer 类相同。

【范例程序：CH15_17】

```
01    /*程序：文本文件复制指令的实现*/
02    //导入 IO 程序包
03    import java.io.*;
04    public class CH15_17{
05        private static String myData;
06        //主程序区块
07        public static void main(String args[])throws IOException{
08            //创建文件读取对象
09            FileReader myReader = new FileReader(args[0]);
10            BufferedReader myBuf = new BufferedReader(myReader);
11            //创建文件写入对象
12            FileWriter myWriter = new FileWriter(args[1]);
13            //执行写入操作
14            while((myData = myBuf.readLine()) != null){
15                myWriter.write(myData + "\r\n");
16            }
17            //关闭数据流对象
18            myReader.close();
19            myWriter.close();
20            System.out.println("源文件：" + args[0] +
21                    " 成功复制为目标文件：" + args[1]);
22        }
23    }
```

【程序的执行结果】

程序的执行结果可参考图 15-27。

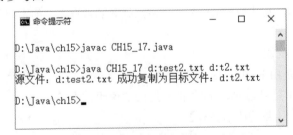

图 15-27

【程序的解析】

第 10 行：创建缓冲区读取数据流对象，将 myReader 从目标文件中所读取的数据写入缓冲区中。

第 14~16 行：通过 while 循环将 readLine()方法所读取的缓冲区内的字符数据按序写入目标文件中。

（2）文件的字节数据流

文件的字节数据流是由 FileInputStream 与 FileOutputStream 两个类组成的，它们负责处理二进制文件的存取操作。它们的构造函数说明如下：

【FileInputStream 类构造函数的语法格式】

```
FileInputStream(File file)
FileInputStream(FileDescriptor fd)
FileInputStream(String filename)
    // File file：参照 File 对象内的路径或文件名来创建 FileInputStream 对象
    // FileDescriptor fd：参照 FileDescriptor 对象内的路径或文件名来创建
FileInputStream 对象
    // String filename：直接使用路径或文件名字符串来创建 FileInputStream 对象
```

【FileOutputStream 类构造函数的语法格式】

```
FileOutputStream(File file, boolean append)
FileOutputStream(FileDescriptor fd)
FileOutputStream(String filename, boolean append)
    // boolean append：设置是否启用文件的附加写入模式。此参数值可以省略，当省略此参数时，
系统默认值为 "false"
```

FileInputStream 和 FileOutputStream 的类成员方法都是继承自字节数据流的基类 InputStream 与 OutputStream。

【范例程序：CH15_18】

```
01    /*程序：二进制文件复制指令的实现*/
02    //导入 IO 程序包
03    import java.io.*;
04    public class CH15_18{
05        private static byte[] myData;
06        //主程序区块
07        public static void main(String args[])throws IOException{
08            //创建 FileInputStream 对象
09            FileInputStream myInput = new FileInputStream(args[0]);
10            //临时文件
11            int dataSize = myInput.available();
12            myData = new byte[dataSize];
13            myInput.read(myData);
14            //创建 FileOutputStream 对象
15            FileOutputStream myOutput = new FileOutputStream(args[1]);
16            //写入文件
17            myOutput.write(myData);
18            //关闭数据流对象
19            myInput.close();
20            myOutput.close();
21            System.out.println("源文件：" + args[0] +
22                    " 成功复制为目标文件：" + args[1]);
23        }
24    }
```

【程序的执行结果】

程序的执行结果可参考图 15-28。

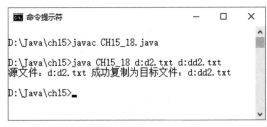

图 15-28

【程序的解析】

第 11~12 行：调用 available()方法读取目标文件内容的字节大小，并作为 myData 字节数组容量的依据。

从显示的结果可知，dd2.txt 已经创建于 CH15 文件夹中。

15.5 关于缓冲区

使用缓冲区机制来处理文件的读取与写入可有效地减少读取与写入完成的时间，提高文件读写的效率。缓冲区执行的时机如下。

（1）读取时：假如缓冲区中尚未有数据，而程序需要读取文件，就会把要读取的数据先存在缓冲区中，再把文件输入程序。

（2）写入时：当程序需要写入文件时，需在缓冲区中把暂存数据区块都填满，才会执行一次实际的写入操作。

15.5.1 字节数据流使用缓冲区

字节数据流使用缓冲区类的继承关系如图 15-29 所示。

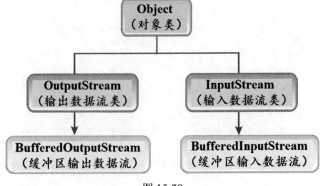

图 15-29

（1）缓冲区输入数据流类（BufferedInputStream）

缓冲区输入数据流类提供了更高效率的数据读取的方法，方式是"一次读取缓冲区中全部的数据，并非一次只读取一个字节的数据"。

缓冲区输入数据流类的常用方法及其说明如表 15-13 所示。

表 15-13

缓冲区输入数据流类的常用方法	说明
void close( )	关闭缓冲区输入数据流类对象
void available( )	BufferedInputStream 对象中可被读取的大小
int read( )	读取 BufferedInputStream 对象的字节数据
int read(byte[ ] 缓冲区, int 位置, int 长度)	按照所指定的位置、指定读取的范围将 BufferedInputStream 对象中的字节读取到缓冲区中

【缓冲区输入数据流类的语法】

```
BufferedInputStream (InputStream 对象);
BufferedInputStream (InputStream 对象, int 长度);
```

【范例程序：CH15_19】

```
01    /*文件:CH15_19
02     *说明:缓冲区输入数据流类（BufferedInputStream）使用范例
03     */
04
05    import java.io.*;
06    class CH15_19{
07        public static void main(String[] args) throws IOException {
08            byte[] c="BufferedInputStream !!".getBytes();
09            ByteArrayInputStream b=new ByteArrayInputStream(c);
10            BufferedInputStream buf=new BufferedInputStream(b);
11            int x;
12            while((x=buf.read())!=-1){
13                System.out.print((char)x);
14            }
15        }
16    }
```

【程序的执行结果】

程序的执行结果可参考图 15-30。

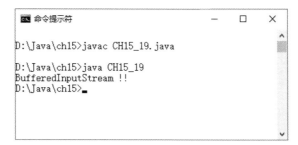

图 15-30

（2）缓冲区输出数据流类（BufferedOutputStream）

缓冲区输出数据流的概念与缓冲区输入数据流类类似，方式是"一次将全部数据写入缓冲区中，并非一次只写入一个字节的数据"。

缓冲区输出数据流类的常用方法及其说明如表 15-14 所示。

表 15-14

缓冲区输出数据流类的常用方法	说明
void close( )	关闭"缓冲区输出数据流类"对象
void flush( )	强行将缓冲区中的数据写入 BufferedOutputStream 对象
void write(byte[ ] 缓冲区, int 位置, int 长度)	按照所指定的位置、指定读取的范围将 BufferedOutputStream 对象中的字节读取到缓冲区

【缓冲区输出数据流类的语法】

```
BufferedOutputStream (OutputStream 对象);
BufferedOutputStream (OutputStream 对象, int 长度);
```

【范例程序：CH15_20】

```
01   /*文件:CH15_20
02    *说明:缓冲区输出数据流类（BufferedOutputStream）使用范例
03    */
04
05   import java.io.*;
06   class CH15_20{
07      public static void main(String[] args) throws IOException {
08          FileOutputStream fw=new
    FileOutputStream("D:BufferedOutputStream.txt");
09          BufferedOutputStream buf=new BufferedOutputStream(fw);
10          String str="BufferedOutputStream !!";
11          char[] c=new char[str.length()];
12          str.getChars(0,str.length(),c,0);
13          for(int i=0;i<str.length();i++){
14              buf.write(c[i]);
15          }
16          buf.flush();
17          fw.close();
18      }
19   }
```

【程序的执行结果】

程序的执行结果可参考图 15-31 和图 15-32。

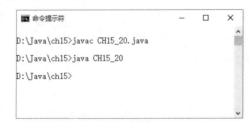

图 15-31

图 15-32

15.5.2　字符数据流使用缓冲区

字符数据流使用缓冲区类的继承关系图如图 15-33 所示。

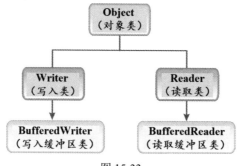

图 15-33

（1）读取缓冲区类（BufferedReader）

读取缓冲区类给数据提供了可以暂存的地方（缓冲区）。如果可以拥有多个缓冲区，就可以让程序一次读取大量数据，从而提高程序读取的效率。

读取缓冲区类的常用方法及其说明如表 15-15 所示。

表 15-15

读取缓冲区类的常用方法	说明
void close( )	关闭"读取缓冲区类"对象
void read( )	读取缓冲区内的下一个字符数据
String readLine( )	读取一行文字
int read(byte[ ] 缓冲区, int 位置, int 长度)	按照所指定的位置、指定读取的范围将 BufferedInputStream 对象中的字符读取到缓冲区中

【读取缓冲区类的语法】

```
BufferedReader (Reader 对象);
BufferedReader (Reader 对象, int 长度);
```

【范例程序：CH15_21】

```
01    /*文件:CH15_21
02     *说明:读取缓冲区类（BufferedReader）使用范例
```

```
03      */
04
05      import java.io.*;
06      class CH15_21{
07          public static void main(String[] args) throws IOException {
08              String str="BufferedReader !!";
09              char[] c=new char[str.length()];
10              str.getChars(0,str.length(),c,0);
11              CharArrayReader b=new CharArrayReader(c);
12              BufferedReader buf=new BufferedReader(b);
13              int x;
14              while((x=buf.read())!=-1){
15              System.out.print((char)x);
16              }
17          }
18      }
```

【程序的执行结果】

程序的执行结果可参考图 15-34。

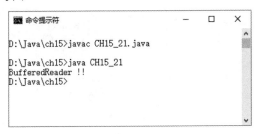

图 15-34

（2）写入缓冲区类（BufferedWriter）

写入缓冲区类可以让程序一次写入大量数据，从而增加程序写入的效率。

写入缓冲区类的常用方法及其说明如表 15-16 所示。

表 15-16

写入缓冲区类的常用方法	说明
void close( )	关闭"写入缓冲区类"对象
void write( )	把指定字符数据写入缓冲区中
void newLine( )	插入一行新的文字
int write(byte[ ] 缓冲区, int 位置, int 长度)	按照所指定的位置、指定读取的范围将 BufferedWriter 对象中的字符读取到缓冲区中

【写入缓冲区类的语法】

```
BufferedWriter (Writer 对象);
BufferedWriter (Writer 对象, int 长度);
```

【范例程序：CH15_22】

```
01      /*文件:CH15_22
02       *说明:写入缓冲区类（BufferedWriter）使用范例
```

```
03      */
04
05    import java.io.*;
06    class CH15_22{
07      public static void main(String[] args) throws IOException {
08          FileWriter fw=new FileWriter("D:BufferedWriter.txt");
09          BufferedWriter buf=new BufferedWriter(fw);
10          String str="BufferedWriter !!";
11          char[] c=new char[str.length()];
12          str.getChars(0,str.length(),c,0);
13          for(int i=0;i<str.length();i++){
14              buf.write(c[i]);
15          }
16              buf.flush();
17              fw.close();
18      }
19    }
```

【程序的执行结果】

程序的执行结果可参考图 15-35 和图 15-36。

图 15-35

图 15-36

15.6　高级应用练习实例

"字节数据流"用来处理以"字节"为主的对象数据。从文件的输入输出角度来说，使用字节数据流是针对"二进制文件"（Binary File）的。所谓二进制文件，就是将内存中的对象数据原封不动地直接写入文件中。例如，程序中有一个数值为 12 的 int 变量，如果我们将它以字符类型方式存储到文件中，它的处理模式如下：

程序将数值 12 视为两个字符 1 与 2，并将这两个字符转换成 ASCII 编码：
字符"1"——————▶ 49

字符 "2" —————————→ 50

最后将转换后的这两个 ASCII 码整数值存入文件中。

如果以二进制的方式写入，它的处理模式如下：

程序将数值 12 原封不动地写入内存缓冲区，这期间会将数值予以二进制化：

数值 12 —————————→ 1100

最后将内存内的数据 "1100" 直接写入文件中。

因此，如果以二进制的方式写入文件，它的长度为 4 位（bit，比特）。

如同之前介绍过的各种数据类型的比特流 I/O 处理一样，文件数据的 I/O 也分为 FileInputStream（文件输入）与 FileOutputStream（文件输出）两个类。

15.6.1　文件输入数据流——FileInputStream

文件输入数据流（FileInputStream）的作用是从文件中将数据输出到内存缓冲区。它与文件读取类相同，也有三种构造函数声明的方式：

```
FileInputStream(File 对象名称)
FileInputStream(FileDescriptor 对象名称)
FileInputStream(文件或路径名称字符串)
```

FileInputStream 相关的类方法及其说明如表 15-17 所示。

表 15-17

FileInputStream 类的方法	说明
close()	关闭 FileInputStream 类对象
finalized()	当类对象不再使用时，实现此方法确保 close()方法会正确地关闭该对象
available()	获取 FileInputStream 类对象可读取的字节大小
read()	仅读取当前位置一个字节大小的数据
read(字节数组缓冲区名称)	将对象中全部数据读进缓冲区数组中
read(字节数组缓冲区名称，起始位置，指定长度)	将指定起始位置与长度的 FileInputStream 对象数据读进缓冲区数组中
skip(n)	从当前位置跳过 n 个字节，n 的数据类型为长整数（long）

15.6.2　文件输出数据流——FileOutputStream

文件输出数据流负责将内存中的数据以二进制的方式写入文件中。它与文件写入类特性相同，如果指定的文件名不存在，就会先创建目标文件，再执行写入操作。FileOutputStream 类对象的构造函数声明的方式如下：

FileOutputStream(File 对象名称，附加模式)

FileOutputStream(FileDescriptor 对象名称)

FileOutputStream(文件或路径名称字符串，附加模式)

表 15-18 列出了 FileOutputStream 有关的各个类方法及其说明。

表 15-18

FileOutputStream 类的方法	说明
close()	关闭 FileOutputStream 类对象
finalized()	当类对象不再使用时，实现此方法确保 close()方法会正确地关闭该对象
write(字节)	写入一个字节到 FileOutputStream 类对象，注意其字节数值为 int 类型
writer(字节数组缓冲区名称，起始位置，指定长度)	将缓冲区中指定起始位置与长度的字节数据写入 FileOutputStream 类对象，其中起始位置与指定长度的参数可省略
flush()	强制缓冲区输出所有字节数据并写入 FileOutputStream 对象中

下面的范例程序使用 FileInputStream 类对象以二进制的方式读取文件内容。

【综合练习】使用 FileInputStream 类以二进制方式读取文件

```
01    //说明：FileInputStream 类的使用范例
02    import java.io.*;
03    public class WORK15_01
04    {
05        private static String myPath, myFileData;
06        public static void main(String args[]) throws IOException
07        {
08            BufferedReader buf = new BufferedReader(new
     InputStreamReader(System.in));
09            System.out.print("文件名：");
10            myPath = buf.readLine();
11            System.out.println("\n 文件内容如下\n");
12            //创建 FileInputStream 对象
13            FileInputStream myFileIS = new FileInputStream(myPath);
14            int myDataSize = myFileIS.available();
15            byte[] myData = new byte[myDataSize];
16            myFileIS.read(myData);
17            myFileData = new String (myData, 0, myDataSize);
18            //显示数据
19            System.out.println(myFileData);
20            myFileIS.close();
21        }
22    }
```

【程序的执行结果】

程序的执行结果可参考图 15-37。

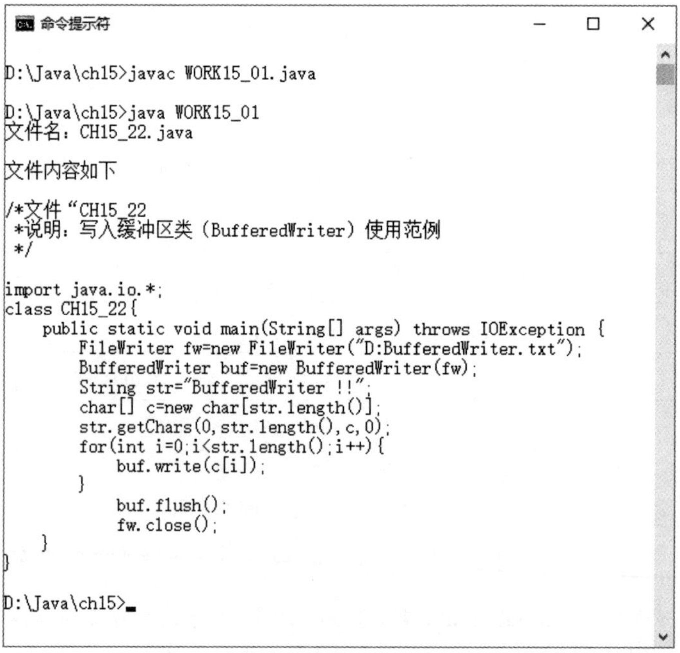

图 15-37

课后习题

一、填空题

1. _____与_____是 Java 基本的输出数据流对象。

2. System.in 的 read()成员方法一次只能读取_____个字符。

3. 当 Java 程序执行时,系统会自动创建_____、_____与_____三个基本输入输出数据流对象。

4. _____程序包中包含 Java 所有类型的输入输出数据流类,并可根据存取数据类型的不同分为_____、_____与_____三大类。

5. _____与_____数据流类负责读取内存中的字符数据。

6. _____与_____数据流类负责读取内存中的字符串数据。

7. 所有字节数据流类都是继承自_____与_____抽象基类。

8. Java 的管道机制是由_____与_____建立连接而成的,其中_____负责在管道的传送端写入数据,而_____负责在管道的接收端接收数据。

9. _____是 Java 中负责文件名过滤的接口。

10. FileOutputStream 负责将内存中的数据以_____方式写入文件。

二、问答与实践题

1. 请比较 print()与 println()两种方法的主要差异。

2. 如果在程序中必须输出错误信息,那么可使用哪一个对象调用输出方法?

3．如果要在调用 read()方法时读取输入数据流的下一个字节的数据，并希望将所读取的数据转存成字符（char）数据类型，应该如何做？试进行说明。

4．Java 的 API 中提供了多种不同的数据流对象，用以处理不同类型数据的输入输出操作。这些数据流对象主要包含于哪一个程序包中？根据这些对象处理数据类型的不同，大致可以分为哪三大类？

5．内存区块数据的存取操作主要是由哪几个字符数据流类组成的？

6．缓冲区数据的存取操作主要是由哪两个类负责的？

7．BufferedWriter 类是一种间接的写入对象，请问使用 BufferedWriter 对程序的读写操作有何好处？

8．字节数据流继承自哪两个主要的抽象类？

9．InputStream 类与 OutputStream 类是 Java 的 IO 处理程序包中所有字符数据流的抽象基类。试简述它们两者的主要功能。

10．什么是管道处理？Java 中负责管道处理的字节数据流程序包是什么？

11．在 Java 中，哪两种类属于格式化输入输出数据流？

12．在文件数据流程序包（java.io.File）中主要包含哪些类及接口，使程序开发人员可以轻松地管理文件？

第16章

泛型与集合对象

　　泛型（Generic）在 C++中其实就是模板（Template），只是 Swift、Java 和 C#采用了泛型这个更广泛的概念。泛型可以让用户根据不同数据类型的需求编写出适用于任何类型的函数和类。我们或许可以这么说：泛型是一种类型参数化的概念，主要是为了简化程序代码，降低程序日后的维护成本。

16.1　泛型的基础概念

　　假如程序设计人员想要设置一个类 First，这个类中包括一个方法，该方法会返回第一个参数的值，如果使用泛型数据的方式声明，就可以在这个类中根据不同的需求动态设置所需要的数据类型。其语法如下：

```
class First<T>{    // 泛型数据
    private T num1;
    private T num2;

    void set(T data1, T data2) { // 设置泛型
        this.num1 = data1;
        this.num2 = data2;
    }
    public T get() {
        return this.num1; // 返回第一个参数值
    }
}
```

　　上述例子就是一种泛型数据的声明方式，当声明这个数据类后，就可以在"<>"间指定要使用的数据类型，类名称旁出现了角括号<T>，表示这个类支持泛型，用尖括号（<>）括起来的类型就是泛型类型。其中 T 只是一个类型参数（表示 Type），我们也可以用 E、K、V 等参数名称。由于使用<T>定义类型参数，因此在需要编译器检查类型的地方必须使用 T 代替，像上述程序代码中

的 set()方法必须检查传入的对象类型是 T，get()方法必须转换为 T 类型。在我们以泛型创建类之后，
就可以根据下面的语法来创建一个整数对象：

```
First<Integer> m = new First<Integer>();  // 创建整数对象
```

接下来的范例程序是使用泛型声明类，该类中的 get()方法可以返回第一个参数的值，而我们
可以分别传入整数或浮点数。

【范例程序：CH16_01】

```
01   class First<T>{    // 泛型数据
02       private T num1;
03       private T num2;
04
05       void set(T data1, T data2) { // 设置泛型
06           this.num1 = data1;
07           this.num2 = data2;
08       }
09       public T get() {
10           return this.num1; // 返回第一个参数值
11       }
12   }
13   public class CH16_01 {
14       public static void main(String[] args) {
15           First<Integer> m = new First<Integer>();// 创建整数对象
16           m.set(101,7);
17           System.out.println(m.get());
18           First<Double> d = new First<Double>(); // 创建双精度浮点数对象
19           d.set(8.93,9.67);
20           System.out.println(d.get());
21       }
22   }
```

【程序的执行结果】

程序的执行结果可参考图 16-1。

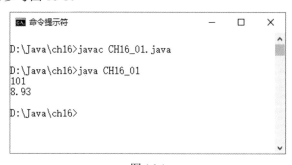

图 16-1

【程序的解析】

第 01~12 行：以泛型数据的表示方式来设置类。

第 15 行：创建整数对象。

第 18 行：创建双精度浮点数对象。

泛型语法让我们在编写程序时可以指定类或方法支持泛型，而且在语法上更为简洁。Java 语

言中引入泛型功能后，这项重大改变使得语言、类型系统和编译器有了许多不同以往的变化，许多重要的类（例如集合框架）已经成为泛型化的了，它带来了很多好处，还可以提高了 Java 程序的类型安全性。

泛型除了可以应用于类外，也可以应用于方法，也就是说，泛型可以让方法接收不同数据类型的参数。下面的范例程序会将传入方法的参数数组内的所有元素输出，如果传入的是浮点数数组，就输出数组中所有的浮点数；如果所传入是字符串数组，就输出数组中所有的字符串。

【范例程序：CH16_02】

```
01   public class CH16_02 {
02      public static <E> void dump(E[] elements) {
03         for(E element:elements)
04            System.out.println(element);
05      }
06      public static void main(String[] args) {
07      Double[] var1 = {5.9, 8.5, 3.8};
08      String[] var2 = {"Happy","Birthday"};
09      System.out.println("浮点数数组：");
10      dump(var1);
11      System.out.println("字符串数组：");
12      dump(var2);
13      }
14   }
```

【程序的执行结果】

程序的执行结果可参考图 16-2。

图 16-2

【程序的解析】

第 02~05 行：设置泛型方法可以用来打印元素。

第 07 行：创建双精度浮点数对象。

第 08 行：创建字符串对象。

第 10 行：打印输出双精度浮点数数组。

第 12 行：打印输出字符串数组。

16.2　集合对象

集合对象（Collection）是一组关联的数据集合在一起组成一个对象。集合对象中的数据被称为元素（Element）。集合对象属于 java.util 程序包，它包括各种类（Class）或接口（Interface），例如 List、Set 等接口以及 ArrayList、HashSet、Vector 等类。图 16-3 是各种 Collection 接口的继承关系图。

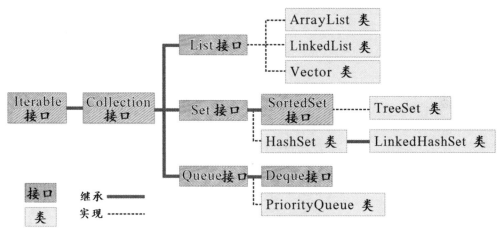

图 16-3

基本上，Java Collections Framework（Java 集合框架）包括三部分：接口（Interface）、实现（Implementation）及算法（Algorithm）。在这个框架中，Collection 接口是所有 Java 集合对象的父接口，该接口中定义了许多操作对象的抽象方法。在 Collection 类底层除了实现接口方法外，也可以遵循类继承与实现的特性，根据需求增加一些方法，以更简便的方式来操作集合对象。

另外，在 java.util.*提供了许多应用于集合对象的实用方法，例如 shuffle()方法可以将集合对象内的所有元素重新排列，这些方法都放在 Collections 类内（注意，是 Collections 类，而不是 Collection 接口）。

16.2.1　Iterable 接口

我们在图 16-3 中可以看出集合对象继承关系图的最上层是 Iterable（迭代）接口，这个接口中定义了三个抽象方法，可参考表 16-1。

表 16-1

Iterable 接口的方法	说明
boolean hasNext()	如果迭代器内还有元素，就返回 true
Object next()	返回迭代器中的下一个元素
void remove()	删除迭代器中的最后一个元素

16.2.2 Collection 接口

Collection 接口定义了处理集合对象的完善接口，以确保各种集合对象的操作方式较为一致。由于所有集合类或接口都是继承自 Collection 接口或实现 Collection 接口，因此我们可以使用各种集合类的对象实现表 16-2 中列出的各种抽象方法。

表 16-2

Collection 接口的方法	说明
boolean add(Object e)	加入一个元素 e，这个方法的返回值是布尔（boolean）类型，如果该方法执行成功，就会返回 true，否则返回 false
boolean contains(Object o)	如果集合对象包含指定对象，就返回 true
boolean isEmpty()	如果集合对象没有元素，就返回 true
Iterator<E> iterator()	返回此集合中元素的迭代器
boolean remove(Object o)	删除指定对象 o
boolean containsAll(Collection c)	如果此集合包含指定集合中的所有元素，就返回 true
Object[] to Array()	返回包含此集合中所有元素的数组
boolean addAll(Collection c)	将指定集合中的所有元素添加到此集合中

16.3 List 接口

List 接口是一种有序集合对象（Ordered Collection），在此集合对象中的元素可以重复，但每一个元素有其对应的索引值（Index），List 接口会按照索引值来排列元素的位置，并通过索引值获取指定位置的内容，或者把内容加到指定的位置。表 16-3 列出了 List 接口中常用的方法。

表 16-3

List 接口的常用方法	说明
boolean add(E e)	将指定元素加入 List 的末尾
Object remove(int index)	从此 List 中删除指定位置的元素
int size()	返回此 List 中的元素总数
boolean isEmpty()	如果此列表不包含任何元素，就返回 true
boolean contains(Object o)	如果此列表包含指定的元素，就返回 true
boolean containsAll(Collection c)	如果此列表包含指定集合的所有元素，就返回 true
boolean addAll(Collection c)	将指定集合中的所有元素加到 List 的末尾
boolean removeAll(Collection c)	从此列表中删除指定集合中包含的所有元素
E get(int index)	返回此列表中指定位置的元素
int indexOf(Object o)	返回此列表中第一次出现的指定元素的索引值（所在的位置），如果此列表不包含该元素，就返回-1

（续表）

List 接口的常用方法	说明
int lastIndexOf(Object o)	返回此列表中指定元素最后一次出现的位置（索引值），如果此列表不包含该元素，就返回-1
ListIterator<E> listIterator()	返回 ListIterator 类的迭代器对象
ListIterator<E> listIterator(int index)	从指定索引位置返回迭代器对象
E set(int index, E element)	在指定位置设置的元素内容

16.3.1 LinkedList 类

单向链表（Single Linked List）的节点是由数据字段和指针字段所组成的，而指针字段将会指向下一个元素存放在内存的位置。链表的最后一个节点会指向 null，表示后面已经没有节点。在日常生活中有许多链表的抽象运用，例如可以把"单向链表"想象成火车，有多少人就挂多少节车厢，在节假日人多时，需要较多车厢，可以多挂些车厢，其他时间人少了，就把车厢数量减少，做法十分弹性。

在"单向链表"中，第一个节点是"链表的头指针"，最后一个节点的指针字段被设为 null，表示它是"链表末尾"，不指向任何地方，如图 16-4 所示。

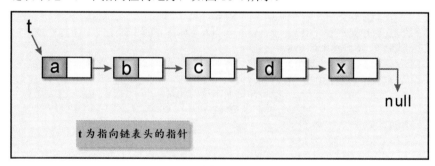

图 16-4

由于单向链表中所有节点都知道节点本身的下一个节点在哪里，但是对于前一个节点却没有办法知道，因此在单向链表的各种操作中，"指向链表头的指针"（简称头指针）就显得相当重要。只要有单向链表的头指针存在，就可以对整个链表进行遍历、加入及删除节点等操作，因此除非必要，否则不可移动单向链表的头指针。表 16-4 列出了 LinkedList 类的构造函数及其说明。

表 16-4

LinkedList 类的构造函数	说明
LinkedList()	创建一个空的 LinkedList 对象
LinkedList(Collection c)	创建一个包含指定集合元素的链表

表 16-5 列出了 LinkedList 类的常用方法及其说明。

表 16-5

LinkedList 类的常用方法	说明
void addFirst(E o)	将元素 o 加入单向链表的头部
void addLast(E o)	将元素 o 加入单向链表的末尾
E getFirst()	获取单向链表头部的元素
E getLast()	获取单向链表末尾的元素
E removeFirst()	删除单向链表头部的元素
E removeLast()	删除单向链表末尾的元素

下面的范例程序将示范单向链表的建立及其相关的操作。

【范例程序：CH16_03】

```
01    import java.util.*;
02    public class CH16_03 {
03        public static void main(String[] args) {
04    LinkedList<Integer> list1 = new LinkedList<Integer>();
05    list1.add(98);
06        list1.add(100);
07        list1.add(87);
08        System.out.println("================================");
09        System.out.println("单向链表当前的内容: " + list1);
10        list1.addFirst(65);
11        System.out.println("将新元素加入单向链表的头部: " + list1);
12        list1.addLast(76);
13        System.out.println("将新元素加入单向链表的末尾: " + list1);
14        System.out.println("单向链表头部的元素: " + list1.getFirst());
15        System.out.println("单向链表末尾的元素: " + list1.getLast());
16        LinkedList<String> list2 = new LinkedList<String>();
17        list2.add("行政");
18        list2.add("立法");
19        list2.add("司法");
20        System.out.println("================================");
21        System.out.println("单向链表当前的内容: " + list2);
22        list2.addFirst("考试");
23        System.out.println("将新元素加入到单向链表头部: " + list2);
24        list2.addLast("监察");
25        System.out.println("将新元素加入到单向链表末尾: " + list2);
26        System.out.println("单向链表头部的元素: " + list2.getFirst());
27        System.out.println("单向链表末尾的元素: " + list2.getLast());
28        System.out.println("================================");
29        }
30    }
```

【程序的执行结果】

程序的执行结果可参考图 16-5。

图 16-5

【程序的解析】

第 04 行：创建数据类型为整数的 LinkedList（单向链表）对象。

第 05~07 行：按序加入三个整数到 LinkedList 对象中。

第 10~11 行：将指定整数加入单向链表的头部，并输出单向链表当前的内容。

第 12~13 行：将指定整数加入单向链表的末尾，并输出单向链表当前的内容。

第 14~15 行：输出单向链表整数类型的链表头部和末尾的元素值。

第 16 行：创建数据类型为字符串的 LinkedList（单向链表）对象。

第 17~19 行：按序加入三个字符串到 LinkedList 对象。

第 22~31 行：将指定字符串加入单向链表的头部，并输出单向链表当前的内容。

第 24~25 行：将指定字符串加入单向链表的尾部，并输出单向链表当前的内容。

第 26~27 行：输出单向链表字符串类型的链表头部及末尾的元素值。

16.3.2　ArrayList 类

ArrayList 类可以视为一个动态数组，通过实现 List 接口来自由控制所存放的对象，例如添加、删除、转换等。ArrayList 类创建对象的语法如下：

```
ArrayList 对象名称=new ArrayList();
```

ArrayList 类的构造函数可分为三种，如表 16-6 所示。

表 16-6

ArrayList 类的构造函数	说明
ArrayList()	创建一个空集合的 ArrayList 对象
ArrayList(Collection 集合对象)	把集合对象赋值给数组
ArrayList(int 初始长度)	创建一个空集合的 ArrayList 对象，并设置初始集合的长度

ArrayList 类的常用方法及其说明如表 16-7 所示。

表 16-7

ArrayList 类的常用方法	说明
boolean add(Object 对象)	添加一个对象到集合的末尾，返回一个 boolean 值来表示成功与否
void add(int 索引, Object 对象)	插入一个对象到集合中指定的索引位置
void clear()	清除集合中所有的对象
boolean contains(Object 对象)	判断集合中是否有对象，返回 true 表示有，返回 false 表示没有
Object get(int 索引)	获取集合中指定索引的对象
Object remove(int 索引)	删除集合中指定索引的对象
Object set(int 索引, Object 对象)	用指定的对象替换集合中索引位置的对象

一般数组中只能存放同类型的对象，而 ArrayList 则可以存放不同类型的对象，这也是 ArrayList 功能强大的地方。拥有如此弹性的功能，相对必须付出更多的系统资源，因此除非必要，否则使用一般数组即可。

【范例 CH16_04】

```
01 //程序: CH16_04.java
02 //使用数组集合加入不同数据类型
03 import java.util.*;
04 public class CH16_04{
05     public static void main(String[] args){
06         //声明并创建数组集合的对象
07         ArrayList<String> alArray =new ArrayList<String> ();
08
09         //将数据添加到数组集合中
10         alArray.add("自由");
11         alArray.add("平等");
12         alArray.add("公正");
13         alArray.add("法治");
14
15         //数组集合方法的应用
16         System.out.print("检查 alArray 集合中有无指定的对象: ");
17         System.out.println(alArray.contains("平等"));
18         for(int i=0;i<alArray.size();i++){
19             System.out.print("alArray 集合中索引值 "+i+" 的对象值为: ");
20             System.out.println(alArray.get(i));
21         }
22     }
23 }
```

【程序的执行结果】

程序的执行结果可参考图 16-6。

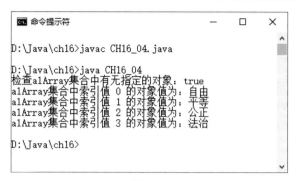

图 16-6

【程序的解析】

第 07 行：声明并创建 alArray 变量。

第 10~13 行：把数据添加到数组集合。

第 17 行：检查 alArray 对象中有无指定的元素。

第 18~21 行：取出 alArray 对象中所有的元素。

16.4 Set 接口

Set 就是数学领域中的集合，集合中的元素没有特定的顺序，而且集合中的元素不能重复出现。举例来说，当元素 x 已经在 Set 集合中时，不能再加入 x 元素。表 16-8 列出了 Set 接口的常用方法及其说明。

表 16-8

Set 接口的常用方法	说明
boolean add(E e)	如果指定的元素不存在，就将此元素添加到此集合中
boolean addAll(Collection c)	将集合 c 的所有元素加入此集合，如果成功，就返回 true
void clear()	从集合中删除所有的元素
boolean contains(Object o)	如果集合对象包含元素 o，就返回 true
boolean remove(Object o)	从集合中删除指定的元素，如果成功，就返回 true
boolean equals(Object o)	将指定的对象与此集合中进行比较。如果相等，就返回 true
Iterator iterator()	返回此集合中元素的迭代器
int size()	返回此集合中元素的数量
boolean retainAll(Collection c)	仅保留此集合中包含在指定集合中的元素

16.4.1 HashSet 类

在 16.3 节中我们谈到，List 接口派生的类适用于按序将元素加入链表中，这种操作方式虽然较为简单，但是当链表的数据项数非常多时，在链表中添加、删除或移动元素的效率就会变差。

HashSet 类是实现 Set 接口的类，使用哈希表（Hash Table）算法来改进执行的效率，在存储元素时，元素排列的顺序和原先加入的顺序有可能不同，不过 HashSet 对象内的元素都是唯一的。所谓哈希法（Hashing），就是将元素本身的键经由特定的数学函数运算或调用其他的方法转换成对应的数据存储地址。哈希所使用的数学函数就称为哈希函数（Hashing Function）。哈希法不仅被用于数据的检索或查询，在数据结构中，我们还能将它应用于数据的创建、插入、删除与更新。表 16-9 列出了 HashSet 类的常用构造函数。

表 16-9

HashSet 类的构造函数	说明
HashSet()	创建一个新的、空的 HashSet 对象
HashSet(Collection c)	创建一个含有 Collection c 对象的 HashSet 对象
public HashSet(int initialCapacity)	创建一个指定容量大小的 HashSet 对象

下面的范例程序示范了如何使用 HashSet 类，从这个范例程序中，我们可以比较出 LinkedList（单向链表）加入元素的顺序是按序加入链表的末尾，因此遍历 LinkedList 迭代对象内容的顺序和数据加入链表的顺序是相同的，但是按序遍历 HashSet 迭代对象内容的顺序和数据加入哈希表的顺序是不相同的。

【范例 CH16_05】

```
01 import java.util.*;
02 public class CH16_05 {
03     public static void main(String[] args) {
04 LinkedList<Integer> list = new LinkedList<Integer>();
05 list.add(100);
06     list.add(200);
07     list.add(300);
08     list.add(400);
09     list.add(500);
10     Iterator<Integer> itr1 = list.iterator();
11     System.out.println("=====================================");
12     while (itr1.hasNext())
13        System.out.println("链表的内容: " + itr1.next());
14
15     HashSet<Integer> set = new HashSet<Integer>();
16     set.add(100);
17     set.add(200);
18     set.add(300);
19     set.add(400);
20     set.add(500);
21     Iterator<Integer> itr2 = set.iterator();
22     System.out.println("=====================================");
23     while (itr2.hasNext())
24        System.out.println("哈希表的内容: " + itr2.next());
25     }
26 }
```

【程序的执行结果】

程序的执行结果可参考图 16-7。

图 16-7

【程序的解析】

第 04 行：创建数据类型为整数的 LinkedList（单向链表）对象。

第 05~09 行：把 5 个整数添加到 LinkedList 对象中。

第 12~13 行：按序将链表的元素内容打印输出，我们可以发现遍历 LinkedList 迭代对象内容的顺序和数据加入链表的顺序是相同的。

第 15 行：创建数据类型为整数的 HashSet（哈希表）对象。

第 16~20 行：把 5 个整数添加到 HashSet 对象中。

第 23~24 行：按序将 HashSet 对象中的元素内容打印输出，我们可以发现按序遍历 HashSet 迭代对象内容的顺序和数据加入哈希表的顺序是不相同的。

16.4.2　SortedSet 接口

SortedSet 接口是 Set 接口的子接口，而实现 SortedSet 接口的集合对象是一种排序集合（Sorted Collection），数据会根据元素值从小到大排列，而且所有元素不会有重复的情况。表 16-10 列出了 SortedSet 接口的常用方法及其说明。

表 16-10

SortSet 接口的常用方法	说明
E first()	返回此集合对象的第一个元素
E last()	返回此集合对象的最后一个元素
SortedSet<E> headSet(E toElement)	返回小于 toElement 的元素
SortedSet<E> tailSet(E fromElement)	返回大于 fromElement 的元素
SortedSet<E> subSet(E fromElement,E toElement)	获取范围从 fromElement（包括）到 toElement（不包括）的元素

16.4.3 TreeSet 类

TreeSet 类是实现 SortedSet 接口的类，这个类是以一种"树"数据结构的方式来存储数据的，以 TreeSet 类创建的对象，对象中所有的元素都是唯一的，而且具有从小到大排序的次序。TreeSet 类的构造函数及其说明如表 16-11 所示。

表 16-11

TreeSet 类的构造函数	说明
TreeSet()	创建一个空的 TreeSet 对象
TreeSet(Collection c)	创建一个包含集合对象 c 的 TreeSet 对象

TreeSet 类除了实现 Set 接口的方法外，还提供了 first()、last()等方法，分别用于获取 TreeSet 对象中的第一个元素和最后一个元素。

接下来通过一个范例程序来示范如何创建 TreeSet 对象，并遍历 TreeSet 对象的所有元素。我们可以发现，如果每一个元素都是英文单词，遍历完 TreeSet 对象所有元素，将会发现遍历这些英文单词是按照英文字母进行排序的。

【范例 CH16_06】

```
01  import java.util.*;
02  public class CH16_06{
03      public static void main(String[] args) {
04          TreeSet<String> word = new TreeSet<String>();
05          word.add("zoo");
06          word.add("tiger");
07          word.add("animal");
08          word.add("plant");
09          word.add("sugar");
10          word.add("desk");
11          word.add("funny");
12          word.add("joke");
13          word.add("yellow");
14          word.add("baseball");
15          Iterator<String> itr = word.iterator();
16          while (itr.hasNext())
17              System.out.println("TreeSet 的内容: " + itr.next());
18      }
19  }
```

【程序的执行结果】

程序的执行结果可参考图 16-8。

图 16-8

【程序的解析】

第 04 行：创建数据类型为字符串的 TreeSet 对象。

第 05~14 行：把 10 个英文单词（字符串）添加到 TreeSet 对象中。

第 15~17 行：按序遍历 TreeSet 迭代对象的内容，我们可以发现遍历这些英文单词的顺序是按英文字母进行排序的。

16.5　Map 接口与 SortedMap 接口

Map 接口存储的数据是 Key-Value（键-值）成对的，通过键（Key）来读取对应的值（Value），这是一种单向的对应关系，其中 Key 不可重复出现，即具有唯一性。常见的实现类有 HashTable 和 HashMap。

Map 接口并不是 Collection 接口的子接口，它是一种特殊的 Set 接口。实现 Map 接口的集合对象所存储的元素是成对的，而且不会重复出现。另外，SortedMap 接口是 Map 的子接口，就如同 SortedSet 是 Set 的子接口。同样的道理，实现 SortedMap 接口的集合对象是根据每个元素的 Key（键）从小到大排序的，这样的特性非常适合建立英文字典。Map 接口定义的抽象方法如表 16-12 所示。

表 16-12

Map 接口定义的抽象方法	说明
boolean containsKey(Object key)	如果 Map 对象有指定的 Key（键），就返回 true
boolean containsValue(Object value)	如果 Map 对象有指定的 Value（值），就返回 true
Object get(Object key)	根据传入的 Key（键）返回所对应的 Value（值）
Object put(K key,Object value)	将指定的 Key 与 Value 成对的一对元素插入 Map 对象
remove(Object key)	根据传入的 Key（键）删除该 Key-Value 元素
void putAll(Map m)	将指定的 Map 对象插入当前 Map 对象中
Set keySet()	将 Map 对象转成含 Key（键）的集合（Set）对象
Set entrySet()	将 Map 对象转成含 Key（键）、Value（值）的集合（Set）对象

16.5.1　HashMap 类

HashMap 类是实现 Map 接口的类，每一个存储的元素包含 Key（键）和对应的 Value（值），而且所有元素必须唯一（没有重复），但是这个类所存储的元素不会维持原来的插入顺序。特别要注意的是，这个类允许有 null 键和 null 值，即"空"键和"空"值。

在创建 HashMap 类对象时，Key（键）与对应的 Value（值）的泛型要用逗号分开，例如：

```
HashMap<Integer, String> hmap=new HashMap<Integer, String>();
```

表 16-13 列出了 HashMap 类的构造函数。

表 16-13

HashMap 类的构造函数	说明
HashMap()	创建一个空的 HashMap 对象
HashMap(Map m)	创建一个包含指定 Map 对象的 HashMap 对象
HashMap(int capacity)	创建一个指定容量大小的 HashMap 对象

16.5.2　TreeMap 类

TreeMap 类是实现 SortedMap 接口的类，它使用"树"数据结构的方式来存储元素，每个元素都是唯一的，实现 TreeMap 类所创建的 TreeMap 对象在建立"树"数据结构的过程中会将所加入的元素按 Key（键）从小到大进行排序。请注意，TreeMap 类虽然可以允许有空（null）值（Value），但键（Key）不能是空值。

表 16-14 和表 16-15 分别列出了 TreeMap 类的构造函数及方法。

表 16-14

TreeMap 类的构造函数	说明
TreeMap()	创建一个空的 TreeMap 对象
TreeMap(Map m)	创建一个包含指定 Map 对象的 TreeMap 对象
TreeMap(SortedMap sm)	创建一个包含指定 SortedMap 对象的 TreeMap 对象

表 16-15

TreeMap 类的方法	说明
Object firstKey()	获取第一个 Key（键），即最小键
Object lastKey()	获取最后一个 Key（键），即最大键
SortedMap subMap(fromKey, toKey)	返回范围从 fromKey（包含）到 toKey（不包括）的 TreeMap 对象
SortedMap tailMap(fromKey)	返回范围大于或等于 fromKey 的 TreeMap 对象

下面通过范例程序来示范如何创建 HashMap 对象以及相关方法的应用。

【范例 CH16_07】

```
01  import java.util.*;
02  public class CH16_07 {
03      public static void main(String[] args) {
04          HashMap<String, String> hmap = new HashMap<String, String>();
05          hmap.put("abase", "使谦卑；使降低地位");
06          hmap.put("encyclopedia", "百科全书");
07          hmap.put("yokel", "乡巴佬");
08          hmap.put("xerox", "复印");
09          hmap.put("hybrid", "混血儿；合成物");
10
11          String str1 = "yokel";
12          System.out.println("以 HashMap 类的方式创建对象");
13          System.out.println();
14          System.out.println("英文单词 yokel 的中文意思为: " + hmap.get(str1));
15          System.out.println("单词在字典中的顺序不会和单词加入字典的顺序保持一致: ");
16          for (Map.Entry m:hmap.entrySet())
17              System.out.printf("%15s ==> %s\n", m.getKey(), m.getValue());
18          System.out.println("==================================");
19
20          TreeMap<String, String> tmap = new TreeMap<String, String>();
21          tmap.put("abase", "使谦卑；使降低地位");
22          tmap.put("encyclopedia", "百科全书");
23          tmap.put("yokel", "乡巴佬");
24          tmap.put("xerox", "复印");
25          tmap.put("hybrid", "混血儿；合成物");
26
27          String str2 = "abase";
28          System.out.println("以 TreeMap 类的方式创建对象");
29          System.out.println();
30          System.out.println("英文单词 abase 的中文意思为: " + tmap.get(str2));
31          System.out.println("字典中的单词会根据键（Key）从小到大排序: ");
32          for (Map.Entry m:tmap.entrySet())
33              System.out.printf("%15s ==> %s\n", m.getKey(), m.getValue());
34      }
35  }
```

【程序的执行结果】

程序的执行结果可参考图 16-9。

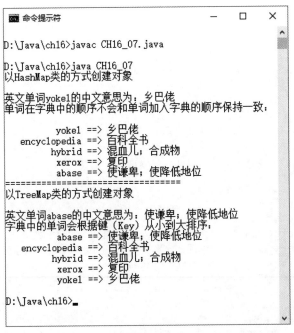

图 16-9

【程序的解析】

第 04 行：创建 Key-Value（键-值）的数据类型都为字符串的 HashMap 对象。

第 05~09 行：把英文单词和中文注解的单词组添加到 HashMap 对象中。

第 16~17 行：按序遍历 HashMap 对象的内容，我们可以发现单词在字典中的顺序不会和单词加入字典的顺序保持一致。

第 20 行：创建 Key-Value（键-值）的数据类型都为字符串的 TreeMap 对象。

第 21~25 行：把英文单词和中文注解的单词组添加到 TreeMap 对象中。

第 32~33 行：按序遍历 TreeMap 对象的内容，我们可以发现字典中的单词会根据键（Key）从小到大排序。

16.6　Lambda 表达式

其实 Lambda 是在 Java 8 引入的一个新类型的语法，其主要目的是简化程序，提高程序的执行性能。我们可以将 Lambda 视为一种函数的表现方式，它可以根据输入的值来决定输出的值。通常一般函数需要给定函数名称，但是 Lambda 并不需要替函数命名，因此可以称 Lambda 是一种匿名方法或匿名函数的表达式写法。它允许我们在需要使用方法的时候马上编写一个匿名方法，尤其是该方法只会用到一次的场合，遇到这种情况，我们就不需要声明类来创建所需的方法。Lambda 的语法如下：

```
(参数) ->表达式或程序区块{ }
```

例如，要将数学函数 f(x)=3*x-1 写成 Lambda 表达式，代码编写如下：

```
(x) ->3*x-1;    //这是一种 Lambda 表达式
```

也就是说，"->"左边是参数，"->"右边是表达式或程序区块，就本例而言，"->"右边是表达式 3*x-1。

在上面的例子中，在"->"左边的参数只有一个。事实上，Lambda 表达式允许没有参数的表现方式，例如：

```
() ->System.out.println("简易字典查询");    //这是没有参数的 Lambda 表达式
() ->{return 100;}
```

我们也可以在 Lambda 表达式中设置一个以上的参数，同时指定参数的数据类型，例如：

```
(int a, int b) ->return a*b;    //两个参数的 Lambda 表达式
(String s) ->System.out.println(s);
```

接下来，我们通过一个范例程序来示范如何用 Lambda 表达式来简化程序，提高程序的执行效率。

【范例 CH16_08】

```
01  import java.util.Arrays;
02  class Employee {
03      private String employee_ID;
04      public Employee(String employee_ID) {
05          this.employee_ID = employee_ID;
06      }
07      public String getID() {
08          return employee_ID;
09      }
10  }
11
12  public class  CH16_08 {
13      public static void main(String[] args) {
14      Employee[] RD = {new Employee("RD2018090801"),
15                  new Employee("RD2015061201"),
16                  new Employee("RD2017120701"),
17                  new Employee("RD2017120702"),
18                  new Employee("RD2017120703")};
19
20      // 使用 Lambda 表达式
21      Arrays.sort(RD,(person1,person2) ->
22                  person1.getID().compareTo(person2.getID()));
23      // 显示 RD 部门的员工 ID 列表
24      System.out.println("按员工编号的先后顺序排列：");
25      for (Employee person : RD)
26          System.out.println("员工编号="+person.getID());
27      }
28  }
```

【程序的执行结果】

程序的执行结果可参考图 16-10。

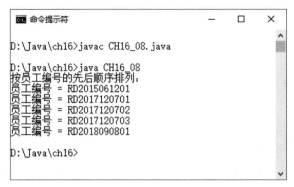

图 16-10

【程序的解析】

第 02~10 行：声明并定义 Employee 类，其中的 getID()方法会返回私有变量 employee_ID 字符串。

第 21~22 行：使用 Arrays.sort 进行排序，传入的参数使用 Lambda 表达式。

第 24~26 行：按员工编号的先后顺序排列，显示 RD 部门的员工 ID 列表。

课后习题

一、填空题

1. 泛型在 C++中其实就是_____，只是 Swift、Java 和 C#采用了泛型这个更广泛的概念。

2. Java 类名称旁出现了尖括号<T>，就表示这个类支持_____。

3. 泛型除了可以应用于类外，也可以应用于_____。

4. _____是一组关联的数据集合在一起组成一个对象。

5. Java Collections Framework 包括三部分：_____、_____和_____。

6. 在 java.util.*程序包中提供了许多应用于集合对象的实用方法，例如 shuffle()方法，这些方法都放在_____类中。

7. 单向链表的节点是由_____字段和_____字段组成的。

8. 链表的最后一个节点会指向_____，表示后面已经没有节点了。

9. _____类可以视为一个动态数组，通过实现 List 接口来自由控制所存放的对象。

10. _____接口是 Map 的子接口，就如同 SortedSet 是 Set 的子接口。

11. _____是实现 SortedMap 接口的类，它使用"树"数据结构的方式来存储元素，每个元素都是唯一的。

12. 我们可以称_____是一种匿名方法或匿名函数的表达式写法。

二、问答与实践题

1. 试简述泛型 Generic 的基本概念及其主要目的。

2. 请简述 List 接口的特性。

3. 试比较一般数组和 ArrayList 两者间最大的差异。

4．试简述 Set 接口的特性。

5．试简述 HashSet 类的特性。

6．试简述 SortedSet 接口的特性。

7．试简述 Map 接口的特性。

8．试简述 HashMap 类的特性。

9．试比较一般函数和 Lambda 表达式的不同。

10．请说明 Lambda 表达式的语法，并举例说明。

第 **17** 章

深度剖析多线程

所谓多线程执行机制，就是将程序分割为多个线程（Thread），让这些线程在同一段时间并行或并发执行。在 Java 的虚拟运行环境中提供了完善的多线程机制，让程序开发人员能编写高效率的应用程序。我们在本章中将完整地说明程序（Program）、进程（Process）与线程（Thread））之间的关系，同时还会介绍多线程的基本用法。

本章的学习目标

- Java 的多任务处理
- Timer 类与 TimerTask 类
- 多线程机制——Thread 类
- 多线程机制——Runnable 接口
- 线程的生命周期
- 管理线程的方法
- 线程分组
- 数据同步操作的问题

17.1　线程的概念

在开始正式说明 Java 多线程执行机制的使用方法之前，我们先来了解一下程序执行流程的基本概念。线程（Thread）可定义为"程序执行的片段，轻量级的进程"，线程是进程（Process）中的一个实体。程序（Program）、进程（Process）与线程（Thread）之间的关系如图 17-1 所示。

（1）程序：程序设计人员经过规划、编写、调试、编译及执行，然后将执行文件存储在实体设备中，如硬盘。

（2）进程：程序基于某数据集合上的一次运行活动，是系统进行资源分配和调度的基本单位，包括获得 CPU 的使用权（CPU 是计算机系统最重要的资源之一）。

（3）线程：最小的执行单位，是被系统独立调度和分派的基本单位，可以理解成轻量级的进程。

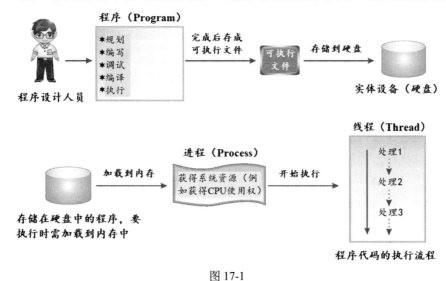

图 17-1

进程与线程的互动除了考虑获得系统资源（如获得 CPU 使用权）之外，还必须考虑线程的生命周期。关于这部分内容，后续的章节会有详细说明。下面我们来了解单线程和多线程的不同之处。

17.1.1　顺序执行

在本章之前，我们所编写的 Java 程序代码都是按照程序的执行步骤顺序编写的。举例来说，我们先声明整数类型变量 total，接着通过 for 循环与表达式对变量 total 进行 1~10 的累加计算，最后使用 Java 的输出指令将计算结果显示在屏幕上。程序的流程图如图 17-2 所示。

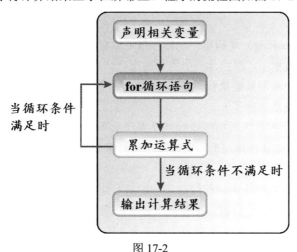

图 17-2

这种按照程序代码的顺序按序执行的程序称为顺序（Sequential）程序。

单线程是指在程序中只有"单独一条"主要执行的流程顺序，也就是说，程序代码执行的顺序是从第一行程序语句开始按顺序执行，直到最后一行程序语句，执行期间除非遇到条件选择语句（if…then）或循环语句（for、while），才会改动执行顺序，程序的执行从开始到结束是"一路到底，直到完成"。

所有顺序执行的程序都有共同的特性：它们必定包含一个固定的程序起始点、一个固定的程序结束点与一个固定的程序执行流程。更重要的是，当程序按照流程执行时，同一时间只能执行一条程序指令。

也就是说，当程序执行一项工作时，会完整地占用全部的系统资源。而如果此时必须执行第二项工作的话，系统就必须先暂停（也可称为"休眠"）第一项工作的执行，腾出必要的系统资源，如缓冲区空间与处理器（CPU）资源，以便执行第二项工作；第二项工作执行完毕，再从第一项工作的暂停点继续执行。这个过程的示意图如图 17-3 所示。

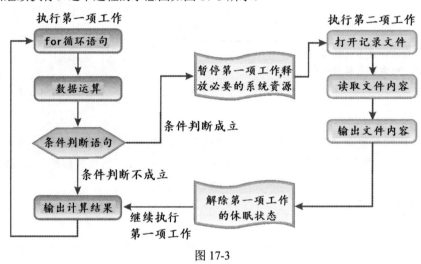

图 17-3

17.1.2 多任务处理

多任务处理（Multitasking）是指将一个程序按照执行工作特性的不同分割为多个执行过程。在这些经过分割的执行过程中，都包含一个执行起点、一个执行终点、一个固定的流程走向，并且在每个过程执行中的同一时刻只能执行一条指令（注意：只考虑单核单处理器并发执行的情况，如果是多核或多处理器，就是并行了）。

这样看起来似乎多任务处理与顺序执行并没有什么不同，但是，如果我们将这些程序片段的执行过程并发执行，就可以让程序在同一段时间内执行多条指令（注意不是同一时刻，并发处理和并行处理是两个不同的概念）。

举例来说，在一些游戏程序中，程序必须同时进行定时器的运算、用户输入指令的判断、游戏中图形碰撞的处理等工作。这时就需要使用多任务处理技术并发执行这些程序片段，如图 17-4 所示。

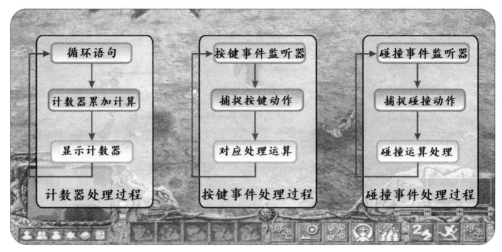

图 17-4

在 Java 程序执行系统中，我们将这些经过分割的执行过程称为线程（Thread）。每一个线程其实都可以视为一个单独且顺序执行的程序片段，而整个 Java 程序就是由这些大大小小的线程组合而成的。

我们必须注意一点：在一个完整的 Java 程序中，可能只拥有一条有效的线程语句；而一条完整的线程语句，如果没有依附在任何程序内，就不能视作一个完整的 Java 程序处理。也就是说，如果我们在程序的外部单独编写了线程语句，那么 Java 平台的虚拟环境是无法将其编译的，更无法执行任何操作。

17.2　Java 的多任务处理

使用 Java 语言编写的程序必须在 Java 的 VM（Virtual Machine，虚拟机）环境中，才能正确地执行。因此，使用 Java 系统开发的应用程序不需要考虑用户计算机硬设备或操作平台的限制，因为可以通过内建的定时器（Timer）或多线程（Multi Threads）机制来实现各种多任务处理。

17.2.1　Timer 类与 TimerTask 类

绝大多数的程序设计语言（如 C++或 VB 等）并不允许用户在同一段时间内处理多个进程（Process）。但是，如果开发人员有需求，可以使用系统中提供的各种 Timer 组件，以定时执行的方式来模拟类似多任务处理的效果。

在 Java 平台中，系统提供了专门处理定时器功能的 Timer 类，它包含在 java.util 程序包中。我们可以引用该类来创建多个 Timer 对象，通过这些对象调用类内建的各种调度设置或管理方法，以便定时执行特定的运算程序。有关 TimerTask 对象的声明语法如下：

```
import java.util.Timer;// 导入 java.util.Timer 程序包
    程序相关语句
myTimer = new Timer();// 引用 Timer 类创建 myTimer 对象
    程序相关语句
```

Timer 类提供了下列 4 种成员方法来执行 Timer 对象的管理与设置工作。

（1）cancel( )：终止所指定的 Timer 对象，并放弃该对象中所有已设置的工作调度。

（2）purge()：用以清除指定 Timer 对象中已取消执行的工作。

一般的程序并不需要用到此方法，它主要是针对特殊情况下，程序要大量取消已安排执行的工作设计的。而在 purge( )方法执行完成后，会返回一个 int 类型的数值，用以代表清除工作的总数。

（1）schedule( )

Timer 类中主要的成员方法，用以调度工作的执行。它重载（Overload）了 4 种调用方法，如表 17-1 所示。

表 17-1

Timer 类的成员方法	说明
schedule(TimerTask task, Long delay)	安排指定工作在设置的时间后开始执行。 delay 参数值的单位为 millisecond（毫秒）
schedule(TimerTask task, Date time)	安排指定工作于指定的日期与时间开始执行，若指定的为过去的时间，则该工作会无条件地立即执行
schedule(TimerTask task, Long delay, Long period)	安排指定工作于设置的时间后开始执行。 在第一次成功执行完毕后，按照 period 参数值指定的固定时间间隔进行循环式的反复执行。 delay 与 period 参数值的单位为 millisecond（毫秒）
schedule(TimerTask task, Date time, Long period)	安排指定工作于指定的日期与时间开始执行；若指定的为过去的时间，则该工作会无条件地立即执行。 在第一次成功执行完毕后，按照 period 参数值指定的固定时间间隔进行循环式的反复执行。 period 参数值的单位为 millisecond（毫秒）

调用 schedule( )成员方法时，必须注意传入的参数值是否设置正确，否则可能导致系统发生 IllegalArgumentException（传入非法参数）的例外情况。

另外，如果重复调度了相同的工作，同样会导致系统发生 IllegalStateException（不正常状态）的例外情况。

（2）scheduleAtFixedRate( )

如同在 schedule( )方法中传入 period 参数一样，调用 scheduleAtFixedRate( )方法可以让指定的工作在第一次执行后，按照用户所指定的时间间隔进行循环式的重复执行。相关的语法格式如表 17-2 所示。

表 17-2

scheduleAtFixedRate( )的语法格式	说明
scheduleAtFixedRate(TimerTask task, Long delay, long period)	安排指定的工作于设置的时间后开始执行。 在第一次成功执行完毕后，按照 period 参数值指定的固定时间间隔进行循环式的反复执行。 delay 与 period 参数值的单位为 millisecond（毫秒）
scheduleAtFixedRate(TimerTask task, Date time, Long period)	安排指定工作于指定的日期与时间开始执行；若指定的为过去的时间，则该工作会无条件地立即执行。 在第一次成功执行完毕后，按照 period 参数指定的固定时间间隔进行循环式的反复执行。 period 参数值的单位为 millisecond（毫秒）

scheduleAtFixedRate( )方法与传入 period 参数的 schedule( )方法之间的差异在于：在安排重复性执行的工作时，对于需要注意工作重复执行的顺畅度（Smoothness）的情况，需使用 schedule()成员方法；而对于比较重视时间同步性（Synchronization）的情况，则使用 scheduleAtFixedRate( )方法。

也就是说，当调用 schedule()方法进行工作调度时，如果因为不明原因造成某次执行延迟，就会连带拖累后续工作跟着延迟；而如果调用 scheduleAtFixedRate()方法，则无论上一次的工作是否已执行结束，只要指定的时间间隔一到，就会接着开始执行。

要启动定时功能，除了上面介绍的创建 Timer 对象之外，还必须将需要执行的工作一并写入 TimerTask 类的 run 方法中。

TimerTask 是一个抽象类，我们无法直接引用该类来创建 TimerTask 对象。因此，我们必须声明一个继承 TimerTask 类的派生类，并覆盖（重新定义）run()成员方法，才能正确地创建所需要的 Task（工作）对象。例如采用下面的程序代码：

【举例说明】

```
//声明并定义继承自 TimerTask 的 accumulation 类
class accumulation extends TimerTask {
//覆盖（重新定义）run（）方法
public void run（）{
… … 程序语句
}
}
```

在 TimerTask 类中，除了提供派生类用覆盖方式来实现抽象成员方法 run()之外，还另外包含两个成员方法 cancel()与 scheduleExecutionTime()，分别说明如下。

（3）cancel( )

cancel( )方法用来取消所指定的工作。调用 cancel()方法时，系统会返回一个布尔类型的值。当工作已加入调度运行的队列，但目前并未处于"执行中"状态时，调用 cancel()方法取消该工作的执行后，会返回布尔值"true"表示成功取消指定的工作。

反之，当工作在调度中被安排仅执行一次且已经执行，或此工作尚未加入任何 Timer 对象的调度执行中，或该工作已被 cancel()方法取消时，系统都会返回布尔值"false"，表示这个指定的工作不必须执行 cancel()成员方法。

（4）scheduleExecutionTime()

这个方法用来返回此安排执行的工作在最后一次被执行时的系统时间值。如果执行此方法，目标工作正处于"执行中"的状态下，那么系统会返回此次工作开始执行的系统时间。

下面使用 Timer 类与 TimerTask 类实现一个简单的范例程序，来示范 Java 定时调度程序的实际应用。

【范例程序：CH17_01】

```
01  /*文件：CH17_01.java 定时调度机制的示范*/
02  //导入相关程序包
03  import java.util.Timer;
04  import java.util.TimerTask;
05  //主类
06  public class CH17_01{
07      //声明相关变量
08      Timer myTimer;
09      //声明类构造函数
10      public CH17_01(){
11          //创建 Timer 对象
12          myTimer = new Timer();
13          //创建 Task 对象
14          Task1 myTask1 = new Task1();
15          Task2 myTask2 = new Task2();
16          //调度安排第一项工作的执行
17          myTimer.schedule(myTask1, 1000, 1000);
18          //调度安排第二项工作的执行
19          myTimer.schedule(myTask2, 2000, 2000);
20      }
21      //主程序
22      public static void main(String[] args){
23          System.out.println("执行 Timer 开始定时调度");
24          new CH17_01();
25      }
26      //声明并定义 TimerTask 的派生类，Task1 负责第一项工作
27      class Task1 extends TimerTask{
28          //声明相关变量
29          int ascending = 1;
30          //Overload run()方法
31          public void run(){
32              if(ascending <= 3){
33                  System.out.println("第一项工作");
34                  System.out.println("ascending 变量递加运算："+ascending);
35                  ascending ++;
36              }
37              else{
38                  System.out.println("当变量 ascending 的值为 3 时，停止第一项工作。");
39                  //调用 cancel()方法终止工作的执行
40                  cancel();
41              }
42          }
43      }
44      //声明并定义 TimerTask 的派生类，Task2 负责第二项工作
```

```
45    class Task2 extends TimerTask{
46        //声明相关变量
47        int descending = 10;
48        //Overload run()方法
49        public void run(){
50            if(descending >= 6){
51                System.out.println("第二项工作");
52                System.out.println("descending 变量递减运算"+descending);
53                descending --;
54            }
55            else{
56                System.out.println("当变量descending的值等于6时,停止第二项工作。
    ");
57                //使用 Timer 对象调用 cancel()方法终止定时调度
58                myTimer.cancel();
59            }
60        }
61    }
62 }
```

【程序的执行结果】

程序的执行结果可参考图 17-5。

图 17-5

【程序的解析】

第 17 行:将第一项工作加入 Timer 定时调度,设置程序开始运行后 1 秒第一次执行这项工作,并在执行完毕后每间隔一秒重复执行一次(1000 毫秒就是 1 秒)。

第 19 行:将第二项工作加入 Timer 定时调度,设置程序开始运行后两秒第一次执行这项工作,并在执行完毕后每间隔两秒重复执行一次。

第 45~61 行:声明继承自 TimerTask 类的派生类 Task2,并覆盖(重新定义)run()方法来负责第二项工作的执行。

一般而言，java.util 程序包内的 Timer 类与 TimerTask 类主要负责非图形界面程序的多任务执行。如果要开发具有 GUI（用户图形界面）的程序，则建议改用 java.swing 程序包中的 Timer 类来实现定时调度。

17.2.2　多线程机制——Thread 类

虽然使用 Timer 类提供的定时调度功能可以在一个程序中同时执行多项工作，做到仿真多任务处理的工作环境。但是对于程序中的各个执行过程，还是无法详细地处理它们之间的各种细节与状态。

对于许多程序来说，多任务处理的需求是相当重要的。尤其对于一些在后台运行的程序而言，如果不具有多任务处理的功能，就无法体现后台运行程序的真正效能。此时，我们可以使用 Java 的多线程机制，将主进程（Main Process）分割为数个可独立执行的片段，即线程（Thread）。

Java 环境中的多线程机制主要是由 Thread 类控制的。但是，由于它是一个抽象类，因此，我们无法在程序中直接创建所需要的 Thread 类对象来进行多任务处理的操作。

开发人员必须声明自定义类，继承 Thread 类，并覆盖所继承的 run()抽象成员方法，才能真正实现定义该线程的实际执行程序。从 Thread 类派生类的语法可参考下面的程序片段。

【Thread 类的语法】

```
//声明继承自 Thread 类的派生类 task
class task extends Thread{
… … 程序语句;
//覆盖（重新定义）run（ ）方法
public void run{
… … 程序语句;
}
}
```

在抽象类 Thread 中，除了用于调用执行程序的 run()抽象成员方法之外，还包含多种管理方法。我们可以通过这些成员方法对线程进行管理。表 17-3 列出了这些成员方法及其说明。

表 17-3

Thread 类的成员	说明
activeCount()	获取线程所在线程分组内正在执行的线程总数
checkAccess()	检查是否可以存取当前正在执行的线程
currentThread()	返回当前正在执行的线程对象
dumpStack()	返回线程当前的执行状态
enumerate(Thread[] tarray)	将线程所在的线程分组，把分组内的所有线程对象转存为数组类型
getAllStackTraces()	获取所有活动（alive）线程当前的执行状态
getId()	获取线程的标识号
getName()	获取线程的标识名

（续表）

Thread 类的成员	说明
getPriority()	获取线程的权限值
getStackTrace()	获取线程的执行状态，返回值为数组类型
getState()	获取线程的属性值
getThreadGroup()	获取线程所属分组
interrupt()	中断线程
interrupted()	测试线程是否已被中断。当返回的布尔值为 true 时，表示线程已被中断；当返回的布尔值为 false 时，表示该线程并不处于中断状态
isAlive()	测试线程是否仍处于活动状态
isDaemon()	测试线程是否为后台线程
join(long millis, int nanos)	暂时中断线程，等待指定时间后再继续执行。millis 单位值为微秒，nanos 单位值为纳秒，这两个参数值可省略。当省略时，该线程会等待接收另一个线程的结束消息后，才开始继续执行
setDaemon(boolean on)	设置线程是否为后台线程，当传入的布尔值为 true 时，表示此线程会在后台执行
setName(String name)	设置线程的标识名
setPriority(int newPriority)	设置线程的新执行权限。newPriority 的值为 1~10，一般默认值为 5。当 newPriority 的值为 1 时，表示最低权限；此值为 10 时，表示最高权限
sleep(long millis, int nanos)	设置线程进入睡眠状态，millis 单位值为微秒，nanos 单位值为纳秒，其中 nanos 参数值可省略
start()	命令线程进入准备状态，等待分配 CPU 资源后执行
toString()	将线程的标识名、执行权限与所属分组以字符串类型返回
yield()	暂停线程空出必要的 CPU 资源，让其他线程优先处理

【范例程序：CH17_02】

```
01    /*程序：CH17_02.Java Thread 类的使用*/
02    public class CH17_02
03    {
04       //声明相关变量
05       static boolean isRunning1 = true;
06       static boolean isRunning2 = true;
07       //主程序区块
08       public static void main(String args[]){
09          //创建 Thread 对象
10          myThread1 = new myThread1();
11          myThread2 = new myThread2();
12          //设置线程标识名
13          myThread1.setName("第一项工作");
14          myThread2.setName("第二项工作");
15          //启动线程
```

```
16          myThread1.start();
17          myThread2.start();
18          //设置无限循环
19          while(true){
20              //设置循环终止条件
21              if(!isRunning1 && !isRunning2)
22                  break;
23          }
24      }
25  }
26
27  class myThread1 extends Thread{
28      //声明相关变量
29      int ascending = 1;
30      //覆盖（重新定义）run()方法
31      public void run(){
32          while(CH17_02.isRunning1){
33              //当变量 ascending 的值不超过范围时，执行运算并输出结果
34              if(ascending <= 3){
35                  System.out.println("第一项工作");
36                  System.out.println("ascending 变量递增运算，运算的结果为:
    "+ascending);
37                  ascending ++;
38                  try{
39                      Thread.currentThread();
40                      //设置时间间隔为1000 毫秒(1 秒钟)
41                      Thread.sleep(1000);
42                  }
43                  catch(InterruptedException e){}
44              }
45              //当变量 ascending 的值超出范围时，中断此线程
46              else {
47                  //通过设置 isRunning1 变量的值来终止此线程
48                  CH17_02.isRunning1 = false;
49                  System.out.println("\n 当 ascending 的值为 3 时");
50                  System.out.println(Thread.currentThread() + "中断执行\n");
51              }
52          }
53      }
54  }
55
56  class myThread2 extends Thread{
57      //声明相关变量
58      int descending = 10;
59      //覆盖（重新定义）run()方法
60      public void run(){
61          while(CH17_02.isRunning2){
62              //当变量 descending 的值大于指定数值时，执行运算并输出结果
63              if(descending >= 6){
64                  System.out.println("第二项工作");
65                  System.out.println("descending 变量递减运算，运算的结果为:
    "+descending);
66                  descending --;
67                  try{
68                      Thread.currentThread();
69                      //设置时间间隔为 2000 毫秒(2 秒钟)
```

```
70                      Thread.sleep(2000);
71                  }
72                  catch(InterruptedException e){}
73              }
74              //当变量 descending 的值小于指定数值时，中断此线程
75              else{
76                  //通过设置变量 isRunning2 的值来终止此线程
77                  CH17_02.isRunning2 = false;
78                  System.out.println("\n 当 descending 的值为 6 时");
79                  System.out.println(Thread.currentThread() + "中断执行\n");
80              }
81          }
82      }
83  }
```

【程序的执行结果】

程序的执行结果可参考图 17-6。

图 17-6

【程序的解析】

第 19 行：设置无限循环，让所有线程重复执行。

第 21~22 行：当 isRunning1 与 isRunning2 的变量值都为布尔值 false 时，中断无限循环以结束程序的执行。

第 27~54 行：创建第一个线程对象的引用类 myThread1，继承自 Thread 抽象类。

第 32 行：通过变量 isRunning1 的值来判定此线程是否需要继续执行。

第 56~82 行：创建第二个线程对象的引用类 myThread2，继承自 Thread 抽象类。

第 61 行：通过变量 isRunning2 的值来判定此线程是否需要继续执行。

第 77 行：当变量 descending 的值小于 6 时，将 isRunning2 变量值设置为布尔值 false，以跳出第 61 行所设置的循环，终止线程的执行。

17.2.3　多线程机制——Runnable 接口

经过 17.2.2 小节的说明，我们知道可以通过继承 Thread 类并覆盖 run()方法来开发多线程的程序。但是，由于 Java 规定派生类只能继承于单个基类——单一继承性，因此对于许多应用程序（尤其是窗口有关的应用程序），在实现多线程执行上会造成不小的困扰。

例如，在开发 Swing 窗口程序时，主类在初始时已声明继承自 JFrame 或相关类，无法再重复继承。因此，必须舍弃使用 Thread 类的方式，而以间接方式来产生所需要的线程。

所谓的间接方式，就是声明一个实现 Runnable 接口的类。它的使用方式如同使用 Thread 类一样，必须在该实现类中覆盖 run( )方法，才能顺利地创建新线程对象。具体实现可以参考下面的程序片段声明。

【举例说明】

```
//声明并定义 Runnable 接口的 Swing 窗口程序类 myClock
class myClock extends JFrame implements Runnable{
程序语句;
//覆盖 run()方法
public void run{
程序语句;
}
}
```

与 Thread 类不同，由于 Runnable 是一个接口类，也就是说它属于纯抽象类，因此在该类中除了抽象成员方法 run( )之外，并无其他成员方法可供使用。

【范例程序：CH17_03】

```
01    /*程序：CH17_03.java Runnable 接口实现的范例*/
02    //导入相关程序包
03
04    import javax.swing.*;
05    import java.awt.Graphics;
06    //主类
07    public class CH17_03 extends JFrame implements Runnable{
08        private static final long serialVersionUID = 1L;
09        Thread myThread;
10        int counter = 0;
11        //声明类构造函数
12        public CH17_03(){
13            //创建线程对象
14            myThread = new Thread(this);
15            setDefaultCloseOperation(JFrame.EXIT_ON_CLOSE);
16            setTitle("Runnable 接口范例：简易动画");
17            setSize(300, 250);
18            //启动线程
19            myThread.start();
20            setVisible(true);
```

```
21          }
22      //主程序
23      public static void main(String[] args){
24          new CH17_03();
25      }
26      //覆盖 run()方法
27      public void run(){
28          while(true){
29              //设置线程终止条件
30              if (counter>30)
31                  break;
32              else {
33                  //重新绘制图形
34                  repaint();
35                  try{
36                      //设置执行间隔
37                      Thread.sleep(1000);
38                  }
39                  catch (InterruptedException e){}
40              }
41          }
42      }
43      //覆盖 paint()方法
44      public void paint(Graphics g){
45          //绘制图形
46          g.drawRect(100-counter,100-counter,60-counter,60-counter);
47          //递增 counter
48          counter += 3;
49      }
50  }
```

【程序的执行结果】

程序的执行结果可参考图 17-7。

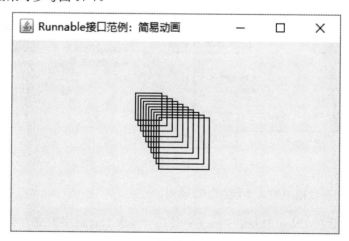

图 17-7

【程序的解析】

第 07 行：继承 JFrame 类并实现 Runnable 接口的主类 CH17_03。

第 10 行：声明 counter 变量用于线程终止的条件判断。

第 28 行：在覆盖的 run() 方法中设置无限循环，让线程重复执行。

第 30 行：使用 counter 变量作为依据，判断线程是否执行完毕。

17.3　管理线程

一旦系统中的线程多了，就会牵涉到"管理"的问题，不然太多线程"同时"执行反而会降低系统的执行效率。究竟有哪些管理上的问题呢？

（1）例如有些时候必须让某线程"休眠"或者"暂缓"执行。

（2）线程之间有"优先级"的问题。

（3）例如 B 线程必须安排在 A 线程执行后才可以执行。

17.3.1　线程的生命周期

我们已经知道如何创建线程，也了解了多线程同时执行的情况与流程，在开始探讨如何管理线程之前，有一个重要的概念必须先明了，那就是线程的"生命周期"。

线程的生命周期是指：一个线程（Thread）从开始被创建、启动到获得 CPU 的使用权，以及当线程需要等待或者停止执行等。图 17-8 说明了在线程的生命周期中可能发生的各种状态。

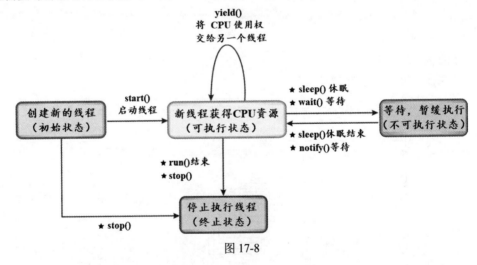

图 17-8

下面针对线程生命周期中的 4 个状态加以说明。

（1）初始线程状态（New Thread State）：使用"继承 Thread 类"或"实现 Runnable 接口"的方式创建新的线程，创建完成后，随即进入此状态，但是尚未分配到系统资源或获得 CPU 使用权。想要进入下一个状态——可执行状态，必须调用 start( ) 方法来"启动"线程，或者调用 stop( ) 方法来"终止、结束"该线程，重新进入初始状态。

（2）可执行状态（Runnable State）：线程调用 start( ) 完成启动过程，随即进入可执行状态。在可执行状态中，线程必须争夺 CPU 的使用权，只有获得 CPU 使用权的线程才调用 run( ) 来执行，其他尚未拥有 CPU 使用权的线程则需排队等候。至于如何"争夺"CPU 的使用权，关系到线程被赋予的优先级（Priority）问题。

（3）不可执行状态（Not Runnable State）：已经获得 CPU 使用资源（获得 CPU 的使用权）的线程，会有可能暂时"失去"或被"剥夺"使用资源吗？以日常我们使用电脑时遇到的情况为例，假如某个线程需要用户从键盘输入数据，而用户迟迟未完成输入，则系统资源不会一直处于等待的空闲状态，因为系统会把该线程的使用权交给另一个线程，同时将处于等待的线程调用 wait( )或 sleep( )方法。因此，当有下列情况发生时，线程就会进入不可执行状态。

- 线程调用了 wait( )方法。
- B 线程必须安排在 A 线程执行完之后才可以执行，此时调用 join( )方法。
- 让线程休眠，调用 sleep( )方法。例如，sleep(1000)是指线程休眠 1 秒钟之后即可继续执行，sleep( )中参数的单位是"千分之一秒（Millis）"。

（4）终止状态：线程完成该执行的工作，交回 CPU 使用权，此时调用 stop( )方法。

17.3.2　管理线程的方法

Thread 类定义了几个用来协助 Java 管理线程的方法，我们将本书使用到的这些方法及其说明列在表 17-4 中。

表 17-4

Thread 类的方法	说明
isAlive ( )	判断线程是否处于活动状态。若是则返回 true，否则返回 false
join ( )	等待线程的结束
start ( )	启动线程
run ( )	开始执行线程
sleep ( )	线程进入休眠状态

接下来具体介绍一下这些方法的使用。

（1）isAlive( )：这个方法用于判断线程是否处于活动状态，也可以用于判断线程是否已经执行完成。如果线程处于活动状态或正在执行，就返回 true；如果不是处于活动状态或已经结束执行，就返回 false。isAlive( )的语法为：

```
final Boolean isAlive( );
```

【范例程序：CH17_04】

```
01    /*文件：CH17_04.java 定时调度机制的示范*/
02    //调用 isAlive( )方法
03
04    class newThread implements Runnable {      //实现接口
05        private int a;
```

```
06        public newThread(int x){
07            a=x;
08        }
09        public void run(){        //定义 Runnable 接口中的方法
10            for(int i=0;i<2;i++){
11                System.out.println("第"+a+"新线程。");
12            }
13        }
14    }
15    class CH17_04{
16        public static void main(String[] args) {
17            newThread t1=new newThread(1);    //将所派生的子类予以实例化
18            newThread t2=new newThread(2);
19
20            Thread tt1=new Thread(t1);        //创建 Thread 类对象，即线程
21            Thread tt2=new Thread(t2);
22
23            tt1.start();        //启动线程
24            tt2.start();
25
26            for (int i=0;i<3;i++){
27                System.out.println("main()线程");
28                System.out.println("第1新线程是否还在执行："+tt1.isAlive());
29                System.out.println("第2新线程是否还在执行："+tt2.isAlive());
30            }
31        }
32    }
```

【程序的执行结果】

程序的执行结果可参考图 17-9。

图 17-9

注　意
线程调度的实际情况和当前系统内部运行状态和资源情况有关，所以这个程序每次执行的输出结果中，两个线程的状态顺序不会完全相同。因此，读者在运行这个范例程序的时候，如果看到运行的结果和图 17-9 的运行结果不一样，也是正常的。

【程序的解析】

第 28~29 行：加入判断方法 isAlive( )，从图 17-9 的结果可知，倒数第 4 行结果显示 isAlive( ) 的返回值是 false，表示此时的第 2 新线程已经执行完毕，已经结束线程了。

（1）join( )：isAlive( )方法很好用，不过还有另一个方法可以用于判断线程是否终止，这个方法就是 join( )方法，它会一直等到该调用的线程终止执行。也就是说，如果 B 线程安排在 A 线程执行完之后才可以执行，就必须调用 join( )方法。join( )方法的语法如下：

```
final void join( ) throws InterruptedException
```

join 有"会合"的意思，因此当 A 线程执行完之后，系统会抛出中断服务的例外类，然后接着执行 B 线程。

【范例程序：CH17_05】

```
01  /*文件：CH17_05.java 定时调度机制的示范*/
02  //调用 join( )方法
03  class newThread implements Runnable {      //实现接口
04      private int a;
05      public newThread(int x){
06          a=x;
07      }
08      public void run(){   //定义 Runnable 接口中的方法
09          System.out.println("第"+a+"新线程。");
10      }
11  }
12  class CH17_05{
13      public static void main(String[] args) {
14          newThread t1=new newThread(1);
15          newThread t2=new newThread(2);
16
17          Thread tt1=new Thread(t1);
18          Thread tt2=new Thread(t2);
19
20          tt1.start(); //启动线程
21          try{
22              tt1.join();
23              System.out.println("执行 join()，开始执行第 2 线程。");
24              tt2.start();
25          }catch(InterruptedException e) {}
26      }
27  }
```

【程序的执行结果】

程序的执行结果可参考图 17-10。

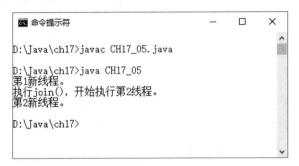

图 17-10

【程序的解析】

第 22 行：可以调用 join( )方法让线程按照我们想要的顺序执行，不一定要按序执行。

第 25 行：try 抛出例外，catch 捕捉产生的例外消息 InterruptedException。记住：调用 join( )方法必须把调用的程序语句编写在 try-catch 程序区块中。

（2）start( )：start( )方法的目的是"启动"线程，使线程处于"可执行的状态"，但尚未分配到系统资源。

（3）run( )：run( )方法可以使得线程获得 CPU 使用权而开始执行。

（4）sleep( )：sleep( )方法可以用于"暂停"正在执行的线程，让线程进入"休眠"，此时线程的生命周期状态进入不可执行状态（Not Runnable State）。调用 sleep( )方法必须将调用的程序语句编写在 try-catch 程序区块中，这样系统才会抛出例外消息 InterruptedException。

【范例程序：CH17_06】

```
01    /*文件：CH17_06.java 定时调度机制示范*/
02    //调用 sleep( ) 方法的范例 1
03    class newThread implements Runnable {        //实现接口
04        private int a;
05        public newThread(int x){
06            a=x;
07        }
08        public void run(){       //定义 Runnable 接口中的方法
09            System.out.println("第"+a+"新线程。");
10        }
11    }
12    class CH17_06{
13        public static void main(String[] args) {
14            newThread t1=new newThread(1);
15            newThread t2=new newThread(2);
16
17            Thread tt1=new Thread(t1);
18            Thread tt2=new Thread(t2);
19
20            tt1.start();      //启动线程
21            try{
22                Thread.sleep(3000);
23                System.out.println("暂停结束");
24                tt2.start();
25            }catch(InterruptedException e){
26
```

```
27              }
28          }
29      }
```

【程序的执行结果】

程序的执行结果可参考图 17-11。

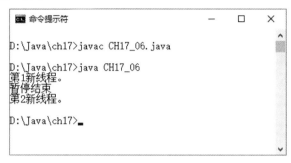

图 17-11

【程序的解析】

第 22 行：可以调用 sleep( )方法让线程暂停 3 秒后，再开始执行第 2 线程。

第 25 行：try 抛出例外，catch 捕捉产生的例外消息 InterruptedException。记住：要调用 sleep( )方法，必须把调用的程序语句编写在 try-catch 程序区块中。

【范例程序：CH17_07】

```
01  /*文件：CH17_07.java 定时调度机制的示范*/
02  //调用 sleep( )方法的示范 2
03  class newThread implements Runnable {        //实现接口
04      private int a;
05      public newThread(int x){
06          a=x;
07      }
08      public void run(){
09          for (int i=0;i<3;i++){
10              try{
11                  Thread.sleep(3000);
12              }catch(InterruptedException e){
13              }System.out.println("第"+a+"新线程。");
14          }
15      }
16  }
17  class CH17_07{
18      public static void main(String[] args) {
19          newThread t1=new newThread(1);
20
21          Thread tt1=new Thread(t1);
22
23          tt1.start();        //启动线程
24          System.out.println("main()线程");
25      }
26  }
```

【程序的执行结果】

程序的执行结果可参考图 17-12。

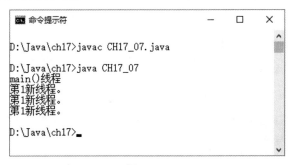

图 17-12

【程序的解析】

从执行结果可知，三个"第 1 新线程"每隔 3 秒执行一次，读者可以自行加大秒数，再看 sleep( )
执行结果的变化。

17.4 多线程高级处理

在开发具有多个线程并发执行的应用程序时，最让程序开发人员感到困扰的无非就是各个线
程的管理以及线程之间数据的同步化问题。

17.4.1 线程分组

ThreadGroup 类负责给 Java 系统中的线程分组，构造函数的语法格式如下：

```
ThreadGroup (ThreadGroup parent, String name)
```

（1）parent 参数：所属的父组名，此参数值可以省略。如果传入此参数，就表示所创建的线
程分组附属于另一个分组。

（2）name 参数：所创建的线程分组标识名，此参数值不可省略。

在 ThreadGroup 类中并未提供 run( ) 抽象方法让编程人员实现，而且它所包含的主要线程管理
方法与 Thread 类的线程管理方法大致相同，如表 17-5 所示。

表 17-5

ThreadGroup 类的	说明
activeGroupCount()	获取分组所在的父分组内所有处于活动状态的分组总数
destroy()	清除此分组及其所附属的子分组
getMaxPriority()	获取此分组中最大的执行权限

（续表）

ThreadGroup 类的	说明
getParent()	获取此分组所附属的父分组名
isDestory()	配合 destroy()方法，用来测试此分组是否已被清除
list()	输出此分组的基本信息
parentOf(ThreadGroup g)	测试指定分组是否为某分组的子分组，参数 g 为已存在的分组对象
setMaxPriority(int priority)	设置此分组的最大执行权限

【范例程序：CH17_08】

```
01    /*文件：CH17_08.java 给线程分组的范例*/
02    //主类
03    public class CH17_08{
04        //主程序
05        public static void main(String[] args){
06            //创建线程分组对象 myTG1 与 myTG2
07            ThreadGroup myTG1 = new ThreadGroup("myThreadGroup1");
08            ThreadGroup myTG2 = new ThreadGroup("myThreadGroup2");
09            //创建 4 个线程对象，并加入线程分组中
10            myThread myThread1 = new myThread(myTG1, "myThread1", 5);
11            myThread myThread2 = new myThread(myTG2, "myThread2", 9);
12            myThread myThread3 = new myThread(myTG1, "myThread3", 8);
13            myThread myThread4 = new myThread(myTG2, "myThread4", 2);
14            //设置分组的最大执行权限
15            myTG1.setMaxPriority(3);
16            myTG2.setMaxPriority(7);
17            //启动线程
18            myThread1.start();
19            myThread2.start();
20            myThread3.start();
21            myThread4.start();
22        }
23    }
24
25    //声明线程类
26    class myThread extends Thread{
27        //类构造函数
28        public myThread(ThreadGroup TG, String name, int priority){
29            //实现基类 Thread 的构造函数
30            super(TG, name);
31            //设置线程执行顺序
32            this.setPriority(priority);
33        }
34        //覆盖（重新定义）run()方法
35        public void run(){
36            for(int i = 1; i < 3; i++){
37                if(i == 1){
38                    System.out.println("开始执行"+getName()+"线程");
39                    System.out.println(getName()+"第"+i+"次执行\n");
40                }
41                if(i == 2){
```

```
42          System.out.println(getName()+"第"+i+"次执行");
43          System.out.println("线程"+getName()+"执行完毕\n");
44      }
45      //设置时间间隔
46      try{
47          sleep(1000);
48      }
49      catch(InterruptedException e){}
50      }
51  }
52  }
```

【程序的执行结果】

程序的执行结果可参考图 17-13。

图 17-13

【程序的解析】

第 15~16 行：设置指定分组的最大执行权限值，改写分组内线程的最大执行权限。

第 30 行：使用 super 关键字并传入 TG（所属分组）、name（标识名）参数，实现基类 Thread 的类构造函数。

17.4.2 数据同步操作的问题

在处理多线程程序时，程序开发人员最感困扰的问题莫过于所有线程间数据同步（Synchronization）问题的处理。

所谓数据同步问题，是指当程序在执行时，有一个以上的线程同时对某一项数据或系统资源进行存取的操作，而且可能导致出现错误的情况。

截至目前，本章中所有的范例程序都只使用一些独立且互不干涉的线程来说明线程执行的基本概念。

但是，这并不代表数据同步是一种不常发生的罕见例外，其实它有可能潜藏在程序的任何一个角落中，随时会导致程序产生预期之外的执行结果。

我们举一个生活上的例子来说明数据同步的问题。假设某人向银行贷款，并且约定在每月 12 日之前将应缴的金额存入该银行账户中，让银行可以进行扣款。这些活动之间的关系图如图 7-14 所示。

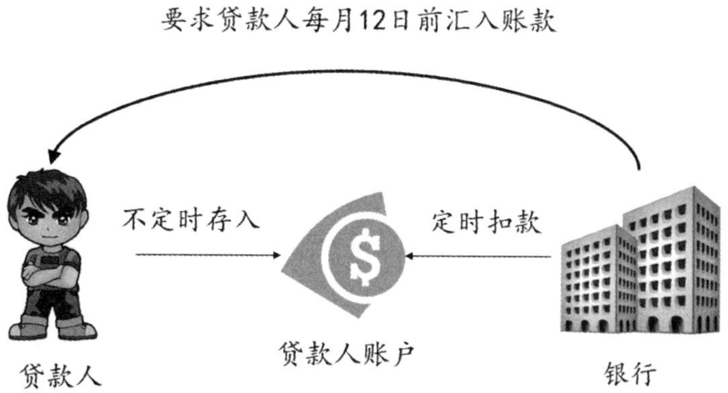

要求贷款人每月12日前汇入账款

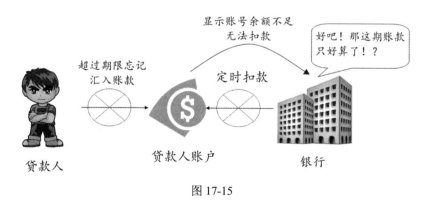

不定时存入　　定时扣款

贷款人　　　　贷款人账户　　　　银行

图 17-14

根据如图 7-14 所示的关系图可知，贷款人会不定时将账款存入账户中，而银行则会定时于每月的 12 日从贷款人账户扣除固定金额。这种互动操作的模式看起来似乎没有什么问题。但是，请注意，贷款人是不定时存入账款的。也就是说，他有可能会在 12 日之后才将账款汇入。此时银行该怎么办呢？银行会因为无法扣款而忘了应该缴款这件事吗？如图 17-15 所示。

显示账号余额不足
无法扣款

好吧！那这期账款
只好算了！？

超过期限忘记
汇入账款　　　定时扣款

贷款人　　　　贷款人账户　　　　银行

图 17-15

这当然是不可能的事。如果我们按照 Java 线程的同步处理原则来看的话，此时贷款人账户的管理人员应该采取下面两项处理措施。

（1）告知银行贷款人的存款不足而无法扣款，延后一段时间再尝试进行扣款操作，如图 17-16 所示。

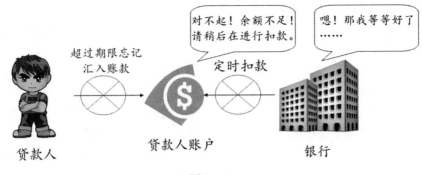

图 17-16

（2）当贷款人存入足够金额时，账户管理人员必须通知银行可以进行扣款处理了，如图 17-17
所示。

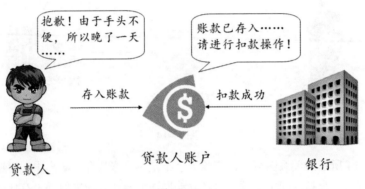

图 17-17

上面的两项处理措施就是数据同步处理的机制。在 Java 中，我们可以使用 synchronized 关键
字来设置线程的同步处理机制，基本使用格式如下：

【线程的同步处理机制】

```
//设置 Deposit 方法使用同步处理机制
public synchronized Deposit( ){
  … 程序语句
}
```

synchronized 关键字有点类似一把"锁"，它会在必要时把所声明的成员方法整个包裹起来。
也就是说，如果某个对象正在执行声明为 synchronized 的方法，此方法中所包含的数据就会被锁定，
无法被其他的对象同时存取，一直到此方法执行完毕后才会解除锁定。

除了将方法声明为 synchronized 之外，也可以搭配使用 wait( )方法，让无法进行数据存取的线
程暂时进入休眠状态，等到该方法解除锁定后，再调用 notify( )方法，唤醒处于休眠状态中的线程。

【wait()方法的语法格式】

```
wait (long timeout, int nanosec)
```

（1）timeout 参数：最大等待时间，其单位值为 millisecond（毫秒）。
（2）nanosec 参数：同样为等待时间，辅助 timeout 参数搭配使用，其单位值为 nanosecond（纳

秒，即十亿分之一秒）。

由于 nanosec 参数是辅助 timeout 参数来使用的，因此我们可以省略 nanosec 参数。而当 timeout
参数与 nanosec 参数都省略时，表示线程无条件进入休眠状态，直到被 notify() 方法唤醒为止。

【notify( ) 方法的语法格式】

```
notify( )
```

notify() 方法通常是由某线程对象调用，用来唤醒因执行 wait() 方法而处于休眠状态的线程。

如果在程序中有大量的线程因为 wait() 方法而处于休眠状态，那么使用 notify() 方法来一个一
个地唤醒似乎违背了线程实时并发处理的本意。此时可调用 notifyAll() 方法一次唤醒程序中所有休
眠的线程。

notifyAll() 方法的使用格式十分简单，并不需要任何对象就可以直接进行调用。下面我们使用
synchronized 关键字、wait() 方法和 notify() 方法来实现前面提出的存款与扣款应用的数据同步机制。

【范例程序：CH17_09】

```
01   /*文件：CH17_09.java 数据同步机制*/
02   //主类
03   public class CH17_09{
04       //主程序
05       public static void main(String[] args){
06           //创建相关类对象
07           Account customerAccount = new Account();
08           Deposit Customer = new Deposit(customerAccount);
09           Withdraw Bank = new Withdraw(customerAccount);
10           //启动线程
11           Customer.start();
12           Bank.start();
13       }
14   }
15
16   //定义银行账户类，提供存款、扣款方法
17   class Account{
18       //声明相关变量
19       private int Credit;
20       private boolean available = false;
21       //用 synchronized 声明存款方法
22       public synchronized void put(int money){
23           //当 get() 方法尚未执行时，等待 get() 方法执行
24           while(available == true){
25               try{
26                   wait();
27               }
28               catch(InterruptedException e){}
29           }
30           Credit = money;
31           //告知 get() 方法款项已存入，可执行扣款操作
32           available = true;
33           notifyAll();
34       }
35       //用 synchronized 声明扣款方法
36       public synchronized int get(){
```

```
37          //当put()方法尚未执行时，等待put()方法执行
38          while(available == false){
39              try{
40                  wait();
41              }
42              catch(InterruptedException e){}
43          }
44          //告知put()方法应缴款项已扣除，可执行存款操作
45          available = false;
46          notifyAll();
47          return Credit;
48      }
49  }
50
51
52  //定义贷款人类，用以调用存款方法
53  class Deposit extends Thread{
54      private Account account;
55      //类构造函数，传入Account类对象
56      public Deposit(Account acc){
57          account = acc;
58      }
59      //覆盖（重新定义）run()方法
60      public void run(){
61          for(int i = 1; i <= 5; i++){
62              //调用Account类put()方法，用以执行存款操作
63              account.put(i);
64              System.out.println("贷款人已将第"+i+"个月的款项汇入账户\n");
65              try{
66                  //调用random()方法产生随机数，用于产生随机的时间间隔
67                  sleep((int)(Math.random()*1000));
68              }
69              catch(InterruptedException e){}
70          }
71      }
72  }
73
74  //定义银行类，用以调用扣款方法
75  class Withdraw extends Thread{
76      private Account account;
77      //类构造函数，传入Account类对象
78      public Withdraw(Account acc){
79          account = acc;
80      }
81      //覆盖（重新定义）run()方法
82      public void run(){
83          int depositCounter = 0;
84          for(int i = 1; i <= 5; i++){
85              //调用Account类get()方法，用以执行扣款操作
86              depositCounter = account.get();
87              System.out.println("银行从贷款人账户成功扣缴第"+depositCounter
88                  +"个月的款项");
89              try{
90              //设置固定时间间隔1000毫秒
91                  sleep((int)(1000));
92              }
93              catch(InterruptedException e){}
```

```
94            }
95        }
96    }
```

【程序的执行结果】

程序的执行结果可参考图 17-18。

图 17-18

【程序的解析】

第 07 行：创建 Account 类的对象 customerAccount（贷款人账户），以作为参数传入 Deposit 与 Withdraw 构造函数中。

第 08 行：创建 Deposit 类的对象 Customer（贷款人）。

第 09 行：创建 Withdraw 类的对象 Bank（银行）。

第 20 行：声明 available 变量，用来作为同步操作判断的依据。当 available 值为 false 时，无法执行 get()方法进行扣款，只可执行 put()方法进行存款；反之，此值为 true 时，只可执行 get()方法进行扣款操作。

第 91 行：调用 sleep()方法设置时间间隔，以实现银行定时从账户扣除应缴款项的要求。

17.5　高级应用练习实例

大多数不具备多线程功能的程序设计语言一次只允许一项工作被执行，但是 Java 语言是少数支持"多线程"的程序设计语言，它允许不同的进程（Process）同步执行，达到支持多任务执行的目的。程序设计人员如果能善用这种特性，就可以大幅提升程序的运行性能，而且执行过程更为顺畅。我们在本章中已探讨了多线程的概念以及如何实现，不过多线程的概念对初学者而言或许有点抽象，如果能搭配本节的范例程序，加强上机演练，就可以掌握"多线程"的核心概念，使程序中的每项工作都能够共享及分配现有的系统资源，充分运用资源达到多任务执行的高效率。

在程序中要使用多线程的话，就必须把程序的主进程（Main Process）分割为多个线程。在 Java 环境中，要产生线程，最简单的办法莫过于直接继承 Thread 类。Thread 类中包含产生、运行线程的所有必要机制。关于多线程的实现与应用，我们以下面的范例程序来示范如何用多线程来模拟 ATM 取款操作。

【综合练习 WORK17_01】用多线程来模拟取款操作

```
01    //使用 Thread 类模拟取款操作
02    class Deposit extends Thread
03    {
04        public int count = 0;
05        //覆盖（重新定义）run()
06        public void run()  //用随机数模拟取款金额，并累计存款余额
07        {
08            int deposit_money;
09            while(WORK17_01.isRunning)
10            {
11                deposit_money = (int)(Math.random()*5000)+1;
12                WORK17_01.Total = WORK17_01.Total - deposit_money;
13                System.out.println("经过第"+(count+1)+"次取款" + deposit_money + "
元，所剩余额: " + WORK17_01.Total + "元");
14                count++;
15                try
16                {
17                    Thread.currentThread();
18                    Thread.sleep((int)(Math.random()*500));
19                }
20                catch(InterruptedException e){}
21            }
22            System.out.println();
23            System.out.println(Thread.currentThread() +
24                "已超过取款次数，请到柜台或补登机进行补登。");
25        }
26    }
27    public class WORK17_01
28    {
29        static final int MAXTIMES = 20;
30        static boolean isRunning = true;
31        static int Total = 150000;
32        //主程序区块
33        public static void main(String args[])
34        {
35            //创建线程对象
36            Deposit = new Deposit();
37            System.out.println("原先的存款金额: " + WORK17_01.Total + "元");
38            //启动线程
39            deposit.start();
40            while(true)
41            {
42                //结束条件
43                System.out.println("deposit.count= "+deposit.count);
44                if (deposit.count >= MAXTIMES)
45                {
46                    isRunning = false;
47                    System.out.println("余额: "+ Total +"元");
```

```
48                  break;
49              }
50          }
51      }
52  }
```

【程序的执行结果】

程序的执行结果可参考图 17-19。

图 17-19

课后习题

一、填空题

1. _____是一个接口类，可让派生类通过实现_____抽象方法来产生线程。

2. 在 Java 环境中，可将主进程分割为数个独立的子进程，而这些子进程也被称为_____。

3. 当程序需要定时且以固定时间间隔重复执行某项工作时，可使用 Timer 对象调用_____方法并传入_____参数，或直接调用_____方法来实现定时调度机制。

4. 在实现定时调度工作时，如果更加注重工作重复执行的顺畅度，就要使用_____成员方法；如果比较重视时间同步性，就要使用_____成员方法。

5. Java 的同步处理机制通常是由以_____关键字声明的方法与_____和_____方法搭配来实现的。

6. _____方法可让线程进入准备状态，等待分配 CPU 资源来开始执行。

7. _____类将程序中的线程对象分组，让程序可统筹进行管理和调度运行。

8. 通过在 ThreadGroup 构造函数中传入_____参数，可让线程实现嵌套分组结构。

9. Thread 类中的_____方法可让线程进入休眠状态，该方法所传入的 millis 参数的单位值为_____。

10．按照程序代码条列的顺序进行执行的程序被称为＿＿＿＿＿＿＿＿程序。

二、问答与实践题

1．请问在 Timer 类中，哪两个成员方法可用来将指定工作排入定时调度中？并试着说明它们之间使用上的差异。

2．请试着说明顺序（Sequential）执行与多线程（Multi Thread）执行的差异。

3．在 Timer 类中提供了哪 4 种成员方法来执行 Timer 对象的管理与设置工作？

4．请问在 java.util 程序包中的 Timer 类与 TimerTask 类与在 java.swing 程序包中的 Timer 类在作用上有何区别？

5．请简述 ThreadGroup 类在 Java 系统中所扮演的角色。

6．请简述线程之间数据同步的意义。

7．试简述 synchronized 关键字的主要功能。

8．除了将方法声明为 synchronized 把数据锁定之外，哪两个方法搭配使用也可以达到类似的效果？

第 **18** 章

精通网络程序设计

如果我们要编写一个网络应用程序，首先必须对于因特网通信协议（Internet Protocol，或称为互联网协议）、数据的传输方式有所了解。在 Java 的 java.net 程序包中提供了有关网络应用的相关类，我们只要在这些类中设置一些参数，即可完成网络连接、数据传输及远程控制等功能。本章重点介绍如何用 Java 语言来编写网络应用程序。

本章的学习目标

- 认识网络应用程序
- Java 网络应用程序的相关程序包
- InetAddress 类
- 以 Socket 来建立通信
- 服务端与 Socket
- 客户端与 Socket
- UDP 通信
- URL 类

18.1　认识网络应用程序

网络应用程序和普通应用程序类似，不同之处是网络应用程序必须通过计算机网络来收发数据。就目前的情况而言，要开发网络应用程序，必须通过系统软件所提供的应用程序编程接口（Application Program Interface，API）。

Java 的网络应用程序编程接口（Network API）主要包含通信套接字接口（Socket Interface）与远程方法调用（Remote Method Invocation，RMI），不同平台之间通信的兼容性问题都必须通过

TCP/IP 的通信协议来解决。

　　使用通信套接字接口时，所使用的是比较原始的通信方式，设备之间通信时，必须先对这些通信数据进行处理。远程方法调用则是比较高层级的通信方式，只要通信双方约定好通信的接口，其他的通信细节就可以借助中间件（Middleware）来完成。

18.1.1 网络的基本概念

　　在开始学习设计网络程序之前，对于一些基本的网络概念或名词做一些说明，如果想知道更详细的网络相关知识，那么可以从《网络概论》相关的书籍中查阅和学习。

　　网络（Network）是指"信息交流的通道"，例如通信系统、电子邮件系统都可以看见网络的影子。下面列出几个常见的名词。

　　（1）IP（Internet Protocol）：IP 地址就好比计算机的身份证号码，每一个域名（Domain Name）都会对应的一个 IP 地址（IP Address），IP 地址是由一串数字组成的。例如百度官网的 IP 地址：61.135.169.121。

　　（2）TCP（Transmission Control Protocol，传输控制协议）：TCP 提供了一套协议，能够通过网络让计算机之间相互传送数据，同时提供了一套机制来确保数据传送的准确性和连续性。

　　（3）UDP（User Datagram Protocol，用户数据报协议）：UDP 是一种无连接式（Connectionless）的不可靠的传输协议，它并不会运用确认机制来保证数据是否正确地被接收或重传遗失的数据。

　　（4）DNS（Domain Name System，域名系统）：DNS 主要的功能是解析主机名并找出对应的 IP 地址，如图 18-1 所示。

图 18-1

18.1.2 网络应用程序的必备程序包

　　使用 Java 来设计网络应用程序，其相关的程序包为 java.net。java.net 程序包中含有众多 API，下面列出一些常见的类。

　　（1）处理 IP 地址与域名、网络主机
- InetAddress：处理主机名和 IP 地址。
- Inet4Address
- Inet6Address

　　（2）关于 URL（Uniform Resource Locator，统一资源定位符）通信协议
- URL：处理 URL 并下载 URL 的相关数据。
- URLConnection

　　（3）关于 TCP 通信协议

Socket：处理 TCP 通信协议。

（4）关于 UDP 通信协议

DatagramSocket：处理 UDP 通信协议。

（5）服务器的使用问题

ServerSocket：提供服务器端使用。

表 18-1 列出了 java.net 程序包中的所有类与接口。

表 18-1

Authenticator	InetSocketAddress	SocketAddress	JarURLConnection
SocketImpl	MulticastSocket	SocketPermission	NetPermission
ContentHandler	URl	URL	NetworkInterface
DatagramPacket	DatagramSocket	PasswordAuthentication	URLClassLoader
URLConnection	DatagramSocketlmpl	URLDecoder	HttpURLConnection
URLEncoder	InetAddess	Inet4Addess	Inet6Addess
Socket	ServerSocket	URLStreamHandler	
CacheRequest	CacheResponse	Proxy	ProxySelector
ResponseCache	SecureResponseCache		
ContentHandlerFactory	SocketlmplFactory	DatagramSocketFactory	URLStreamHandlerFactory
FileNameMap	SocketOptions		

18.1.3　IP 地址简介

在因特网的环境中，为了区分连上主机的每台计算机，每台主机均会指定一个 IP 地址（IP Address）。虽然当前制定的标准版本已到了 IPv6，但是基于目前的通用性，我们仍以 IPv4 为主进行说明。

因特网协议（IP）的主要作用是负责网络之间信息的传送，并将数据分组（Packet），从来源一方送到目的地一方。IP 地址是一个长度为 32 位（Bit）的二进制数值，由 0 与 1 组成。为了方便使用，以 8 位为一个区块，分为 4 个区块，各个区块是 0~255 的数字，区块与区块之间必须以小数点（dot）隔开，例如 192.18.97.36。但是，对于用户而言，以数字表示地址并不容易记忆，如果将 IP 地址转为网址，以文字表示，如 java.sun.com，是不是就比较容易记住了？使用网址之后，又将如何获取它们对应的 IP 地址呢？这时就必须通过域名系统（Domain Name System，DNS），由 DNS 将 IP 地址和网址进行转换。当我们在网络上输入一个网址时，DNS 服务器会尝试对输入的网址进行搜索，找到它所对应的 IP 地址。

18.2　InetAddress 类

当我们要进行网络连接时，首先必须知道 IP 地址才能够进行连接。在 java.net 程序包中，InetAddress 类用于获取主机名及 IP 地址，它并没有提供公有的构造函数，但是提供了一些方法来返回 InetAddress 的实例，如表 18-2 所示。

表 18-2

InetAddress 类的方法	说明
static InetAddress getLocalHost()	用来获取主机名
static InetAddress getByName(String host)	根据网址获取主机名
static InetAddress[] getAllByName (String host)	用来获取主机名，以数组方式返回所有 IP 地址
static InetAddress getByAddress (byte[] addr)	根据 IP 地址数组返回一个 InetAddress 对象
static InetAddress getByAddress (String host, byte[] addr)	根据网址和地址数组返回一个 InetAddress 对象
String getHostAddress()	以字符串方式获取 IP 地址
String getHostName()	以输入的 IP 地址来获取网址

【范例程序：CH18_01】用户输入网址，返回 IP 地址

```
01    /* 程序: CH18_01.java
02     * 说明: 用户输入网址，返回 IP 地址
03     */
04
05    import java.net.*; //导入 java.net
06    public class CH18_01{
07       public static void main(String args[]){
08          if(args.length == 0){
09             System.out.println("请输入 IP 地址或网址");
10             System.exit(1);
11          }
12          String host = args[0];
13          try {
14             InetAddress inet = InetAddress.getByName(host);
15             System.out.println("IP: " + inet.getHostAddress());
16             System.out.println("HostName: " + inet.getHostName());
17          }
18          catch(UnknownHostException e) { //用户输入一个不支持的网络连接
19             System.out.println("Could not find: '" + host + "'");
20          }
21       }
22    }
```

【程序的执行结果】

程序的执行结果可参考图 18-2。

图 18-2

【程序的解析】

第 08~11 行：条件判断语句用来判断用户是否输入了字符串，如果用户没有输入 IP 地址或网址，就会执行第 09 行的语句，显示提示信息。

第 13~20 行：进行 UnknownHostException 例外处理，如果用户输入一个错误的网址或 IP 地址，就会执行第 19 行语句，显示出错误提示信息。

第 14 行：获取输入的主机名。

第 15 行：获取输入的 IP 地址。

第 16 行：如果输入的是 IP 地址，就转换为网址。

18.2.1   InetAddress 类中的静态方法

因为 InetAddress 类没有提供构造函数，所以要使用 InetAddress 类，需直接调用类中提供的方法，进而创建 InetAddress 类对象。InetAddress 类中的静态方法及其说明如表 18-3 所示。

表 18-3

InetAddress 类的静态方法	说明
static InetAddress[ ] getAllByName (String host)	根据指定的主机名（host name）找出所有主机的 IP 地址
static InetAddress getByName (String host)	根据指定的主机名（host name）找出主机的 IP 地址
static InetAddress[ ] getLocalHost ( )	找出客户端计算机的主机名（host name）和 IP 地址

若找不到主机地址，则会抛出一个 UnknownHostException 的例外消息，因此需要有处理例外发生的机制，即需要编写 try-catch 来捕捉例外。

【范例程序：CH18_02】

```
01    /* CH18_02：静态方法范例
02     */
03    import java.net.*;
04    class CH18_02{
```

```
05        public static void main (String args[]){
06          try{
07            InetAddress address = InetAddress.getByName("www.baidu.com");
08            System.out.println(address);
09          }catch (UnknownHostException e){
10            System.out.println("找不到 www.baidu.com");
11          }
12        }
13     }
```

【程序的执行结果】

程序的执行结果可参考图 18-3。

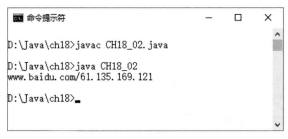

图 18-3

【程序的解析】

第 07 行：创建 InetAddress 对象，调用静态方法 getByName( )，希望通过网址找出主机的 IP 地址。

第 09 行：抛出一个例外消息 UnknownHostException，如果网络连接情况是"断网了"或者"主机根本不存在"，就会显示"找不到 www.baidu.com"的错误提示信息。

18.2.2　InetAddress 类中的非静态方法

InetAddress 类内除了静态方法之外，还提供了非静态方法。表 18-4 列出了 InetAddress 类中的非静态方法及其说明。

表 18-4

InetAddress 类的非静态方法	说明
String getHostAddress ( )	返回主机的 IP 地址
String getHostName ( )	返回主机名
String toString ( )	返回字符串，此字符串将列出主机名和 IP 地址
Boolean equal (Object other)	如果地址和 other 对象相同，就返回 true，否则返回 false
byte[ ] getAddress ( )	以字节数组的形式返回网络地址

【范例程序：CH18_03】

```
01    /* CH18_03：非静态方法范例 */
02    import java.net.*;
03    class CH18_03{
```

```
04      public static void main (String args[]){
05          try{
06              InetAddress address = InetAddress.getLocalHost();
07              System.out.println(address.getHostAddress());
08              System.out.println(address.getHostName());
09              System.out.println(address);
10          }catch (UnknownHostException e){
11              System.out.println("找不到地址");
12          }
13      }
14  }
```

【程序的执行结果】

程序的执行结果可参考图 18-4。

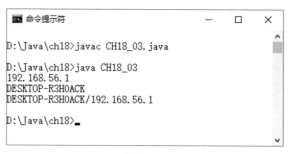

图 18-4

【程序的解析】

第 06 行：创建 InetAddress 对象，调用非静态方法 getLocalHost( )，而 LocalHost 指的是本机，因此这个方法是要获取本机的相关信息。

第 07 行：获取本机（Local）的 IP 地址。

第 08 行：获取本机（Local）的计算机名称。

第 09 行：获取本机（Local）的计算机名称及 IP 地址。

第 10 行：抛出一个例外消息 UnknownHostException，如果网络连接的情况是"断网"或者"主机根本不存在"，就会出现"找不到地址"的错误提示信息。

18.3　用 Socket 来建立通信

Socket 接口（套接字接口）主要用来提供通信功能，通过参数的设置，让我们在进行程序的调用时有调整的弹性。通过主从模式（Client-Server Model，即客户端-服务器模式）的概念，我们知道在软件层级的通信上，一般分为两种方式："连接式"（面向连接的方式）与"无连接的方式"，分别介绍如下。

（1）面向连接的方式：服务器端（Server）与客户端（Client）必须先建立连接，才能进行数据的传送。

（2）无连接的方式：服务器端或客户端只要指定接收的地址，就能将数据直接送出。

从图 18-5 可知，编写一个 Socket 程序时，除了要有通信协议之外，还必须取得双方的 IP 地址及建立沟通的通信端口（Port）。有了 IP 地址才能将数据传送到接收端的计算机，通过通信端口，数据才能送到指定的软件内。

图 18-5

18.3.1　Java 的 Socket 接口

Java 的 Socket 接口分为两大类：TCP（Transmission Control Protocol，传输控制协议）和 UDP（User Datagram Protocol，用户数据报协议）。

（1）Stream 通信（TCP/IP 通信）

我们将 Stream 通信称为 TCP 通信（或 TCP/IP）。TCP 是面向连接的协议，表示双方必须先建立连接才能进行通信。它是一种保证传送的协议，接收端在接收数据后会进行数据的确认，如果被传送的数据在中途遗失或有毁损，会重新发送；若顺序不对，则会在进行重新组装前修正为正确顺序。

（2）Datagram 通信（UDP 通信）

我们把 Datagram 通信称为 UDP 通信（或 UDP/IP）。UDP 使用的是无连接的协议，表示双方的数据是独立传送的。与 TCP 不同的是，它是一种不可靠的传送协议，当它进行数据的传送时，并不会保证所有的数据都会送达目的地一方，所以它的传送速度优于 TCP。

18.3.2　Socket 应用程序

当我们进行网络连接时，必须通过 Socket 来进行。我们可以想象两台计算机之间通过一条缆线来进行连接，缆线的两端各有一个 Socket。这意味着启动连接时，若要进行收发的工作，则必须借助 Socket 接口。

我们知道，一个 Socket 程序必须包含 IP 和通信端口（Port），无论是使用 TCP 还是 UDP，它们都各有一组 16-bit 的代号。一般而言，0~1023 属于系统保留，我们使用的因特网服务大部分都属于此范围。表 18-5 列出了一些因特网默认使用的端口。

表 18-5

Port 编号	服务名称	说明
21	ftp	提供文件数据传输服务
23	telnet	提供 Telnet 远程登录服务
25	smtp	提供 SMTP 邮件服务
53	Domain	提供 DNS 服务
70	gopher	提供信息查找服务
80	http	提供 HTTP 服务
110	pop3	提供 POP3 邮件服务

Java 的 Socket 应用程序若以 TCP/IP 通信协议为主，则包含服务器端（Server）和客户端（Client）。

对于 Java 而言，ServerSocket 类是针对服务器端的处理，这意味着服务器端得侦听客户端的连接请求。服务器端的 Socket 的执行流程如图 18-6 所示。

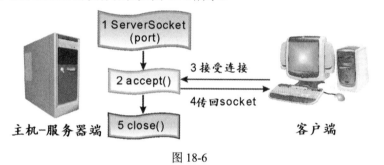

图 18-6

如果要建立一个服务器端的 Socket 应用程序，执行步骤如下：

（1）先创建服务器端的 ServerSocket 对象，并指定侦听的通信端口。

（2）调用 accept()方法来接收客户端的连接请求（Connection Request）。

（3）服务器端会根据客户端的请求创建客户端的 Socket 对象，让服务器端与客户端进行 Socket 通信连接。

（4）处理客户端的请求（Request），将处理的结果或错误信息以 Socket 对象方式传回客户端。

（5）处理完毕后，关闭 Socket 通信连接。

18.3.3　服务器端与 Socket

服务器端使用 ServerSocket 类，我们调用如表 18-6 所示的构造函数来创建 Socket 对象。

表 18-6

ServerSocket 类的构造函数	说明
ServerSocket()	创建一个 ServerSocket 对象，即建立连接
ServerSocket(int port)	建立连接时，指定一个未被使用的端口
ServerSocket(int port, int backlog)	建立连接时，指定一个未被使用的端口，并设置连入本机的连接数量
ServerSocket(int port, int backlog, InetAddress bindAddr)	建立连接时，指定一个未被使用的端口，设置连入本机的连接数量和本机的 IP 地址

（1）backlog：ServerSocket 用来设置可接收来自客户端（Client）的连接数量，其默认最大值为 50，也可以自定义数值来改变这个参数值。

（2）bindAddr：当我们创建 ServerSocket 对象时，会以本机（Local）主机的 IP 地址为服务器端，并作为 Socket 所需的 IP 地址，如果本地主机有一个以上的 IP 地址，则可使用 bindAddr 来指定其参数值。

用来获取服务器端 Socket 的常用方法如表 18-7 所示。

表 18-7

ServerSocket 类的方法	说明
Socket accept()	创建一个新的 Socket，用来等待客户端的连接请求
InetAddress getInetAddress	返回 Socket 连接时的主机地址
int getLocalPort()	返回 Socket 接收连接时的端口
ServerSocket getLocalSocketAddress()	返回本机的 SocketAddress 对象，如果返回 null，则表示尚未进行连接
void close()	关闭 Socket
Boolean isClosed()	用来判断 Socket 是否处于关闭状态
void setSoTimeout(int timeout)	设置 accept()等待的时间
void setTcpNoDelay(Boolean on)	以布尔值 true 的方式来关闭使用的缓冲功能（buffering）
void setReceiveBufferSize(int size)	用来增加缓冲区的大小，以提高连接速度
void setSendBufferSize(int size)	增加传送缓冲区的大小

下面的范例程序是先创建一个 ServerSocket 对象并指定侦听的通信端口，再以新的线程来处理与客户端的沟通，如果要处理多人连接，则必须以 Runnable 接口来处理。

【范例程序：CH18_04】建立服务器端的应用程序

```
01    /* 程序：CH18_04.java
02     * 说明：建立服务器端的应用程序
03     */
04
05    import java.net.*;
06    import java.io.*;
07
08    public class CH18_04{
09
10        public static void main(String args[]) throws Exception{
11            goServer server;
12            int port;
13            BufferedReader reader;
14            PrintWriter writer;
15            //获取通信端口，如果没有获得，则结束程序的执行
16            if(args.length == 0){
17                System.out.println("请输入服务器端的端口号[port]");
18                System.exit(1);    //结束程序的执行
19            }
20            port = Integer.parseInt(args[0]); //将输入的端口号转换为数值
21            server = new goServer(port);      //创建 server 对象
22    reader = new BufferedReader(new InputStreamReader(server.in));
23            writer = new PrintWriter(new
24                    OutputStreamWriter(server.out), true);
25        }
26    }
27
28    //定义获取端口的类
29    class goServer {
30        ServerSocket server; //声明 ServerSocket 对象变量
31        Socket client;//声明 Socket 对象变量
32        InputStream in;
33        OutputStream out;
34        public goServer(int port) {
35            try{
36                server = new ServerSocket(port);  //创建 ServerSocket 对象
37                while(true){        //判断是否有客户端的连接请求
38                    client = server.accept(); //调用 accept()方法来接收客户端的请求
39                    //获取客户端的主机地址
40                    System.out.println("连接来自于: " +
41                    client.getInetAddress().getHostAddress());
42                    //以数据流方式取得客户端的数据
43                    in = client.getInputStream();
44                    out = client.getOutputStream();
45                    //在显示信息中加入换行
46                    String SepLine = System.getProperty("line.separator");
47                    InetAddress addr = server.getInetAddress().
48    getLocalHost();
49                    String outData = "Server information: " + SepLine +
50                            "Local Host        : " +
51                            server.getInetAddress().getLocalHost() + SepLine +
52                            "Port              : " + server.getLocalPort();
53                    byte[] outByte = outData.getBytes();
54                    out.write(outByte, 0, outByte.length);
```

```
54              }
55          }
56          catch(IOException ioe){
57              System.err.println(ioe);
58          }
59      }
60  }
```

【程序的执行结果】

（1）编译范例程序 CH18_04.java。

（2）以本地计算机作为服务器端，执行范例程序 CH18_04，执行指令为：java CH18_04 1024，其中的 1024 为通信端口，如图 18-7 所示。

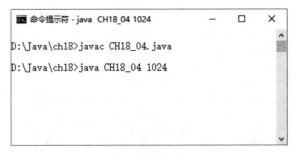

图 18-7

（3）从客户端进行连接：Windows 中依次选择："开始"菜单→"运行"选项。

（4）启动"运行"对话框，输入指令：telnet DESKTOP-R3H0ACK 1024，如图 18-8 所示。

telnet 是 Windows Telnet，使用 TCP/IP 通信协议，执行此指令时，必须通过网络才能连接远程的计算机；DESKTOP-R3H0ACK 代表远程的主机名；1024 则为通信端口，服务器端与客户端设置相同的通信端口，才能进行沟通。

图 18-8

（5）客户端 telnet 到"DESKTOP-R3H0ACK"主机，并且连接成功时，会在客户端显示一个 Telnet 窗口，如图 18-9 所示。

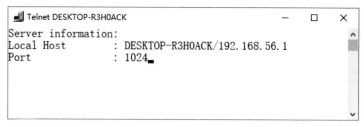

图 18-9

（6）上述步骤（3）～（5）都是在客户端执行的操作；而服务器端会随着客户端的连接成功显示相关的信息，如图 18-10 所示。

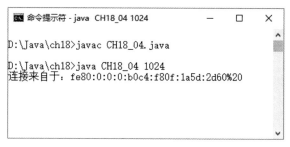

图 18-10

【程序的解析】

第 10~25 行：从主程序中获取通信端口，参数值用 if 条件判断语句来进行判断，如果没有输入通信端口的端口号，则显示错误提示信息；如果获取了端口号，则进行转换。

第 29~60 行：定义一个获取通信端口的类。

第 34 行：调用构造函数来获取传入的通信端口。

第 36 行：将获取的通信端口，并用 ServerSocket 对象来侦听这个端口。

第 37~54 行：用 while 循环来判断客户端是否有连接请求；当客户端请求连接时，调用 accept()方法来接受连接请求。

第 40~44 行：调用 getInetAddress()方法来获取客户端的主机地址，并以数据流（Stream）方式来进行处理。

第 46~51 行：当客户端获取服务器端的相关信息时，使用 SepLine 字符串对象进行换行。

18.3.4　客户端与 Socket

与服务器端相比，一般而言，客户端的 Socket 应用程序并没有很大不同，最大的不同之处在于客户端尝试与服务器端进行连接时，客户端会将 Socket 应用程序传送至服务器端，并接收返回的结果。客户端的 Socket 执行流程如图 18-11 所示。

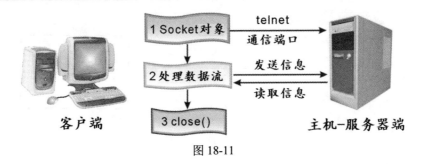

图 18-11

建立一个客户端的 Socket 应用程序步骤如下：

（1）先创建客户端的 Socket 对象，连接到指定的主机名和通信端口。

（2）使用数据流（Stream）方式处理发送给服务器端的信息或接收来自服务器端的信息。

（3）当客户端的不再进行连接时，关闭 Socket 对象。

以 Socket 类在网络上进行进程间（Interprocess）的通信，可调用如表 18-8 所示的构造函数创建一个 Socket 对象，并将它连接到指定的主机和通信端口。

表 18-8

Socket 类的构造函数	说明
Socket()	创建一个 Socket 对象，即建立连接
Socket(InetAddress, int port) Socket(String host, int port)	建立连接时，指定主机名及端口
Socket(InetAddress address, int port, InetAddress localAddr, int localPort) Socket(String host, int port, InetAddress localAddr, int localPort)	建立连接时，指定远程主机名及端口
Socket(SocketImpl impl)	指定 SocketImpl 类来建立连接

在任何时间，我们可调用表 18-9 中的方法来查看 Socket 所获取的地址或端口。

表 18-9

Socket 类的方法	说明
InetAddress getInetAddress()	返回 Socket 连接时的主机地址
InetAddress getLocalAddress	获取 Socket 与本机连接时的地址
int getLocalPort()	返回 Socket 与本机连接时的端口
int getPort()	返回 Socket 连接时远程主机的端口
SocketAddress getLocalSocketAddress()	返回本机的 SocketAddress 对象，如果返回 null，就表示尚未进行连接
SocketAddress getRemoteSocketAddress()	返回远程主机的 SocketAddress 对象，如果返回 null，就表示尚未进行连接

创建了 Socket 对象后，可调用表 18-10 中的方法来查看它所获得的输入或输出数据流（Stream）。

表 18-10

方法	说明
InputStream getInputStream()	获取 Socket 的输入数据流
OutputStream getOutputStream()	获取 Socket 的输出数据流

18.4　UDP 通信

使用 UDP 通信必须对数据分组（Packet）进行处理，客户端和服务器端都会通过 DatagramSocket（数据报套接字）来传送或接收 DatagramPacket 所产生的数据分组。在传送的过程中，除了数据本身外，还包含目的地的地址和通信端口。和 TCP 一样，当我们使用 UDP 进行数据传送时，无论是客户端还是服务器端，都可以进行数据的传送或接收。在 18.3.1 小节中曾经提到 UDP 是一种不可靠的传输协议，相对于 TCP，UDP 不提供错误的检查，不执行数据分组的排序，当数据发生错误时也不会重新传送，因此它的数据传送速度较快。例如，在网络上进行聊天的聊天室应用程序就可以采用 UDP 来开发。

编写 UDP 应用程序时，可使用 DatagramPacket 类与 DatagramSocket 类进行数据的传送。那么它们是如何进行的呢？首先要创建一个 DatagramPacket 对象，指定传送的数据、数据的长度、要接收的主机与主机的通信端口；另外，也可以调用 DatagramSocket 的 send()方法传送数据分组。使用 DatagramSocket 并不需要任何的参数，可直接以它来传送任何数据分组到指定通信端口。

18.4.1　DatagramSocket 类

我们使用 DatagramSocket 类创建 Socket 对象必须指定一个通信端口，如果没有指定通信端口，则可以通过系统来自动产生。

Datagram 是一个低级的网络接口，数据是以字节数组来传送或接收，它没有提供任何以数据流为基础的网络协议。

DatagramSocket 类的作用是用于数据分组的传送与接收。下面就来说明如何使用它来传送与接收。

（1）传送：当 DatagramSocket 对象创建后，可以调用 send( )方法传送数据分组数据。

【传送数据分组的语法】

```
DatagramSocket dsSend=new DatagramSocket ( );  //创建 DatagramSocket 对象
dsSend. send (数据分组);                        //传送数据分组
```

（2）接收：接收端必须创建 DatagramSocket 对象，再调用 receive( )方法来接收数据分组。

【接收数据分组的语法】

```
DatagramSocket dsRecevice=new DatagramSocket ( );
//创建 DatagramSocket 对象
dsRecevice. receive (数据分组);  //接收数据分组
```

调用 DatagramSocket 构造函数创建的对象可用来传送或接收数据分组。表 18-11 列出了这些构造函数及其说明。

表 18-11

DatagramSocket 类的构造函数	说明
DatagramSocket()	建立一个本机使用的通信端口
DatagramSocket(int port)	指定一个本机使用的通信端口
DatagramSocket(int port, InetAddress laddr)	指定一个本机地址以用于数据收发
DatagramSocket(SocketAddress bindaddr)	指定一个本机地址和通信端口以用于数据收发

DatagramSocket 提供的方法及其说明如表 18-12 所示。

表 18-12

DatagramSocket 类的方法	说明
void bind (SocketAddress addr)	连接时，通过 socket 对象来指定地址和通信端口
void connect (InetAddres addr, int port)	以 Socket 对象进行远程连接
void connect (SocketAddres addr)	进行连接时，指定远程的主机和地址
InerAddress getInetAddress()	连接时，获取主机的地址
int get ReceiveBufferSize()	获取 SO_RCVBUF 参数值，表示的是可接收数据的缓冲区大小
int getSendBufferSize()	获取 SO_SNDBUF 参数值，表示的是可传送数据的缓冲区大小
void receive (DatagramPacket p)	接收一个数据分组
void send (DatagramPacket p)	传送一个数据分组

18.4.2　DatagramPacket 类

DatagramPacket 类可用来创建一个数据分组，再经由 DatagramSocket 进行传送与接收。DatagramPacket 类有 4 个构造函数：前面两个用来接收数据分组，另外两个则被用于传送数据分组，这 4 个构造函数及其说明如表 18-13 所示。

表 18-13

DatagramPacket 类的构造函数	说明
DatagramPacket(byte[] buf, int length)	创建数据分组对象，需指定接收数据分组的长度

（续表）

DatagramPacket 类的构造函数	说明
DatagramPacket(byte[] buf, int offset, int length)	创建数据分组对象，需指定接收数据分组的长度和缓冲区大小
DatagramPacket(byte[] buf, int length, InetAddress addr, int port)	创建数据分组对象，需指定传送数据分组的长度，并且指定主机和通信端口
DatagramPacket(byte[] buf, int offset, int length, InetAddress addr, int port)	创建数据分组对象，需指定传送数据分组的长度和缓冲区大小，并且指定主机和通信端口

DatagramPacket 提供的方法及其说明如表 18-14 所示。

表 18-14

DatagramPacket 类的方法	说明
InetAddress getAddress	获取即将传送数据分组的主机地址
byte[] getData()	获取数据分组内的数据
int getLength	获取传送或接收数据的长度
int getOffset()	获取传送或接收数据的数组起始索引值
int getPort()	获取传送或接收数据的通信端口
SocketAddress getSocketAddress()	获取远程主机的名称和地址
void setData(byte[] buf)	设置数据分组的缓冲区大小
void setLength(int length)	设置数据分组的长度
void setPort(int port)	设置主机的通信端口
void SocketAddress(SocketAddress address)	设置主机的地址

UDP 传送数据的数据分组的大小是有限制的，扣除表头（Header）的开销，实际传送的数据大小是 8192 字节。

【范例程序：CH18_05】UDP 服务器端应用程序

```
01  import java.io.*;
02  import java.net.*;
03
04  //UDP 服务器
05  public class CH18_05{
06      private static final int PORT_NUMBER = 8888;
07
08      public static void main(String args[]) throws Exception{
09          DatagramPacket data;
10          DatagramSocket server;
11          byte[] buffer = new byte[20];
12          String msg;
13          System.out.println("服务器端开始接受请求！");
```

```
14              //通过循环让服务器端能持续运行
15              for(;;){
16                  data = new DatagramPacket(buffer, buffer.length);
17                  server = new DatagramSocket(PORT_NUMBER);
18                  server.receive(data);   //服务器端等待客户端的请求
19                  msg = new String(buffer, 0, data.getLength());
20                  System.out.print("收到的信息为: " + msg);
21                  System.out.println();
22                  server.close();
23              }
24          }
25      }
```

【程序的解析】

第 15~23：使用 for 来产生无限循环，让服务器端等待客户端的请求。

第 18 行：调用 receive()方法来维持服务器端的等待状态。

第 19 行：创建一个字符串对象来接收客户端发送过来的信息。

【范例程序：CH18_06】UDP 客户端应用程序

```
01      import java.io.*;
02      import java.net.*;
03
04      //UDP Client
05      public class CH18_06{
06          private static final int PORT_NUMBER = 8888;
07
08          public static void main(String args[]) throws Exception{
09              System.out.print("请输入 IP 地址: ");
10              BufferedReader in = new BufferedReader(
11                      new InputStreamReader(System.in));
12              String serverIP = in.readLine();
13              InetAddress addr = InetAddress.getByName(serverIP);
14              while(true){
15                  System.out.print("发送信息（输入'quit'结束连接）: ");
16                  String msgs = in.readLine();
17                  int myLength = msgs.length();
18                  byte[] buffer = new byte[myLength];
19                  buffer = msgs.getBytes();
20                  DatagramPacket pkt = new DatagramPacket(
21                      buffer, myLength, addr, PORT_NUMBER);
22                  DatagramSocket skt = new DatagramSocket();
23                  if(msgs.equalsIgnoreCase("quit"))
24                      break;
25                  skt.send(pkt);
26                  skt.close();
27              }
28          }
29      }
```

【程序的执行结果】

（1）先编译范例程序 CH18_05（服务器端程序）。

（2）启动服务器端程序，指令为 "start java CH18_05"，如图 18-12 所示。

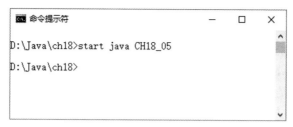

图 18-12

（3）系统打开另一个窗口，显示一条消息，如图 18-13 所示。

图 18-13

（4）编译范例程序 CH18_06（客户端程序）。

（5）启动客户端程序，指令为 start java CH18_06。

（6）系统会打开另一个窗口，先输入服务器端的 IP 地址，如图 18-14 所示。

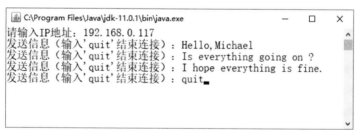

图 18-14

在客户端输入的信息会在服务器端显示出来，因为缓冲区的大小只有 20 个字符，超过 20 个
字符就不会显示，如果要结束连接，就输入 quit，客户端即可结束连接，如图 18-15 所示。

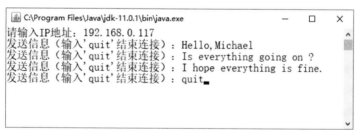

图 18-15

【程序的解析】

第 09~13 行：客户端必须先与服务器端连接，所以必须获取服务器端的 IP 地址与通信端口。

第 14~27 行：使用 while 循环来检查发送的信息。

第 18 行：要注意的是，UDP 在处理这些数据时要以数组方式来进行处理，与 TCP 不同，TCP 是以数据流（Stream）的方式来进行处理的。

第 23~24 行：客户端输入"quit"之后，就结束连接。

18.5　URL 类

大部分的人都使用过因特网，通过 HTTP 如何在因特网中查找所需的网站或数据呢？这时就要借助统一资源定位符（Uniform Resource Locator，URL）的功能，通过 URL 能够快速在网络上找到所需的资源。

URL 的基本结构如下：

> <通信协议>://<主机地址>：［通信端口］/<文件夹>/<文件>

（1）通信协议：表示 URL 提供的服务性质，如 http 表示 Web 服务，ftp 则表示提供文件传输的服务。

（2）主机地址：提供服务的主机名，而主机名根据 DNS 的命名方式，表示的是主机的 IP 地址。

（3）通信端口：主机名之后会有冒号与数字，这个部分是可有可无的，表示不同的服务器有不同的通信端口，如 http 的端口号为 80，telnet 的端口号为 23。

（4）文件夹：用来存放文件的位置，根据文件性质的不同，可创建它的子文件夹，形成文件的路径。

（5）文件：不同的文件会有不同的文件名。

Java 提供了 URL 类来表示 URL，如果在 URL 中使用了不支持的通信协议，就会抛出 MalformedURLException 例外信息。我们可使用表 18-15 所示的构造函数来创建 URL 对象。

表 18-15

构造函数	说明
URL(String s)	输入 URL 的完整路径
URL(String protocol, String host, String file)	指定通信协议、主机名、文件名
URL(String protocol, String host, int port, String file)	指定通信协议、主机名、通信端口和文件名

下面说明各个构造函数的使用情况。

（1）URL(String s)：字符串 s 表示 URL 的值，返回值可能会造成错误例外，当有错误发生时，抛出 MalformedURLException 例外消息。

【使用方法】

```
URL u = new URL ( https://www.baidu.com/index.html )
```

（2）URL(String protocol，String host，String file)：此构造函数内含 3 个字符串参数，分别为通信协议、主机名和文件路径。要注意的是，file 字符串是以斜线"/"为开头和 URL 分段地址的分隔符。当有错误发生时，就抛出 MalformedURLException 例外信息。

（3）URL(String protocol，String host，int port，String file)：此构造函数内含 4 个字符串参数，分别为通信协议、主机名、连接端口号和文件路径。这个构造函数较少使用，通常用于默认通信行不通的情况下，用于指定明确的通信方式和路径。

【使用方法】

```
URL u = new URL ("https","www.baidu.com", 80, "/index.html")
```

（4）URL(URL context，String s)：此构造函数从一个相对的 URL 建立一个绝对的 URL，它是最常使用的构造函数。当解析"https://www.baidu.com/index.html"这个 HTML 文件时，发现其中有一个.html 文件的链接，而这个文件并没给出进一步的描述。在此情况下，可以使用一个 URL 指向一个含有该文件链接的文件，以补足缺失的信息。这个构造函数会把新的 URL 推断为"https://www.baidu.com/index1.html"。也就是把该路径原来的文件名 index.html 删除，改为index1.html。

URL 还提供了一些方法，如表 18-16 所示。

表 18-16

URL 类的方法	说明
boolean equals(Object obj)	与网址栏的对象是否相同
int getDefaultPort()	获取默认通信端口的值
String getFile()	获取地址所在的文件名
String getHost()	获取主机名
String getPath()	获取路径
String getPort()	获取通信端口的值
String getProtocol()	获取通信协议
String getQuery()	获取网址栏的查询字符串
String getRef()	获取网址栏的对象引用
InputStream openStream()	通过 URL 连接获取 InputStream 对象来读取连接数据
URLConnection openConnection	通过 URL 连接返回 URLConnection 对象
Object getContent()	获取 URL 内容

【范例程序：CH18_07】一个获取 URL 的简单范例

```
01    import java.net.*;
02    import java.io.*;
03
04    public class CH18_07{
05        public static void main(String args[]){
06            try{
07                URL myURL = new URL("https://www.baidu.com");
08                System.out.println("Protocol: " + myURL.getProtocol());
09                System.out.println("Port    : " + myURL.getPort());
10                System.out.println("Host    : " + myURL.getHost());
11                System.out.println("Path    : " + myURL.getPath());
12                System.out.println("File    : " + myURL.getFile());
13            }
14            catch(MalformedURLException urle){
15                System.out.println(urle);
16            }
17        }
18    }
```

【程序的执行结果】

程序的执行结果可参考图 18-16。

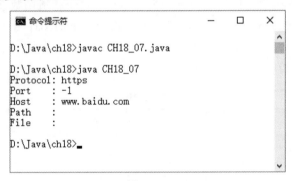

图 18-16

【程序的解析】

第 08~12 行：调用 getProtocol()、getPort()等相关方法来获取网址的相关信息。

18.5.1 URLConnection 类

当我们要通过网络获取更多的相关数据时，就要使用 URLConnection 类来获取远程数据的属性。这些属性必须通过 HTTP 通信协议才能起作用。

（1）URLConnection 的构造函数：

```
protected URLConnection(URL url);  //连接时指定 URL 对象
```

（2）URLConnection 类的方法及其说明如表 18-17 所示。

表 18-17

URLConnection 类的方法	说明
URL getURL()	获取连接对象的相关内容
Object getContent()	获取连接内容，以对象类型返回
InputStream getInputStream()	使用 Stream 对象读取连接内容
OutputStream getOutputStream()	使用 Stream 对象输出连接内容
void setAllowUserInteraction (boolean allowuserinteration)	设置用户交互接口
void setDoInput(boolean doinput)	指定 URLConnection 对象读入内容
void setDoOutput(boolean dooutput)	指定 URLConnection 对象输出内容

【范例程序：CH18_08】一个获取 URL 内容的简单范例

```
01   import java.net.*;
02   import java.io.*;
03   import java.util.Date;
04
05   public class CH18_08{
06      public static void main(String args[]){
07         int ch;
08         try{
09            URL myURL = new URL("http://www.sina.com.cn/");
10            URLConnection myCnn = myURL.openConnection();
11
12            System.out.println("Date: " + new Date(myCnn.getDate()));
13            System.out.println("Content-Type: " + myCnn.getContentType());
14            System.out.println("Expires: " + myCnn.getExpiration());
15
16            int len = myCnn.getContentLength();
17            System.out.println("Content-Length: " + len);
18            if(len > 0){
19               System.out.println("---Content---");
20               InputStream in = myCnn.getInputStream();
21               int num = len;
22               while(((ch = in.read())!= -1) && (--num > 0)){
23                  System.out.print((char)ch);
24               }
25               in.close();
26            }
27            else
28               System.out.println("没有任何参数");
29         }
30         catch(MalformedURLException urle){
31            System.out.println(urle);
32         }
33         catch(IOException ioe){
34            System.out.println(ioe);
35         }
36      }
37   }
```

【程序的执行结果】

程序的执行结果可参考图 18-17。

图 18-17

【程序的解析】

第 18~28 行：使用 if 条件判断语句来判断是否获取了该网站的相关信息，如果得到了相关信息，就以字符的方式显示出来。

18.6 高级应用练习实例

在本章讲述了一些网络应用程序的基本概念，并说明了 Java 网络应用程序的相关程序包，同时对 InetAddress 类中的方法做了介绍。如果我们继续实践一下本节的两个范例程序，那么对 Java 网络应用程序的开发会有更深入的体会。

18.6.1 查询网络域名所属的 IP 地址

下面的范例程序将让用户输入域名，查出该域名所属的 IP 地址，并判断该主机是否存在于本地的网域中。

【综合练习】查询 IP 地址并判断网域

```
01    //查询 IP 地址并判断网域
02    import java.net.*;
03    public class WORK18_01{
04        public static void main(String[] args){
05            try{
06                //根据用户输入的域名创建一个 InetAddress 对象
07                InetAddress[] ip=InetAddress.getAllByName(args[0]);
08                System.out.println("域名: "+ip[0].getHostName());
09                //打印输出该网域所属的 IP 地址
10                for(int i=0;i<ip.length;i++){
```

```
11              System.out.println("第"+(i+1)+"个 IP 地址:
   "+ip[i].getHostAddress());
12          }
13          System.out.print("是否为本地网域: ");
14          if(ip[0].isSiteLocalAddress())
15              System.out.println("是");
16          else
17              System.out.println("不是");
18          //例外处理
19      }catch(UnknownHostException e){
20          System.out.println("找不到所指定的域名。");
21      }catch(ArrayIndexOutOfBoundsException e){
22          System.out.println("请输入域名: ");
23      }
24  }
25 }
```

【程序的执行结果】

程序的执行结果可参考图 8-18 和图 8-19。

图 18-18

图 18-19

18.6.2　使用 URL 读取文件内容

URL 类可以创建一个表示 URL 地址的对象。在因特网上，URL 是一个指向网络资源的寻址器。这个被指向的资源可能是一个简单的文件或目录。它也可以指向一个较复杂的对象，例如数据库的搜索引擎。下面我们来实现一个通过 URL 地址读取文件内容的程序。

【综合练习】使用 URL 读取文件内容

```
01   //使用 URL 读取文件内容
02   import java.net.*;
03   import java.io.*;
04   public class WORK18_02{
05       public static void main(String[] args){
06       //捕获例外
07       try{
08           //创建一个 URL 对象
09           URL url=new URL("http://www.sina.com.cn/");
10           BufferedReader in= new BufferedReader(new
     InputStreamReader(url.openStream()));
11
12           String str;
13           //将读取的数据打印输出
14           while((str=in.readLine())!=null)
15               System.out.println(str);
16           //例外处理
17           }catch(MalformedURLException e){
18               System.out.println("URL 地址错误。");
19           }catch(IOException e){
20               System.out.println("数据读取错误。");
21           }
22       }
23   }
```

【程序的执行结果】

程序的执行结果可参考图 18-20。

图 18-20

课后习题

一、填空题

1. 在 java.net 中，_____类用来获取主机名和 IP 地址。

2. String _____用来获取主机 IP 地址；String _____用来获取主机网址。

3. 我们将 Java 的 Socket 接口分为两大类：_____和_____。

4．当我们进行文件传输时，使用_____通信端口，当我们发送邮件时，使用 SMTP 通信协议，其通信端口是_____。

5．使用 ServerSocket 类时，_____方法用来创建一个 Socket 对象，并等待客户端的请求；关闭 Socket 时，要调用_____方法。

6．Socket(InetAddress, int port)的作用是用来获取客户端的_____和_____。

7．使用 UDP 传送数据时，是通过_____类和_____类来实现的。

8．使用 DatagramSocket 类来创建 Socket 对象必须指定_____，如果没有指定通信端口，则可以通过系统来自动产生。

9．DatagramSocket(int port)的作用是_____。

10．URL 的意思是_____。

11．URLConnection 类的作用是_____。

二、问答与实践题

1．Stream 通信和 Datagram 通信有何不同？其优、缺点各是什么？

2．建立一个服务器端的 Socket 应用程序的执行步骤是什么？

3．请在表 18-8 中说明 DatagramSocket 类的方法的作用。

表 18-8

DatagramSocket 类的方法	说明
void bind (SocketAddress addr)	
void connect (InetAddres addr, int port)	

附录

课后习题参考答案

第 1 章课后习题参考答案

一、填空题

1. Java 程序经编译器编译时会直接生成<u>字节码</u>，然后通过各种平台上的 Java 虚拟机转换成机器码，才可以在各种平台的操作系统中执行。

2. <u>机器语言</u>是计算机与人类沟通的最低级语言，是以 0 与 1 的二进制值方式直接将机器码指令或数值输入计算机。

3. Java 的开发工具分为 <u>IDE</u> 和 <u>JDK</u> 两种。

4. 所谓<u>架构中立</u>，表示 Java 语言的执行环境不偏向任何一个硬件平台。

5. <u>缩排</u>的主要用途是用来区分程序的层级，使得程序代码易于阅读。

6. 结构化程序设计的核心思想就是<u>自上而下</u>与<u>模块化</u>的设计。

7. 继承可分为<u>多重继承</u>与<u>单一继承</u>。

8. <u>多态</u>是面向对象设计的重要特性，它展现了动态绑定的功能，也称为"<u>同名异式</u>"。

9. Java 具备了<u>资源回收机制</u>，用户不需要在程序执行结束时来释放程序所占用的系统资源，Java 执行系统会自动完成这项工作。

10. Java 程序代码通过实用程序 <u>javac.exe</u> 来编译生成字节码。

11. Java 内建了 <u>Thread</u> 类，这个类包含各种与线程处理相关的管理方法。

12. Java 所谓的<u>"一次编译，到处执行"</u>的设计概念使得 Java 没有任何平台的限制。

13. 如果 main( )的类名称是 Hello，那么该 Java 程序文件的名称为 Hello.java。在"命令提示符"下编译这个程序的命令是 <u>javac Hello.java</u>，如果编译无误，那么在"命令提示符"下的执行命令是 <u>java Hello</u>。在 JDK 11 中，如果要略过编译成类文件的这个中间步骤，那么下达直接解释执行这个 Java 程序的命令为 <u>java Hello.java</u>。

14. 在执行 Java 程序时，对象可以分散在不同计算机中，通过网络来存取远程的对象，这种特性称为<u>分布式</u>。

二、问答与实践题

1. 请说明 Java 为什么不受任何机器硬件平台或任何操作系统的限制，而实现了跨平台执行的目的。

答：程序设计人员设计好的 Java 源程序，经过不同硬件平台或操作系统上的编译器（例如 Intel 的编译器、Mac OS 的编译器、Solaris 的编译器或者 UNIX/Linux 的编译器）编译而生成相同的 Java 字节码（Byte Code），Java 字节码也被称为 Java 虚拟机的机器码。然后 Java 字节码通过 Java 虚拟机解释器翻译成该计算机可以直接执行的机器码。

2. 说明 Java 应用程序创建的整个流程图。

答：

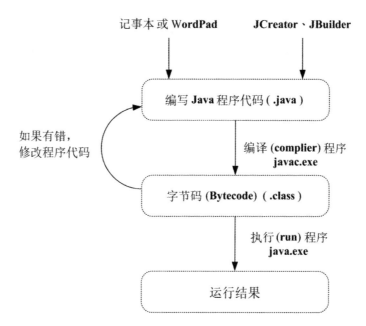

3. 下列程序代码是否有误？如果有，请说明有错误的地方，并加以修正：

```
01    public class test {
02      public static void main(String[ ] args){
03          System.out.println (迈入Java殿堂的第一步)
04      }
05    }
```

答：第 03 行要修正为 System.out.println ("迈入 Java 殿堂的第一步");。

4. 请简述程序设计语言的基本分类。

答：机器语言、汇编语言、高级语言。

5. 评断程序设计语言好坏的要素有哪些？

答：

● 可读性高：易于阅读与理解。

● 平均成本低：成本考虑不能局限于编码的成本，还需要包括执行、编译、维护、学习、调试以及日后更新等的成本。

● 可靠性高：所编写出来的程序代码稳定性高，不容易产生副作用。

- 可编写性高：针对需求所编写的程序相对容易。

6．程序编写的三项基本原则是什么？

答：适当的缩排、明确的注释、有含义的命名。

7．试简述 Java 语言的特性（至少三种）。

答：简单性（Simplicity）、跨平台（Cross-Platform）、解释（Interpreting）、严谨（Strictness）、例外处理（Exception Handling）、多线程（Multiple Threads）。

8．Java 的开发工具可分成哪两种？

答：（1）Java 开发工具（Java Development Kit，JDK）：用户可以到 Sun 公司的网站免费下载简易的程序开发工具，这个工具只提供编译（Complier）、执行（Run，或称为运行）和调试（Debug）功能。（2）集成开发环境（Integrated Development Environment，IDE）：集成了编辑、编译（Complier）、执行（Run）、测试（Test）和调试（Debug）功能，例如常见的 Jbuilder、Visual J++、NetBeans IDE、Gel。

9．简述 Java 程序语言的起源。

答：Java 程序语言的原名为 Oak，源于 1991 年 Sun 公司内部一个名为 Green 的开发计划，最初是为了编写控制消费类电子产品的软件而开发出来的小型程序语言系统，不过这项开发计划并未获得市场的肯定，因而沉寂了一段时间。但是，不久之后，由于因特网的蓬勃发展，谁也没有想到当初只是为了在不同平台系统下执行相同软件而开发的语言工具意外地造成了一种指标性趋势。因此，Sun 公司对 Green 计划重新进行了评估并做了修正，于 1995 年正式向外界发表名为 Java 的程序设计语言系统。

10．试简述面向对象程序设计的三种重要特征。

答：

（1）封装（Encapsulation）

使用"类"（Class）来实现"抽象数据类型"（ADT）。所谓"抽象"，就是把代表事物特征的数据或信息隐藏起来，并定义一些方法（Method）来作为操作这些数据的接口，让用户只能接触到这些方法，而无法直接使用数据，这就符合信息隐藏（Information Hiding）的真意。

（2）继承（Inheritance）

继承可分为多重继承与单一继承，在继承关系中，被继承者称为"基类"或"父类"，而继承者则称为"派生类"或"子类"。

（3）多态（Polymorphism）

"多态"是面向对象程序设计的重要特性，它展现了动态绑定（Dynamic Binding）的功能，也称为"同名异式"。多态的功能让软件在再次开发和后续维护时可以实现充分的扩展性（Extension）。

11．请比较编译器的编译与解释器的解释两者之间的差异性。

答：所谓编译，是指使用编译器把高级语言程序的源代码翻译（编译）为目标代码（Object Code），而翻译后的目标代码可直接对应到机器码，故可在计算机上直接执行，不需要在程序每次执行前都重新编译，执行速度自然较快。而解释则是使用解释器对高级语言程序的源代码进行逐行的解释，每解释完一行程序语句，才会解释下一行程序语句。由于使用解释器翻译（解释）程序在程序每次执行时都必须解释一次，因此执行速度较慢。

12. 试编写一个简单的 Java 程序，让它输出的结果为"今日事，今日毕"，如图 1-40 所示。

```
今日事，今日毕
```

图 1-40

答：

```
01    /*文件:EX01_12*/
02    //程序公有类
03    public class EX01_12{
04        //主要执行区块
05        public static void main(String[ ] args){
06            //程序语句
07            System.out.println("今日事，今日毕");
08        }
09    }
```

13. 试编写一个简单的 Java 程序，它的输出结果如图 1-41 所示。

```
床前明月光
疑是地上霜
举头望明月
低头思故乡
```

图 1-41

答：

```
01    /*文件:EX01_13*/
02    //程序公有类
03    public class EX01_13{
04        //主要执行区块
05        public static void main(String[ ] args){
06            //程序语句
07            System.out.println("床前明月光");
08            System.out.println("疑是地上霜");
09            System.out.println("举头望明月");
10            System.out.println("低头思故乡");
11        }
12    }
```

14. 试编写一个简单的 Java 程序，它的输出结果如图 1-42 所示。

```
    *
   ***
  *****
   ***
    *
```

图 1-42

答：

```
01    public class EX01_14{
02        //主要执行区块
03        public static void main(String[ ] args){
```

```
04          //程序语句
05          System.out.println("      *      ");
06          System.out.println("     ***     ");
07          System.out.println("    *****    ");
08          System.out.println("     ***     ");
09          System.out.println("      *      ");
10
11      }
12  }
```

第 2 章课后习题参考答案

一、填空题

1. 强制类型是指"变量在使用之前，必须声明其数据类型，我们可以任意存取这个变量的值，但是变量所声明的数据类型，不可以随意变更"。

2. Java 的数据类型可以分成基本数据类型与引用数据类型。

3. 变量在程序设计语言中代表数据存储的内存空间。

4. 布尔数据类型数据结果的表示只有 true 和 false 两种。

5. 基本数据类型按照使用性质的不同，可分成整数、浮点数、布尔及字符 4 种。

6. 如果字母 B 的 Unicode 值为 42，它的 Java 字符数据表示值为\u0042。

7. Java 定义的整数类型包含 byte、short、int 和 long。

8. 声明语句的语法可分成数据类型与变量名称两部分。

9. 在字符前加上反斜杠 "\" 来通知编译器将后面的字符当成一个特殊字符，就是所谓的转义序列字符。

10. 表达式是由操作数和运算符组成的。

11. \u 是用来表示 Unicode 码格式的，不同的字符有不同的数据表示值。

12. 当用负数进行减法运算时，为了避免分辨运算符造成的混淆，最好以空格符或小括号"( )"隔开。

二、问答与实践题

1. 说明 Java 中变量的命名规则有哪些注意事项。

答：

- 变量名称的第一个字符必须为 "字母" "$" 或 "_" 中的一种。
- 变量名称的第一个字符之后可以是 "字母" "$" "数字" 或 "_" 等。
- 变量名称不可以是关键字（Keyword）、保留字（Reserved Word）、运算符以及其他一些特殊符号，如 int、class、+、-、*、/、@、#等。
- 英文字母大小写代表不同的字符，因此在程序代码编写时必须注意变量名称中大小写字母的一致性。

2. 表 2-19 中不正确的变量命名违背了哪些原则？

表 2-19　违背的原则

变量命名	违背的原则
How much	
mail@+account	
3days	
while	

答：

变量命名	违背的原则
How much	变量名称中不可以有空格符
mail@+account	变量名称中不可以有@、+、-、*、/符号
3days	变量名称中不可以有@、+、-、*、/符号
while	变量名称不可以是关键字，while 为关键字

3．递增（++）和递减（--）运算方式可分成哪两种？

答：

前缀（prefix）	A=++X
	A=--X
后缀（postfix）	A=X++
	A=X--

4．判断下列命名中哪些是合法的命名、哪些是不合法的命名？

A．is_Tim　　　　　　　　　　　B．is_TimChen_Boy_NICE_man

C．Java SE 11　　　　　　　　　D．Java_11

E．#Tom　　　　　　　　　　　 F．aAbBcC

G．1.5_J2SE

答：A、B、D、F 是合法的命名，C、E、G 是不合法的命名。

5．下列程序代码是否有错，如果有错，请说明原因。

```
01    public class EX02_05 {
02       public static void main(String args[ ]) {
03          int number1=15:number2=8; //声明两个变量，并赋初值
04          System.out.print("两个数相加的结果为：");
05          System.out.println(number1+number2);
06       }
07    }
```

答：当同时声明多个相同数据类型的变量时，可使用逗号来分隔变量名称，请将 int number1=15：mumber2=8；修正为 int number1=15, number2=8；。

6．下列程序代码是否有错，如果有错，请说明原因。

```
01    public class EX02_06 {
02       public static void main(String args[ ]) {
03          int a,b;
04          float c=(a+b);
```

```
05          System.out.println("计算结果= "+c);
06      }
07  }
```

答：数据类型不符合，需强制转换成 float 类型之后再进行运算。

7. 请编写 Java 程序来实现 "sum=12; t=2; sum+=t" 这段程序代码，这段程序执行后，观察 sum 的值是多少，t 的值又是多少。

答：sum=14，t=2。

```
01  public class EX02_07 {
02      public static void main(String args[ ]) {
03          int sum=12,t=2;
04          sum+=t;
05          System.out.println("sum="+sum);
06          System.out.println("t="+t);
07      }
08  }
```

8. 请编程实现 "int a=11, b=21, c=12, d=31; boolean ans=(c>a)&&(b<d)" 这段程序代码，这段程序执行后，请问 ans 是多少？

答：ans=true。

```
01  public class EX02_08 {
02      //主要执行区块
03      public static void main(String args[]) {
04          int a=11,b=21,c=12,d=31;
05          boolean ans=(c>a)&&(b<d);
06          System.out.println("ans="+ans);
07      }
08  }
```

9. 请解释什么是操作数和运算符，并列举各种运算符。

答：操作数代表运算数据，运算符代表运算关系，例如算术运算符、关系运算符、逻辑运算符、移位运算符及赋值运算符等。

10. 试举出至少 10 个关键字。

答：

程序流程控制	do	while	If	else	for	goto
	switch	case	break	continue	return	throw
	throws	try	catch	finally		
数据类型设置	double	float	int	long	short	boolean
	byte	char				
对象特性声明	synchronized	native	import	public	class	static
	abstract	private	void	extend	protected	default
	implements	interface	package			
其他功能	this	new	super	instanceof	assert	null
	const	strictfp	volatile	transient	true	false
	final					

11. 举例说明数据类型的自动类型转换。

答：数据类型的转换会发生于整数与浮点数进行算术运算时，因为在数据类型中，浮点数存储的范围大于整数类型，所以计算机会自动将整数类型的变量调整为浮点数类型，以顺利进行算术运算。

```
int x=5,sum; // 声明变量x和sum为int类型，并将5作为初值赋给x
float y=0.1f; // 声明变量y为float类型，并将0.1作为初值赋给y
sum=x+y ;  //计算机会将x自动转换成float类型再与y相加，sum也会被自动转换成float类型，
才能存储结果值
```

12. 请比较下列运算符的优先级。

① 括号：( ) 、 [ ]
② 条件选择运算符：?:
③ 赋值运算：=

答：①>②>③

13. 请设计一个 Java 程序，可用来计算圆的面积及其周长。

答：

```
01    //计算圆面积及周长
02    public class EX02_13 {
03        //主要执行区块
04        public static void main(String[ ] args) {
05            //常数声明
06            final double PI=3.14159;
07            double radius=5.0;
08            double area;
09            double perimeter;
10            area=PI*radius*radius;
11            perimeter=2*PI*radius;
12            System.out.println("半径= "+radius);
13            System.out.println("圆面积= "+area+" 圆周长= "+perimeter);
14        }
15    }
```

14. 请设计一个 Java 程序，可用来计算梯形的面积。

答：

```
01    public class EX02_14 {
02        //主要执行区块
03        public static void main(String[ ] args) {
04            double top,bottom,high;
05            double area;
06            top=10;bottom=20;high=10;
07            area=(top+bottom)*high/2.0;
08            System.out.println("梯形面积= "+area);
09        }
10    }
```

15. 改写第 14 题，不过此次梯形的上底、下底及高可由用户自行输入，并计算梯形面积。

答：

```
01   public class EX02_15 {
02       //主要执行区块
03       public static void main(String[ ] args) {
04          java.util.Scanner input_obj=
05              new java.util.Scanner(System.in);
06          System.out.print("请输入梯形的上底= ");
07          double top=input_obj.nextDouble();
08          System.out.print("请输入梯形的下底= ");
09          double bottom=input_obj.nextDouble();
10          System.out.print("请输入梯形的高度= ");
11          double high=input_obj.nextDouble();
12          double area;
13          area=(top+bottom)*high/2.0;
14          System.out.println("梯形面积= "+area);
15       }
16   }
```

第 3 章课后习题参考答案

一、填空题

1. 顺序结构是以程序的第一行语句为入口点，自上而下执行到程序的最后一行语句。

2. 循环语句分为 for、while 和 do while 三种。

3. for 语句设置了循环起始值、循环条件和每轮循环结束后的递增或递减表达式。

4. switch 是一种多选一的条件选择语句，它是根据条件表达式的运算结果来决定在多个分支的程序区块中选择执行其中的一个分支程序区块。

5. 嵌套 if 语句是指"内层"的 if 语句是另一个"外层" if 的子语句，此子语句可以是 if 语句、else 语句或者 if-else 语句。

6. while 语句是根据循环条件表达式结果的 boolean 值来决定是否要继续执行循环体内的程序语句。

7. 使用循环语句时，当循环条件永远都成立时，就会形成无限循环。

8. 控制跳转语句有 break、continue 和 return 三种。

9. break 语句类似于 C++语言中的 goto 语句。

10. 使用 break 语句可以跳离循环。

11. 流程控制可分为条件选择语句与循环语句。

12. 选择结构使用条件选择语句来控制程序的流程。

13. if 语句共分为 if、if else 和 if else if 三种。

14. switch 语句可以从条件表达式的多种结果中选择程序的执行流程。

15. return 语句可以终止程序当前所在的方法，回到调用方法的程序语句。

二、问答与实践题

1. 试简述结构化程序设计中的基本流程结构。

答：顺序结构、选择结构、重复结构。

2. do-while 语句和 while 语句的主要差别是什么？

答：两者的差别是循环条件表达式所在的前后之分，与 while 语句相比，do-while 语句还有一个特点是：循环体内的程序语句至少会执行一次，而后才会检查循环条件。

3．什么是嵌套循环？

答：嵌套循环是指循环语句中还另有循环语句。

4．在下面的程序代码中，是否有错误的地方？如果有，请指出。

```
switch ( ) {
case 'r':
        System.out.println("红灯亮:");
        break;
    case 'g':
        System.out.println("绿灯亮:");
        break;
    default:
        System.out.println("没有此信号灯");
}
```

答：switch( )语句的括号中必须有条件表达式，例如 switch(light)。

5．请问下面的语句中变量 flag 的值是多少？此处假设 number=1000。

flag=(number< 500)? 0 : 1;

答：1。

6．请问在 switch 语句中，default 指令扮演的角色是什么？

答：switch 语句会根据条件表达式的结果来决定该执行哪一个 case 语句的程序语句区块，当条件表达式的结果和任何一个 case 参数都不匹配时，就会执行 default 处的程序语句区块。

7．请设计一个 Java 程序，它可以判断所输入的数值是否为 7 的倍数，其执行的结果可参考图 3-27 中的输出部分。

图 3-27

答：

```
01  public class EX03_07 {
02     public static void main(String[ ] args){
03        java.util.Scanner input_obj=
04           new java.util.Scanner(System.in);
05        System.out.print("请输入一个数字= ");
06        int number=input_obj.nextInt();
07        if (number%7==0)   //如果输入的数字可以被7整除
08           System.out.println(number+"是7的倍数");
09        else
10           System.out.println(number+"不是7的倍数");
11     }
```

```
12    }
```

8. 试着用条件运算符改写第 7 题。

答：

```
01   public class EX03_08 {
02       public static void main(String[ ] args){
03           java.util.Scanner input_obj=
04               new java.util.Scanner(System.in);
05           String str;
13           System.out.print("请输入一个数字= ");
06           int number=input_obj.nextInt();
07           str=(number%7==0)？ "是7的倍数":"不是7的倍数";
08           System.out.println(number+str);
09       }
10   }
```

9. 请设计一个 Java 程序，让用户输入两个数字，然后将这两个数中较小者的立方值打印输出，程序的执行过程和输出结果可参考图 3-28。

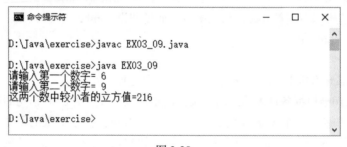

图 3-28

答：

```
01   public class EX03_09 {
02       public static void main(String[ ] args){
03           java.util.Scanner input_obj=
04               new java.util.Scanner(System.in);
05           int min;
06           System.out.print("请输入第一个数字= ");
07           int number1=input_obj.nextInt();
08           System.out.print("请输入第二个数字= ");
09           int number2=input_obj.nextInt();
10           min=(number1<number2)？ number1:number2;
11           System.out.println("这两个数中较小者的立方值="+min*min*min);
12       }
13   }
```

10. 请设计一个 Java 程序，求 100 到 200 之间的所有奇数之和，程序的执行结果可参考图 3-29 中的输出部分。

图 3-29

答：

```
01    public class EX03_10 {
02       public static void main(String[ ] args){
03          int sum=0;
04          for(int i=101;i<=200;i=i+2)
05             sum=sum+i;
06          System.out.println("100到200之间的所有奇数之和= "+sum);
07       }
08    }
```

11．请设计一个 Java 程序，让用户输入一个整数 number，当所输入的整数小于 1 时，就会要求用户重新输入，直到获得一个大于等于 1 的整数 number，然后累加 1 到 number 之间的所有奇数，程序的执行过程和结果可参考图 3-30。

图 3-30

答：

```
01    public class EX03_11 {
02       public static void main(String[ ] args){
03          java.util.Scanner input_obj=
04             new java.util.Scanner(System.in);
05          int sum=0,i=1,number;
06
07          do{
08             System.out.print("请输入一个不小于1的整数= ");
09             number=input_obj.nextInt();
10          }while(number<1); // 输入值要大于等于1
11
12          do{
13             sum=sum+i;// 计算总和
14             i=i+2;
15          }while(i<=number);
16
17          System.out.println("1到数字"+number+"之间所有奇数之和="+sum);
18       }
19    }
```

12. 请设计一个 Java 程序，让用户输入一个整数 number，并计算其阶乘值，程序的执行过程和输出结果可参考图 3-31。

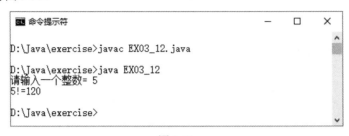

图 3-31

答：

```
01   public class EX03_12 {
02     public static void main(String[ ] args){
03       java.util.Scanner input_obj=
04         new java.util.Scanner(System.in);
05       int product=1,number,i=1;
06
07       System.out.print("请输入一个整数= ");
08       number=input_obj.nextInt();
09
10       while(i<=number){
11         product=product*i;
12         i++;
13       }
14
15       System.out.println(number+"!="+product);
16     }
17   }
```

第 4 章课后习题参考答案

一、填空题

1. 结构化程序设计语言的核心思想是<u>自上而下设计</u>与<u>模块化设计</u>。

2. Java 语言中的函数是一种类的成员，称为<u>方法</u>。

3. 方法可分为两种：一种是属于类的<u>类方法</u>；另一种是对象的<u>实例方法</u>。

4. Java 语言中的工具程序包可以通过导入的方式来声明，用户只要使用关键字 <u>import</u>，并配合程序包名称就可以导入事先定义的方法。

5. Java 的类方法必须使用 <u>static</u> 修饰词来声明。

6. 如果 Java 程序中的方法没有返回值，就必须将返回值数据类型设置为 <u>void</u>。

7. Java 程序中调用函数时所提供的参数通常简称为<u>自变量</u>或实际参数，而在函数主体定义或原型中所声明的参数常简称为<u>形式参数</u>。

8. Java 方法参数传递的方式可分为<u>传值</u>调用与<u>传址</u>调用两种。

9. Java 提供了两种处理字符串的类，分别为 <u>String</u> 与 <u>StringBuffer</u> 类。

10．当 Java 的成员变量使用 static 修饰词声明时，表示该成员变量属于类本身，所以称该成员变量为<u>类变量</u>。

11．在方法的程序语句区块中声明的变量被称为<u>局部变量</u>。

12．<u>return</u> 语句可以终止程序当前所在方法的执行，返回调用方法的程序语句。

二、问答与实践题

1．试简述 Java 方法的来源。

答：Java 方法的来源可分为 Java 本身提供的和用户自行设计的两种。

2．Java 语言的变量作用域可以分为哪三种？

答：成员变量作用域（Member Variable Scope）、方法变量作用域（Method Variable Scope）、局部变量作用域（Local Variable Scope）。

3．递归至少要具有哪两个条件？

答：假如一个函数或子程序是由自身定义或调用的，就称为递归。递归至少要具备两个条件：一个是可以反复执行的过程；另一个是跳出执行过程的出口。

4．试简述斐波那契数列的基本定义。

答：简单来说，就是一个数列的第零项是 0、第一项是 1，后续其他各项的值是它前面两项的值相加之和。

5．汉诺塔智力游戏的内容是：在古印度神庙，庙中有三根木桩，天神希望和尚们把某些数量大小不同的盘子从第一根木桩全部移到第三根木桩，试问在移动时必须遵守哪些规则？

答：

① 直径较小的盘子永远只能置于直径较大的盘子上。

② 盘子可任意地从任何一个木桩移到其他的木桩上。

③ 每次只能移动一个盘子，而且只能从最上面的盘子开始移动。

第 5 章课后习题参考答案

一、填空题

1．在数组声明后，内部不含任何的值，这时数组中的值会默认为 <u>null</u>。

2．<u>数组</u>可以看作一个名称和一块相连的内存空间，在其中存储了多个相同数据类型的数据。

3．数组使用<u>索引值</u>来定位数据在数组（或内存）中的位置。

4．在 Java 语言中，数组的索引值从 <u>0</u> 开始。

5．int num[][]=new int[4][6];这个数组将会有 <u>24</u> 个元素。

6．给数组赋初值时，需要用<u>大括号</u>和逗号来分隔数组元素。

7．在 Java 语言中，数组是一种<u>引用</u>的数据类型，数组名存储的是数组的地址，而不是数组的元素值。

8．<u>arraycopy</u> 方法在复制数组时的速度最快，也可以指定需要复制的元素，把复制的元素存放在目标数组指定的位置。

9．二维数组赋初值的方式和一维数组相同，只是在大括号中再按<u>大括号 "{}"</u> 分隔开各行。

二、问答与实践题

1．为什么需要"数组"这样的数据结构？

答：假如我们要设计一个 Java 程序，希望可以存取公司 30 名员工的基本资料，如果只使用基本的变量，那么只能声明 30 个不同的变量来存放"员工姓名"，另外，员工的基本资料不仅有姓名，还有生日、电话、住址等，如此一来，我们要声明的变量可能就不止 30 个了，程序的繁杂程度可想而知。因此，当要使用"大量"变量时，就要考虑使用数组，这样才能降低程序的复杂度和提高程序的可读性。

2．请举例说明二维数组赋初值的方式。

答：int [][] arr=new int[][]{{5,6,7},{2,3,4}}。

3．数组在 Java 语言中有哪几种复制方式？

答：循环复制方式、clone 复制方式、arraycopy 复制方式。

4．创建一个 3×5 的二维数组，并将数字 1~15 存储到数组中。

答：

```
01   /*文件：EX05_04
02    *说明：创建一个3×5的二维数组，并将数字1~15存储到数组中
03    */
04   public class EX05_04{
05      public static void main(String[ ] args){
06         int test[ ][ ]={{1,2,3,4,5},
07         {6,7,8,9,10},
08         {11,12,13,14,15}};
09      }
10   }
```

5．请编写一个 Java 程序，将公司员工的相关资料存储到二维数组中。X 轴方向是员工姓名，Y 轴方向是员工资料（性别、生日、编号等）。

答：

```
01   /*文件：EX05_05
02    *说明：将公司员工的相关资料存储到二维数组中
03    */
04   public class EX05_05{
05      public static void main(String[ ] args){
06
07         String[ ] employee=new String[]{"编号","年龄","年薪"};
08         //声明、创建二维数组并设置初值
09         int[ ][ ] arr2=new int[ ][ ]{{1,25,3},{2,35,8},{3,30,2}};
10         for(int r=0; r<employee.length;r++)
11            System.out.print(employee[r]+"\t");
12         System.out.println();
13         for(int i=0; i<arr2.length;i++){
14            for(int j=0; j<arr2[i].length;j++){
15               System.out.print(arr2[i][j]+"\t");
16            }
17            System.out.println( );
18         }
19      }
20   }
```

6．创建长度是 8 的一维数组，并使用 for 循环读取数组中元素的值。

答：

```
01    /*文件：EX05_06
02    *说明：创建长度是8的一维数组，并使用for循环读取数组元素的值
03    */
04    public class EX05_06{
05        public static void main(String[ ] args){
06
07            //数组声明
08            int age[ ] =new int[8];
09            //给数组元素赋值
10            age[0]=18;
11            age[1]=25;
12            age[2]=33;
13            age[3]=48;
14            age[4]=50;
15            age[5]=77;
16            age[6]=158;
17            age[7]=78;
18
19            for(int i=0;i<=7;i++){
20                System.out.println("age["+i+"]="+age[i]);
21            }
22        }
23    }
```

7. 6个数组声明如下：

（1）int A[ ]={11,12,13,14}；

（2）int B[ ]={11,12,13,14}；

（3）int C[ ]={10,13,13,14}；

（4）int D[ ]={21,12,53,14}；

（5）int E[ ]={11,12,13,14}；

（6）int F[ ]={51,12,23,24}；

比较这6个数组，哪些数组相同，哪些数组不同？

答：

```
01    /*文件：EX05_07
02    *说明：比较这6个数组，哪些数组相同，哪些数组不相同
03    */
04
05    import java.util.Arrays;
06
07    public class EX05_07{
08        public static void main(String[] args){
09            int A[]={11,12,13,14};
10            int B[]={11,12,13,14};
11            int C[]={10,13,13,14};
12            int D[]={21,12,53,14};
13            int E[]={11,12,13,14};
14            int F[]={51,12,23,24};
15
16            System.out.println(" A[]和B[]是否相同: "+Arrays.equals(A,B));
17            System.out.println(" A[]和C[]是否相同: "+Arrays.equals(A,C));
```

```
18        System.out.println(" C[]和B[]是否相同: "+Arrays.equals(C,B));
19        System.out.println(" D[]和E[]是否相同: "+Arrays.equals(D,E));
20        System.out.println(" F[]和A[]是否相同: "+Arrays.equals(F,A));
21        System.out.println(" E[]和F[]是否相同: "+Arrays.equals(E,F));
       }
22   }
```

8. 请编写一个 Java 程序，实现 M×N 矩阵的转置矩阵，其执行结果可参考图 5-31。

图 5-31

答：

```
01   // =============== Program Description ===============
02   // 程序名称: EX05_08.java
03   // 程序目的: 求出M×N矩阵的转置矩阵
04   // ===================================================
05
06   import java.io.*;
07   public    class EX05_08
08   {
09       public static void main(String args[]) throws IOException {
10           int M,N,row,col;
11           String strM;
12           String strN;
13           String tempstr;
14           BufferedReader keyin=new BufferedReader(new
     InputStreamReader(System.in));
15           System.out.println("[输入M×N矩阵的维数]");
16           System.out.print("请输入维数M: ");
17           strM=keyin.readLine();
18           M=Integer.parseInt(strM);
19           System.out.print("请输入维数N: ");
20           strN=keyin.readLine();
21           N=Integer.parseInt(strN);
22           int arrA[][]=new int[M][N];
```

```
23              int arrB[][]=new int[N][M];
24              System.out.println("[请输入矩阵的内容]");
25              for(row=1;row<=M;row++)
26              {
27                  for(col=1;col<=N;col++)
28                  {
29                      System.out.print("a"+row+col+"=");
30                      tempstr=keyin.readLine();
31                      arrA[row-1][col-1]=Integer.parseInt(tempstr);
32      }
33                  }
34              System.out.println("[输入矩阵的内容为]\n");
35              for(row=1;row<=M;row++)
36              {
37                  for(col=1;col<=N;col++)
38                  {
39                      System.out.print(arrA[(row-1)][(col-1)]);
40                      System.out.print('\t');
41                  }
42                  System.out.println();
43              }
44              //进行矩阵转置的操作
45              for(row=1;row<=N;row++)
46                  for(col=1;col<=M;col++)
47                      arrB[(row-1)][(col-1)]=arrA[(col-1)][(row-1)];
48
49              System.out.println("[转置矩阵的内容为]");
50              for(row=1;row<=N;row++)
51              {
52                  for(col=1;col<=M;col++)
53                  {
54                      System.out.print(arrB[(row-1)][(col-1)]);
55                      System.out.print('\t');
56                  }
57                  System.out.println();
58              }
59          }
60      }
```

9. 冒泡排序法有一个缺点是无论数据是否已排序完成都固定要执行 $n(n-1)/2$ 次。我们可以通过在程序中加入一个条件判断表达式来判断何时，既可以提前终止程序又以可得到正确的数据，以提高程序执行的性能。请试着改进冒泡排序法。程序执行的结果可参考图 5-32。

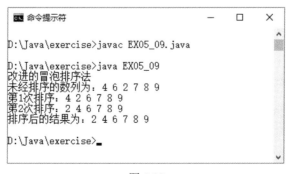

图 5-32

答：

```
01  // 程序目的：改进的冒泡排序法
02  // ==================================================
03  public class EX05_09 extends Object
04  {
05      int data[]=new int[]{4,6,2,7,8,9};//未经排序的数列
06
07      public static void main(String args[])
08      {
09          System.out.print("改进的冒泡排序法\n未经排序的数列为：");
10          EX05_09 test=new EX05_09();
11          test.showdata();
12          test.bubble();
13      }
14
15      public void showdata ()   //使用循环打印数列
16      {
17          int i;
18          for (i=0;i<6;i++)
19          {
20              System.out.print(data[i]+" ");
21          }
22          System.out.print("\n");
23      }
24
25      public void bubble ()
26      {
27          int i,j,tmp,flag;
28          for(i=5;i>=0;i--)
29  {
30              flag=0;   //flag用来判断是否执行了交换的操作
31              for (j=0;j<i;j++)
32              {
33                  if (data[j+1]<data[j])
34                  {
35                      tmp=data[j];
36                      data[j]=data[j+1];
37                      data[j+1]=tmp;
38                      flag++; //如果执行过交换操作，则flag不为0
39                  }
40              }
41              if (flag==0)
42              {
43  break;
44              }
45
46              //当执行完一次扫描就判断是否执行过交换操作，如果没有交换过数据，
47              //则表示此时数组已完成排序，故可直接跳出循环
48
49              System.out.print("第"+(6-i)+"次排序：");
50              for (j=0;j<6;j++)
51              {
52                  System.out.print(data[j]+" ");
53              }
54              System.out.print("\n");
55          }
56
```

```
57          System.out.print("排序后的结果为: ");
58          showdata ();
59      }
60  }
```

第 6 章课后习题参考答案

一、填空题

1. 在 Java 语言中，字符串分为 String 类和 StringBuffer 类两种。

2. Java 语言采用的是 Unicode 编码，所以一个字符占用 2 字节的内存空间。

3. 定义字符时，必须将字符置于一对单引号内或者直接以 ASCII 编码来表示。

4. Java 语言中的字符串是指一对双引号之间的一串字符。

5. String 类中创建的字符串主要是用来定义字符串常数的，其内容不能更改。

6. StringBuffer(StringBuffer)类继承自 java.lang 类。

7. StringBuffer 类创建的字符串对象是不限定长度和内容的。

8. 空的 StringBuffer 类默认有 16 个字符的内存空间。

9. 获取字符串长度和容量的相关方法：

- length( )获取字符串的长度。
- setLength( )设置 StringBuffer 对象的字符串长度。
- capacity( )获取字符串的容量。
- 若 ensurecapacity( )已经知道字符串的大小，则可以事先分配内存空间。

二、问答与实践题

1. 举出至少两种可以创建字符串的构造函数。

答：

构造函数
String()
String(char[] 字符数组名)
String(char[] 字符数组名，int 索引值，int 字符数)
String(String 字符串名称)
String(StringBuffer StringBuffer 名称)

2. 请说明表 6-16 中的方法所代表的功能。

表 6-16

方法名称	说明
char charAt(int 索引值)	
String concat(String 字符串)	
String subString(int 起始位置,int 结束位置)	
String replace(char 原字符, char 新字符)	

（续表）

方法名称	说明
String toUpperCase()	
static String valueOf(int 整数)	
boolean endsWith(String 字符串)	
int indexOf(int 字符,int 索引值)	

答：

方法名称	说明
char charAt(int 索引值)	获取字符串中指定索引值位置的字符
String concat(String 字符串)	串接字符串到已声明的另一个字符串末尾
String subString(int 起始位置,int 结束位置)	获取字符串对象中指定位置的子字符串
String replace(char 原字符, char 新字符)	将字符串中指定的原字符替换为新字符
String toUpperCase()	将字符串内的字母转换成大写字母
static String valueOf(int 整数)	将整数转换成字符串
boolean endsWith(String 字符串)	判断字符串的结尾字符串
int indexOf(int 字符,int 索引值)	返回在指定的索引值位置之后第一次出现指定字符的位置

3．请问有哪三个构造函数可以创建 StringBuffer？
答：

构造函数	说明
StringBuffer ( )	创建一个空 StringBuffer 对象，默认的长度为 16 个字符
StringBuffer (int 大小)	创建一个指定字符长度的 StringBuffer 对象
StringBuffer (String 字符串)	以 String 对象为参数创建一个 StringBuffer 对象，它的长度为 String 对象的长度再加上 16 个字符

4．请说明表 6-17 中的方法所代表的功能。

表 6-17

方法名称	说明
int capacity()	
void ensureCapacity(int 最小容量)	
void setCharAt(int 索引值, char 字符)	
void setLength(int 长度)	

答：

方法名称	说明
int capacity()	获取 StringBuffer 对象的容量，当超过设置的容量时，会重新分配内存
void ensureCapacity(int 最小容量)	给 StringBuffer 对象设置所需的最小容量
void setCharAt(int 索引值, char 字符)	给 StringBuffer 对象的指定索引值位置设置指定的字符
void setLength(int 长度)	设置 StringBuffer 对象新的长度

5. 本书介绍了下列几种 StringBuffer 类的方法，请把它们及其调用的语法列出来。

- 长度和容量。
- 获取字符、部分字符串或设置字符值。
- 复制子字符串。
- 删除字符串或字符。

答：

- 长度和容量
  - ➢ length ( )：获取字符串的长度。
  - ➢ setLength ( )：设置 StringBuffer 类对象的字符串长度。
  - ➢ capacity ( )：获取字符串的容量。
  - ➢ ensureCapacity( )；若已知道字符串的大小，则可以事先分配内存空间。
- 获取字符、部分字符串或设置字符值
  charAt(int 字符索引值): 获取字符。
- 复制子字符串
  getChars(int 指定子字符串起始索引值, int 指定子字符串结尾索引值+1, char 目的字符数组, int 目的字符数组之起始索引值): 可以将某字符串中的子字符串复制到目的字符数组中。
- 删除字符串或字符
  delete(int 指定子字符串起始索引值, int 指定子字符串结尾索引值+1): 删除整个字符。

6. 请设计一个 Java 程序，以字符数组创建字符串的方式求字符串"INTEL"的长度，并将其转换成小写字母。

答：

```
01    /*文件：EX06_06
02     *说明：使用字符数组创建字符串，并显示字符串的长度并把字符串中的字母转换成小写字母
03     */
04
05    public class EX06_06{
06        public static void main(String[ ] args){
07        //采用字符数组建构法创建字符串
08            char a[ ]={'I','N','T','E','L'};  //创建字符数组
09            String str1=new String(a);
10            // 显示字符串的长度并对字符串中的字母进行大小写转换
11            System.out.println("str1的长度: "+str1.length());
12            System.out.println("转换成小写字母: "+str1.toLowerCase());
13        }
14    }
```

7. 请设计一个 Java 程序，找出字符 P 在字符串"ABCDEFGHIJKLMNOPQRSTUVWXYZ"中出现的索引位置。

答：

```
01    public class EX06_07
02    {  // 主程序
03      public static void main(String[] args)
04      {
05          String str;
06          str = new String("ABCDEFGHIJKLMNOPQRSTUVWXYZ");
07          // 查找字符和子字符串
08          System.out.print("字符P在字符串中的索引位置为: ");
09          System.out.println(str.indexOf('P'));
10      }
11    }
```

8. 请设计一个 Java 程序，在原字符串"勇往直前"之后添加一个字符串"有始有终"。

答：

```
01    public class EX06_08
02    {  // 主程序
03      public static void main(String[] args)
04      {
05          StringBuffer str= new StringBuffer("勇往直前");
06          System.out.println("原字符串的内容= "+str);
07          str.append("有始有终");
08          System.out.println("添加字符串之后的新内容= "+str);
09      }
10    }
```

9. 延续第 8 题，请删除新字符串的最后一个字符。

答：

```
01    public class EX06_09
02    {  // 主程序
03      public static void main(String[] args)
04      {
05          StringBuffer str= new StringBuffer("勇往直前有始有终");
06          System.out.println("原字符串内容= "+str);
07          str.deleteCharAt(7);
08          System.out.println("删除最后一个字符之后的字符串内容= "+str);
09      }
10    }
```

10. 请设计一个 Java 程序，分别将数字 3456 和布尔值 true 转换成字符串。

答：

```
01    //程序: EX06_10.java
02    //字符串转换的方法应用
03    public class EX06_10{
04      public static void main(String[] args){
05          //声明变量
06          int nInt=3456;
07          boolean bBoolean=true;
08          String strConvert=new String();
09          //各种数据类型转换成字符串
10          strConvert=String.valueOf(nInt);
11          System.out.print("整数值 3456 转换成字符串: ");
12          System.out.println(strConvert);
13          strConvert= String.valueOf(bBoolean);
```

```
14          System.out.print("布尔值 true 转换成字符串: ");
15          System.out.println(strConvert);
16      }
17  }
```

11. 在考虑字母大小写的前提下，请设计一个 Java 程序，比较"INTEL"与"intel"两个字符串的大小。

答：

```
01  //程序: EX06_11.java
02  //字符串的比较
03  public class EX06_11{
04      public static void main(String[] args){
05          //考虑大小写的比较
06          String str1="INTEL";
07          String str2=new String("intel");
08          int nCompare=str2.compareTo(str1);
09          System.out.println("str1字符串的内容: "+str1);
10          System.out.println("str2字符串的内容: "+str2);
11          if(nCompare==0)
12              System.out.println("str2等于str1。");
13          else if(nCompare>0)
14              System.out.println("str2大于str1。");
15          else
16              System.out.println("str2小于str1。");
17      }
18  }
```

12. 延续第 11 题，在不考虑字母大小写的前提下，请设计一个 Java 程序，比较"INTEL"与"intel"两个字符串的大小。

答：

```
01  //程序: EX06_12.java
02  //字符串的比较
03  public class EX06_12{
04      public static void main(String[] args){
05          //忽略字母大小写的比较
06          String str1="INTEL";
07          String str2=new String("intel");
08          int nCompare2=str2.compareToIgnoreCase(str1);
09          System.out.println("str1字符串的内容: "+str1);
10          System.out.println("str2字符串的内容: "+str2);
11          if(nCompare2==0)
12              System.out.println("str2等于str1。");
13          else if(nCompare2>0)
14              System.out.println("str2大于str1。");
15          else
16              System.out.println("str2小于str1。");
17      }
18  }
```

第 7 章课后习题参考答案

一、填空题

1．在 Java 语言中，每一个类通常都有<u>构造函数</u>，它的主要功能是为类创建的对象设置初值。

2．当程序设计人员在类中没有定义构造函数时，Java 会默认一个没有参数与主体的构造函数，这个函数被称为<u>默认的</u>构造函数。

3．对象的实例化必须通过 <u>new</u> 关键字和类的构造函数来创建实例的对象并初始化对象的值。

4．对象在使用成员变量和成员方法时，是通过<u>"."</u>运算符。

5．在 Java 中内建的类通常将属性设置为 <u>private</u>。

6．用 <u>final</u> 声明的类成员变量，一旦经过初始化后，对象就只能读取它的属性值，而不能再更改它的值。

7．在程序区块中所使用的变量被称为<u>局部</u>变量。

8．在程序中的对象同样会用状态和行为来描述，它们分别被称为<u>属性</u>和<u>方法</u>。

9．程序中对象之间的交流信息称为<u>消息</u>。

10．<u>类</u>是对象总集合的称呼。

11．类创建出来的实例称为<u>对象</u>。

12．被继承的类称为<u>基类</u>，而继承后的新类则称为<u>派生类</u>。

13．<u>封装</u>是将对象的数据和实现的方法等信息隐藏起来，让用户只能通过接口使用对象本身。

14．面向对象程序设计具有<u>封装</u>、<u>继承</u>、<u>多态</u>三种特性。

15．<u>final</u> 修饰词可以将成员变量声明成常数的状态。

16．<u>static</u> 是将成员变量和成员方法定义成静态成员。

17．<u>finalize</u> 方法可以自行清除对象所占用的内存。

二、问答与实践题

1．一个消息的传送可能包含哪三部分？

答：接收消息的对象、所需要的方法和参数。

2．请简单说明封装的三种存取权限。

答：

存取权限	说明
private	表示所声明的方法或属性只能被此类的成员使用
protected	表示所声明的方法或属性可以被基类或其派生类的成员使用
public	表示所声明的方法或属性可以被所有类的成员使用

3．试举例说明 Java 类的命名规则。

答：

（1）类和接口：第一个字母为大写，当名称由两个以上的单词组成时，每个单词的第一个字母为大写，如 Student、StudentName。

（2）成员变量和成员方法：以字母小写为主，如果为复合单词，则第一个英文单词小写，其他英文单词的第一个字母大写，其余字母小写，如 setColor。

（3）程序包：全部小写，如 java.io、java.lang.math。

（4）常数：全部大写，若为复合单词，则在每个单词之间以下画线"_"连接，如 PI、（4）MAX_VALUE。

4．在 Java 语言中，出现哪两种情况之一时会认为对象应该被清除掉？

答：

（1）当对象变量超出其作用域，也就是其生命周期结束时。

（2）将对象变量的值设置成 null 或指向其他的对象实例，使得没有任何对象变量指向该对象实例时。

5．要描述一个人或事物，通常有哪两种方式？

答：一种是描述它的状态；另一种是描述它的行为。

6．试简述构造函数的功能与声明方式。

答：主要功能是为类创建的对象设置初值，它的声明方式如下：

```
[存取权限] 类名称(参数行) {
//构造函数的主体
}
```

7．试举例说明类与对象两者之间的关系。

答：类是对象总集合的称呼。以汽车为例来说明，汽车这个名词代表的是汽车类，按照这个汽车类的属性和方法（或行为），制造出来的每一辆汽车都被称为汽车类中的对象。因此可以说，类是一个模型或蓝图，根据这个模型或蓝图创建出来的实例就被称为对象。

8．设计一个类，包含 4 个成员变量：int carLength、engCC、maxSpeed 和 String modelName，声明并定义一个可以传入汽车型号名称的构造函数，其他三个成员变量的默认值分别为 int carLength=423、engCC=3000、maxSpeed=250，接着实现一个对象，其型号名称为"BMW 318i"。

答：

```
01    import java.io.*;
02    //声明类
03    public class EX07_08
04    { //成员数据
05      private int carLength, engCC, maxSpeed;
06      private String modelName;
07      //构造函数
08      public EX07_08(String name)
09      {
10          carLength = 423;
11          engCC = 3000;
12          maxSpeed = 250;
13          modelName = name;
14      }
15
16      //主程序
```

```
17    public static void main(String args[])
18    {
19     //实现对象
20     EX07_08 BMW318 = new EX07_08("BMW 318i");
21    }
22   }
```

9. 延续第 8 题，加入类方法 ShowData()和 SetSpeed(int setSpeed)，其中 setSpeed 用来改变成员变量 maxSpeed 的值。程序的执行结果可参考图 7-14。

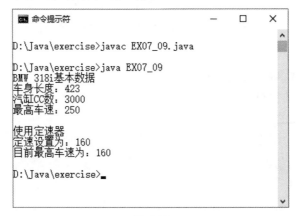

图 7-14

答：

```
01   import java.io.*;
02   //声明类
03   public class EX07_09
04   { //成员数据
05    private int carLength, engCC, maxSpeed;
06    private String modelName;
07    //构造函数
08    public EX07_09(String name)
09    {
10        carLength = 423;
11        engCC = 3000;
12        maxSpeed = 250;
13        modelName = name;
14    }
15    //类方法
16    public void ShowData()
17    {
18     System.out.println(modelName + "基本数据");
19     System.out.println("车身长度：" + carLength);
20     System.out.println("汽缸CC数：" + engCC);
21     System.out.println("最高车速：" + maxSpeed);
22    }
23    public void SetSpeed(int setSpeed)
24    {
```

```
25          System.out.println("\n使用定速器");
26          maxSpeed = setSpeed;
27          System.out.println("定速设置为: " + setSpeed);
28          System.out.println("目前最高车速为: " + maxSpeed);
29      }
30      //主程序
31      public static void main(String args[])
32      {
33      //实现对象
34      EX07_09 BMW318 = new EX07_09("BMW 318i");
35      //调用类方法
36      BMW318.ShowData();
37      BMW318.SetSpeed(160);
38      }
39  }
```

10. 请声明和定义一个三角形类，其数据成员分别为 bottom 和 high，并包含一个计算面积的成员方法 area。

答：

```
class Ctriangle  //定义类
{
  int bottom;    //声明数据成员bottom
  int high;      //声明数据成员high

  int area()
  {
      return  bottom*high/2; //返回面积
  }
}
```

11. 延续第 10 题，创建对象 obj，并把对象 bottom 的底设置为 15，把高设置为 12，编写完整的程序将其数据成员及面积打印输出。

答：

```
01   class Ctriangle  //定义类
02   {
03    int bottom;    //声明数据成员bottom
04    int high;      //声明数据成员high
05
06    int area()
07    {
08        return  bottom*high/2; //返回面积
09    }
10   }
11
12  public class EX07_11
13  {
14    public static void main(String args[])
15    {
```

```
16      Ctriangle obj;
17      obj=new Ctriangle();  // 创建新的对象
18
19      obj.bottom=15;        // 设置底
20      obj.high=12;          // 设置高
21
22      System.out.println("三角形底="+obj.bottom);
23      System.out.println("三角形高="+obj.high);
24      System.out.println("三角形面积="+obj.area());
25    }
26  }
```

第 8 章课后习题参考答案

一、填空题

1. 当外部类无法满足程序实际的需求时，可以使用继承机制来对类进行扩展或扩充。

2. 在 Java 语言中最直接的继承声明方式是使用 extends 关键字来实现继承机制。

3. 当发生基类成员的隐藏现象时，可以通过 super 关键字来直接进行存取。

4. 不通过创建的对象，而使用类名称.成员方法( )的语法格式，即可直接调用同一个程序包中外部类的 public 成员方法。

5. 执行覆盖（Override）操作会重新定义基类中具有相同类型返回值与参数状态的同名成员方法。

6. 因为在 Java 程序中两个相同名称但是拥有不同参数行的方法，会被视为不同的类成员，所以经过重载（Overload）处理的类成员方法并不会覆盖原来的类成员。

7. final 存取权限修饰词表示此类或此类成员无法被其余类所继承或覆盖（重新定义）。

8. public 存取权限修饰词所声明的类成员可以被所有外部成员直接调用或存取；protected 存取权限修饰词所声明的类成员只能被同一个程序包（在相同路径下）或具有继承关系的相关类所使用。

9. 当派生类覆盖基类成员时，会遮蔽派生类所继承的基类成员，我们称这种情况为类成员的隐藏现象。

10. private 存取权限修饰词所声明的类成员只能在同一个类的作用域内使用，而派生类可通过基类的 public 和 protected 类型的成员方法间接调用或存取基类的这些类成员。

二、问答与实践题

1. 说明子类无法"直接"使用父类的成员变量的解决办法。

答：父类中的成员变量定义时声明为 protected，表示限制只有继承的子类可以使用。在父类中声明并定义了具有返回值的类方法，将类方法声明为 protected 或 public，接着定义父类的对象引用变量，于是子类通过对象引用变量就可以存取父类的成员变量。

2. 试说明构造函数的调用顺序。

答：创建子类对象时，在执行子类的默认构造函数或没有参数的构造函数之前，会先自动执行父类的默认构造函数或没有参数的构造函数。

3．子类构造函数调用父类构造函数有哪两个重点？

答：

- 定义在子类构造函数之内。
- 位于构造函数程序语句的第一行。

4．解释什么是动态调度。

答：

- 概念：确定要调用覆盖的类方法是在执行期间（Runtime），而不是在编译期间（Compile Time）。
- 理论基础：父类（基类）的引用变量可以引用子类（派生类）对象。
- 调度流程：父类调用覆盖（重新定义）的方法时，Java 会根据父类的引用对象所引用的对象类型是父类还是子类进行判断。如果是父类，就调用父类的覆盖方法；如果是子类，就调用子类的覆盖方法。因此，确定调用哪一个覆盖方法的是"被引用的对象类型"。

5．试简述类中 public、protected 与 private 存取权限修饰词所表示的含义。

答：

存取权限修饰词	说明
public	表示此成员可以被所有的外部类或对象调用或存取
protected	表示此成员只可在同一个类、同一个程序包作用域内或被派生类的对象调用或存取
private	表示此成员只可在自身类的作用域内被调用或存取

6．什么是重载？试简述。

答：所谓重载，是指我们可以在派生类中声明与基类名称相同但具有不同参数类型或不同的参数个数的成员方法。

7．覆盖与重载的主要差异是什么？

答：覆盖（或称重新定义）可用于基类的 public 或 protected 成员方法。在覆盖方法时，我们要注意覆盖后的成员方法必须与基类的原方法拥有相同的返回值数据类型及参数行状态（参数个数、参数数据类型等），否则 Java 会将用于我们编写的覆盖程序语句视为重载来处理。这是主要的差异。

8．当派生类覆盖基类成员时，会遮蔽派生类所继承的基类成员，这种现象称为什么？

答：这种现象称为类成员的隐藏现象。

9．对象多态的实现语法主要由哪三部分程序组成？

答：基类声明、派生类声明、主程序区块。

10．如果要得到如图 8-19 所示的执行结果，请问下面的程序代码段中的第 32 行该填入什么？

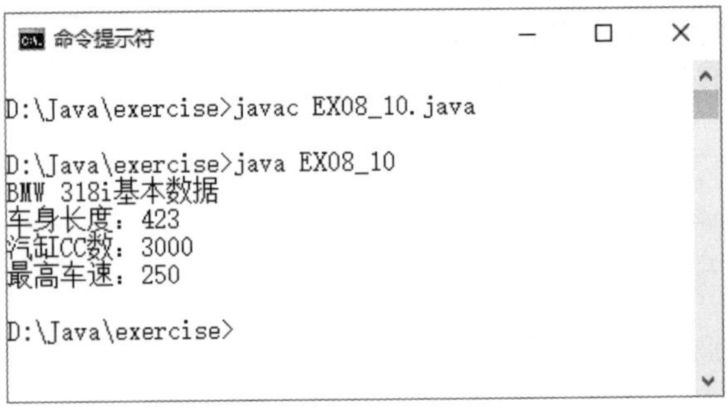

图 8-19

```
01    //名称：EX08_10.java
02    //说明：类的继承
03    //基类
04    class BMW_Serial
05    { //成员变量
06      private int carLength, engCC, maxSpeed;
07      public String modelName;
08      //类方法
09      public void ShowData()
10      {
11        carLength = 423;
12        engCC = 3000;
13        maxSpeed = 250;
14        System.out.println(modelName + "基本数据");
15        System.out.println("车身长度: " + carLength);
16        System.out.println("汽缸CC数: " + engCC);
17        System.out.println("最高车速: " + maxSpeed);
18      }
19    }
20    //派生类
21    public class EX08_10 extends BMW_Serial
22    { //构造函数
23      public EX08_10(String name)
24      {
25          modelName = name;
26      }
27      //主程序区块
28      public static void main(String args[])
29      {
30        //创建对象
31        EX08_10 BMW318= new EX08_10("BMW 318i");
32        // 此处填入什么
33      }
34    }
```

答：BMW318.ShowData();。

11. 如果要得到如图 8-20 所示的执行结果，请问下面的程序代码段中的第 40 行该填入什么？

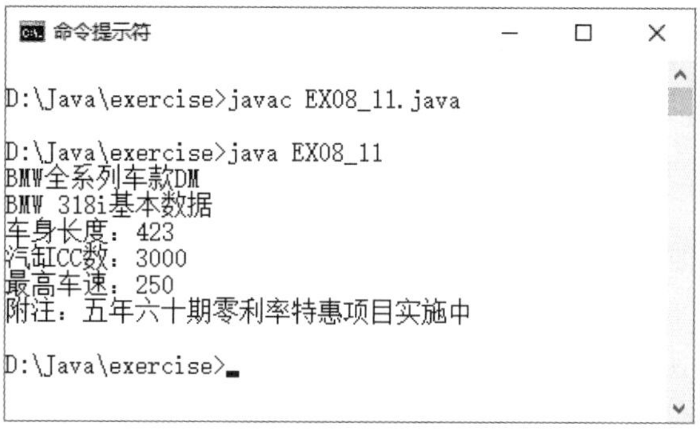

图 8-20

```
01  //名称：EX08_11.java
02  //说明：覆盖（Override）与重载(Overload)
03  //基类
04  class BMW_Serial
05  { //成员变量
06    public int carLength, engCC, maxSpeed;
07    public String modelName;
08    //构造函数
09    public BMW_Serial(){System.out.println("BMW全系列车款DM");}
10    //类方法
11    public void ShowData(){};
12  }
13  //派生类
14  public class EX08_11 extends BMW_Serial
15  { //构造函数
16    public EX08_11(String name){modelName = name;}
17    //覆盖类方法
18    public void ShowData()
19    {
20      carLength = 410;
21      engCC = 2000;
22      maxSpeed = 220;
23    };
24    //重载类方法
25    public void ShowData(String memo)
26    {
27      carLength = 423;
28      engCC = 3000;
29      maxSpeed = 250;
30      System.out.println(modelName + "基本数据");
31      System.out.println("车身长度: " + carLength);
32      System.out.println("汽缸CC数: " + engCC);
33      System.out.println("最高车速: " + maxSpeed);
34      System.out.println("附注: " + memo);
35    };
36    //主程序区块
37    public static void main(String args[])
38    { //创建对象
39      EX08_11 BMW318= new EX08_11("BMW 318i");
40      // 此处填入什么
41    }
42  }
```

答：BMW318.ShowData("附注：五年六十期零利率特惠项目实施中");。

第 9 章课后习题参考答案

一、填空题

1. 抽象类无法直接使用 <u>new</u> 运算符来实例化。

2. 抽象方法的存取权限修饰词不可以设置为 <u>private</u>。

3. 使用<u>内部匿名类</u>来实现类的多重继承关系比通过接口方式实现更方便且更有效率。

4. 程序设计人员可以使用 <u>import</u> 指令来导入指定的程序包，或搭配<u>通配符"*"</u>符号将程序包内的所有类与接口一次性导入。

5. 所谓内部类，就是将某类声明为外部类的<u>非静态（Non-Static）</u>类成员，而如果某内部类被声明为<u>静态（Static）</u>类，我们就称这个内部类为"静态嵌套类"。

6. 抽象类与接口最大的差异在于：一个类只能继承单个<u>抽象类</u>，但是可以同时实现多个<u>接口</u>。

7. 程序包之外的类只能存取 <u>public</u> 的程序包成员。

8. 包含抽象方法的类必须使用 <u>abstract</u> 修饰词声明为抽象类。

9. 使用 <u>package</u> 指令会将程序中所有类或接口加以汇总整合，并打包成为一种函数库类型的类集合。

10. Java 系统允许在<u>抽象类</u>中包含可以实现的类成员，而<u>接口</u>中只能加入定义常数与抽象成员方法的程序语句。

11. 内部类属于外部类的实例成员，因此可以直接存取外部类对象的<u>实例变量</u>与<u>实例方法</u>。

12. 抽象类是指使用 <u>abstract</u> 修饰词声明的类语句；而接口则是使用 <u>interface</u> 关键字取代 class 关键字来进行类的声明。

二、问答与实践题

1. 请问下面的程序代码片段中有哪些错误？

```
interface MyInterface extends MyClass implements Runnable{
    String myStr;
    public void setString(String myStr){
        myStr = myStr;
    }
    abstract public void show( );
}
```

答：共有下列几个错误：

- 如果所继承的 MyClass 类中包含实现语句，那么在程序编译阶段会出现错误信息。
- 接口中不可声明任何无初值的成员变量。
- 接口中不可拥有已实现的成员方法。

2. 在 Java 语言中是否可以实践多重继承，试进行说明。

答：在 Java 的继承概念中，无法让单个子类同时继承多个父类，因为会使继承的关系变复杂。

如果坚持同时继承多个父类,普通类和抽象类是无法实现的,Java语言中的接口机制可以解决多重继承的问题。

3. 什么是程序包,试进行说明。

答:所谓程序包(Package),就是将程序中所有相关的类、接口或方法加以汇总整合并打包成"函数库"(Library)。与在C++程序中程序设计人员使用"#include"宏指令来直接导入"*.h"的函数库文件类似,Java的工具程序包同样以声明的方式来导入,程序设计人员使用关键字"import",再配合目标程序包的名称,即可导入所需的程序包。

4. 什么是抽象类的方法?

答:抽象类的方法是指使用Java系统的"abstract"关键字来声明,并且不加入任何程序语句的类成员方法。

5. 什么是接口?在Java中接口所使用的关键字是什么?

答:当使用"interface"而不是"class"关键字来声明某类时,我们称这种类型的类为"接口"(Interface)。根据面向对象程序设计语言的通用性规范,接口中不能包含任何具体实现的程序语句,只能声明常数成员或抽象成员方法。也就是说,接口是使用"interface"关键字来声明的,其中不包含任何具体实现的程序语句,且仅声明抽象成员方法的一种类类型。

6. 试说明接口与抽象类之间最大的差异。

答:接口与抽象类相似,它们之间最大的差异在于抽象类因为类继承机制的限制,一个派生类只能继承单个基类;而接口可以让程序设计人员编写出内含多种接口协议创建的类对象。

7. 请问接口内所有成员变量会被定义成什么类型的数据类型。

答:接口内所有成员变量都会被定义为static与final类型,因此它们常被应用于程序中声明为常数。

8. 要在类中实现接口,必须使用哪一个关键字来指定实现的接口。

答:implements。

9. 我们想在类中实现多个接口,那么可以在每个接口名称之间用什么符号加以分隔?

答:在类中实现多个接口时,我们可以在每个接口名称之间用","加以分隔。

10. 在Java中,之所以用程序包来汇总和整合所有相关的类,主要原因是什么?

答:方便类名称的管理、提供存取保护机制。

11. 关于抽象类的使用,有什么需要注意的事项?

答:

- 抽象类因为没有完整地定义类内部成员,所以不用直接用于创建对象。换句话说,就是无法"直接"使用new运算符来实例化。
- 仍然可以声明抽象类的构造函数(Constructor)。
- 抽象类可以保留普通的类方法。
- 抽象类仍可以使用引用(Reference)对象。
- 抽象方法(Abstract Method)的存取权限修饰词必须设置为public或protected,不可以设置为private,也不能使用static和final关键字来定义。

12. 在下面的程序中,类autoMobile是一个抽象类,其中包含两个抽象方法setData()和showData(),请在其派生类中覆盖(重新定义)抽象方法,以得到如图9-18所示的执行结果。

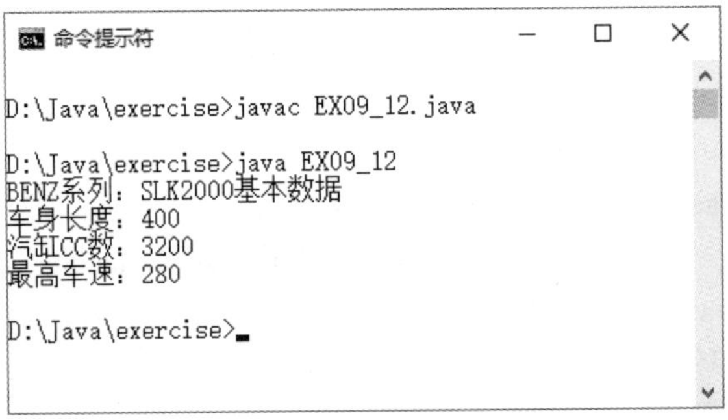

图 9-18

```
01    //名称：EX09_12.java
02    //说明：抽象类
03    //抽象类
04    abstract class autoMobile
05    { //抽象方法
06      abstract public void setData();
07      abstract public void showData();
08    }
09    //派生类
10    class BENZ_Serial extends autoMobile
11    { //成员变量
12      private int carLength, engCC, maxSpeed;
13      //构造函数
14      public BENZ_Serial(String modelName)
15      {
16       System.out.println("BENZ系列："+ modelName +"基本数据");
17      }
18      //覆盖（重新定义）抽象方法
19      public void setData()
20      {
21        //请在此编写程序语句
22      }
23      public void showData()
24      {
25        //请在此编写程序语句
26      }
27    }
28    //主类
29    public class EX09_12
30    {
31      public static void main(String args[])
32      { //创建抽象类的对象
33       autoMobile myCar = null;
34       //创建派生类的对象
35       BENZ_Serial SLK2000 = new BENZ_Serial("SLK2000");
36       //实现多态
37       myCar = SLK2000;
38       myCar.setData();
39       myCar.showData();
40      }
41    }
```

答:

```
01    //名称：EX09_12.java
02    //说明：抽象类
03    //抽象类
04    abstract class autoMobile
05    { //抽象方法
06      abstract public void setData();
07      abstract public void showData();
08    }
09    //派生类
10    class BENZ_Serial extends autoMobile
11    { //成员变量
12      private int carLength, engCC, maxSpeed;
13      //构造函数
14      public BENZ_Serial(String modelName)
15      {
16        System.out.println("BENZ系列: "+ modelName +"基本数据");
17      }
18      //覆盖（重新定义）抽象方法
19      public void setData()
20      {
21        carLength = 400;
22        engCC = 3200;
23        maxSpeed = 280;
24      }
25      public void showData()
26      {
27        System.out.println("车身长度: " + carLength);
28        System.out.println("汽缸CC数: " + engCC);
29        System.out.println("最高车速: " + maxSpeed);
30      }
31    }
32    //主类
33    public class EX09_12
34    {
35      public static void main(String args[])
36      { //创建抽象类的对象
37        autoMobile myCar = null;
38        //创建派生类的对象
39        BENZ_Serial SLK2000 = new BENZ_Serial("SLK2000");
40        //实现多态
41        myCar = SLK2000;
42        myCar.setData();
43        myCar.showData();
44      }
45    }
```

13. 在下面的接口实现范例程序中，请问哪里出错了？

```
01    //名称：EX09_13.java
02    //说明：接口的实现
03    //声明接口一
04    interface autoMobile_setData
05    { //成员方法
06      void setData();
```

```
07    }
08    //声明接口二
09    interface autoMobile_showData
10    { //成员方法
11      void showData();
12    }
13    //接口实现类
14    class EX09_13 extends autoMobile_setData, autoMobile_showData
15    { //成员变量
16      int carLength, engCC, maxSpeed;
17      //构造函数
18      public EX09_13(String modelName)
19      {
20       System.out.println("BENZ系列: "+ modelName +"基本数据");
21      }
22      //覆盖（重新定义）抽象方法
23      public void setData()
24      {
25       carLength = 400;
26       engCC = 3200;
27       maxSpeed = 280;
28      }
29      public void showData()
30      {
31       System.out.println("车身长度: " + carLength);
32       System.out.println("汽缸CC数: " + engCC);
33       System.out.println("最高车速: " + maxSpeed);
34      }
35      //主程序区块
36      public static void main(String args[])
37      {
38        EX09_13 SLK2000 = new EX09_13("SLK2000");
39    SLK2000.setData();
40        SLK2000.showData();
41      }
42    }
```

答：请将第 14 行程序语句改成 class EX09_13 implements autoMobile_setData, autoMobile_showData。

第 10 章课后习题参考答案

一、填空题

1. Math 类中定义了数学上的一些计算方法。

2. Math 类中定义了数学上常使用的两个常数：E 和 PI。

3. 计算机中产生的随机数是指系统自动帮助程序产生所需要范围内的随机数值。

4. 在数学类中，大致上可分为两种方法：计算结果和数值转换。

5. Arrays 类包含许多数组方面的操作方法，有排序、填充和查找等。

6. ArrayList 类是一种动态的数组。

7. Vector 类的向量大小能随着向量元素的加入或删除而变化（增加或减少）。

二、问答与实践题

1．如果需要产生一个介于 1~50 之间的随机整数，随机数函数该如何设置？

答：

```
int a=(int)(random( )*50+1);
```

2．请举出至少三种 Number 类的派生类的例子。

答：Byte、Double、Float、Integer、Long 和 Short。

3．什么是类型包装类？请举出至少三种类型包装类的例子。

答：Number 类是一种类型包装器类，类型包装器类主要的作用是将基本数据类型包装成对象类型，所以除了 Number 类之外，Boolean 类、Character 类和 Void 类都属于类型包装器类。

4．简述 rint 与 round 两种方法的不同。

答：rint 与 round 两种方法的不同之处在于：round 是纯粹的四舍五入；而 rint 在一般情况下取最接近的整数值，当小数点后只有一位小数且为 5 时，视要进位的个位数的数字为偶数还是奇数来决定是否要将 0.5 进位。

5．试简述集合类的主要功能。

答：集合类主要的功能是将多个对象当成元素，聚集成一个集合的对象，不过它是接口的一种，所以必须使用抽象集合类来实现。

6．请简述 Math 类的功能。

答：Math 类主要提供数值的运算方法，在程序的运行或计算中常需要处理数值之间的运算。在这个类中提供了许多运算方法，例如随机数、指数、三角函数、开平方根等。

7．请设计一个 Java 程序，计算出如图 10-15 所示的输出结果。

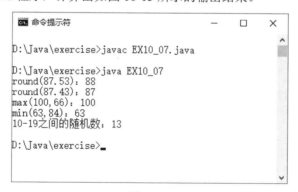

图 10-15

答：

```
01  public class EX10_07
02  {
03     // 主程序
04     public static void main(String[] args)
05     {
06         System.out.println("round(87.53): "+Math.round(87.53));
07         System.out.println("round(87.43): "+Math.round(87.43));
08         System.out.println("max(100,66): " + Math.max(100,66));
09  System.out.println("min(63,84): " + Math.min(63,84));
```

```
10      // 10-19之间的随机数
11            int no = (int)(10+Math.random()*10);
12            System.out.println("10-19之间的随机数：" + no);
13      }
14   }
```

第 11 章课后习题参考答案

一、填空题

1. 采用边框版面布局方式时可以调用窗口容器所提供的 setLayout( )方法来完成。

2. AWT（抽象窗口工具包）程序包主要包含 Java 应用程序及 Applet 所需的用户界面控件。

3. Java 所提供的 AWT 类包含在 java.awt 中，AWT 组件都继承自 java.awt.Component。

4. 在 Java 的任何窗口应用程序中，操作和显示所有组件之前必须先将这些组件加入容器（Container）中。

5. 由于继承关系，因此 Frame 同时拥有 Window 和 Component 两个组件所提供的方法。

6. AWT（Abstract Window Toolkit，抽象窗口工具包）的组件都是 Component 的子类，它包含设计窗口应用程序时要使用到的按钮（Button）、列表框（List）、窗口标签栏（Label）和滚动条（Scrollbar）等设计组件。

7. Pack( )方法主要用于当需要窗口内的组件根据显示的大小自动调整时。

8. 流式版面布局方式是默认的版面布局方式。

9. 当窗口设置为边框版面布局方式时，窗口版面会被分割为东、西、南、北、中 5 部分。

10. 当窗口设置为网格版面布局方式时，窗口版面将根据所设置的网格长与宽的数量把窗口等分为长乘以宽的数量。

11. 在窗口模式下，用户的操作是通过事件的触发来与程序进行沟通的。

12. 在窗口模式下，与事件触发相关的角色有三个：事件触发者、事件监听者及事件处理者。

13. 在 Java 窗口模式下提供了许多事件监听，事件的种类包含窗口事件、鼠标事件及键盘事件等。

二、问答与实践题

1. AWT 程序包大概有哪几种类型？

答：图形界面、版面布局、图形描绘、事件处理等。

2. GUI（Graphics User Interface）的意思是什么？

答：GUI 的意思是图形用户界面，是一种以图形化为基础的用户界面。凡是窗口、按钮、鼠标光标、文字输入框等都使用图形的方式一一画出，用户在操作时只要移动鼠标光标，单击另一个被赋予功能的图形，即可执行对应已设计好的程序。

3. AWT（Abstract Windowing Toolkit）的意思是什么？

答：AWT 的意思是抽象窗口工具包，它主要包含 Java 应用程序和 Applet 所需的用户界面控件。

4. 请画出 java.awt.Container 的类继承图。

答：

```
java.lang.Object
    └ java.awt.Component
        └ java.awt.Container
```

5．请用 Java 设计一个简单的窗口框架。

答：请参考范例程序 CH11_01。

6．pack( )方法的主要作用是什么？

答：在 Java 中，Window 组件提供了一个自动调整窗口大小的方法 Pack( )。Pack( )方法主要应用于当需要窗口内的组件根据显示的大小自动调整时。

7．请举出三种版面布局方式。

答：流式版面布局、边框版面布局和网格版面布局。

8．版面布局主要的作用是什么？

答：Java 为了应对跨平台的缘故，因为同样的 Java 程序所运行的环境有可能是普通的 PC 机或者网页浏览器等，所以要为不同的执行环境提供不同的程序执行画面。

9．什么是流式版面布局？

答：所谓流式版面布局，就是将程序窗口中的所有组件做一定流向式的排列。当窗口设置为流式版面布局方式时，组件会按照加入窗口的顺序排列，当显示区域的大小改变时，组件的布局方式会自动地按照从左到右、自上而下的方式将组件调整到适当的位置。

10．简述事件的定义。

答：事件的定义：“用户执行窗口应用程序时，对窗口组件所采取的操作”。

11．请设计一个 Java 窗口程序，外观如图 11-23 所示，其中窗口的背景颜色为黄色，而字体的设置如下：

```
Font("楷体", Font.ITALIC|Font.BOLD, 16)？
```

图 11-23

答：

```
01    //程序：EX11_11.Java
02    //加载相关程序包
03    import java.awt.*;
04    import java.awt.event.*;
05    public class EX11_11 extends Frame
06    {
07        private static final long serialVersionUID = 1L;
08        public EX11_11()
09        {
10            //窗口的大小
```

```
11          setSize(200,100);
12          //窗口的名称
13          setTitle("窗口应用程序");
14          //背景颜色
15          setBackground(Color.yellow);
16          //设置字体
17          setFont(new Font("楷体", Font.ITALIC|Font.BOLD, 16));
18          Label myLabel = new Label("生日快乐！");
19          add(myLabel);
20      }
21      public static void main(String args[])
22      {   //创建程序窗口
23          EX11_11 myFrm = new EX11_11();
24          //窗口操作的监听器
25          myFrm.addWindowListener(
26              new WindowAdapter()
27              {
28                  public void windowClosing(WindowEvent e)
29                  {
30                      System.exit(0);
31                  }
32              }
33          );
34          //把窗口显示出来
35          myFrm.setVisible(true);
36      }
37  }
```

12. 请采用流式版面布局来管理如图 11-24 所示的 4 个标签。

图 11-24

答：

```
01  //程序: EX11_12.Java
02  import java.awt.*;
03  import java.awt.event.*;
04  public class EX11_12 extends Frame
05  {
06      private static final long serialVersionUID = 1L;
07      public EX11_12()
08      {
09          //采用流式版面布局（FlowLayout）方式
10          setLayout(new FlowLayout(FlowLayout.CENTER, 10, 10));
11          setSize(200,110);
12          setTitle("流式版面布局（FlowLayout）方式");
13          add(new Label("富强"));
14          add(new Label("民主"));
15          add(new Label("文明"));
16          add(new Label("和谐"));
```

```
17          }
18      public static void main(String args[])
19      { //创建程序窗口
20          EX11_12 myFrm = new EX11_12();
21          myFrm.addWindowListener(
22              new WindowAdapter()
23              {
24                  public void windowClosing(WindowEvent e)
25                  {
26                      System.exit(0);
27                  }
28              }
29          );
30          myFrm.setVisible(true);
31      }
32  }
```

第 12 章课后习题参考答案

一、填空题

1. 在 Swing 程序包中，当程序执行时需要用户在多个选项中选一项时，可以使用 <u>JRadioButton</u>。

2. <u>JTextField</u> 与 <u>JTextArea</u> 主要作为操作界面供用户输入信息或数据。

3. <u>JList</u> 主要应用于制作复选式的选项列表，它如同把多个复选框（Checkbox）组合起来。

4. <u>Swing</u> 程序包中所有组件的外观都可以在运行时更换样式。

5. 在 Swing 程序包中，<u>Jbutton</u> 组件主要应用于指令的下达或功能的区分。

6. JButton 继承自 <u>AbstractButton</u> 类。

7. 在 Swing 程序包中，<u>JCheckBox</u> 组件通常用于程序中供用户进行有条件勾选的场合。

8. 当同一个窗口中 JRadioButton 需要分组时，可先创建 <u>ButtonGroup</u> 对象，再将 JRadioButton 逐一加入即可成为分组。

9. Swing 程序包主要从 <u>AWT</u> 程序包扩展而来。

10. Swing 组件的外观绘制统一继承自 <u>UIManager</u> 类。

二、问答与实践题

1. Swing 程序包主要从哪一个类扩展而来？

答：JComponent 类。

2. 请列举出 Swing 程序包的特点。

答：

- 运行时可更换外观，或者重新实现组件的外观。
- 可使用鼠标执行拖曳操作。
- 具有工具提示文字的功能。
- 组件较为容易扩展，并可创建出自定义的组件。
- 支持特定的调试功能，并提供"慢动作"执行组件的功能等。

3．AWT 程序包为何被称为重量级组件？

答：原因是 AWT 程序包会因为操作系统的不同而决定采用不同的组件外观，因而在组件构建时对系统的负载较重。

4．请至少列举 10 项 Swing 程序包的组件。

答：

组件名称	说明
JApplet	与 Applet 相同，可加入 Swing 组件
JCheckBox	复选框
JCheckBoxMenuItem	复选框菜单项
JColorChooser	颜色选择器
JComboBox	下拉菜单栏
JComponent	组件
JButton	按钮
JDesktopPane	桌面面板
JDialog	对话框
JInternalFrame	内部框架
JEditorPane	编辑器面板
JFileChooser	文件选择器
JFrame	框架
JInternalFrame.JDesktopIcon	内部框架，缩小为桌面图标状态
JLabel	标签
JOptionPane	选项面板

5．与 AWT 程序包相比，Swing 程序包新增的功能有哪些？

答：

- 调试模式：通过 setDebuggingGraphicsOptions( )方法，在绘制过程中逐一检查有可能产生闪动的情况。
- 调整型外观：提供不同操作系统的外观样式，如 Windows、Motif（UNIX）或 Metal（Swing 程序包的标准外观）。
- 新增版面布局管理组件：新增的组件为 BoxLayout 和 OverlayLayout。
- 组件与滚动条整合：新版的滚动条面板可容纳任何类型的 Swing 组件。
- 工具提示文字：所有 Swing 组件都可以通过 setToopTipText( )方法来设置组件的提示文字。
- 边框：调用 setBorder()方法设置组件边框的样式。
- 按键操作：可通过按键控制组件。

6．Swing 程序包为何被称为轻量级组件？

答：Swing 程序包一般被称为轻量级组件，主要原因是 Swing 程序包拥有自己组件外观的绘制方式，不会因为操作系统的不同而变更外观，所以对系统的负载较轻。

7．请使用 Jlabel 和 Jbutton 的构造函数设计如图 12-26~图 12-28 所示的窗口应用程序。

图 12-26

图 12-27

图 12-28

答：

```
01    //程序EX12_07.java
02    import java.awt.*;
03    import javax.swing.*;
04    import java.awt.event.*;
05    public class EX12_07 extends JFrame implements ActionListener{
06        private static final long serialVersionUID = 1L;
07        //声明
08        Container c;
09        ImageIcon icon1,icon2,icon3;
10        JLabel lab2=new JLabel();
11        JLabel lab3=new JLabel();
12        JLabel lab4=new JLabel();
13        public EX12_07(){
14            //加入三个图标
15            icon1=new ImageIcon("bt-000.gif");
16            icon2=new ImageIcon("bt-001.gif");
17            icon3=new ImageIcon("bt-002.gif");
18            //加入按钮button1
19            JButton button1=new JButton("单击我",icon1);
20            //获取容器对象c
21            c=getContentPane();
22            //加入标签lab1
23            JLabel lab1=new JLabel("请按照画面的指示操作");
24            //设置单击按钮时的图标
25            button1.setPressedIcon(icon2);
26            //设置鼠标经过时的图标
27            button1.setRolloverIcon(icon3);
28            //采用流式版面布局方式
```

```
29          c.setLayout(new FlowLayout(FlowLayout.CENTER));
30          //加入button1的事件监听器
31          button1.addActionListener(this);
32          c.add(lab1);
33          c.add(button1);
34          c.add(lab2);
35      }
36      //按钮按下后的事件处理
37      public void actionPerformed(ActionEvent e){
38          lab2.setText("非常好，注意到了我的按钮吧！！！");
39      }
40      public static void main(String args[]){
41          EX12_07 frm=new EX12_07();
42          frm.setTitle("JLabel和JButton");
43          frm.setSize(300,200);
44          frm.setVisible(true);
45      }
46  }
```

8. 请使用 JCheckBox 和 JradioButton 组件设计如图 12-29 所示的窗口应用程序。

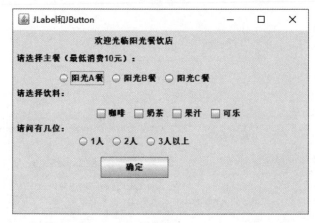

图 12-29

答：

```
01  //程序EX12_08.java
02  import java.awt.*;
03  import javax.swing.*;
04  import java.awt.event.*;
05  public class EX12_08 extends JFrame implements ActionListener
06  {
07      private static final long serialVersionUID = 1L;
08      Container c;
09      JPanel j1,j2,j3;
10      JCheckBox sbox1,sbox2,sbox3,sbox4;
11      JRadioButton mrad1,mrad2,mrad3;
12      JRadioButton prad1,prad2,prad3;
13      ButtonGroup bg1,bg2;
14      JLabel lab;
15      public EX12_08(){
16          c=getContentPane();
17          JLabel lab1=new JLabel("欢迎光临阳光餐饮店");
18          //设置组件大小与位置的方法
```

```
19          lab1.setBounds(120,5,150,20);
20          JLabel lab2=new JLabel("请选择主餐（最低消费10元）：");
21          lab2.setBounds(5,30,190,20);
22          //设置单选按钮（JRadioButton）的选项
23          mrad1=new JRadioButton("阳光A餐");
24          mrad2=new JRadioButton("阳光B餐");
25          mrad3=new JRadioButton("阳光C餐");
26          //设置为分组
27          bg1= new ButtonGroup();
28          bg1.add(mrad1);bg1.add(mrad2);bg1.add(mrad3);
29          //加到面板JPanel中
30          j1=new JPanel();
31          j1.add(mrad1); j1.add(mrad2);  j1.add(mrad3);
32          j1.setBounds(30,50,300,30);
33
34          JLabel lab3=new JLabel("请选择饮料：");
35          lab3.setBounds(5,80,150,20);
36
37          //设置复选框（JCheckBox）的选项
38          sbox1=new JCheckBox("咖啡");
39          sbox2=new JCheckBox("奶茶");
40          sbox3=new JCheckBox("果汁");
41          sbox4=new JCheckBox("可乐");
42
43          j2=new JPanel();
44          j2.add(sbox1); j2.add(sbox2);j2.add(sbox3);    j2.add(sbox4);
45          j2.setBounds(30,100,400,30);
46
47          JLabel lab4=new JLabel("请问有几位：");
48          lab4.setBounds(5,130,100,20);
49          //设置单选按钮（JRadioButton）的选项
50          prad1=new JRadioButton("1人");
51          prad2=new JRadioButton("2人");
52          prad3=new JRadioButton("3人以上");
53          bg2= new ButtonGroup();
54          bg2.add(prad1);bg2.add(prad2);  bg2.add(prad3);
55          j3=new JPanel();
56          j3.add(prad1);j3.add(prad2);j3.add(prad3);
57          j3.setBounds(30,140,300,30);
58
59          JButton button1=new JButton("确定");
60          button1.setBounds(130,180,100,30);
61          lab=new JLabel();
62          lab.setBounds(150,200,200,50);
63          c.setLayout(null);
64
65          button1.addActionListener(this);
66          //加入到框架（JFrame）中
67          c.add(lab1);
68          c.add(lab2);
69          c.add(lab3);
70          c.add(lab4);
71          c.add(button1);
72          c.add(j1);
73          c.add(j2);
74          c.add(j3);
```

```
75           c.add(lab);
76       }
77       //单击按钮后的事件处理
78       public void actionPerformed(ActionEvent e)
79       {
80           lab.setText("谢谢您的光临!!!");
81       }
82       public static void main(String args[])
83       {
84           EX12_08 frm=new EX12_08();
85           frm.setTitle("JLabel和JButton");
86           frm.setSize(450,300);
87           frm.setDefaultCloseOperation(JFrame.EXIT_ON_CLOSE);
88           frm.setVisible(true);
89       }
90   }
```

第 13 章课后习题参考答案

一、填空题

1．draw 相关方法与 fill 相关方法是 Graphics 类提供的两种主要的图形绘制方法。

2．调用 addImage( )方法可将图像对象加入媒体追踪器中，并通过 checkID( )方法来检查指定 ID 的图像对象是否加载完毕。

3．所谓的 repaint( )方法是指当窗口组件获得焦点时，就会自动调用 paint()方法执行画面重新绘制的操作。

4．setColor( )方法用来设置 Graphics 绘图对象使用的颜色，而 setFont( )方法用来设置绘图对象使用的字体。

5．绘制图形时所使用的坐标系统是以窗口左上角为原点(0,0)，向右及向下的坐标值（X,Y）依次递增。

6．java.awt 程序包中的 Graphics 类负责 Java 内部的基本图形绘制工作。

7．Graphics 类中 draw 相关的方法用于绘制图形。

8．fill 不同于 draw 方法，它并不会绘制图形，而是使用指定的前景颜色（调用 setColor()方法）来填充指定图形的内部。

9．若想加入动画效果，不妨直接使用线程（threads）或 timer 类（定时设备）来实现多个图形的重复绘制工作。

10．MediaTracker 类主要的功能在于汇总整合多个媒体文件，以对媒体内容进行追踪。

11．java.applet 程序包中所包含的 AudioClip 接口可用来播放声音资源。

12．AudioClip 的声音资源播放只支持 Applet 组件，无法在 AWT 或 Swing 窗口程序中执行。

二、问答与实践题

1．在进行图形的绘制工作之前，必须先获取相关的图形对象，并设置好对象内部的各项属性，请举出至少三种要设置的属性。

答：指定输出的窗口组件：

- 转换绘图输出的坐标系统。
- 当前使用的图形缓冲区空间（clip，也称为剪贴簿）。
- 当前使用的颜色。
- 当前使用的字体。
- 像素绘制函数（例如 paint 方法）。
- 当前使用的异或交错（XOR Alternation）输出颜色。

2．请说明 AudioClip 所支持的声音文件格式。

答：由于 Applet 组件是内嵌于 HTML 网页中的，因此 AudioClip 并不支持太大内容的*.wav 或*.midi 格式的声音文件，只支持*.au 格式的声音文件。

第 14 章课后习题参考答案

一、填空题

1．Java 的例外类可分为 Error 类与 Exception 类。

2．Java 语言把 Error 类定义为会产生"严重错误"的类。

3．所谓 Exception，就是在程序执行过程中，当发生例外时可以马上处理的错误。

4．Java 把发生例外情况的程序代码放在 try 程序区块中，把要处理例外情况的程序代码放在 catch 程序区块中，而 finally 程序区块则是必定要执行的区块。其中 catch 程序区块可以有很多个，以便用于捕获各种不同类型的例外事件。

5．除了在程序执行期间触发的例外事件之外，也可以由程序设计人员使用 throw 和 throws 指令来触发例外事件。

6．自定义的例外类必须为 Throwable 的派生类。

7．要继承自定义例外类的继承方式必须使用 extends 关键字。

二、问答与实践题

1．请在表 14-4 中说明常用的 Error 派生类的含义。

表 14-4

Error 的派生类	说明
AWTError	
LinkageError	
ThreadDeath	
VirtualMachineError	

答：

Error 的派生类	说明
AWTError	程序执行 AWT（抽象窗口工具包）所使用的 Error 类
LinkageError	类间的链接使用不当时所使用的 Error 类，例如类格式错误（ClassFormatError）
ThreadDeath	程序执行时，发生不明情况引起错误时所使用的 Error 类，例如除法运算的除数为零
VirtualMachineError	Java 虚拟机发生错误所使用的 Error 类，例如超出内存使用范围（OutOfMemoryError）

2．请简单说明 ClassNotFoundException 类和 IOException 类的含义。

答：

Exception 的派生类	说明
ClassNotFoundException	当应用程序在加载.class 文件而找不到时所使用的 Exception 类
IOException	程序在输入/输出期间发生例外错误时所使用的 Exception 类，例如文件未关闭

3．请问 finally 程序区块与 catch 程序区块是否可以同时都没有？试进行说明。

答：finally 程序区块与 catch 程序区块可以同时存在，也可以择一存在，但是不能同时都没有，因为当例外发生时，程序需要有一个以上的例外处理方式来处理例外事件。

4．请举出至少三种在 Java 语言中发生"严重错误"的例子。

答：动态链接所发生的错误、系统内存不足或在除法运算中除数为零等。

5．请简述 try…catch[…finally]三个程序区块的主要功能。

答：

- try 程序区块用来检查可能会发生的例外情况。
- catch 程序区块用来捕获从 try 程序区块抛出来的例外对象，并对这个程序区块进行相关的处理。
- finally 程序区块是必定要执行的区块。

第 15 章课后习题参考答案

一、填空题

1．System.out 与 System.err 是 Java 基本的输出数据流对象。

2．System.in 的 read()成员方法一次只能读取一个字符。

3．当 Java 程序执行时，系统会自动创建 System.out、System.in 与 System.err 三个基本输入输出数据流对象。

4．java.io 程序包中包含 Java 所有类型的输入输出数据流类，并可根据存取数据类型的不同分为字符数据流、字节数据流与文件数据流三大类。

5．CharArrayReader 与 CharArrayWriter 数据流类负责读取内存中的字符数据。

6．StringReader 与 StringWriter 数据流类负责读取内存中的字符串数据。

7．所有字节数据流类都是继承自 InputStream 与 OutputStream 抽象基类。

8．Java 的管道机制是由 PipedOutputStream 与 PipedInputStream 建立连接而成的，其中 PipedOutputStream 负责在管道的传送端写入数据，而 PipedInputStream 负责在管道的接收端接收数据。

9．FilenameFilter 是 Java 中负责文件名过滤的接口。

10．FileOutputStream 负责将内存中的数据以二进制方式写入文件。

二、问答与实践题

1．请比较 print()与 println()两种方法的主要差异。

答：print()方法在执行输出后不会自动进行换行；而 println()会在执行输出之后自动进行换行。

2．如果在程序中必须输出错误信息，那么可使用哪一个对象调用输出方法？

答：System.err。

3．如果要在调用 read()方法时读取输入数据流的下一个字节的数据，并希望可以将所读取的数据转存成字符数据类型，应该如何做？试进行说明。

答：调用 System.in.read()所读取的数据是整数类型的 ASCII 值，因此如果要输出或转存为其他类型的数据（如字符），就必须先经过强制类型转换。程序区块如下：

```
//将所读取的数据转换为 char 类型，并转存到 myData 变量中
char myData = (char)System.in.read();
//输出 myData 变量值
System.out.println(myData);
```

4．Java 的 API 中提供了多种不同的数据流对象，用以处理不同类型数据的输入输出操作。这些数据流对象主要包含于哪一个程序包中？根据这些对象所处理数据类型的不同，大致可以分为哪三大类？

答：数据流对象共有 30 多种，主要包含于 java.io 程序包中。

根据处理数据类型的不同，可分为字符数据流（Character Stream）、字节数据流（Byte Stream）与文件数据流（File Stream）三种。

5．内存区块数据的存取操作主要是由哪几个字符数据流类组成的。

答：内存区块数据的存取操作主要是由 CharArrayReader、CharArrayWriter、StringReader 和 StringWriter 四个字符数据流类组成的。

6．缓冲区数据的存取操作主要是由哪两个类负责？

答：缓冲区数据的存取操作主要是由 BufferedReader 和 BufferedWriter 两个类负责。

7．BufferedWriter 类是一种间接的写入对象，请问使用 BufferedWriter 对程序的读写操作有何好处？

答：使用 BufferedWriter 的好处在于，程序不必重复地执行"读取→写入"操作，只需等待 BufferedWriter 将所有数据写入缓冲区后，再通过 Flush 操作将缓冲区中全部的数据提供给程序使用。

8．字节数据流继承自哪两个主要的抽象类？

答：OuputStream 类和 InputStream 类。

9. InputStream 类与 OutputStream 类是 Java 的 IO 处理程序包中所有字符数据流的抽象基类。试简述它们两者的主要功能。

答：InputStream 类主要负责字节数据流的读取功能，并提供了一些负责处理 8-bit 字节数据读取操作的类成员方法；而 OutputStream 类负责字节数据的输出操作。

10. 什么是管道处理？Java 中负责管道处理的字节数据流程序包是什么？

答：所谓的管道处理，就是将一个程序（或方法）的返回值导引转换为另一个程序（或方法）的输入参数。Java 中负责管道处理的字节数据流程序包是由 PipedInputStream 和 PipedOutputStream 两个类组成的。

11. 在 Java 中，哪两种类属于格式化输入输出数据流？

答：DataInputStream 类和 DataOutputStream 类是格式化输入输出数据流，它们可将另一个数据流对象内的数据进行格式化的转换后，再进行数据的存取操作。

12. 在文件数据流程序包（java.io.File）中主要包含哪些类及接口，使程序开发人员可以轻松地管理文件？

答：包含一个主要的派生类 File、一个实现接口 FilenameFilter 以及 FileReader、FileWriter、FileInputStream 和 FileOutputStream 四个文件 IO 数据流类。

第 16 章课后习题参考答案

一、填空题

1. 泛型在 C++中其实就是模板（Template），只是 Swift、Java 和 C#采用了泛型这个更广泛的概念。

2. Java 类名称旁出现了尖括号<T>，就表示这个类支持泛型。

3. 泛型除了可以应用于类外，也可以应用于方法。

4. 集合对象（Collection）是一组关联的数据集合在一起组成一个对象。

5. Java Collections Framework 包括三部分：接口（Interface）、实现（Implementation）和算法（Algorithm）。

6. 在 java.util.*程序包中提供了许多应用于集合对象的实用方法，例如 shuffle()方法，这些方法都放在 Collections 类中。

7. 单向链表的节点是由数据字段和指针字段组成的。

8. 链表的最后一个节点会指向 null，表示后面已经没有节点了。

9. ArrayList 类可以视为一个动态数组，通过实现 List 接口来自由控制所存放的对象。

10. SortedMap 接口是 Map 的子接口，就如同 SortedSet 是 Set 的子接口。

11. TreeMap 是实现 SortedMap 接口的类，它使用"树"数据结构的方式来存储元素，每个元素都是唯一的。

12. 我们可以称 Lambda 是一种匿名方法的表达式写法。

二、问答与实践题

1. 试简述泛型 Generic 的基本概念及其主要目的。

答：泛型 Generic 可以让用户根据不同数据类型的需求编写出适用于任何类型的函数和类。我们或许可以这么说：泛型是一种类型参数化的概念，主要是为了简化程序代码，降低程序日后的维护成本。

2．请简述 List 接口的特性。

答：List 接口是一种有序集合对象，在此集合对象中的元素可以重复，但每一个元素有其对应的索引值，List 接口会根据索引值来排列元素的位置，并通过索引值来读取指定位置的内容，或者把内容添加到指定的位置。

3．试比较一般数组和 ArrayList 两者间最大的差异。

答：一般数组中只能存放同类型的对象，ArrayList 则可以存放不同类型的对象。

4．试简述 Set 接口的特性。

答：Set 就是数学领域中的集合，集合中的元素没有特定的顺序，而且集合中的元素不能重复出现。举例来说，若元素 x 已经在 Set 集合中，则不能再加入元素 x。

5．试简述 HashSet 类的特性。

答：HashSet 类是实践 Set 接口的类，利用哈希表算法来改进执行的效率，存储元素时，元素排列的顺序和原先加入哈希表的顺序有可能不同，另外 HashSet 对象内的元素都是唯一的。

6．试简述 SortedSet 接口的特性。

答：SortedSet 接口是 Set 接口的子接口，实现 SortedSet 接口的集合对象是一种排序集合，数据会根据元素值从小到大进行排列，所以元素不会有重复的情况。

7．试简述 Map 接口的特性。

答：SortedSet 接口是 Set 接口的子接口，实践 SortedSet 接口的集合对象，是一种排序集合对象（Sorted Collection），数据会根据元素值由小到大排列，而且元素不会有重复的情况发生。Map 接口并不是 Collection 接口的子接口，它是一种特殊的 Set 接口。实践 Map 接口的集合对象所存储的元素是成对的，而且不会有重复。

8．试简述 HashMap 类的特性。

答：HashMap 类是实现 Map 接口的类，每一个存储的元素包含 Key（键）和对应的 Value（值），而且所有元素必须唯一（没有重复），但是这个类所存储的元素不会维持原来的插入顺序。特别要注意的是，这个类允许有 null 键和 null 值。

9．试比较一般函数和 Lambda 表达式的不同。

答：我们可以将 Lambda 视为一种函数的表现方式，它可以根据输入的值来决定输出的值。通常一般函数需要给定函数名称，但是 Lambda 并不需要替函数命名。

10．请说明 Lambda 表达式的语法，并举例说明。

答：Lambda 是一种匿名方法的表达式写法，它的语法如下：

```
(参数) ->表达式或程序区块{ }
```

例如，要将数学函数 f(x)=x+10 写成 Lambda 表达式，代码编写如下：

```
(x) -> x+10; //这是一种 Lambda 表达式
```

第 17 章课后习题参考答案

一、填空题

1. <u>Runnable</u> 是一个接口类，可让派生类通过实现 <u>run()</u>抽象方法来产生线程。

2. 在 Java 环境中可将主进程分割为数个独立的子进程，而这些子进程也被称为<u>线程</u>。

3. 当程序需要定时且以固定时间间隔重复执行某项工作时，可使用 Timer 对象调用 <u>schedule()</u>方法并传入 <u>period</u> 参数，或直接调用 <u>scheduleAtFixedRate()</u>方法来实现定时调度机制。

4. 在实现定时调度工作时，如果更加注重工作重复执行的顺畅度，就要使用<u>.schedule()</u>成员方法；若比较重视时间同步性，则要使用 <u>scheduleAtFixedRate()</u>成员方法。

5. Java 的同步处理机制通常是由以 <u>synchronized</u> 关键字声明的方法与 <u>wait()</u>和 <u>notify()</u>方法搭配来实现的。

6. <u>start()</u>方法可让线程进入准备状态，等待分配 CPU 资源来开始执行。

7. <u>ThreadGroup</u> 类将程序中的线程对象分组，让程序可统筹进行管理和调度运行。

8. 通过在 ThreadGroup 构造函数中传入 <u>parent</u> 参数，可让线程实现嵌套分组结构。

9. Thread 类中的 <u>sleep()</u>方法可让线程进入休眠状态，该方法所传入的 millis 参数的单位值为<u>毫秒（或百万分之一秒，millisecond）</u>。

10. 按照程序代码条列的顺序进行执行的程序被称为<u>顺序（Sequential）</u>程序。

二、问答与实践题

1. 请问在 Timer 类中，哪两个成员方法可用来将指定工作排入定时调度中？并试着说明它们之间使用上的差异。

答：这两个成员方法是 schedule()与 scheduleAtFixedRate()。它们之间的差异在于：如果在安排重复性执行的工作，更加注重工作重复执行的顺畅度，就要使用.schedule()成员方法；若比较重视时间同步性，则要使用 scheduleAtFixedRate()成员方法。

2. 请试着说明顺序（Sequential）执行与多线程（Multi Thread）执行的差异。

答：所有顺序执行的程序都有共同的特性：它们必定包含一个固定的程序起始点、一个固定的程序结束点与一个固定的程序执行流程；更重要的是，当程序按照顺序流程执行时，同一时间内只能执行一项工作。而多任务处理的基本含义主要是将一个程序按照运算工作特性的不同分割为多个执行过程。这些经过分割的执行过程中都包含一个执行起点、一个执行终点、一个固定的流程走向，并且在每个过程的执行期间，同一时间内只能执行一项工作。这样看起来似乎多任务处理与顺序执行并没有什么不同，但是，如果我们将这些程序片段的执行过程并发执行，就可以让程序在同一段时间内执行多条指令（注意不是同一时刻，并发处理和并行处理是两个不同的概念）。

3. 在 Timer 类中提供了哪 4 种成员方法来执行 Timer 对象的管理与设置工作？

答：cancel()、purge()、schedule()和 scheduleAtFixedRate()。

4. 请问在 java.util 程序包中的 Timer 类与 TimerTask 类与在 java.swing 程序包中的 Timer 类的作用有什么区别？

答：java.util 程序包中的 Timer 类与 TimerTask 类主要负责非图形界面程序的多任务执行。如果要开发具有 GUI（用户图形接口）的程序，那么建议改用 java.swing 程序包中的 Timer 类来实现定时调度工作。

5．请简述 ThreadGroup 类在 Java 系统中所扮演的角色。

答：ThreadGroup 类负责 Java 系统中线程的分组。

6．请简述线程之间数据同步的意义。

答：数据同步问题是指当程序在执行时，有一个以上的线程同时对某一项数据或系统资源进行存取操作，而可能导致出现错误的情况。

7．试简述 synchronized 关键字的主要功能。

答：synchronized 关键字有点类似一把"锁"，它会在必要时把所声明的成员方法整个包裹起来。也就是说，如果某个对象正在执行声明为 synchronized 的方法，此方法中所包含的数据就会被锁定，无法被其他的对象同时存取，一直到此方法执行完毕后才会解除锁定。

8．除了将方法声明为 synchronized 把数据锁定之外，哪两个方法搭配使用也可以达到类似的效果？

答：除了将方法声明为 synchronized 之外，也可以搭配使用 wait()方法，让无法进行数据存取的线程暂时进入休眠状态，等到该方法解除锁定后，再调用 notify()方法，唤醒处于休眠状态中的线程。

第 18 章课后习题参考答案

一、填空题

1．在 java.net 中，<u>InetAddress</u> 类用来获取主机名和 IP 地址。

2．String <u>getHostAddress()</u>用来获取主机 IP 地址；String <u>getHostName()</u>用来获取主机网址。

3．我们将 Java 的 Socket 接口分为两大类：<u>TCP（Transport Control Protocol，传输控制协议）</u>和 <u>UDP（User Datagram Protocol，用户数据报协议）</u>。

4．当我们进行文件传输时，使用 <u>FTP</u> 通信端口，当我们发送邮件时，使用 SMTP 通信协议，其通信端口是 <u>25</u>。

5．使用 ServerSocket 类时，<u>accept()</u>方法用来创建一个 Socket 对象，并等待客户端的请求；关闭 Socket 时，要调用 <u>close()</u>方法。

6．Socket(InetAddress, int port)的作用是用来获取客户端的 <u>IP 地址</u>和<u>通信端口</u>。

7．使用 UDP 传送数据时，是通过 <u>DatagramPacket</u> 类和 <u>DatagramSocket</u> 类来实现的。

8．使用 DatagramSocket 类来创建 Socket 对象必须指定<u>通信端口</u>，如果没有指定通信端口，则可以通过系统来自动产生。

9．DatagramSocket(int port)的作用是<u>指定一个本机使用的通信端口</u>。

10．URL 的意思是<u>统一资源定位符（Uniform Resource Locator）</u>。

11．URLConnection 类的作用是<u>获取远程主机的相关信息</u>。

二、问答与实践题

1．Stream 通信和 Datagram 通信有何不同？其优、缺点各是什么？

答：Stream 通信被称为 TCP 通信（或 TCP/IP）。TCP 是面向连接的协议，表示双方必须先建立连接才能进行通信。它是一种保证传送的协议。

- 优点：接收端在接收到数据之后会进行数据的确认，如果被传送的数据在中途遗失或损，会进行重新传送；若是顺序不对，则会在重新组装前修正为正确顺序。
- 缺点：传送速度较慢。

Datagram 通信被称为 UDP 通信（或 UDP/IP），Datagram 使用无连接的协议，表示双方的数据是独立传送的，它是一种不可靠的传送协议。

- 优点：传送速度优于 TCP。
- 缺点：当它进行数据传送时，并不会保证所有的数据都会送达。

2．建立一个服务器端的 Socket 应用程序的执行步骤是什么？

答：

（1）先创建服务器端的 ServerSocket 对象，并指定侦听的通信端口。

（2）调用 accept()方法来接收客户端的连接请求。

（3）服务器端会根据客户端的请求创建客户端的 Socket 对象，让服务器端与客户端进行 Socket 通信连接。

（4）处理客户端的请求，将处理的结果或错误信息以 Socket 对象的方式返回。

（5）处理完毕后，关闭 Socket 通信连接。

3．请在表 18-18 中说明 DatagramSocket 类的方法的作用。

表 18-18

DatagramSocket 类的方法	说明
void bind (SocketAddress addr)	
void connect (InetAddres addr, int port)	

答：

DatagramSocket 类的方法	说明
void bind (SocketAddress addr)	连接时，通过 Socket 对象指定地址和通信端口
void connect (InetAddres addr, int port)	以 Socket 对象进行远程连接